TEUBNER-TEXTE zur Mathematik   Band 139

E. Krätzel

Analytische Funktionen in der Zahlentheorie

TEUBNER-TEXTE zur Mathematik

Herausgegeben von

Prof. Dr. Jochen Brüning, Berlin
Prof. Dr. Herbert Gajewski, Berlin
Prof. Dr. Herbert Kurke, Berlin
Prof. Dr. Hans Triebel, Jena

Die Reihe soll ein Forum für Beiträge zu aktuellen Problemstellungen der Mathematik sein. Besonderes Anliegen ist die Veröffentlichung von Darstellungen unterschiedlicher methodischer Ansätze, die das Wechselspiel zwischen Theorie und Anwendungen sowie zwischen Lehre und Forschung reflektieren. Thematische Schwerpunkte sind Analysis, Geometrie und Algebra.

In den Texten sollen sich sowohl Lebendigkeit und Originalität von Spezialvorlesungen und Seminaren als auch Diskussionsergebnisse aus Arbeitsgruppen widerspiegeln.

TEUBNER-TEXTE erscheinen in deutscher oder englischer Sprache.

Analytische Funktionen in der Zahlentheorie

Von Prof. Dr. Ekkehard Krätzel
Universität Wien

 B.G.Teubner Stuttgart · Leipzig · Wiesbaden

Prof. Dr. Ekkehard Krätzel

Geboren 1935 in Leopoldshall. Studium der Mathematik in Jena von 1953 bis 1958. Promotion 1963 und Habilitation 1965 an der Friedrich-Schiller-Universität Jena. Von 1966 bis 1969 Dozent, von 1969 bis 1992 ordentlicher Professor an der Friedrich-Schiller-Universität Jena. 1993 Gastprofessor an der Albert-Ludwigs-Universität Freiburg. 1991 und 1993 bis 1996 Gastprofessor, seit 1994 Honorar-Professor an der Universität Wien.

Arbeitsgebiete: Analytische Zahlentheorie, spezielle analytische Funktionen, Theorie der Gitterpunkte, Exponentialsummen.

Die Deutsche Bibliothek – CIP-Einheitsaufnahme
Ein Titeldatensatz für diese Publikation ist bei
Der Deutschen Bibliothek erhältlich.

1. Auflage November 2000

www.teubner.de

Umschlaggestaltung: Peter Pfitz, Stuttgart

ISBN-13:978-3-519-00289-5   e-ISBN-13:978-3-322-80021-3
DOI: 10.1007/978-3-322-80021-3

Vorwort

Das Buch ist entstanden aus einer Vorlesung, die ich im Wintersemester 1993/94 an
der Universität Wien gehalten habe, und aus zahlreichen Vorträgen in Seminaren
in den Folgejahren. Es handelt sich nicht um eine breit angelegte Einführung in die
analytische Zahlentheorie, sondern um eine mehr in die Tiefe gehende Behandlung
einzelner Abschnitte, deren Auswahl natürlich von den Interessen des Autors be-
einflußt ist. Im inhaltlichen Mittelpunkt stehen Funktionalgleichungen analytischer
Funktionen und ihre Anwendungen auf
- Reziprozitätsgesetze der Zahlentheorie,
- die Behandlung von Gitterpunktsanzahlen in konvexen Körpern,
- weitere zahlentheoretische Probleme wie etwa die Abschätzung Weylscher Summen,
die sich von selbst aus dem Zusammenhang heraus ergeben.

Das Buch wendet sich an einen breit gefächerten Leserkreis: an Personen, die
forschend in der analytischen Zahlentheorie tätig sind, an Personen, die sich in das
Gebiet der analytischen Zahlentheorie selbständig einarbeiten wollen, und an Stu-
dierende höherer Semester, die über Grundkenntnisse der elementaren Zahlentheorie
und der Funktionentheorie verfügen. Gelegentlich werden einige Ergebnisse aus der
Theorie der speziellen Funktionen und der Integraltransformationen gebraucht. Hier
wird auf entsprechende Literatur verwiesen.

Das Buch ist in 5 Kapitel eingeteilt. Dabei wird es durch die Kapitel 2, 3 und
5 geprägt. In den kurzen Kapiteln 1 und 4 werden nur später benötigte Hilfsmittel
bereitgestellt, damit sie dann den Fluß der Handlung nicht unterbrechen.

Leitmotiv für Kapitel 2 ist das Reziprozitätsgesetz der quadratischen Reste. Es
wird gezeigt, daß es sich als unmittelbare Folgerung aus dem Reziprozitätsgesetz
der Gaußschen Summen ergibt. Die Gaußschen Summen und ihr Reziprozitätsgesetz wiederum werden aus dem analytischen Verhalten der Jacobischen Thetafunktionen abgeleitet. In gleicher Weise ist eine Behandlung der Dedekindschen Summen
und Funktionen möglich. Es werden außerdem verschiedene Beweise für das Reziprozitätsgesetz der Gaußschen Summen auf analytischer Grundlage gegeben, um im
nächsten Kapitel zu verdeutlichen, wie schwierig sich die höheren Fälle gestalten,
da dort die analytischen Hilfsmittel nur sehr eingeschränkt zur Verfügung stehen.
Auf den algebraischen Ausbau wird ganz verzichtet. Dagegen leiten Grenzfälle der
Jacobischen Thetafunktionen zur besonderen Stellung der Exponentialsummen in
der analytischen Zahlentheorie über.

Im Kapitel 3 werden Fragen von Möglichkeiten der Verallgemeinerung auf höhere Probleme besprochen: Höhere Thetafunktionen und Dedekindsche Funktionen, höhere Gaußsche Summen und Dedekindsche Summen. Grenzbetrachtungen bei Thetafunktionen hinsichtlich ihres Definitionsbereiches führen automatisch auf Weylsche Summen.

Kapitel 5 hat die Abschätzung der Anzahl der Gitterpunkte in großen konvexen Bereichen als wichtiges Ziel. Fast nichts von seinem Inhalt befindet sich in meinem Buch "Lattice Points" [47]. Es wird hier ein neuer Zugang zu Gitterpunktsproblemen in konvexen Körpern auf analytischer Grundlage hergestellt. Die wohlbekannten Funktionalgleichungen für analytische Funktionen eines Ellipsoids werden ausgedehnt auf asymptotische Funktionalgleichungen entsprechender analytischer Funktionen von weitgehend allgemeinen konvexen Körpern, die aber keine Punkte Gaußscher Krümmung 0 auf der Oberfläche enthalten. Abschließend wird unser geringes Wissen über Gitterpunkte in konvexen Körpern, die Punkte mit Gaußscher Krümmung 0 auf der Oberfläche besitzen, zusammengetragen.

In den Kapiteln 1 und 4 werden die notwendigen Grundlagen über die Abschätzung einfacher und zweifacher Exponentialsummen zusammengestellt.

Die Entstehung und Fertigstellung dieses Projektes habe ich einem größeren Personenkreis in Wien zu danken. Zuallererst möchte ich meinen herzlichen Dank Herrn WERNER GEORG NOWAK von der Universität für Bodenkultur in Wien und Herrn HARALD RINDLER vom Institut für Mathematik der Universität Wien aussprechen, die mir in Wien wieder ein wissenschaftliches Betätigungsfeld geboten haben. In zahlreichen Vorlesungen und Seminaren konnte ich mit diesen beiden Herren und mit den Herren CHRISTOPH BAXA, WOLFGANG JENKNER, GERALD KUBA, MANFRED KÜHLEITNER und JOHANNES SCHOISSENGEIER lange wertvolle Diskussionen führen, die wichtige Anregungen für die inhaltliche Gestaltung des Buches geliefert haben. Ebenfalls danke ich für die überaus sorgfältige und kritische Durchsicht des Manuskriptes.

Wien, Juli 2000   Ekkehard Krätzel

Inhaltsverzeichnis

Kapitel 1

Exponentialsummen I

Es bezeichne $n \mapsto f(n)$ eine reelle, zahlentheoretische Funktion, das heißt $f(n)$ durchläuft für $n = 1, 2, \ldots$ eine Folge reeller Zahlen. Wir betrachten Exponentialsummen der Art

$$S = \sum_{a < n \leq b} e^{2\pi i f(n)}. \tag{1.1}$$

Viele Probleme sowohl in der Analysis als auch in der Zahlentheorie erfordern hinreichend gute Abschätzungen von S. Diese Abschätzungen hängen natürlich von der Natur der Funktion f ab. Wissen wir etwas über die ersten Differenzen $\Delta f(n) = f(n+1) - f(n)$, so können wir schon einfache nicht-triviale Abschätzungen von S vornehmen. Weitere Informationen über die zweiten Differenzen $\Delta\Delta f(n)$ können zu entsprechenden Fortschritten führen. Das Anliegen dieses Kapitels besteht darin, ein kurze Einführung in die Theorie der Abschätzung von Exponentialsummen zu geben.

1.1 Die Kusmin-Landausche Ungleichung

Es bezeichne $f : \mathbb{N} \to \mathbb{R}$ eine reelle, zahlentheoretische Funktion. Wir betrachten Exponentialsummen der Art (1.1), wobei a, b reelle Zahlen sind, die im Folgenden vorläufig ganzzahlig mit $0 \leq a < b$ angenommen werden sollen. Wir beginnen mit dem einfachen Fall $f(n) = \alpha n, \alpha \in \mathbb{R}$. Ist $\alpha \in \mathbb{Z}$, so ist $e^{2\pi i \alpha n} = 1$ und die Summe hat den Wert $b - a$. Aber wenn $\alpha \notin \mathbb{Z}$ ist, so ist $e^{2\pi i \alpha} \neq 1$ und die Summe stellt eine arithmetische Progression dar. Folglich ist

$$\sum_{a < n \leq b} e^{2\pi i \alpha n} = \frac{e^{2\pi i \alpha(b+1)} - e^{2\pi i \alpha(a+1)}}{e^{2\pi i \alpha} - 1}. \tag{1.2}$$

Ist insbesondere $\alpha = p/q$ mit $p, q \in \mathbb{Z}, q > 1$ und q kein Teiler von p, und durchläuft n ein vollständiges Restsystem modulo q, also setzen wir beispielsweise $b = a + q$, so ist

$$\sum_{n=a+1}^{a+q} e^{2\pi i \frac{p}{q} n} = 0.$$

Allerdings benötigen wir in den Anwendungen meistens nicht die genaue Gleichung (1.2). Es genügt die im folgenden Satz angegebene Abschätzung. Dabei bezeichne $[x]$ das größte Ganze der reellen Zahl x, so daß $x - 1 < [x] \le x$ gilt. Ferner bezeichne

$$\| x \| = \min(x - [x], 1 - (x - [x]))$$

den Abstand von x zur nächsten ganzen Zahl.

Satz 1.1 *Es sei $a, b \in \mathbb{Z}$, $0 \le a < b$, $\alpha \in \mathbb{R}$. Dann gilt*

$$\left| \sum_{a < n \le b} e^{2\pi i \alpha n} \right| \le \min \left(b - a, \frac{1}{2 \| \alpha \|} \right). \tag{1.3}$$

Beweis. Für ganze Zahlen α ist (1.3) klar. Nehmen wir also α jetzt nicht ganzzahlig an. Dann erhalten wir von (1.2)

$$\left| \sum_{a < n \le b} e^{2\pi i \alpha n} \right| \le \frac{2}{|e^{\pi i \alpha} - e^{-\pi i \alpha}|} = \frac{1}{|\sin \pi \alpha|} \le \frac{1}{2 \| \alpha \|}.$$

Dies beweist die Ungleichung (1.3). Wir kehren nun zur Betrachtung der allgemeinen Exponentialsumme (1.1) zurück, in der jetzt f eine beliebige zahlentheoretische Funktion bedeutet. Wir erhalten eine Verallgemeinerung der Ungleichung (1.3), welche die Kusmin-Landau*sche Ungleichung* genannt wird.

Satz 1.2 *Es seien $a, b \in \mathbb{Z}$, $0 \le a < b$, f eine reelle, zahlentheoretische Funktion, und $\Delta f(n) = f(n + 1) - f(n)$ sei monoton für $a + 1 \le n \le b - 1$. Seien $N \in \mathbb{Z}$, $\vartheta, \varphi \in \mathbb{R}$ mit $0 < \vartheta, \varphi < 1$ und*

$$N < N + \vartheta \le \Delta f(n) \le N + 1 - \varphi < N + 1$$

für $a + 1 \le n \le b - 1$. Dann gilt

$$\left| \sum_{a < n \le b} e^{2\pi i f(n)} \right| \le \frac{1}{2} \left(\cot \frac{\pi}{2} \vartheta + \cot \frac{\pi}{2} \varphi \right). \tag{1.4}$$

Beweis. Wenn wir in der Exponentialsumme $f(n)$ durch $f(n) + nN$ ersetzen, so wird $\Delta f(n)$ durch $\Delta f(n) + N$ ersetzt. Das heißt aber, wir können ohne Beschränkung der Allgemeinheit $N = 0$ setzen. Weiter, ist $\Delta f(n)$ monoton fallend, so ist $1 - \Delta f(n) = \Delta(n - f(n))$ monoton wachsend und $0 < \varphi \le \Delta(n - f(n)) \le 1 - \vartheta < 1$.

Daher können wir auch ohne Beschränkung der Allgemeinheit annehmen, daß $\Delta f(n)$ monoton wachsend ist. Wir schreiben

$$
\begin{aligned}
S \; = \; & \sum_{a<n\leq b} e^{2\pi i f(n)} \\[2mm]
= \; & e^{2\pi i f(a+1)} + \sum_{n=a+2}^{b} \frac{e^{2\pi i f(n)}}{e^{2\pi i f(n)} - e^{2\pi i f(n-1)}} \left(e^{2\pi i f(n)} - e^{2\pi i f(n-1)} \right) \\[2mm]
= \; & e^{2\pi i f(a+1)} + \sum_{n=a+2}^{b} \frac{e^{\pi i \Delta f(n-1)}}{2i \sin \pi \Delta f(n-1)} \left(e^{2\pi i f(n)} - e^{2\pi i f(n-1)} \right) \\[2mm]
= \; & e^{2\pi i f(a+1)} + \frac{1}{2} \sum_{n=a+2}^{b} (1 - i \cot \pi \Delta f(n-1)) \left(e^{2\pi i f(n)} - e^{2\pi i f(n-1)} \right) \\[2mm]
= \; & \frac{1}{2} e^{2\pi i f(a+1)} (1 + i \cot \pi \Delta f(a+1)) + \frac{1}{2} e^{2\pi i f(b)} (1 - i \cot \pi \Delta f(b-1)) \\[2mm]
& + \frac{i}{2} \sum_{n=a+2}^{b-1} e^{2\pi i f(n)} (\cot \pi \Delta f(n) - \cot \pi \Delta f(n-1)).
\end{aligned}
$$

Folglich ist

$$
\begin{aligned}
2|S| \; \leq \; & |1 + i \cot \pi \Delta f(a+1)| + |1 - i \cot \pi \Delta f(b-1)| \\[2mm]
& + \sum_{n=a+2}^{b-1} |\cot \pi \Delta f(n) - \cot \pi \Delta f(n-1)|.
\end{aligned}
$$

Da $\Delta f(n)$ monoton wachsend ist, ist $\cot \pi \Delta f(n)$ monoton fallend. Wir können daher die Betragsstriche in der Summe auflösen.

$$
\begin{aligned}
2|S| \; \leq \; & \frac{1}{\sin \pi \Delta f(a+1)} + \frac{1}{\sin \pi \Delta f(b-1)} \\[2mm]
& + \sum_{n=a+2}^{b-1} (\cot \pi \Delta f(n-1) - \cot \pi \Delta f(n)) \\[2mm]
= \; & \frac{1 + \cos \pi \Delta f(a+1)}{\sin \pi \Delta f(a+1)} + \frac{1 - \cos \pi \Delta f(b-1)}{\sin \pi \Delta f(b-1)} \\[2mm]
= \; & \cot \frac{\pi}{2} \Delta f(a+1) + \tan \frac{\pi}{2} \Delta f(b-1) \\[2mm]
= \; & \cot \frac{\pi}{2} \Delta f(a+1) + \cot \frac{\pi}{2} (1 - \Delta f(b-1)) \\[2mm]
\leq \; & \cot \frac{\pi}{2} \vartheta + \cot \frac{\pi}{2} \varphi.
\end{aligned}
$$

Das ist die Ungleichung (1.4).

Beispiel. *Es sei $q \in \mathbb{N}, q \geq 3$. Dann ist*

$$
\left| \sum_{\sqrt{q}<n<q} e^{2\pi i \frac{n^2}{4q}} \right| < \sqrt{q}. \tag{1.5}
$$

Beweis. Wir wenden (1.4) an mit

$$a = [\sqrt{q}], \quad b = q - 1, \quad f(n) = \frac{n^2}{4q}, \quad \Delta f(n) = \frac{2n+1}{4q}.$$

Weiterhin erhalten wir

$$\vartheta = \frac{1}{2\sqrt{q}} < \Delta f(n) < \frac{1}{2} = \varphi.$$

Wegen $\cot \pi x < 1/\pi x$ für $0 < x < 1/2$ bekommen wir

$$\left| \sum_{\sqrt{q} < n < q} e^{2\pi i \frac{n^2}{4q}} \right| \leq \frac{1}{2} \left(\cot \frac{\pi}{4\sqrt{q}} + \cot \frac{\pi}{4} \right) < \frac{2\sqrt{q}}{\pi} + \frac{1}{2} < \sqrt{q}.$$

Ist $f(t)$ stetig differenzierbar, dann ist

$$\Delta f(n) = \int\limits_{n}^{n+1} f'(t) dt.$$

Nehmen wir $f'(t)$ als monoton an, so folgt hieraus sofort, daß auch $\Delta f(n)$ monoton ist. Ebenso folgt von einer Bedingung $N < N + \vartheta \leq f'(t) \leq N + 1 - \varphi < N + 1$ die entsprechende für $\Delta f(n)$. Man kann auch auf die Ganzzahligkeit von a, b verzichten. Damit ist folgendes Korollar klar.

    Korollar zu Satz 1.2 *Es sei f eine reelle, auf $[a, b]$ stetig differenzierbare Funktion, und $f'(t)$ sei monoton. Ist*

$$N < N + \vartheta \leq f'(t) \leq N + 1 - \varphi < N + 1,$$

$N \in \mathbb{Z}$, so gilt die Abschätzung (1.4) mit diesen Werten für ϑ und φ.

1.2   Der Satz von van der Corput

Wir betrachten wieder die Exponentialsumme (1.1). Im vorangegangenen Abschnitt erhielten wir für sie eine Abschätzung, indem wir eine Bedingung an die erste Differenz $\Delta f(n)$ stellten. Jetzt betrachten wir die zweite Differenz

$$\Delta^2 f(n) = \Delta\Delta f(n) = \Delta f(n+1) - \Delta f(n) = f(n+2) - 2f(n+1) + f(n).$$

Der folgende Satz 1.3 ist dann im allgemeinen nützlicher als Satz 1.2.

Hilfssatz 1.1 *Es bezeichne f eine reelle, zahlentheoretische Funktion. Es seien $a, b \in \mathbb{Z}$, $b \geq a + 3$, $a \geq 0$. Es sei $\Delta^2 f(n)$ für $a + 1 \leq n \leq b - 2$ stets positiv oder stets negativ. Weiterhin seien $N \in \mathbb{Z}$ und $0 < \lambda < 1/2$ mit*

$$N \leq \Delta f(n) \leq N + 1 \qquad \textit{für} \quad a + 1 \leq n \leq b - 1,$$

$$|\Delta^2 f(n)| \geq \lambda \qquad \text{für} \quad a+1 \leq n \leq b-2.$$

Dann ist

$$\left| \sum_{a<n\leq b} e^{2\pi i f(n)} \right| < \frac{5}{\sqrt{\lambda}}. \tag{1.6}$$

Beweis. Ohne Beschränkung der Allgemeinheit nehmen wir $\Delta^2 f(n) \geq \lambda > 0$ an, so daß $\Delta f(n)$ monoton wachsend ist. Es sei δ eine geeignete Zahl mit $0 < \delta < 1/2$, die später festgelegt wird. Wir zerlegen die Summe nach der Größe von $\Delta f(n)$.

$$S = \sum_{a<n\leq b} e^{2\pi i f(n)} = S_1 + S_2 + S_3 + e^{2\pi i f(b)}.$$

Dabei sei in der Summe S_1

$$N \leq \Delta f(n) \leq N + \delta \quad \text{für} \quad a+1 \leq n \leq a_1,$$

angenommen, entsprechend in der Summe S_2

$$N + \delta \leq \Delta f(n) \leq N + 1 - \delta \quad \text{für} \quad a_1 + 1 \leq n \leq b_1$$

und in der Summe S_3

$$N + 1 - \delta \leq \Delta f(n) \leq N + 1 \quad \text{für} \quad b_1 + 1 \leq n \leq b - 1.$$

Zur Abschätzung von S_2 verwenden wir Satz 1.2. Mit $0 < \vartheta = \varphi = \delta < 1/2$ sind alle Bedingungen erfüllt. Folglich ist

$$|S_2| \leq \cot \frac{\pi \delta}{2} < \frac{1}{\delta}.$$

Die Summe S_1 schätzen wir trivial ab. Wegen

$$\begin{aligned}
\delta \;\geq\; & \Delta f(a_1) - N \geq \Delta f(a_1) - \Delta f(a+1) \\
=\; & \sum_{n=a+1}^{a_1-1} (\Delta f(n+1) - \Delta f(n)) = \sum_{n=a+1}^{a_1-1} \Delta^2 f(n) \\
\geq\; & (a_1 - a - 1)\lambda
\end{aligned}$$

erhalten wir

$$|S_1| \leq a_1 - a \leq \frac{\delta}{\lambda} + 1.$$

Ebenso schätzen wir S_3 trivial ab. Hier ist

$$\begin{aligned}
\delta \;\geq\; & N + 1 - \Delta f(b_1+1) \geq \Delta f(b-1) - \Delta f(b_1+1) \\
=\; & \sum_{n=b_1+1}^{b-2} (\Delta f(n+1) - \Delta f(n)) = \sum_{n=b_1+1}^{b-2} \Delta^2 f(n) \\
\geq\; & (b - b_1 - 2)\lambda
\end{aligned}$$

und daher

$$|S_3| \leq b - b_1 - 1 \leq \frac{\delta}{\lambda} + 1.$$

Insgesamt bekommen wir für die Summe S

$$|S| < \frac{1}{\delta} + \frac{2\delta}{\lambda} + 3.$$

Setzen wir $\delta = \sqrt{\lambda/2}$, so ist wegen $\lambda < 1/2$ die Bedingung $\delta < 1/2$ erfüllt. Berücksichtigen wir noch, daß $\sqrt{2} < 1/\sqrt{\lambda}$ ist, so ist

$$|S| < \left(2 + \frac{3}{2}\right)\sqrt{\frac{2}{\lambda}} < \frac{5}{\sqrt{\lambda}}$$

Das ergibt (1.6).

Satz 1.3 *Es bezeichne f eine reelle, zahlentheoretische Funktion. Es seien $a, b \in \mathbb{Z}$, $b \geq a+3$, $a \geq 0$. Es sei $\Delta^2 f(n)$ stets positiv oder stets negativ. Ist $|\Delta^2 f(n)| \geq \lambda > 0$, so ist*

$$\left|\sum_{a<n\leq b} e^{2\pi i f(n)}\right| < |\Delta f(b-1) - \Delta f(a+1)|\frac{5}{\sqrt{\lambda}} + \frac{11}{\sqrt{\lambda}}. \qquad (1.7)$$

Ist überdies $|\Delta^2 f(n)| \leq c\lambda$ mit $c \geq 1$, so gilt

$$\left|\sum_{a<n\leq b} e^{2\pi i f(n)}\right| < 5c(b-a)\sqrt{\lambda} + \frac{11}{\sqrt{\lambda}}. \qquad (1.8)$$

Beweis. Wir können wieder ohne Beschränkung der Allgemeinheit $\Delta^2 f(n) \geq \lambda > 0$ annehmen, so daß $\Delta f(n)$ monoton wachsend ist. Zuerst betrachten wir den Fall $\lambda < 1/2$. Wir schreiben

$$|S| = \left|\sum_{a<n\leq b} e^{2\pi i f(n)}\right| \leq \left|\sum_{n=a+1}^{b-1} e^{2\pi i f(n)}\right| + 1$$

und zerlegen das Intervall $[a+1, b-1]$ in Teilintervalle $I(a)$, I_k, $I(b)$. Das Intervall $I(a)$ ist durch die Gültigkeit der Ungleichung

$$[\Delta f(a+1)] \leq \Delta f(n) \leq [\Delta f(a+1)] + 1$$

bestimmt, die Intervalle I_k durch

$$[\Delta f(a+1)] + k < \Delta f(n) \leq [\Delta f(a+1)] + k + 1$$

für $k = 1, 2, \ldots, [\Delta f(b-1)] - [\Delta f(a+1)] - 1$, und schließlich ist $I(b)$ gegeben durch

$$[\Delta f(b-1)] < \Delta f(n) \leq \Delta f(b-1).$$

In jedem Teilintervall können wir Hilfssatz 1.1 anwenden. Die Anzahl der Teilintervalle ist

$$[\Delta f(b-1)] - [\Delta f(a+1)] + 1 \le \Delta f(b-1) - \Delta f(a+1) + 2.$$

Unter Verwendung von (1.6) erhalten wir nun

$$|S| < (\Delta f(b-1) - \Delta f(a+1) + 2)\frac{5}{\sqrt{\lambda}} + 1.$$

Beachten wir noch $\lambda < 1/2$, so erhalten wir (1.7).

Für $\lambda \ge 1/2$ schätzen wir trivial ab. Wegen $b \ge a + 3$ ist

$$
\begin{aligned}
|S| &\le b - a \le (b - a - 2)3\sqrt{2\lambda} \\
&\le \frac{5}{\sqrt{\lambda}} \sum_{n=a+1}^{b-2} \Delta^2 f(n) \\
&= \frac{5}{\sqrt{\lambda}}(\Delta f(b-1) - \Delta f(a+1)).
\end{aligned}
$$

Damit ist (1.7) auch in diesem Fall richtig.

(1.8) folgt sofort aus (1.7) unter der genannten Bedingung und

$$
\begin{aligned}
\Delta f(b-1) - \Delta f(a+1) &= \sum_{n=a+1}^{b-2} \Delta^2 f(n) \\
&\le (b - a - 2)c\lambda < (b - a)c\lambda.
\end{aligned}
$$

Beispiel. Es sei ϑ eine positive Zahl und f eine reelle, zahlentheoretische Funktion mit $1 \le \Delta^2 f(n) \le c$. Dann erhalten wir aus (1.8)

$$\left| \sum_{a < n \le b} e^{2\pi i \vartheta f(n)} \right| < 5c(b - a)\sqrt{\vartheta} + \frac{11}{\sqrt{\vartheta}}.$$

Ist insbesondere $f(n) = n^2/2$, so haben wir $c = 1$ und

$$\left| \sum_{a < n \le b} e^{\pi i \vartheta n^2} \right| < 5(b - a)\sqrt{\vartheta} + \frac{11}{\sqrt{\vartheta}}.$$

Ist f zweimal stetig differenzierbar, so ist

$$\Delta^2 f(n) = \int_n^{n+1} dt \int_t^{t+1} f''(\tau)d\tau.$$

Nehmen wir $|f''(t)| \ge \lambda > 0$ an, so folgt sogleich, daß $f''(t)$ und damit auch $\Delta^2 f(n)$ stets positiv oder stets negativ sind und $|\Delta^2 f(n)| \ge \lambda$. Analog folgt $|\Delta^2 f(n)| \le c\lambda$

aus $|f''(t)| \leq c\lambda$. Daher ist folgendes Korollar, welches Satz von VAN DER CORPUT genannt wird, offensichtlich. Übrigens kann man auf die Ganzzahligkeit von a, b und die Bedingung $a \geq 0$ verzichten.

Korollar zu Satz 1.3 *Es sei f eine reelle, zweimal stetig differenzierbare Funktion auf $[a, b]$, und es sei $|f''(t)| \geq \lambda > 0$. Dann ist*

$$\left| \sum_{a < n \leq b} e^{2\pi i f(n)} \right| < |f'(b) - f'(a)| \frac{5}{\sqrt{\lambda}} + \frac{11}{\sqrt{\lambda}}. \tag{1.9}$$

Ist außerdem $|f''(t)| \leq c\lambda$ mit $c \geq 1$, so ist

$$\left| \sum_{a < n \leq b} e^{2\pi i f(n)} \right| < 5c(b - a)\sqrt{\lambda} + \frac{11}{\sqrt{\lambda}}. \tag{1.10}$$

1.3   Die Fehlerfunktion

Es seien $\alpha, \beta \in \mathbb{R}$, $\alpha < \beta$. Es bezeichne N die Anzahl der ganzen Zahlen mit $\alpha < n \leq \beta$. Dann ist N ungefähr $\beta - \alpha$. Genauer ist

$$N = [\beta] - [\alpha] = \beta - \alpha - \left(\beta - [\beta] - \frac{1}{2} \right) + \left(\alpha - [\alpha] - \frac{1}{2} \right).$$

Folglich charakterisiert

$$\psi(t) = t - [t] - \frac{1}{2} \qquad (t \in \mathbb{R}),$$

den Fehler, den wir begehen, wenn wir N durch $\beta - \alpha$ ersetzen. Sie stellt eine wichtige Funktion in der Gitterpunkttheorie dar. Deswegen übersetzen wir die Sätze über Exponentialsummen in Sätze über die Fehlerfunktion ψ. Übrigens besitzt diese Funktion die FOURIER-Entwicklung

$$\psi(t) = -\frac{1}{\pi} \sum_{n=1}^{\infty} \frac{1}{n} \sin 2\pi nt.$$

Diese Reihe konvergiert gleichmäßig in jedem abgeschlossenen Intervall, welches keine ganze Zahl enthält. Sie konvergiert auch für ganze Zahlen, stellt dort aber den Wert 0 dar, während $\psi(k) = -1/2$ für $k \in \mathbb{Z}$. Insgesamt stellen wir fest:

Hilfssatz 1.2 *Die Reihe*

$$\sum_{n=1}^{\infty} \frac{1}{n} \sin 2\pi nt$$

konvergiert in jedem abgeschlossenen Intervall, welches keine ganze Zahl enthält, gleichmäßig. Ihre Partialsummen

$$s_N(t) = \sum_{n=1}^{N} \frac{1}{n} \sin 2\pi nt$$

sind für alle t gleichmäßig beschränkt.

Beweis. Es sei $t \notin \mathbb{Z}$. Dann ist für $0 < n_1 < n_2$ und $n_2 - n_1 = M$

$$\left| \sum_{n=n_1}^{n_2} e^{2\pi int} \right| = \left| \sum_{n=0}^{M} e^{2\pi int} \right| = \left| \frac{1 - e^{2\pi i(M+1)t}}{1 - e^{2\pi it}} \right|$$

$$\leq \frac{2}{|1 - e^{2\pi it}|} = \frac{1}{|\sin \pi t|}$$

und daher

$$\left| \sum_{n=n_1}^{n_2} \sin 2\pi nt \right| \leq \frac{1}{|\sin \pi t|}.$$

Nunmehr folgt durch partielle Summation

$$\left| \sum_{n=N+1}^{N+k} \frac{1}{n} \sin 2\pi nt \right| \leq \frac{1}{N|\sin \pi t|}$$

und mit $k \to \infty$

$$\left| \sum_{n>N} \frac{1}{n} \sin 2\pi nt \right| \leq \frac{1}{N|\sin \pi t|}.$$

In jedem abgeschlossenen Intervall, welches keine ganze Zahl enthält, ist die rechte Seite dieser Ungleichung beschränkt. Folglich konvergiert die Reihe dort gleichmäßig.

Zum Nachweis der gleichmäßigen Beschränktheit der Partialsummen können wir wieder $t \notin \mathbb{Z}$ annehmen, da für ganzzahlige t diese Summen gleich 0 sind. Ist

$$|\sin \pi t| \leq \frac{1}{N},$$

so folgt durch Induktion

$$|\sin \pi nt| \leq \frac{n}{N}.$$

Deshalb ist

$$\left| \sum_{n>N} \frac{1}{n} \sin 2\pi nt \right| = \left| \left\{ \sum_{n=1}^{\infty} - \sum_{n=1}^{N} \right\} \frac{1}{n} \sin 2\pi nt \right|$$

$$\leq \pi |\psi(t)| + \sum_{n=1}^{N} \frac{1}{N} \leq 3$$

und

$$|s_N(t)| = \left| \left\{ \sum_{n=1}^{\infty} - \sum_{n>N} \right\} \frac{1}{n} \sin 2\pi nt \right| \leq \pi |\psi(t)| + 3 < 5.$$

Dies zeigt die gleichmäßige Beschränktheit der Partialsummen.

Hilfssatz 1.3 *Es bezeichne f eine reelle, zahlentheoretische Funktion, a, b ganze Zahlen mit $0 \leq a < b$ und z eine reelle Zahl mit $z > 1$. Dann ist*

$$\left| \sum_{a < n \leq b} \psi(f(n)) \right| \leq \frac{b-a}{2\pi z} + \frac{1}{\pi} \sum_{\nu=1}^{\infty} \min\left(\frac{1}{\nu}, \frac{z}{\nu^2} \right) \left| \sum_{a < n \leq b} e^{2\pi i \nu f(n)} \right|. \tag{1.11}$$

Beweis. Wegen

$$\psi(x) \leq \psi(x - y) + y$$

für $x > y \geq 0$ ist

$$\psi(x) = \pi z \int\limits_0^{1/\pi z} \psi(x) dy \leq \pi z \int\limits_0^{1/\pi z} \psi(x - y) dy + \frac{1}{2\pi z}.$$

Mit Hilfe der FOURIER-Entwicklung von $\psi(t)$ erhalten wir

$$\psi(x) \leq \frac{1}{2\pi z} - \frac{1}{2\pi i} \sum_{\nu=1}^{\infty} \left(c_\nu e^{2\pi i \nu x} + c_{-\nu} e^{-2\pi i \nu x} \right) \tag{1.12}$$

mit

$$c_\mu = \frac{\pi z}{\mu} \int\limits_0^{1/\pi z} e^{-2\pi i \mu y} dy = \frac{z}{\mu^2} e^{-i \frac{\mu}{z}} \sin \frac{\mu}{z}.$$

Analog ist

$$\psi(x) \geq \psi(x + y) - y$$

für $x, y \geq 0$. Daher ist

$$\psi(x) \geq -\frac{1}{2\pi z} + \frac{1}{2\pi i} \sum_{\nu=1}^{\infty} \left(c_\nu e^{-2\pi i \nu x} + c_{-\nu} e^{2\pi i \nu x} \right). \tag{1.13}$$

Wir setzen jetzt $x = f(n)$ in (1.12) und (1.13) und bilden die Summe über $\psi(f(n))$. Die Abschätzung

$$|c_\mu| \leq \min\left(\frac{1}{|\mu|}, \frac{z}{\mu^2} \right)$$

führt dann zu (1.11).

Satz 1.4 *Es seien $a, b \in \mathbb{Z}$ mit $0 \leq a < b$ und f eine reelle, zahlentheoretische Funktion. Es sei $\Delta^2 f(n)$ für $a + 1 \leq n \leq b - 2$ stets positiv oder stets negativ. Ist $|\Delta^2 f(n)| \geq \lambda > 0$, dann ist*

$$\left| \sum_{a < n \leq b} \psi(f(n)) \right| < \frac{11}{2} |\Delta f(b-1) - \Delta f(a+1)| \lambda^{-\frac{2}{3}} + \frac{11}{\sqrt{\lambda}}. \tag{1.14}$$

Ist überdies $|\Delta^2 f(n)| \leq c\lambda$, so ist

$$\left| \sum_{a < n \leq b} \psi(f(n)) \right| < 6c(b-a) \lambda^{\frac{1}{3}} + \frac{11}{\sqrt{\lambda}}. \tag{1.15}$$

Beweis. Wir erhalten aus (1.7)

$$\left| \sum_{a<n\leq b} e^{2\pi i \nu f(n)} \right| < |\Delta f(b-1) - \Delta f(a+1)| 5\sqrt{\frac{\nu}{\lambda}} + \frac{11}{\sqrt{\nu\lambda}}$$

und aus (1.11)

$$\begin{aligned}
\left| \sum_{a<n\leq b} \psi(f(n)) \right| &\leq \frac{b-a}{2\pi z} + \frac{1}{\pi} \sum_{\nu=1}^{\infty} \min\left(\frac{1}{\nu}, \frac{z}{\nu^2}\right) \cdot \\
&\quad \cdot \left(|\Delta f(b-1) - \Delta f(a+1)| 5\sqrt{\frac{\nu}{\lambda}} + \frac{11}{\sqrt{\nu\lambda}} \right) \\
&\leq \frac{b-a}{2\pi z} + |\Delta f(b-1) - \Delta f(a+1)| \frac{5}{\pi\sqrt{\lambda}} \cdot \\
&\quad \cdot \left(\sum_{1\leq\nu\leq z} \frac{1}{\sqrt{\nu}} + \sum_{\nu>z} \frac{z}{\nu^{\frac{3}{2}}} \right) + \frac{11}{\pi\sqrt{\lambda}} \sum_{\nu=1}^{\infty} \frac{1}{\nu^{\frac{3}{2}}} \\
&< \frac{b-a}{2\pi z} + |\Delta f(b-1) - \Delta f(a+1)| \frac{5}{\pi\sqrt{\lambda}} \cdot \\
&\quad \cdot \left(\int_0^z \frac{1}{\sqrt{t}}\, dt + \int_z^{\infty} \frac{z}{t^{\frac{3}{2}}}\, dt \right) + \frac{11}{\pi\sqrt{\lambda}} \left(1 + \int_1^{\infty} \frac{1}{t^{\frac{3}{2}}}\, dt \right) \\
&= \frac{b-a}{2\pi z} + |\Delta f(b-1) - \Delta f(a+1)| \frac{20}{\pi} \sqrt{\frac{z}{\lambda}} + \frac{33}{\pi\sqrt{\lambda}}.
\end{aligned}$$

Wegen

$$|\Delta f(b-1)| - \Delta f(a+1)| = \sum_{n=a+1}^{b-1} |\Delta^2 f(n)| \geq (b-a-1)\lambda \geq \frac{2}{3}(b-a)\lambda$$

erhalten wir

$$\left| \sum_{a<n\leq b} \psi(f(n)) \right| < |\Delta f(b-1) - \Delta f(a+1)| \left(\frac{3}{4\pi\lambda z} + \frac{20}{\pi}\sqrt{\frac{z}{\lambda}} \right) + \frac{33}{\pi\sqrt{\lambda}}.$$

Jetzt setzen wir

$$z = \frac{3}{5}\lambda^{-\frac{1}{3}},$$

wobei wir $\lambda < 3^3/5^3$ annehmen müssen, und erhalten

$$\begin{aligned}
\left| \sum_{a<n\leq b} \psi(f(n)) \right| &< |\Delta f(b-1) - \Delta f(a+1)| \left(\frac{5}{4\pi} + \frac{20}{\pi}\sqrt{\frac{3}{5}} \right) \lambda^{-\frac{2}{3}} + \frac{33}{\pi\sqrt{\lambda}} \\
&< \frac{11}{2}|\Delta f(b-1) - \Delta f(a+1)|\lambda^{-\frac{2}{3}} + \frac{11}{\sqrt{\lambda}}.
\end{aligned}$$

Das ist (1.14) in diesem Fall.

Für $\lambda \geq 3^3/5^3$ erhalten wir auf triviale Weise

$$\left| \sum_{a<n\leq b} \psi f(n)) \right| \leq b - a \leq (b-a-2)3 \left(\frac{5^3\lambda}{3^3} \right)^{\frac{1}{3}}$$

$$\leq 5\lambda^{-\frac{2}{3}} \sum_{n=a+1}^{b-2} |\Delta^2 f(n)|$$

$$= 5\lambda^{-\frac{2}{3}} |\Delta f(b-1) - \Delta f(a+1)|.$$

Im Fall $|\Delta^2 f(n)| \leq c\lambda$ haben wir

$$|\Delta f(b-1) - \Delta f(a+1)| \leq (b-a)c\lambda,$$

und (1.15) folgt dann sofort.

Im nächsten Satz geben wir eine etwas angenehmere Gestalt des Satzes 1.4, welche sich besser für die Anwendungen eignet.

Satz 1.5 *Es seien $a, b \in \mathbb{Z}$ mit $0 \leq a < b$ und f eine reelle, zahlentheoretische Funktion. Es sei $\Delta^2 f(n)$ für $a + 1 \leq n \leq b - 2$ monoton und stets positiv oder stets negativ. Dann ist*

$$\left| \sum_{a<n\leq b} \psi(f(n)) \right| \leq$$

$$\leq 6 \sum_{n=a+1}^{b-2} |\Delta^2 f(n)|^{\frac{1}{3}} + 175 \max \left(\frac{1}{\sqrt{|\Delta^2 f(a+1)|}}, \frac{1}{\sqrt{|\Delta^2 f(b-2)|}} \right) + 2. \qquad (1.16)$$

Beweis. Wir nehmen ohne Beschränkung der Allgemeinheit an, daß $|\Delta^2 f(n)|$ monoton wachsend ist. Wir zerlegen das Intervall $(a, b]$ in Teilintervalle $(n_\nu, n_{\nu+1}]$ $(\nu = 0, 1, \ldots, N - 1; n_\nu \in \mathbb{Z})$ und $(n_N, b]$, so daß $n_0 = a$, $n_{\nu+1} \geq n_\nu + 3$ und mit einer geeigneten Konstanten $c > 1$

$$c^\nu |\Delta^2 f(a+1)| \leq |\Delta^2 f(n)| \leq c^{\nu+1} |\Delta^2 f(a+1)| \leq |\Delta^2 f(b-2)| \qquad (1.17)$$

für $n_\nu < n \leq n_{\nu+1}$ sind. Dabei ist

$$N = \left[\frac{\log |\Delta^2 f(b-2)| - \log |\Delta^2 f(a+1)|}{\log c} \right].$$

Dann erhalten wir aus (1.14)

$$\left| \sum_{a<n\leq b} \psi(f(n)) \right| = \left| \sum_{\nu=0}^{N-1} \sum_{n_\nu<n\leq n_{\nu+1}} \psi(f(n)) + \sum_{n_N<n\leq b} \psi(f(n)) \right|$$

$$< \frac{11}{2} \sum_{\nu=0}^{N-1} \frac{|\Delta f(n_{\nu+1}-1) - \Delta f(n_\nu+1)|}{(c^\nu|\Delta^2 f(a+1)|)^{2/3}} + 2$$

$$+ \frac{11}{2} \frac{|\Delta f(b-1) - \Delta f(n_N+1|)}{(c^N|\Delta^2 f(a+1)|)^{2/3}} + \sum_{\nu=0}^{N} \frac{11}{\sqrt{c^\nu|\Delta^2 f(a+1)|}}.$$

Die 2 erscheint in der Abschätzung, falls $b < n_N + 3$ sein sollte. Hier schätzen wir die kleine Summe trivial ab. Wegen (1.17) erhalten wir dann

$$\left| \sum_{a<n\leq b} \psi(f(n)) \right| < \frac{11}{2} \sum_{\nu=0}^{N-1} (c^\nu|\Delta^2 f(a+1)|)^{-\frac{2}{3}} \sum_{n=n_\nu+1}^{n_{\nu+1}-2} |\Delta^2 f(n)| + 2$$

$$+ \frac{11}{2} (c^N|\Delta^2 f(a+1)|)^{-\frac{2}{3}} \sum_{n=n_N+1}^{b-2} |\Delta^2 f(n)|$$

$$+ \sum_{\nu=0}^{\infty} \frac{11}{\sqrt{c^\nu|\Delta^2 f(a+1)|}}$$

$$< \frac{11}{2} c^{\frac{2}{3}} \sum_{\nu=0}^{N-1} \sum_{n=n_\nu+1}^{n_{\nu+1}} |\Delta^2 f(n)|^{\frac{1}{3}} + 2$$

$$+ \frac{11}{2} c^{\frac{2}{3}} \sum_{n=n_N+1}^{b-2} |\Delta^2 f(n)|^{\frac{1}{3}} + \frac{\sqrt{c}}{\sqrt{c}-1} \frac{11}{\sqrt{|\Delta^2 f(a+1)|}}.$$

Wir wählen jetzt

$$c = \left(\frac{12}{11} \right)^{\frac{3}{2}},$$

damit der erste Koeffizient hinreichend klein ausfällt. Daraus folgt (1.16) bei monoton wachsendem $|\Delta^2 f(n)|$. Bei monoton fallendem $|\Delta^2 f(n)|$ erscheint dann die zweite Wurzel in (1.16).

Beispiel. Ein Gitterpunktproblem I. Wir betrachten eine Funktion $t \mapsto f(t)$ im Intervall $0 \leq t \leq 1$ mit $f(t) \geq 0$. Es sei x ein großer positiver Parameter und $0 < a \leq 1$. Wir wollen die Anzahl der Lösungen der Ungleichungen

$$0 \leq m \leq xf\left(\frac{n}{x}\right), \qquad 0 < n \leq ax$$

in ganzen Zahlen m und n abschätzen. Mit anderen Worten: Wir wollen die Anzahl $A(x)$ der Gitterpunkte (m,n), $m,n \in \mathbb{Z}$, unter der Kurve $y = xf(z/x)$ in dem Interval $0 < z \leq ax$ abschätzen. Aus Gründen der Zweckmäßigkeit werden wir die Punkte mit $m = 0$ nur mit dem Faktor $1/2$ in Anrechnung bringen. Dies Problem ist sehr einfach zu lösen.

$$A(x) = \sum_{0<n\leq ax} \left(\frac{1}{2} + \sum_{1\leq m\leq xf(n/x)} 1 \right)$$

$$= \sum_{0<n\leq ax} \left(\left[xf\left(\frac{n}{x}\right)\right] + \frac{1}{2} \right)$$

$$= x \sum_{0<n\leq ax} f\left(\frac{n}{x}\right) - \sum_{0<n\leq ax} \psi\left(xf\left(\frac{n}{x}\right)\right).$$

Die erste Summe nennen wir das *Hauptglied*, die zweite Summe das *Restglied*. Nehmen wir noch an, daß die Funktion $t \mapsto f(t)$ monoton fallend ist mit $f(a) > 0$, so erhalten wir für das Hauptglied

$$f(a)x(ax-1) \leq x \sum_{0<n\leq ax} f\left(\frac{n}{x}\right) < f(0)ax^2,$$

so daß es die genaue Größenordnung x^2 hat. Das Restglied können wir nur trivial abschätzen, wenn wir keine weiteren Informationen über die Funktion f haben. Folglich erhalten wir das Resultat

$$\left| A(x) - x \sum_{0<n\leq ax} f\left(\frac{n}{x}\right) \right| \leq \frac{ax}{2}.$$

Haben wir Kenntnis über das Wachstumsverhalten der zweiten Differenzen von $f(t)$, so können wir ein viel besseres Resultat erzielen.

Beispiel. Ein Gitterpunktproblem II. *Die Funktionen $t \mapsto f_k(t)$ $(k = 2,3,\ldots)$ seien definiert auf $[0,1]$, und es sei $f_k(t) > 0$ für $0 \leq t < 1$. Es sei x ein großer positiver Parameter und $0 < a \leq 1$. Es bezeichne $A_k(x)$ die Anzahl der Gitterpunkte $(m,n) \in \mathbb{Z}^2$ mit*

$$0 \leq m \leq xf_k\left(\frac{n}{x}\right), \qquad 0 < n \leq ax,$$

wobei die Punkte mit $m = 0$ den Faktor $1/2$ erhalten. Es sei durchweg

$$\Delta f_k\left(\frac{n}{x}\right) \leq 0, \qquad \Delta^2 f_k\left(\frac{n}{x}\right) < 0$$

Darüber hinaus sei mit $c_k \geq 1$

$$\frac{n^{k-2}}{x^k} \leq -\Delta^2 f_k\left(\frac{n}{x}\right) \leq c_k \frac{n^{k-2}}{x^k}.$$

und $\Delta^2 f_k(\frac{n}{x})$ monoton fallend für $k \geq 3$. Dann ist

$$\left| A_2(x) - x \sum_{0<n\leq ax} f_2\left(\frac{n}{x}\right) \right| < 6c_2 x^{\frac{2}{3}} + 11x^{\frac{1}{2}}, \tag{1.18}$$

$$\left| A_k(x) - x \sum_{0<n\leq ax} f_k\left(\frac{n}{x}\right) \right| < 2(175)^{\frac{2}{k}} x^{1-\frac{1}{k}} + 6c_k^{\frac{1}{3}} x^{\frac{2}{3}} + 2 \tag{1.19}$$

für $k \geq 3$.

Beweis. Wir erhalten auf die gleiche Art wie vorher

$$A_k(x) = x \sum_{0<n\leq ax} f_k\left(\frac{n}{x}\right) - \sum_{0<n\leq ax} \psi\left(xf_k\left(\frac{n}{x}\right)\right),$$

worin das Hauptglied wieder von der Größenordnung x^2 ist.

Zunächst sei $k = 2$. Hier sind die Bedingungen der Abschätzung (1.15) erfüllt mit $b - a \leq x$, $\lambda = 1/x$ und $c = c_2$. Daher folgt (1.18) sofort aus (1.15).

Im Fall $k > 2$ ist Satz 1.4 auf unser Problem nicht anwendbar, da die zweiten Differenzen von $f_k(n/x)$ nicht für alle n von der gleichen Größenordnung sind. Wir spalten das Restglied in zwei Teilsummen

$$S_1 = \sum_{0<n\leq y} \psi\left(xf_k\left(\frac{n}{x}\right)\right),$$

$$S_2 = \sum_{y<n\leq ax} \psi\left(xf_k\left(\frac{n}{x}\right)\right)$$

auf, worin y eine gewisse positive Größe darstellt. Die erste Summe S_1 schätzen wir trivial durch

$$|S_1| \leq y$$

ab. Die zweite Summe S_2 schätzen wir mit Hilfe von (1.16) ab. Dann ist

$$|S_2| \leq 6c_k^{\frac{1}{3}} \sum_{y<n\leq ax} n^{\frac{k-2}{3}} x^{\frac{1-k}{3}} + 175 x^{\frac{k-1}{2}} y^{-\frac{k-2}{2}} + 2$$

$$< 6c_k^{\frac{1}{3}} x^{\frac{2}{3}} + 175 x^{\frac{k-1}{2}} y^{-\frac{k-2}{2}} + 2.$$

Setzen wir $y = (175)^{\frac{2}{k}} x^{1-1/k}$, so erhalten wir

$$|S_1 + S_2| \leq |S_1| + |S_2| < 6c_k^{\frac{1}{3}} x^{\frac{2}{3}} + 2(175)^{\frac{2}{k}} x^{1-\frac{1}{k}} + 2,$$

und daraus folgt (1.19).

Die beiden folgenden Korollare erhalten wir genauso wie früher. Dabei müssen wiederum a, b nicht notwendig ganzzahlig und $a \geq 0$ sein.

Korollar zu Satz 1.4. *Es sei f eine reelle, zweimal stetig differenzierbare Funktion auf $[a, b]$, und es sei $|f''(t)| \geq \lambda > 0$. Dann ist*

$$\left|\sum_{a<n\leq b} \psi(f(n))\right| < \frac{11}{2}|f'(b) - f'(a)|\lambda^{-\frac{2}{3}} + \frac{11}{\sqrt{\lambda}}. \tag{1.20}$$

Ist darüberhinaus $|f''(t)| \leq c\lambda$ mit $c \geq 1$, so ist

$$\left|\sum_{a<n\leq b} \psi(f(n))\right| < 6c(b - a)\lambda^{\frac{1}{3}} + \frac{11}{\sqrt{\lambda}}. \tag{1.21}$$

Korollar zu Satz 1.5. *Es sei f eine reelle, zweimal stetig differenzierbare Funktion auf $[a, b]$. Weiter sei $f''(t)$ monoton und stets positiv oder stets negativ. Dann ist*

$$\left| \sum_{a < n \le b} \psi(f(n)) \right| < 6 \int_a^b |f''(t)|^{\frac{1}{3}}\, dt + 175 \max \left(\frac{1}{\sqrt{|f''(a)|}}, \frac{1}{\sqrt{|f''(b)|}} \right) + 2. \qquad (1.22)$$

1.4 Anmerkungen

Die Frage der Abschätzung der Exponentialsumme (1.1) mit Hilfe von Bedingungen an die ersten Differenzen von $f(n)$ hat eine ganze Reihe von Mathematikern beschäftigt, wie etwa J. G. VAN DER CORPUT, V. JARNIK, R. KUSMIN, E. LANDAU, J. POPKEN. Man vergleiche hierzu J. F. KOKSMA [37]. Das Ergebnis (1.4) stammt in dieser Form von J. Karamata und M. Tomic [34]. Der Spezialfall $\varphi = \vartheta$ wurde schon von E. LANDAU bewiesen. Er zeigte darüberhinaus, daß dieses Resultat bestmöglich ist. Alle Abschätzungen wurden auf geometrischer Grundlage erzielt, abgesehen von E. LANDAU, der das geometrische Argument durch eine Transformation von Reihen ersetzte. Der Beweis von (1.4) folgt einer Idee von L. J. MORDELL [58].

Den Satz von VAN DER CORPUT (Formel (1.9)) für differenzierbare Funktionen kann man in mehreren Büchern finden. Es ist interessant, daß man ihn sogar für Folgen beweisen kann, wie hier erstmals geschehen.

Eine einfache Einführung in die Theorie der Exponentialsummen kann man finden bei N. M. KOROBOV [38]. Weiterhin nehme man Einblick bei M. N. HUXLEY [31], S. W. GRAHAM und G. KOLESNIK [17] und E. KRÄTZEL [47].

Kapitel 2

Reziprozitätsgesetze

Ausgangspunkt dieses Kapitels ist das berühmte *quadratische Reziprozitätsgesetz* der elementaren Zahlentheorie, das als bekannt vorausgesetzt wird. Es wurde von L. EULER in den Jahren 1744 - 1746 auf Grund riesigen Zahlenmaterials gefunden und von A. M. LEGENDRE 1785 wieder entdeckt. Der erste vollständige Beweis aber gelang C. F. GAUSS 1796 mit Hilfe eines komplizierten Induktionsschlusses. Um die Natur des Gesetzes besser verstehen zu können, arbeiteten C. F. GAUSS selbst und viele andere Mathematiker zahlreiche weitere Beweise aus. Die Entwicklung neuer Ideen kulminierte innerhalb der algebraischen Zahlentheorie im allgemeinen Reziprozitätsgesetz von E. ARTIN. Es würde den Rahmen dieses Buches sprengen, näher darauf einzugehen.

Unser Anliegen ist es, das quadratische Reziprozitätsgesetz von der *analytischen Seite* her zu beleuchten. Hierzu eignet sich die JACOBIsche Thetafunktion, die als holomorphe Funktion in einer Halbebene der komplexen Ebene definiert ist. Im Zusammenhang mit dem Nachweis der Unmöglichkeit ihrer analytischen Fortsetzung in die andere Halbebene stößt man zwangsläufig auf gewisse vollständige Exponentialsummen, die sogenannten GAUSSschen Summen. Andererseits genügt die Thetafunktion einer Funktionalgleichung, die man auch als Reziprozitätsgesetz ansprechen kann. Von daher gelangt man zu einem Reziprozitätsgesetz für die GAUSSschen Summen, das dann leicht in dasjenige für die quadratischen Reste übergeleitet werden kann.

Eine weitere Möglichkeit, das Reziprozitätsgesetz vom Verhalten analytischer Funktionen her zu verstehen, besteht in der Untersuchung der DEDEKINDschen Etafunktion, die mit der JACOBIschen Thetafunktion eng verwandt ist. Die hier zwangsläufig zugeordneten DEDEKINDschen Summen sind sogar von ganz elementarer Natur.

2.1 Gaußsche Summen

Es ist wohlbekannt, daß eine allgemeine quadratische Kongruenz

$$ax^2 + bx + c \equiv 0 \pmod{m},$$

$a, b, c \in \mathbb{Z}, m \in \mathbb{N}, a \not\equiv 0 \pmod{m}$ zurückgeführt werden kann auf Kongruenzen

$$x^2 \equiv n \pmod{p^\nu}$$

mit Primzahlenpotenzen p^ν und einer ganzen Zahl n. Ist $p = 2$, so ist die Kongruenz ganz einfach. Ist p eine ungerade Primzahl, so hat diese Kongruenz entweder keine oder genau 2 Lösungen. Mehr noch: Ist n quadratischer Rest modulo p, so auch modulo p^ν und umgekehrt. Es genügt also, die Kongruenz

$$x^2 \equiv n \pmod{p}$$

bezüglich einer ungeraden Primzahl zu betrachten. Es entstehen zwei Fragen: Erstens sei eine Primzahl p gegeben. Wir fragen nach den quadratischen Resten n. Die Antwort ist einfach. Es gibt genau $(p-1)/2$ quadratische Reste im primen Restsystem modulo p. Sie sind gegeben durch

$$n \equiv 1^2, 2^2, \ldots, \left(\frac{p-1}{2}\right)^2 \pmod{p}.$$

Viel wichtiger ist aber die zweite Frage: Welche Primzahlen p haben die Eigenschaft, daß n quadratischer Rest oder Nicht-Rest ist? Die Antwort wird über das quadratische Reziprozitätsgesetz gefunden. Zu diesem Zweck wird das LEGENDRE-Symbol für ganze Zahlen n und ungerade Primzahlen p, die keine Teiler von n sind, eingeführt.

$$\left(\frac{n}{p}\right) \;=\; +1, \quad \text{wenn} \quad n \quad \text{quadratischer Rest modulo} \quad p \quad \text{ist,}$$

$$\left(\frac{n}{p}\right) \;=\; -1, \quad \text{wenn} \quad n \quad \text{quadratischer Nicht-Rest modulo} \quad p \quad \text{ist.}$$

Zur Berechnung des LEGENDRE-Symbols bemerken wir sofort die einfachen Eigenschaften

$$\left(\frac{m}{p}\right) \;=\; \left(\frac{n}{p}\right) \quad \text{für} \quad m \equiv n \pmod{p},$$

$$\left(\frac{n^2}{p}\right) \;=\; +1.$$

Das erste nicht-triviale Ergebnis wird im EULERschen Kriterium ausgesprochen. Es ist

$$\left(\frac{n}{p}\right) \equiv n^{\frac{p-1}{2}} \pmod{p},$$

woraus sich sofort die Eigenschaften

$$\left(\frac{mn}{p}\right) = \left(\frac{m}{p}\right)\left(\frac{n}{p}\right) \quad \text{für} \quad (mn, p) = 1,$$

$$\left(\frac{-1}{p}\right) = (-1)^{\frac{p-1}{2}}, \qquad \left(\frac{2}{p}\right) = (-1)^{\frac{p^2-1}{8}}$$

ableiten. Außerordentlich schwierig gestaltet sich ein Beweis des Fundamentalsatzes der quadratischen Reste:

Quadratisches Reziprozitätsgesetz. *Sind p, q verschiedene, ungerade Primzahlen, so ist*

$$\left(\frac{p}{q}\right)\left(\frac{q}{p}\right) = (-1)^{\frac{p-1}{2}\frac{q-1}{2}}. \tag{2.1}$$

Wir wollen uns diesem Gesetz dadurch nähern, daß wir jedem Wert des LEGENDRE-Symbols im primen Restsystem modulo p eine Exponentialsumme

$$S_{a,p} = \sum_{k=1}^{p-1} \left(\frac{k}{p}\right) e^{2\pi i \frac{ak}{p}}, \qquad a \in \mathbb{Z}, \quad (a,p) = 1 \tag{2.2}$$

zuordnen. Wir bringen diese Summe in eine andere Gestalt, indem wir berücksichtigen, daß $\left(\frac{r}{p}\right) = +1$ für quadratische Reste r und $\left(\frac{n}{p}\right) = -1$ für quadratische Nicht-Reste n sind. Daher ist

$$S_{a,p} = \sum_r e^{2\pi i \frac{ar}{p}} - \sum_n e^{2\pi i \frac{an}{p}}.$$

Wegen

$$\sum_{m=0}^{p-1} e^{2\pi i \frac{am}{p}} = 1 + \sum_r e^{2\pi i \frac{ar}{p}} - \sum_n e^{2\pi i \frac{an}{p}} = 0$$

erhalten wir

$$S_{a,p} = 1 + 2\sum_r e^{2\pi i \frac{ar}{p}}.$$

Da jede quadratische Kongruenz

$$x^2 \equiv r \pmod{p}$$

genau 2 Lösungen

$$x \equiv \pm m \pmod{p}$$

hat, erhalten wir

$$S_{a,p} = 1 + \sum_{m=1}^{p-1} e^{2\pi i \frac{a}{p} m^2} = \sum_{m=0}^{p-1} e^{2\pi i \frac{a}{p} m^2}. \tag{2.3}$$

Diese Darstellung nehmen wir zum Anlaß, allgemein die GAUSSschen Summen einzuführen.

Es seien $a \in \mathbb{Z}$, $b \in \mathbb{N}$, $(a,b) = 1$. Die quadratischen GAUSSschen Summen werden definiert duch

$$S(a,b) = \sum_{n \bmod b} e^{2\pi i \frac{a}{b} n^2},$$

wobei die Summe über ein beliebiges vollständiges Restsystem modulo b erstreckt ist.

Die GAUSSschen Summen erfüllen ein Reziprozitätsgesetz, aus dem dasjenige für die quadratische Reste hergeleitet werden kann. Es gibt mehrere Beweise für das Reziprozitätsgesetz der GAUSSschen Summen. Wir werden vier Varianten vorstellen. Zunächst beginnen wir mit der Berechnung von $S(a, b)$.

Satz 2.1

$$|S(a,b)| = \begin{cases} \sqrt{b} & \text{für} \quad b \equiv 1 \pmod 2, \\ \sqrt{2b} & \text{für} \quad b \equiv 0 \pmod 4, \\ 0 & \text{für} \quad b \equiv 2 \pmod 4. \end{cases} \tag{2.4}$$

Beweis. Es ist

$$|S(a,b)|^2 = \sum_{m \bmod b} \sum_{n \bmod b} e^{2\pi i \frac{a}{b}(m^2 - n^2)}.$$

Wir setzen $m = n + k$. Bei festem n durchläuft mit m auch k ein vollständiges Restsystem modulo b. Folglich ist

$$|S(a,b)|^2 = \sum_{k \bmod b} \sum_{n \bmod b} e^{2\pi i \frac{a}{b}((n+k)^2 - n^2)}$$
$$= \sum_{k=0}^{b-1} e^{2\pi i \frac{a}{b} k^2} \sum_{n=0}^{b-1} e^{4\pi i \frac{a}{b} kn}.$$

Die zweite Summe ist meistens 0. Für ungerades b hat sie den Wert b nur für $k = 0$, für gerades b nur für $k = 0$ und $k = b/2$. Daraus ergibt sich sofort (2.4).

Schwieriger gestaltet sich die direkte Berechnung von $S(a, b)$. Dazu zeigen wir zunächst, daß $S(a, b)$ einem Multiplikationssatz bezüglich b genügt.

Satz 2.2 *Seien $b_1, b_2 \in \mathbb{N}$ mit $(b_1, b_2) = 1$. Dann gilt*

$$S(ab_2, b_1)S(ab_1, b_2) = S(a, b_1 b_2). \tag{2.5}$$

Beweis.

$$S(ab_2, b_1)S(ab_1, b_2) = \sum_{n_1=0}^{b_1-1} \sum_{n_2=0}^{b_2-1} e^{2\pi i \frac{a}{b_1 b_2}(b_2^2 n_1^2 + b_1^2 n_2^2)}$$
$$= \sum_{n_1=0}^{b_1-1} \sum_{n_2=0}^{b_2-1} e^{2\pi i \frac{a}{b_1 b_2}(b_2 n_1 + b_1 n_2)^2}$$
$$= \sum_{k \bmod b_1 b_2} e^{2\pi i \frac{a}{b_1 b_2} k^2}$$
$$= S(a, b_1 b_2).$$

Beispiel. Es seien $a \equiv q \equiv 1 \pmod 2$, $\quad (a, q) = 1$, $\quad b = 4q$. Dann erhalten wir aus (2.5)

$$S(a, 4q) = S(4a, q)S(aq, 4).$$

Für die auf der rechten Seite stehenden Summen erhalten wir

$$S(aq, 4) = \sum_{n=0}^{3} e^{2\pi i \frac{aq}{4} n^2} = 2\left(1 + i^{aq}\right)$$

und

$$
\begin{aligned}
S(4a, q) &= \sum_{0 \le n < q/2} e^{2\pi i \frac{a}{q}(2n)^2} + \sum_{q/2 < n < q} e^{2\pi i \frac{a}{q}(2n-q)^2} \\
&= \sum_{m=0}^{q-1} e^{2\pi i \frac{a}{q} m^2} = S(a, q).
\end{aligned}
$$

Also ist

$$S(a, 4q) = 2\left(1 + i^{aq}\right) S(a, q). \tag{2.6}$$

Für spätere Anwendungen bringen wir dieses Resultat noch in eine andere Gestalt.

$$
\begin{aligned}
S(a, 4q) &= \sum_{n=0}^{4q-1} e^{2\pi i \frac{a}{4q} n^2} \\
&= \sum_{n=0}^{q-1} e^{2\pi i \frac{a}{4q} n^2} + \sum_{m=1}^{q} e^{2\pi i \frac{a}{4q}(2q-m)^2} \\
&\quad + \sum_{n=0}^{q-1} e^{2\pi i \frac{a}{4q}(2q+n)^2} + \sum_{m=1}^{q} e^{2\pi i \frac{a}{4q}(4q-m)^2} \\
&= 2\left(1 + i^{aq}\right) + 4 \sum_{n=1}^{q-1} e^{2\pi i \frac{a}{4q} n^2}.
\end{aligned}
$$

Nach (2.6) ergibt sich also

$$2\left(1 + i^{aq}\right) S(a, q) = 2\left(1 + i^{aq}\right) + 4 \sum_{n=1}^{q-1} e^{2\pi i \frac{a}{4q} n^2}$$

oder

$$\sum_{n=1}^{q-1} e^{2\pi i \frac{a}{q} n^2} = \left(1 - i^{aq}\right) \sum_{n=1}^{q-1} e^{2\pi i \frac{a}{4q} n^2}. \tag{2.7}$$

Der Multiplikationssatz versetzt uns nun in die Lage, unsere Untersuchungen auf Primzahlpotenzen zu beschränken.

Satz 2.3 *Für ungerade Zahlen a gilt*

$$
\begin{aligned}
S(a, 2) &= 0, \\
S(a, 2^\nu) &= 2^{\frac{\nu}{2}}\left(1 + i^a\right) && \text{\textit{für}} \quad \nu \equiv 0 \pmod 2, \quad \nu > 1, \\
S(a, 2^\nu) &= 2^{\frac{\nu+1}{2}} e^{\pi i \frac{a}{4}} && \text{\textit{für}} \quad \nu \equiv 1 \pmod 2, \quad \nu > 1.
\end{aligned}
$$

Beweis. Wir stellen die Richtigkeit der Ergebnisse für $\nu = 1, 2, 3$ durch direkte Berechnung fest. Nun sei $\nu > 3$. Hier ist

$$
\begin{aligned}
S(a, 2^\nu) &= \sum_{n=0}^{2^{\nu-2}-1} \sum_{r=0}^{3} e^{2\pi i a 2^{-\nu}(n+2^{\nu-2}r)^2} \\
&= \sum_{n=0}^{2^{\nu-2}-1} \sum_{r=0}^{3} e^{2\pi i a 2^{-\nu} n^2 + \pi i a n r}.
\end{aligned}
$$

Die Summe über r ist 0 für ungerade n und 4 für gerade n. Daher ist

$$
\begin{aligned}
S(a, 2^\nu) &= 4 \sum_{m=0}^{2^{\nu-3}-1} e^{2\pi i a 2^{2-\nu} m^2} \\
&= 2 S(a, 2^{\nu-2}).
\end{aligned}
$$

Diese Formel führt $S(a, 2^\nu)$ auf $S(a, 4)$ oder $S(a, 8)$ zurück. Daraus folgt die Behauptung des Satzes.

Satz 2.4 *Sei $a \in \mathbb{Z}$ und p eine ungerade Primzahl, die a nicht teilt. Sei $\nu \in \mathbb{N}, \nu \geq 2$. Dann ist*

$$
\begin{aligned}
S(a, p^\nu) &= p^{\frac{\nu}{2}} && \text{für} \quad \nu \equiv 0 \pmod{2}, && (2.8) \\
S(a, p^\nu) &= p^{\frac{\nu-1}{2}} S(a, p) && \text{für} \quad \nu \equiv 1 \pmod{2}. && (2.9)
\end{aligned}
$$

Beweis.

$$
\begin{aligned}
S(a, p^\nu) &= \sum_{n=0}^{p^{\nu-1}-1} \sum_{r=0}^{p-1} e^{2\pi i a p^{-\nu}(n+p^{\nu-1}r)^2} \\
&= \sum_{n=0}^{p^{\nu-1}-1} e^{2\pi i a p^{-\nu} n^2} \sum_{r=0}^{p-1} e^{4\pi i \frac{anr}{p}}.
\end{aligned}
$$

Ist p kein Teiler von n, so verschwindet die Summe über r. Daher ist mit $n = pm$

$$
S(a, p^\nu) = p \sum_{n=0}^{p^{\nu-2}-1} e^{2\pi i a p^{2-\nu} m^2} = p S(a, p^{\nu-2}).
$$

Daraus ergeben sich (2.8) und (2.9) sofort.

Nach den vorstehenden Sätzen verbleibt uns "nur" noch, $S(a, p)$ zu berechnen. Dieses ist der schwierigste Teil. Einfach ist noch die Berechnung von $S^2(a, p)$.

Satz 2.5 *Sei $a \in \mathbb{Z}$ und p eine ungerade Primzahl, die a nicht teilt. Dann ist*

$$
S^2(a, p) = (-1)^{\frac{p-1}{2}} p. \tag{2.10}
$$

Beweis. Nach (2.2) und (2.3) ist

$$S^2(a,p) = S^2_{a,p} = \sum_{n=1}^{p-1}\sum_{k=1}^{p-1} \left(\frac{n}{p}\right)\left(\frac{k}{p}\right) e^{2\pi i \frac{a}{p}(n+k)}.$$

Die lineare Kongruenz

$$k \equiv nm \quad (\text{mod } p)$$

hat bei festem n für jedes k eine eindeutig bestimmte Lösung m mit $1 \leq m \leq p-1$. Folglich ist

$$\begin{aligned} S^2(a,p) &= \sum_{n=1}^{p-1}\sum_{m=1}^{p-1} \left(\frac{n^2 m}{p}\right) e^{2\pi i \frac{a}{p}n(m+1)} \\ &= -\sum_{m=1}^{p-1} \left(\frac{m}{p}\right) + p\left(\frac{-1}{p}\right). \end{aligned}$$

Da es genauso viel quadratische Reste wie Nicht-Reste gibt, verschwindet die verbleibende Summe und (2.10) folgt sogleich.

Jetzt können wir $S^2(a,p^\nu)$ auch für ungerades ν berechnen. Nach (2.9) und (2.10) ist

$$S^2(a,p^\nu) = (-1)^{\frac{p-1}{2}} p^\nu.$$

Für ungerades ν ist

$$p^{\nu-1} \equiv 1 \quad (\text{mod } 4),$$

so daß wir auch

$$S^2(a,p^\nu) = (-1)^{\frac{p^\nu-1}{2}} p^\nu \tag{2.11}$$

schreiben können. Diese Schreibweise hat den Vorteil, daß die Formel auch für gerade ν richtig ist. Wir brauchen also keine Unterscheidungen bezüglich ν mehr zu machen. Nun können wir dieses Ergebnis sogar auf beliebige ungerade b mit $(a,b) = 1$ ausdehnen. Sei

$$b = \prod_{i=1}^{r} p_i^{\nu_i}$$

die kanonische Zerlegung von b in Primzahlpotenzen mit $p_i \neq p_j$ für $i \neq j$. Sei

$$b_j = b p_j^{-\nu_j}, \qquad j = 1, 2, \ldots, r.$$

Dann folgt aus (2.5) und (2.11)

$$S^2(a,b) = \prod_{i=1}^{r} S^2(ab_i, p_i^{\nu_i}) = (-1)^m b$$

mit

$$m = \sum_{i=1}^{r} \frac{p_i^{\nu_i} - 1}{2}.$$

Ist $b \equiv 1 \pmod 4$, dann kommen die Primzahlpotenzen mit

$$p_i^{\nu_i} \equiv 3 \pmod 4$$

in gerader Anzahl vor, für $b \equiv 3 \pmod 4$ in ungerader Anzahl. Daher ist

$$(-1)^m = (-1)^{\frac{b-1}{2}}.$$

Somit erhalten wir das folgende Korollar zu Satz 2.5.

Korollar zu Satz 2.5 *Seien* $a, b \in \mathbb{Z}$, $b \geq 1$, $b \equiv 1 \pmod 2$ *und* $(a, b) = 1$. *Dann ist*

$$S^2(a, b) = (-1)^{\frac{b-1}{2}} b. \tag{2.12}$$

Aus (2.12) folgt für $S(a, b)$ selbst

$$S(a, b) = \pm\sqrt{(-1)^{\frac{b-1}{2}} b}, \tag{2.13}$$

und es bleibt noch das schwierige Problem, das Vorzeichen zu bestimmen. Dies gelang als erstem C. F. GAUSS 1805. Wir betrachten nur den Fall $a = 1$.

Satz 2.6 *Sei* b *eine ungerade natürliche Zahl. Dann ist*

$$S(1, b) = i^{\left(\frac{b-1}{2}\right)^2} \sqrt{b}. \tag{2.14}$$

Beweis. Wir unterscheiden die Fälle $b \equiv 1$ und $3 \pmod 4$.

Im Fall $b \equiv 1 \pmod 4$ zeigt uns (2.13) $S(1, b) = \pm\sqrt{b}$, also ist $S(1, b)$ reell. Somit können wir schreiben

$$S(1, b) = 1 + \operatorname{Re}\left(\sum_{n=1}^{b-1} e^{2\pi i \frac{1}{b} n^2}\right)$$

und wegen (2.7)

$$S(1, b) = 1 + \operatorname{Re}\left((1 - i) \sum_{n=1}^{b-1} e^{2\pi i \frac{1}{4b} n^2}\right).$$

Wir zerlegen die Summe in 2 Teilsummen und bemerken, daß für komplexe Zahlen z gilt:

$$z = r e^{i\varphi}, \quad r > 0 \quad \Longrightarrow \quad \operatorname{Re}(z) = r \cos\varphi \geq -r = -|z|.$$

Daher ergibt sich

$$S(1, b) \geq 1 \; + \; \operatorname{Re}\left((1 - i) \sum_{1 \leq n \leq \sqrt{b}} e^{2\pi i \frac{1}{4b} n^2}\right)$$
$$- \left|(1 - i) \sum_{\sqrt{b} < n \leq b-1} e^{2\pi i \frac{1}{4b} n^2}\right|.$$

Für die erste Summe erhalten wir

$$\mathrm{Re}\left((1-i)\sum_{1\le n\le\sqrt{b}}e^{2\pi i\frac{1}{4b}n^2}\right) = \sum_{1\le n\le\sqrt{b}}\left(\cos\frac{\pi n^2}{2b}+\sin\frac{\pi n^2}{2b}\right)$$
$$\ge [\sqrt{b}] > \sqrt{b}-1.$$

Für die zweite Summe nutzen wir (1.5). Dann ist

$$S(1,b) > 1 + \sqrt{b} - 1 - \sqrt{2b} > -\sqrt{b}.$$

Folglich kann die Gleichung $S(1,b) = -\sqrt{b}$ nicht bestehen, und es muß $S(1,b) = +\sqrt{b}$ sein. Das ist aber (2.14) in diesem Fall.

Im Fall $b \equiv 3 \pmod 4$ folgt aus (2.13) $S(1,b) = \pm i\sqrt{b}$ und $S(1,b)$ ist rein imaginär. Der Beweis von (2.14) ist völlig analog zum vorhergehenden. Wir erhalten mit (2.7) und (1.5)

$$\frac{1}{i}S(1,b) = \mathrm{Re}\left(\frac{1}{i}+\frac{1}{i}\sum_{n=1}^{b-1}e^{2\pi i\frac{n^2}{b}}\right)$$
$$= \mathrm{Re}\left(\frac{1+i}{i}\sum_{n=1}^{b-1}e^{2\pi i\frac{n^2}{4b}}\right)$$
$$= \mathrm{Re}\left((1-i)\sum_{n=1}^{b-1}e^{2\pi i\frac{n^2}{4b}}\right)$$
$$> \sqrt{b}-1-\sqrt{2b} > -\sqrt{b}.$$

Also muß $S(1,b) = i\sqrt{b}$ sein, woraus (2.14) folgt.

Nun sind alle Vorbereitungen getroffen, und es ist jetzt leicht, das *Reziprozitätsgesetz der quadratischen* GAUSS*schen Summen* zu beweisen.

Satz 2.7 *Seien a,b ungerade natürliche Zahlen mit $(a,b) = 1$. Dann ist*

$$S(a,b) = \sqrt{\frac{b}{a}}i^{\left(\frac{ab-1}{2}\right)^2}S(-b,a). \tag{2.15}$$

Beweis. Nach (2.5) ist

$$S(a,b)S(b,a) = S(1,ab),$$
$$S(a,b)|S(b,a)|^2 = S(1,ab)S(-b,a).$$

Aus (2.4) und (2.14) folgt (2.15) sofort.

Wir betrachten zwei Anwendungen der Sätze 2.6 und 2.7.

Beweis des quadratischen Reziprozitätsgesetzes. Es seien p, q verschiedene ungerade Primzahlen. Dann folgt aus (2.2) und (2.3)

$$
\begin{aligned}
S(q,p) \;=\; S_{q,p} &= \sum_{n=1}^{p-1} \left(\frac{n}{p}\right) e^{2\pi i \frac{q}{p} n} \\
&= \left(\frac{q}{p}\right) \sum_{n=1}^{p-1} \left(\frac{qn}{p}\right) e^{2\pi i \frac{qn}{p}} \\
&= \left(\frac{q}{p}\right) S(1,p)
\end{aligned}
$$

und aus (2.14)

$$
S(q,p) = \left(\frac{q}{p}\right) i^{\left(\frac{p-1}{2}\right)^2} \sqrt{p}.
$$

Analog ist

$$
\begin{aligned}
S(p,q) &= \left(\frac{p}{q}\right) i^{\left(\frac{q-1}{2}\right)^2} \sqrt{q}, \\
S(-p,q) &= \left(\frac{p}{q}\right) i^{-\left(\frac{q-1}{2}\right)^2} \sqrt{q}.
\end{aligned}
$$

Damit ergibt sich aus (2.15)

$$
\left(\frac{q}{p}\right) = i^{\left(\frac{pq-1}{2}\right)^2 - \left(\frac{p-1}{2}\right)^2 - \left(\frac{q-1}{2}\right)^2} \left(\frac{p}{q}\right).
$$

Das liefert das quadratische Reziprozitätsgesetz (2.1)

$$
\left(\frac{q}{p}\right) = (-1)^{\frac{p-1}{2}\frac{q-1}{2}} \left(\frac{p}{q}\right).
$$

Wir wissen, daß jede quadratische Kongruenz nach einer ungeraden Primzahl entweder unlösbar ist oder genau 2 Lösungen hat. Wir wollen diese Aussage auf quadratische Kongruenzen in mehreren Variablen ausdehnen.

Satz 2.8 *Es seien n eine ganze Zahl und p eine ungerade Primzahl, die n nicht teilt. Es bezeichne $H_k(n;p)$ die Anzahl der Lösungen der Kongruenz*

$$
x_1^2 + x_2^2 + \ldots + x_k^2 \equiv n \pmod{p} \qquad (k \geq 1).
$$

Dann ist

$$
\begin{aligned}
H_k(n;p) &= p^{k-1} + (-1)^{\frac{p-1}{2}\frac{k}{2}+1} p^{\frac{k}{2}-1} && \text{für} \quad k \equiv 0 \pmod{2}, && (2.16) \\
H_k(n;p) &= p^{k-1} + (-1)^{\frac{p-1}{2}\frac{k-1}{2}} \left(\frac{n}{p}\right) p^{\frac{k-1}{2}} && \text{für} \quad k \equiv 1 \pmod{2}. && (2.17)
\end{aligned}
$$

Beweis. Es ist leicht zu sehen daß

$$H_k(n;p) = \sum_{x_1=0}^{p-1} \cdots \sum_{x_k=0}^{p-1} \frac{1}{p} \sum_{m=0}^{p-1} e^{2\pi i \frac{m}{p}(x_1^2+\ldots+x_k^2-n)},$$

denn die Summe über m ist gleich p, wenn die Kongruenz lösbar ist und gleich 0, wenn sie unlösbar ist. Weiter ist mit (2.2), (2.3) und (2.14)

$$
\begin{aligned}
H_k(n;p) &= p^{k-1} + \frac{1}{p} \sum_{m=1}^{p-1} e^{-2\pi i \frac{mn}{p}} S^k(m,p) \\
&= p^{k-1} + \frac{1}{p} \sum_{m=1}^{p-1} \left(\left(\frac{m}{p}\right) i^{\left(\frac{p-1}{2}\right)^2} \sqrt{p} \right)^k e^{-2\pi i \frac{mn}{p}}.
\end{aligned}
$$

Für gerades k ist

$$H_k(n;p) = p^{k-1} + (-1)^{\frac{p-1}{2}\frac{k}{2}} p^{\frac{k}{2}-1} \sum_{m=1}^{p-1} e^{-2\pi i \frac{mn}{p}},$$

und das ist (2.16). Für ungerades k ist

$$
\begin{aligned}
H_k(n;p) &= p^{k-1} + i^{\left(\frac{p-1}{2}\right)^2 k} p^{\frac{k}{2}-1} \sum_{m=1}^{p-1} \left(\frac{m}{p}\right) e^{-2\pi i \frac{mn}{p}} \\
&= p^{k-1} + i^{\left(\frac{p-1}{2}\right)^2 k} p^{\frac{k}{2}-1} S(-n,p).
\end{aligned}
$$

Hieraus folgt sogleich (2.17).

2.2 Exponentialsummen mit quadratischem Polynom

In diesem Abschnitt betrachten wir Exponentialsummen

$$S = \sum_{a \le n \le b-1} e^{2\pi i(\vartheta_1 n^2 + \vartheta_2 n)}$$

mit ganzen Zahlen a, b und Zahlen ϑ_1, ϑ_2 mit $0 < \vartheta_1 < 1$, $\quad 0 \le \vartheta_2 < 1$. Mit $f(t) = \vartheta_1 t^2 + \vartheta_2 t$ ist $f''(t) = 2\vartheta_1$. Daher folgt aus (1.10) sofort die Abschätzung

$$|S| < 5(b-a)\sqrt{2\vartheta_1} + \frac{11}{\sqrt{2\vartheta_1}}.$$

Es ist nicht zu erwarten, daß S im allgemeinen einem Reziprozitätsgesetz wie die GAUSSschen Summen genügt, da die Zahlen ϑ_1, ϑ_2 auch irrationale Werte annehmen können. Jedoch können wir näherungsweise ein derartiges Gesetz aufstellen, wobei wir den auftretenden Fehler qualitativ gut abschätzen können. Wir sprechen dann von einer *asymptotischen Transformationsformel*.

Wir werden von jetzt an zur abkürzenden Schreibweise das LANDAU-*Symbol O* oder gleichberechtigt das VINOGRADOV-*Symbol* $\ll$ verwenden. Es seien f und g zwei auf einer Teilmenge M der komplexen Ebene definierte Funktionen. Es sei $g(z) \geq 0$ für $z \in M$. Dann schreiben wir

$$f(z) = O(g(z)) \qquad \text{oder} \qquad f(z) \ll g(z),$$

wenn es eine Konstante $c > 0$ gibt, so daß

$$|f(z)| \leq cg(z) \qquad \text{für} \qquad z \in M$$

ist. Ferner nutzen wir die Schreibweise

$$f(z) = h(z) + O(g(z)) \qquad \text{für} \qquad f(z) - h(z) = O(g(z)).$$

Schließlich meint $g(z) \gg f(z)$ dasselbe wie $f(z) \ll g(z)$, sofern $f(z) \geq 0$ ist. Außerdem schreiben wir $f(z) \asymp g(z)$, wenn gleichzeitig $f(z) \ll g(z)$ und $g(z) \ll f(z)$ gelten.

Satz 2.9 *Es seien $a, b \in \mathbb{Z}$, $a < b$ und $\vartheta_1, \vartheta_2 \in \mathbb{R}$ mit $0 < \vartheta_1 < 1$, $\quad 0 \leq \vartheta_2 < 1$. Dann besteht die asymptotische Transformationformel*

$$\sum_{n=a}^{b-1} e^{2\pi i(\vartheta_1 n^2 + \vartheta_2 n)} =$$

$$= \frac{1+i}{2} \frac{1}{\sqrt{\vartheta_1}} \sum_{2a\vartheta_1 + \vartheta_2 < n \leq 2b\vartheta_1 + \vartheta_2} e^{-2\pi i \frac{(\vartheta_2 - n)^2}{4\vartheta_1}} - R_a + R_b. \qquad (2.18)$$

Dabei ist

$$R_a = R_b \qquad \textit{für} \quad 2\vartheta_1 a + \vartheta_2, 2\vartheta_1 b + \vartheta_2, \vartheta_1 a^2, \vartheta_1 b^2 \in \mathbb{Z}, \qquad (2.19)$$

$$R_a = -\frac{1+i}{4} \frac{1}{\sqrt{\vartheta_1}} e^{-2\pi i \vartheta_1 a^2} + O(1) \qquad \textit{für} \quad 2\vartheta_1 a + \vartheta_2 \in \mathbb{Z}, \qquad (2.20)$$

$$R_a \ll \min\left(\frac{1}{\sqrt{\vartheta_1}}, \frac{1}{2\vartheta_1 a + \vartheta_2 - [2\vartheta_1 a + \vartheta_2]}\right) \textit{für} \quad 2\vartheta_1 a + \vartheta_2 \notin \mathbb{Z}. \quad (2.21)$$

Entsprechendes gilt für R_b.

Beweis. Wir benutzen ein auf L. J. MORDELL [57] zurückgehendes Verfahren. Wir stellen S durch ein Integral längs eines Kreises, dessen Radius kleiner als 1 ist, um 0 in der komplexen Ebene dar, welcher im positiven Sinne zu durchlaufen ist. S ist dann das Residuum am Pol $z = 0$.

$$S = \oint_{(0+)} \sum_{n=a}^{b-1} e^{2\pi i(\vartheta_1(z+n)^2 + \vartheta_2(z+n))} \frac{dz}{e^{2\pi i z} - 1}.$$

Wir wissen nach dem CAUCHYschen Integralsatz, daß wir den Kreis durch eine beliebige, geschlossene Kurve um 0 ersetzen können, die die weiteren Polstellen des Integranden meidet. So werden wir jetzt den Kreis in ein Parallelogramm deformieren. Es sei N eine beliebige positive Zahl. Die Variable z soll nun den folgenden Integrationsweg durchlaufen:

$$\frac{1}{2} - e^{\frac{\pi i}{4}} N \to \frac{1}{2} \to \frac{1}{2} + e^{\frac{\pi i}{4}} N \to -\frac{1}{2} + e^{\frac{\pi i}{4}} N \to -\frac{1}{2} \to -\frac{1}{2} - e^{\frac{\pi i}{4}} N \to \frac{1}{2} - e^{\frac{\pi i}{4}} N.$$

Auf den Integrationswegen

$$\frac{1}{2} + e^{\frac{\pi i}{4}} N \to -\frac{1}{2} + e^{\frac{\pi i}{4}} N \quad \text{und} \quad -\frac{1}{2} - e^{\frac{\pi i}{4}} N \to \frac{1}{2} - e^{\frac{\pi i}{4}} N$$

verhält sich der Integrand für großes N wie

$$e^{-cN^2}$$

mit geeignetem $c > 0$. Damit streben diese beiden Integrale für $N \to \infty$ gegen 0. Wir erhalten somit

$$
S = \left\{ \int\limits_{\frac{1}{2}-e^{\pi i/4}\infty}^{\frac{1}{2}+e^{\pi i/4}\infty} - \int\limits_{-\frac{1}{2}-e^{\pi i/4}\infty}^{-\frac{1}{2}+e^{\pi i/4}\infty} \right\} \sum_{n=a}^{b-1} e^{2\pi i(\vartheta_1(z+n)^2+\vartheta_2(z+n))} \frac{dz}{e^{2\pi i z} - 1}
$$

$$
= \int\limits_{-\frac{1}{2}-e^{\pi i/4}\infty}^{-\frac{1}{2}+e^{\pi i/4}\infty} \sum_{n=a}^{b-1} \left\{ e^{2\pi i(\vartheta_1(z+n+1)^2+\vartheta_2(z+n+1))} \right.
$$

$$
\left. - e^{2\pi i(\vartheta_1(z+n)^2+\vartheta_2(z+n))} \right\} \frac{dz}{e^{2\pi i z} - 1}.
$$

Wir erkennen, daß sich benachbarte Summanden herausheben, und nur der Summand $n = a$ in der zweiten Summe und der Summand $n = b-1$ in der ersten Summe übrig bleiben. Wir erhalten

$$S = S_b - S_a$$

mit

$$
S_a = \int\limits_{-\frac{1}{2}-e^{\pi i/4}\infty}^{-\frac{1}{2}+e^{\pi i/4}\infty} e^{2\pi i(\vartheta_1(z+a)^2+\vartheta_2(z+a))} \frac{dz}{e^{2\pi i z} - 1}
$$

und dem entsprechenden Integral S_b. Wir nehmen ohne Beschränkung der Allgemeinheit $0 < a < b$ an und formen um:

$$S_a = T_a + R_a$$

mit

$$T_a = \int\limits_{-\frac{1}{2}-e^{\pi i/4}\infty}^{-\frac{1}{2}+e^{\pi i/4}\infty} e^{2\pi i(\vartheta_1(z+a)^2+\vartheta_2(z+a))} \sum_{1\leq n\leq 2a\vartheta_1+\vartheta_2} e^{-2\pi i n z}\,dz,$$

$$R_a = \int\limits_{-\frac{1}{2}-e^{\pi i/4}\infty}^{-\frac{1}{2}+e^{\pi i/4}\infty} e^{2\pi i(\vartheta_1(z+a)^2+\vartheta_2(z+a))} \frac{e^{-2\pi i[2a\vartheta_1+\vartheta_2]z}}{e^{2\pi i z}-1}\,dz.$$

Die Umformung erfolgte mit dem Ziel, daß der Koeffizient

$$c_a = 2a\vartheta_1 + \vartheta_2 - [2a\vartheta_1 + \vartheta_2]$$

von z in R_a möglichst klein ausfällt. In T_a können wir den Integrationsweg durch $z = -a$ legen und schließlich so verschieben, daß er durch 0 geht. Ebenso verfahren wir mit T_b, und somit erhalten wir

$$T_b - T_a = \sum_{2a\vartheta_1+\vartheta_2<n\leq 2b\vartheta_1+\vartheta_2} \int\limits_{-e^{\pi i/4}\infty}^{+e^{\pi i/4}\infty} e^{2\pi i(\vartheta_1 z^2+(\vartheta_2-n)z)}\,dz.$$

Im Integral führen wir die Substitution

$$z = e^{\frac{\pi i}{4}}\frac{1}{\sqrt{\vartheta_1}}x - \frac{\vartheta_2-n}{2\vartheta_1}$$

aus und erhalten für dieses

$$e^{\frac{\pi i}{4}}\frac{1}{\sqrt{\vartheta_1}}\int\limits_{-\infty}^{+\infty} e^{-2\pi x^2}\,dx = e^{\frac{\pi i}{4}}\frac{1}{\sqrt{2\vartheta_1}} = \frac{1+i}{2}\frac{1}{\sqrt{\vartheta_1}}.$$

Tragen wir dies ein, so bekommen wir die in (2.18) rechts stehende Summe.

Nun betrachten wir R_a und R_b. Man sieht sofort, wenn die Bedingungen von (2.19) erfüllt sind, stimmen R_a und R_b überein. In den beiden anderen Fällen verlegen wir den Integrationsweg längs Geradenstücken wie folgt:

$$-e^{\frac{\pi i}{4}}\infty \longrightarrow -\frac{1}{2}e^{\frac{\pi i}{4}} \longrightarrow \frac{1}{2}e^{\frac{3\pi i}{4}} \longrightarrow \frac{1}{2}e^{\frac{\pi i}{4}} \longrightarrow e^{\frac{\pi i}{4}}\infty.$$

Für $z \longrightarrow -e^{\pi i/4}\infty$ strebt der Nenner $|e^{2\pi i z}-1| \longrightarrow \infty$. Die Exponentialfunktion des Zählers kann durch 1 abgeschätzt werden, so daß dieses Teilintegral beschränkt ist. Ebenso sind die Integrale über die endlichen Teilabschnitte beschränkt. Es verbleibt also das Integral von $\frac{1}{2}e^{\pi i/4}$ nach $e^{\pi i/4}\infty$.

$$R_a = \int\limits_{\frac{1}{2}e^{\pi i/4}}^{e^{\pi i/4}\infty} e^{2\pi i(\vartheta_1 z^2+c_a z+\vartheta_1 a^2+\vartheta_2 a)}\frac{dz}{e^{2\pi i z}-1} + O(1)$$

$$= \int\limits_{\frac{1}{2}e^{\pi i/4}}^{e^{\pi i/4}\infty} e^{2\pi i(\vartheta_1 z^2 + c_a z + \vartheta_1 a^2 + \vartheta_2 a)} \left(-1 + \frac{e^{2\pi i z}}{e^{2\pi i z} - 1} \right) dz + O(1).$$

Im zweiten Summanden geht $|e^{2\pi i z}| \longrightarrow 0$ für $z \longrightarrow e^{\pi i/4}\infty$, so daß dieses Integral auch nur einen beschränkten Anteil liefert. Und im ersten Summanden können wir den Integrationsweg nach 0 verlängern bis auf einen Fehler der Ordnung 1. Daher wird

$$R_a = - \int\limits_{0}^{e^{\pi i/4}\infty} e^{2\pi i(\vartheta_1 z^2 + c_a z + \vartheta_1 a^2 + \vartheta_2 a)} dz + O(1).$$

Ist jetzt $c_a = 0$, so erhalten wir sofort (2.20). Für $0 < c_a < 1$ schätzen wir das Integral einmal in der Weise ab, daß nur das quadratische Glied der Exponentialfunktion stehen bleibt und einmal nur das lineare Glied:

$$R_a \ll \int\limits_{0}^{\infty} e^{-2\pi\vartheta_1 z^2} dz + 1 \ll \frac{1}{\sqrt{\vartheta_1}} + 1,$$

$$R_a \ll \int\limits_{0}^{\infty} e^{-2\pi c_a z \sin \frac{\pi}{4}} dz + 1 \ll \frac{1}{c_a} + 1.$$

Dies gibt (2.20).

Zweiter Beweis des Reziprozitätsgesetzes der quadratischen Gauß-schen Summen.

Wir setzen in Satz 2.9 $a = 0$, $\vartheta_1 = c/b$ mit ungeraden natürlichen Zahlen b, c und $(b, c) = 1$, $\vartheta_2 = 0$. Dann ist $R_a = R_b$. Wir erhalten aus (2.18)

$$S(c, b) = \sum_{n=0}^{b-1} e^{2\pi i \frac{c}{b} n^2} = \frac{1+i}{2} \sqrt{\frac{c}{b}} \sum_{m=1}^{2c} e^{-2\pi i \frac{b}{4c} m^2}$$

$$= \frac{1+i}{4} \sqrt{\frac{c}{b}} \sum_{m=1}^{4c} e^{-2\pi i \frac{b}{4c} m^2}$$

$$= \frac{1+i}{4} \sqrt{\frac{c}{b}} S(-b, 4c)$$

und mit (2.6)

$$S(c, b) = \frac{1+i}{2} (1 - i^{bc}) \sqrt{\frac{c}{b}} S(-b, c)$$

$$= i^{(\frac{bc-1}{2})^2} \sqrt{\frac{c}{b}} S(-b, c).$$

2.3   Die Jacobische Thetafunktion

Es seien $x, y \in \mathbb{C}$. Die JACOBIsche Thetafunktion sei erklärt durch die unendliche Reihe

$$\vartheta(x) = \vartheta(x; y) = \sum_{n=-\infty}^{+\infty} e^{2\pi i (xn + \frac{y}{2} n^2)}.$$

Sie ist absolut konvergent für alle endlichen x und alle y mit $\text{Im}(y) > 0$. Die Thetafunktion $x \mapsto \vartheta(x)$ stellt damit für festes y eine ganze transzendente Funktion in x dar. Wir verwenden auch die Schreibweise $\vartheta(x; y)$, wenn wir die Abhängigkeit von y betonen wollen. Die Beschränkung von y auf die Halbebene $\text{Im}(y) > 0$ sei in der Folge stets stillschweigend vorausgesetzt.

Wir sehen sofort, daß die Thetafunktion in x periodisch ist mit der Periode 1. Weiterhin gilt

$$e^{2\pi i (x + \frac{y}{2})} \vartheta(x + y) = \sum_{n=-\infty}^{+\infty} e^{2\pi i (x(n+1) + \frac{y}{2}(n+1)^2)} = \vartheta(x).$$

Es ist bemerkenswert, daß eine ganze Funktion mit diesen beiden Eigenschaften sich nicht mehr wesentlich von der Thetafunktion unterscheidet, was folgender Satz aussagt.

Satz 2.10 *Eine ganze Funktion $x \mapsto f(x, y)$, die für jedes feste y mit $\text{Im}(y) > 0$ den Eigenschaften*

$$f(x + 1, y) \;=\; f(x, y) \tag{2.22}$$
$$e^{2\pi i (x + \frac{y}{2})} f(x + y, y) \;=\; f(x, y) \tag{2.23}$$

genügt, unterscheidet sich von der Thetafunktion nur durch eine von y abhängende Konstante:

$$f(x, y) = c(y) \vartheta(x, y). \tag{2.24}$$

Beweis. Die Ganzheit der Funktion $x \mapsto f(x, y)$ und die Eigenschaft (2.22) gestatten eine Darstellung in Form der konvergenten, unendlichen Reihe

$$f(x, y) = \sum_{n=-\infty}^{+\infty} c_n(y) e^{2\pi i (xn + \frac{y}{2} n^2)}$$

mit noch unbekannten Koeffizienten $c_n(y)$. Die Eigenschaft (2.23) bringt

$$f(x, y) = e^{2\pi i (x + \frac{y}{2})} f(x + y, y) \;=\; \sum_{n=-\infty}^{+\infty} c_n(y) e^{2\pi i (x(n+1) + \frac{y}{2}(n+1)^2)}$$
$$= \sum_{n=-\infty}^{+\infty} c_{n-1}(y) e^{2\pi i (xn + \frac{y}{2} n^2)}$$

und durch Koeffizientenvergleich

$$c_n(y) = c_{n-1}(y), \qquad \text{also} \qquad c_n(y) = c_0(y) = c(y),$$

was (2.24) nach sich zieht.

Weiterhin sieht man, daß die Thetafunktion der partiellen Differentialgleichung

$$\frac{\partial^2}{\partial x^2}\vartheta(x;y) = 4\pi i \frac{\partial}{\partial y}\vartheta(x;y) \tag{2.25}$$

genügt. Erhebt man also zusätzlich zu (2.22) und (2.23) noch die Forderung

$$\frac{\partial^2}{\partial x^2}f(x,y) = 4\pi i \frac{\partial}{\partial y}f(x,y), \tag{2.26}$$

so folgt aus (2.24)

$$c(y)\frac{\partial^2}{\partial x^2}\vartheta(x;y) = 4\pi i\{c'(y)\vartheta(x;y) + c(y)\frac{\partial}{\partial y}\vartheta(x;y)\}$$

und damit

$$c'(y) = 0, \qquad \text{also} \qquad c(y) = c = const.$$

Um die Konstante c noch auf 1 festzulegen, brauchen wir nur noch

$$\lim_{\mathrm{Im}(y)\to\infty} f(0,y) = 1 \tag{2.27}$$

zu fordern. Aber man sieht auch, daß die Forderungen (2.26) und (2.27) durch die einzige Forderung

$$\int\limits_0^1 f(x,y)\,dx = 1 \tag{2.28}$$

ersetzt werden können, da hier $c(y)$ sofort zu 1 bestimmt wird.

Satz 2.11 *Die Jacobische Thetafunktion ist als ganze Funktion durch die Eigenschaften* (2.22), (2.23) *und* (2.26), (2.27) *beziehungsweise* (2.28) *eindeutig festgelegt.*

Rückschauend können wir sagen, daß wir im System der charakterisierenden Merkmale der Eigenschaft (2.22) die Priorität gegenüber (2.23) eingeräumt haben. Wir werden jetzt die Prioritäten vertauschen. Wir sehen sofort, daß die Funktion

$$e^{-\pi i \frac{x^2}{y}}$$

die Eigenschaft (2.23) erfüllt. Wir konstruieren daraus eine in der Variablen x periodische Funktion. Wir definieren

$$f(x,y) = \sum_{n=-\infty}^{+\infty} c_n(y)e^{-\pi i \frac{(x+n)^2}{y}}$$

und versuchen, die Koeffizienten $c_n(y)$ so zu bestimmen, daß die Bedingung (2.22) erfüllt ist:

$$f(x,y) = f(x+1,y) = \sum_{n=-\infty}^{+\infty} c_n(y) e^{-\pi i \frac{(x+n+1)^2}{y}} = \sum_{n=-\infty}^{+\infty} c_{n-1}(y) e^{-\pi i \frac{(x+n)^2}{y}},$$

also

$$c_n(y) = c_{n-1}(y) \quad \text{und} \quad c_n(y) = c_0(y) = c(y).$$

Damit ist

$$f(x) = c(y) \sum_{n=-\infty}^{+\infty} e^{-\pi i \frac{(x+n)^2}{y}}.$$

Die Erfüllung der partiellen Differentialgleichung (2.26) würde ganz schnell $c(y) = c$ unabhängig von y bringen. Aber die Grenzwertbildung (2.27) läßt sich hier nicht durchführen. Also bedienen wir uns der Forderung (2.28).

$$\begin{aligned}
1 = \int_0^1 f(x)dx &= c(y) \sum_{n=-\infty}^{+\infty} \int_0^1 e^{-\pi i \frac{(x+n)^2}{y}} dx \\
&= c(y) \sum_{n=-\infty}^{+\infty} \int_n^{n+1} e^{-\pi i \frac{x^2}{y}} dx \\
&= c(y) \int_{-\infty}^{+\infty} e^{-\pi i \frac{x^2}{y}} dx = c(y) \sqrt{\frac{y}{i}}.
\end{aligned}$$

Im letzten Schritt haben wir $y = it$ mit $t > 0$ angenommen, so daß $\sqrt{t} > 0$ ist. Durch analytische Fortsetzung gilt das Resultat dann allgemein. Daher ist

$$c(y) = \sqrt{\frac{i}{y}} \quad \text{mit} \quad \sqrt{\frac{i}{y}} > 0 \quad \text{für} \quad y = it, \quad t > 0.$$

Also ist

$$f(x,y) = \vartheta(x,y) = \sqrt{\frac{i}{y}} \sum_{-\infty}^{+\infty} e^{-\pi i \frac{(x+n)^2}{y}}.$$

Daraus ergibt sich sogleich folgender Satz.

Satz 2.12 *Die Jacobische Thetafunktion genügt der Funktionalgleichung*

$$\vartheta(x;y) = \sqrt{\frac{i}{y}} e^{-\pi i \frac{x^2}{y}} \vartheta\left(\frac{x}{y}; -\frac{1}{y}\right), \tag{2.29}$$

wobei $\sqrt{i/y} > 0$ für $y = it$,　$t > 0$ ist. Insbesondere erfüllt die Funktion $y \mapsto \vartheta(0;y)$ das Reziprozitätsgesetz

$$\vartheta(0;y) = \sqrt{\frac{i}{y}} \vartheta\left(0; -\frac{1}{y}\right). \tag{2.30}$$

Die Funktion $y \mapsto \vartheta(0; y)$ ist eine in der oberen Halbebene holomorphe Funktion. Es fragt sich, ob diese Funktion über die singuläre Linie hinaus in die untere Halbebene analytisch fortgesetzt werden kann. Diese Frage muß verneinend beantwortet werden, da sich die Funktion nicht einmal in die rationalen Punkte von $\mathrm{Im}(y) = 0$ fortsetzen läßt, diese Punkte aber dicht auf der Zahlengeraden liegen. Wir sprechen von einer *wesentlich singulären Linie*.

Satz 2.13 *$\mathrm{Im}(y) = 0$ ist wesentlich singuläre Linie der in der oberen Halbebene holomorphen Funktion $y \mapsto \vartheta(0; y)$. Sind a, b ungerade natürliche Zahlen mit $(a, b) = 1$, $t > 0$, $t \to 0$, so ist*

$$\lim_{t \to 0} \sqrt{t}\,\vartheta\left(0; \frac{2a}{b} + it\right) = \frac{1}{b}S(a, b) \qquad (2.31)$$

mit der Gaußschen Summe $S(a, b)$.

Beweis. Wir haben

$$\vartheta\left(0; \frac{2a}{b} + it\right) = \sum_{n=-\infty}^{+\infty} e^{\pi i(\frac{2a}{b} + it)n^2}$$

$$= \sum_{r=0}^{b-1} e^{2\pi i \frac{a}{b} r^2} \sum_{n=-\infty}^{+\infty} e^{-\pi t(bn+r)^2}$$

$$= \sum_{r=0}^{b-1} e^{2\pi i \frac{a}{b} r^2 - \pi t r^2} \vartheta(ibtr; ib^2 t).$$

Mit der Funktionalgleichung (2.29) folgt

$$\vartheta\left(0; \frac{2a}{b} + it\right) = \frac{1}{b\sqrt{t}} \sum_{r=0}^{b-1} e^{2\pi i \frac{a}{b} r^2} \vartheta\left(\frac{r}{b}; \frac{i}{b^2 t}\right)$$

$$\sim \frac{1}{b} S(a, b) \frac{1}{\sqrt{t}} \qquad t > 0, \quad t \to 0.$$

Da $S(a, b) \neq 0$ ist, existiert der Grenzwert für $t \to 0$ nicht, und $\mathrm{Im}(y) = 0$ ist wesentlich singuläre Linie für $\vartheta(0; y)$. Gleichzeitig gilt aber (2.31).

Dritter Beweis des Reziprozitätsgesetzes der quadratischen Gaußschen Summen

Es seien a, b ungerade natürliche Zahlen mit $(a, b) = 1$, und es sei $t > 0$. Wir betrachten die linke Seite von (2.31), benutzen das Reziprozitätsgesetz (2.30) und erhalten

$$\sqrt{t}\,\vartheta\left(0; \frac{2a}{b} + it\right) = \sqrt{\frac{it}{\frac{2a}{b} + it}}\,\vartheta\left(0; -\frac{1}{\frac{2a}{b} + it}\right).$$

Setzen wir

$$t_1 = \frac{b^2 t}{4a^2} \frac{1}{1 + i\frac{bt}{2a}},$$

so folgt

$$
\begin{aligned}
\sqrt{t}\vartheta\left(0; \frac{2a}{b} + it\right) &= \sqrt{\frac{it}{\frac{2a}{b} + it}}\,\vartheta\left(0; -\frac{b}{2a} + it_1\right) \\
&= \sqrt{\frac{it}{\frac{2a}{b} + it}} \sum_{n=-\infty}^{+\infty} e^{\pi i(-\frac{b}{2a} + it_1)n^2} \\
&= \sqrt{\frac{it}{\frac{2a}{b} + it}} \sum_{r=0}^{4a-1} e^{-2\pi i\frac{b}{4a}r^2} \sum_{n=-\infty}^{+\infty} e^{-\pi t_1(4an+r)^2} \\
&= \sqrt{\frac{it}{\frac{2a}{b} + it}} \sum_{r=0}^{4a-1} e^{-2\pi i\frac{b}{4a}r^2 - \pi t_1 r^2}\vartheta(4iat_1 r; 16ia^2 t_1).
\end{aligned}
$$

Unter Verwendung der Funktionalgleichung (2.29) wird daraus

$$\sqrt{t}\vartheta\left(0; \frac{2a}{b} + it\right) = \sqrt{\frac{i}{8ab}} \sum_{r=0}^{4a-1} e^{-2\pi i\frac{b}{4a}r^2}\vartheta\left(\frac{r}{4a}; \frac{i}{16a^2 t_1}\right)$$

Mit $t \to 0$ geht auch $t_1 \to 0$, so daß wir erhalten

$$\lim_{t\to 0} \sqrt{t}\vartheta\left(0; \frac{2a}{b} + it\right) = \frac{1+i}{4} \sqrt{\frac{1}{ab}} S(-b, 4a).$$

und mit (2.31) dann

$$S(a,b) = \frac{1+i}{4} \sqrt{\frac{b}{a}} S(-b, 4a).$$

Mit (2.6) folgt nun wieder das Reziprozitätsgesetz (2.15).

Dieser Beweis des Reziprozitätsgesetzes der quadratischen GAUSSschen Summen mit der Folgerung auf die quadratischen Reste zählt wohl zu den elegantesten und aussagekräftigsten Beweisen. Zudem können wir noch zu einem Reziprozitätsgesetz für eine Reihe über BESSEL-Funktionen kommen, das man unabhängig vom Reziprozitätsgesetz (2.30) wohl kaum vermutet hätte.

Zu diesem Zweck betrachten wir die sogenannte MACDONALD-Funktion

$$K_\nu(t) = \frac{\Gamma(\frac{1}{2})}{\Gamma(\nu + \frac{1}{2})} \left(\frac{t}{2}\right)^\nu \int_1^\infty e^{-t\tau}(\tau^2 - 1)^{\nu - \frac{1}{2}}d\tau, \tag{2.32}$$

die durch dieses Integral für $\mathrm{Re}(\nu) > -1/2$ und $|\arg(t)| < \pi/2$ definiert ist. Hierin bedeutet $s \mapsto \Gamma(s)$ die Gammafunktion, die für $\mathrm{Re}(s) > 0$ durch das Integral

$$\Gamma(s) = \int_0^\infty t^{s-1}e^{-t}dt \tag{2.33}$$

definiert ist. Die MACDONALD-Funktion besitzt die asymptotische Darstellung

$$K_\nu(t) = \sqrt{\frac{\pi}{2t}} e^{-t} \left\{ 1 + O\left(\frac{1}{|t|}\right) \right\}$$

für $|\arg(t)| < \pi/2$, $t \to \infty$. Wir bilden weiterhin die zu $K_\nu(t)$ komplementäre Funktion

$$k_\nu(t) = \frac{\Gamma(\frac{1}{2})}{\Gamma(\nu + \frac{1}{2})} \left(\frac{t}{2}\right)^\nu \int_0^1 e^{-t\tau}(1 - \tau^2)^{\nu - \frac{1}{2}} d\tau$$

für $\mathrm{Re}(\nu) > -1/2$. Betrachten wir wieder das asymptotische Verhalten für $|\arg(t)| < \pi/2$, $t \to \infty$. Dann liefert der Integrationsendpunkt $\tau = 1$ ähnlich wie bei $K_\nu(t)$ ein exponentielles Kleinwerden. Hier spielt aber der Punkt $\tau = 0$ noch eine Rolle. Von dort stammt dann schließlich

$$k_\nu(t) = \frac{\Gamma(\frac{1}{2})}{\Gamma(\nu + \frac{1}{2})} \left(\frac{t}{2}\right)^\nu \frac{1}{t} \left\{ 1 + O\left(\frac{1}{|t|^2}\right) \right\}.$$

Aus diesen Gründen sind die beiden unendlichen Reihen

$$\Phi(t) = \frac{\pi}{\sqrt{2}\Gamma(\frac{3}{4})} \left(\frac{\pi t}{2}\right)^{-\frac{1}{4}} + 2 \sum_{n=1}^\infty \sqrt{n} K_{-1/4}(\pi n^2 t),$$

$$\varphi(t) = \frac{\pi}{2\Gamma(\frac{3}{4})} \left(\frac{\pi t}{2}\right)^{-\frac{1}{4}} + 2 \sum_{n=1}^\infty \sqrt{n} k_{-1/4}(\pi n^2 t)$$

für $|\arg(t)| < \pi/2$ absolut konvergent.

Hilfssatz 2.1 *Es gilt*

$$\Phi(t) = \frac{1}{t} \varphi\left(\frac{1}{t}\right) \tag{2.34}$$

für $|\arg(t)| < \pi/2$.

Beweis. Wegen $\Gamma(\frac{1}{2}) = \sqrt{\pi}$ und

$$\frac{\Gamma(x)\Gamma(y)}{\Gamma(x+y)} = \int_0^1 t^{x-1}(1-t)^{y-1} dt \qquad (x, y > 0)$$

ist

$$\Phi(t) = \frac{\Gamma(\frac{1}{2})}{\Gamma(\frac{1}{4})} \left(\frac{\pi t}{2}\right)^{-\frac{1}{4}} \int_1^\infty \left(1 + 2 \sum_{n=1}^\infty e^{-\pi n^2 t\tau}\right) (\tau^2 - 1)^{-\frac{3}{4}} d\tau$$

$$= \frac{\Gamma(\frac{1}{2})}{\Gamma(\frac{1}{4})} \left(\frac{\pi t}{2}\right)^{-\frac{1}{4}} \int_1^\infty \vartheta(0; it\tau)(\tau^2 - 1)^{-\frac{3}{4}} d\tau.$$

Mit Hilfe des Reziprozitätsgesetzes (2.30) folgt hieraus

$$
\begin{aligned}
\Phi(t) &= \frac{\Gamma(\frac{1}{2})}{\Gamma(\frac{1}{4})} \left(\frac{\pi}{2t}\right)^{-\frac{1}{4}} \frac{1}{t} \int_1^\infty \frac{1}{\sqrt{\tau}} \vartheta\left(0; \frac{i}{t\tau}\right) (\tau^2 - 1)^{-\frac{3}{4}} d\tau \\
&= \frac{\Gamma(\frac{1}{2})}{\Gamma(\frac{1}{4})} \left(\frac{\pi}{2t}\right)^{-\frac{1}{4}} \frac{1}{t} \int_0^1 \vartheta\left(0; \frac{i\tau}{t}\right) (1 - \tau^2)^{-\frac{3}{4}} d\tau \\
&= \frac{1}{t}\varphi(t).
\end{aligned}
$$

Das gibt (2.34).

Im folgenden Satz gehen wir an die singuläre Linie und gelangen zu einem Reziprozitätsgesetz für eine Reihe über BESSEL-Funktionen, die man für $\mathrm{Re}(\nu) > 1/2$ durch

$$
J_\nu(x) = \frac{(\frac{x}{2})^\nu}{\sqrt{\pi}\Gamma(\nu + \frac{1}{2})} \int_{-1}^{+1} (1 - t^2)^{\nu - \frac{1}{2}} \cos xt \, dt \tag{2.35}
$$

erklären kann. Für reelle x und $|x| \to \infty$ gilt die asymptotische Darstellung

$$
J_\nu(x) = \sqrt{\frac{2}{\pi x}} \cos\left(x - \frac{\pi}{2}\nu - \frac{\pi}{4}\right) \left\{1 + O\left(\frac{1}{x}\right)\right\}. \tag{2.36}
$$

Weiterhin wird für uns die BESSEL-Funktion zweiter Art $z \mapsto Y_\nu(z)$ von Bedeutung sein. Sie wird auch NEUMANN-Funktion genannt und ist definiert durch

$$
Y_\nu(z) = \frac{1}{\sin(\pi\nu)} (J_\nu(z) \cos(\pi\nu) - J_{-\nu}(z)).
$$

Aus den BESSEL- und NEUMANN-Funktionen werden die BESSEL-Funktionen dritter Art oder auch HANKEL-Funktionen erster und zweiter Art

$$
\begin{aligned}
H_\nu^{(1)}(z) &= J_\nu(z) + iY_\nu(z), \\
H_\nu^{(2)}(z) &= J_\nu(z) - iY_\nu(z)
\end{aligned}
$$

gebildet. Schließlich erklären wir noch die modifizierte HANKEL-Funktion oder auch MACDONALD-Funktion durch

$$
K_\nu = \frac{\pi i}{2} e^{\frac{\pi i \nu}{2}} H_\nu^{(1)}\left(e^{\frac{\pi i}{2}} z\right),
$$

deren Integraldarstellung durch (2.32) gegeben ist.

Satz 2.14 *Es seien a, b ungerade, natürliche Zahlen mit $(a, b) = 1$. Dann besteht das Reziprozitätsgesetz*

$$
\frac{1}{\Gamma(\frac{3}{4})} \left(\frac{\pi a}{2b}\right)^{-\frac{1}{4}} + 2 \sum_{n=1}^\infty \sqrt{n} J_{-1/4}\left(\pi n^2 \frac{a}{b}\right) =
$$

$$
= \frac{b}{a} \left\{ \frac{1}{\Gamma(\frac{3}{4})} \left(\frac{\pi b}{2a}\right)^{-\frac{1}{4}} + 2 \sum_{n=1}^\infty \sqrt{n} J_{-1/4}\left(\pi n^2 \frac{b}{a}\right) \right\}. \tag{2.37}
$$

Beweis. Wir setzen in (2.34) $t = \tau - i\frac{a}{b}$ mit $-i = e^{-\pi i/2}$, und $\tau > 0$ und lassen τ gegen 0 streben. Wir erledigen zunächst den formalen Teil des Beweises. Es ist

$$K_{-1/4}\left(-\pi i n^2 \frac{a}{b}\right) = \frac{\pi i}{2} e^{-\frac{\pi i}{8}} H^{(1)}_{-1/4}\left(\pi n^2 \frac{a}{b}\right)$$

$$= \frac{\pi}{2} e^{\frac{3\pi i}{8}} \left\{ J_{-1/4}\left(\pi n^2 \frac{a}{b}\right) + i Y_{-1/4}\left(\pi n^2 \frac{a}{b}\right) \right\}$$

mit der HANKEL-Funktion 1. Art, der BESSEL-Funktion und der NEUMANN-Funktion. Dann wird die linke Seite von (2.34)

$$\Phi\left(-i\frac{a}{b}\right) = \frac{\pi}{2} e^{\frac{3\pi i}{8}} \left\{ \frac{1}{\Gamma(\frac{3}{4})} \left(\frac{2b}{\pi a}\right)^{\frac{1}{4}} (1 - i) \right.$$

$$\left. + 2 \sum_{n=1}^{\infty} \sqrt{n}\left(J_{-1/4}\left(\pi n^2 \frac{a}{b}\right) + i Y_{-1/4}\left(\pi n^2 \frac{a}{b}\right)\right) \right\}.$$

Für die rechte Seite von (2.34) erhalten wir zunächst

$$k_{-1/4}\left(\pi i n^2 \frac{b}{a}\right) = \frac{\Gamma(\frac{1}{2})}{\Gamma(\frac{1}{4})} \left(\frac{2a}{\pi b n^2}\right)^{\frac{1}{4}} e^{-\frac{\pi i}{8}} \int_0^1 e^{-\pi i n^2 \tau \frac{b}{a}} (1 - \tau^2)^{-\frac{3}{4}} \, d\tau$$

$$k_{-1/4}\left(\pi i n^2 \frac{b}{a}\right) = \frac{\pi}{2} e^{-\frac{\pi i}{8}} \left\{ J_{-1/4}\left(\pi n^2 \frac{b}{a}\right) + i M_{-1/4}\left(\pi n^2 \frac{b}{a}\right) \right\},$$

wobei uns an der M-Funktion nur interessiert, daß sie genau wie die BESSEL-Funktion reell ist. Das ergibt dann für die rechte Seite von (2.34)

$$\frac{ib}{a}\varphi\left(i\frac{b}{a}\right) = \frac{\pi b}{2a} e^{\frac{3\pi i}{8}} \left\{ \frac{1}{\Gamma(\frac{3}{4})} \left(\frac{2a}{\pi b}\right)^{\frac{1}{4}} \right.$$

$$\left. + 2 \sum_{n=1}^{\infty} \sqrt{n}\left(J_{-1/4}\left(\pi n^2 \frac{b}{a}\right) + i M_{-1/4}\left(\pi n^2 \frac{b}{a}\right)\right) \right\}.$$

Dividiert man beide Seiten von (2.34) durch $\frac{\pi}{2} e^{3\pi i/8}$ und vergleicht in den angegebenen Ausdrücken die Realteile miteinander, so erhält man (2.37).

Zur Untersuchung der Konvergenz nutzen wir für die BESSEL-Funktion die asymptotische Darstellung (2.36). Wir erhalten

$$\sum_{n=1}^{N} \sqrt{n} J_{-1/4}\left(\pi n^2 \frac{a}{b}\right) =$$

$$= \frac{1}{\pi} \sqrt{\frac{2b}{a}} \sum_{n=1}^{N} \frac{1}{\sqrt{n}} \cos \pi \left(n^2 \frac{a}{b} - \frac{1}{8}\right) + O\left(\left(\frac{b}{a}\right)^{\frac{3}{2}} \sum_{n=1}^{N} n^{-\frac{5}{2}}\right)$$

$$= \frac{1}{\pi} \sqrt{\frac{2b}{a}} \sum_{r=1}^{b} \cos \pi \left(r^2 \frac{a}{b} - \frac{1}{8}\right) \sum_{0 \le n \le (N-r)/b} \frac{(-1)^n}{\sqrt{bn + r}} + O\left(\left(\frac{b}{a}\right)^{\frac{3}{2}}\right).$$

Dabei hatten wir in der ersten Summe auf der rechten Seite n durch $bn + r$ ersetzt. Wegen der Ungeradheit von ab erhalten wir wechselnde Vorzeichen, so daß der Grenzwert für $N \to \infty$ existiert, und die Reihe über BESSEL-Funktionen konvergiert. Gleichzeitig sieht man, daß für gerade ab kein Vorzeichenwechsel stattfindet, und die Reihe divergiert. Gleiche Verhältnisse liegen für die Reihen über die NEUMANN-Funktionen und M-Funktionen vor. Damit ist der Satz bewiesen.

Abschließend soll noch auf die Produktentwicklung der Thetafunktion eingegangen werden. Man überzeugt sich leicht

$$\vartheta\left(\frac{1}{2} + \frac{y}{2}; y\right) = 0,$$

so daß $\vartheta(x; y)$ den Faktor

$$1 + e^{2\pi i(-x + \frac{y}{2})},$$

enthalten muß, aber auch denjenigen mit dem entgegengesetzten Vorzeichen bei x. Das führt zu dem Ansatz

$$f(x, y) = \prod_{n=1}^{\infty} \left(1 + e^{2\pi i(x + \frac{2n-1}{2}y)}\right)\left(1 + e^{2\pi i(-x + \frac{2n-1}{2}y)}\right).$$

Man übersieht sofort, daß f eine ganze Funktion in x für $\mathrm{Im}(y) > 0$ ist und die folgenden Eigenschaften besitzt:

$$\begin{aligned}
f(x + 1, y) &= f(x, y), \\
f(x + y, y) &= \prod_{n=1}^{\infty} \left(1 + e^{2\pi i(x + \frac{2n+1}{2}y)}\right)\left(1 + e^{2\pi i(-x + \frac{2n-3}{2}y)}\right) \\
&= \frac{1 + e^{-2\pi i(x + \frac{y}{2})}}{1 + e^{2\pi i(x + \frac{y}{2})}} f(x, y) \\
&= e^{-2\pi i(x + \frac{y}{2})} f(x, y).
\end{aligned}$$

Damit erfüllt $f(x, y)$ die Bedingungen des Satzes 2.10 und kann sich von der Thetafunktion nur durch eine von y abhängende Konstante unterscheiden. Also ist

$$\vartheta(x; y) = c(y) \prod_{n=1}^{\infty} \left(1 + e^{2\pi i(x + \frac{2n-1}{2}y)}\right)\left(1 + e^{2\pi i(-x + \frac{2n-1}{2}y)}\right). \tag{2.38}$$

Allerdings sieht man auch, daß die Konstante $c(y)$ über die Bedingungen (2.26), (2.27) oder (2.28) nicht zu bestimmen ist. Deshalb müssen wir einen anderen Weg gehen und in (2.38) die Reihendarstellung der Thetafunktion für spezielle Werte von x nutzen. Zuerst wird mit $x = 1/2$

$$c(y) = \sum_{m=-\infty}^{+\infty} (-1)^m e^{\pi i y m^2} \prod_{n=1}^{\infty} \left(1 - e^{\pi i(2n-1)y}\right)^{-2} \tag{2.39}$$

und dann mit $x = 1/4$

$$c(y) = \sum_{m=-\infty}^{+\infty} i^m e^{\pi i y m^2} \prod_{n=1}^{\infty} \left(1 + i e^{\pi i(2n-1)y}\right)^{-1} \left(1 - i e^{\pi i(2n-1)y}\right)^{-1}.$$

In der letzten Summe heben sich die Summanden mit ungeradem m weg. Deshalb wird mit $m \to 2m$

$$c(y) = \sum_{m=-\infty}^{+\infty} (-1)^m e^{4\pi i y m^2} \prod_{n=1}^{\infty} \left(1 + e^{2\pi i(2n-1)y}\right)^{-1}. \tag{2.40}$$

Jetzt bilden wir die Funktion

$$g(y) = c(y) \prod_{n=1}^{\infty} \left(1 - e^{2\pi i n y}\right)^{-1}$$

und erhalten mit (2.39)

$$g(y) = \sum_{m=-\infty}^{+\infty} (-1)^m e^{\pi i y m^2} \prod_{n=1}^{\infty} \left(1 - e^{\pi i n y}\right)^{-1} \left(1 - e^{\pi i(2n-1)y}\right)^{-1}.$$

Dabei haben wir ausgenutzt, daß

$$\prod_{n=1}^{\infty} \left(1 - e^{\pi i(2n-1)y}\right)^{-1} \left(1 - e^{2\pi i n y}\right)^{-1} = \prod_{n=1}^{\infty} \left(1 - e^{\pi i n y}\right)$$

ist. Beachten wir, daß

$$\left(1 + e^{2\pi i(2n-1)y}\right)^{-1} = \left(1 - e^{2\pi i(2n-1)y}\right) \left(1 - e^{4\pi i(2n-1)y}\right)^{-1}$$

ist und weiter

$$\prod_{n=1}^{\infty} \frac{1 - e^{2\pi i(2n-1)y}}{1 - e^{2\pi i n y}} = \prod_{n=1}^{\infty} \left(1 - e^{4\pi i n y}\right)^{-1},$$

so bekommen wir aus (2.40)

$$g(y) = \sum_{m=-\infty}^{+\infty} (-1)^m e^{4\pi i y m^2} \prod_{n=1}^{\infty} \left(1 - e^{4\pi i n y}\right)^{-1} \left(1 - e^{4\pi i(2n-1)y}\right)^{-1}.$$

Vergleichen wir beide Darstellungen, so erkennen wir

$$g(y) = g(4y)$$

und

$$g(y) = \lim_{k \to \infty} g(4^k y).$$

Das bedeutet

$$c(y) \prod_{n=1}^{\infty} \left(1 - e^{2\pi i n y}\right)^{-1} = \lim_{k \to \infty} c(4^k y) = 1,$$

$$c(y) = \prod_{n=1}^{\infty} \left(1 - e^{2\pi i n y}\right).$$

Damit haben wir die folgende Produktdarstellung der Thetafunktion bewiesen.

Satz 2.15 *Die Thetafunktion besitzt die Produktdarstellung*

$$\vartheta(x;y) = \prod_{n=1}^{\infty} \left(1 - e^{2\pi i n y}\right) \left(1 + e^{2\pi i (x + \frac{2n-1}{2}y)}\right) \left(1 + e^{2\pi i (-x + \frac{2n-1}{2}y)}\right). \tag{2.41}$$

2.4 Funktionalgleichungen analytischer Funktionen

Die Funktionalgleichung (2.29) der JACOBIschen Thetafunktion ist von grundlegender Bedeutung in der analytischen Zahlentheorie und kann auf viele wichtige Funktionen übertragen werden. Wir beginnen mit der *Partialbruchzerlegung des Cotangens*. Dabei sei wie üblich $\cot \pi z$ durch

$$\cot \pi z = \frac{\cos \pi z}{\sin \pi z} = i\frac{e^{\pi i z} + e^{-\pi i z}}{e^{\pi i z} - e^{-\pi i z}} = i \coth \pi i z$$

gegeben.

Satz 2.16 *Die Funktion* $\cot \pi z$ *ist eine in der gesamten Ebene meromorphe Funktion mit einfachen Polstellen bei* $z = \pm n$, $n = 0, 1, \ldots$. *Es besteht die Partialbruchzerlegung*

$$\cot \pi z = \frac{1}{\pi z} + \frac{2z}{\pi} \sum_{n=1}^{\infty} \frac{1}{z^2 - n^2}. \tag{2.42}$$

Beweis. Wir betrachten $\vartheta(0;y)$ mit $y = it$, $t > 0$, und mit $\mathrm{Re}(s) > 0$ unterwerfen wir die Thetafunktion der LAPLACE-Transformation

$$L\{\vartheta(0;it)\} = \int_0^{\infty} e^{-st}\vartheta(0;it)\, dt = \int_0^{\infty} e^{-st} \left(1 + 2\sum_{n=1}^{\infty} e^{-\pi n^2 t}\right)$$

$$= \frac{1}{s} + 2\sum_{n=1}^{\infty} \frac{1}{s + \pi n^2}. \tag{2.43}$$

Andererseits ist mit Hilfe von (2.30)

$$\int_0^{\infty} e^{-st}\vartheta(0;it)\, dt = \int_0^{\infty} e^{-st} \frac{1}{\sqrt{t}}\vartheta\left(0;\frac{i}{t}\right) dt$$

$$= \int_0^\infty e^{-st} \left(\frac{1}{\sqrt{t}} + \frac{2}{\sqrt{t}} \sum_{n=1}^\infty e^{-\frac{\pi n^2}{t}} \right) dt$$

$$= \sqrt{\frac{\pi}{s}} \left(1 + 2 \sum_{n=1}^\infty e^{-2n\sqrt{\pi s}} \right)$$

$$= \sqrt{\frac{\pi}{s}} \coth \sqrt{\pi s}.$$

Vergleicht man dieses Ergebnis mit (2.43) und setzt man $s = -\pi z^2$, $\sqrt{-1} = i$, so ergibt sich (2.42). Die im Satz genannten funktionentheoretischen Eigenschaften sind offensichtlich.

Im Beweis trat der Begriff LAPLACE-*Transformation* auf. Allgemein sagt man, die Funktion $s \mapsto f(s)$ sei die LAPLACE-Transformierte der Funktion $t \mapsto F(t)$, wenn sie durch die Integraltansformation

$$f(s) = L\{F(t)\} = \int_0^\infty e^{-st} F(t)\, dt \qquad (2.44)$$

aus $F(t)$ hervorgeht. Setzt man F als stetige Funktion mit der Exponentialabschätzung $|F(t)| \le e^{ct}$, $c \ge 0$ für $t \to \infty$ voraus, so stellt $s \mapsto f(s)$ eine holomorphe Funktion in der Halbebene $\mathrm{Re}(s) > c$ dar. Mehr noch, $F(t)$ kann durch das Integral

$$F(t) = \frac{1}{2\pi i} \int_{\sigma-i\infty}^{\sigma+i\infty} e^{ts} f(s)\, ds \qquad (\sigma > c)$$

aus $f(s)$ zurückgewonnen werden. Dabei ist das Integral im Sinne des CAUCHY-schen Hauptwertes zu verstehen.

Setzt man

$$f(s) = \sqrt{\frac{\pi}{s}} \coth \sqrt{\pi s},$$

so können beide Rechnungen im Beweis zurückverfolgt werden, so daß man zu dem Ergebnis

$$F(t) = \vartheta(0; it) = \frac{1}{\sqrt{t}} \vartheta\left(0; \frac{i}{t} \right)$$

gelangt. Es wurde also die Funktionalgleichung (2.30) der Thetafunktion aus der Partialbruchzerlegung des Cotangens zurückgewonnen. Das heißt: *Die Funktionalgleichung* (2.30) *und die Partialbruchzerlegung des Cotangens sind äquivalent.*

Wir betrachten jetzt die RIEMANNsche Zetafunktion, die durch

$$\zeta(s) = \sum_{n=1}^\infty \frac{1}{n^s}$$

in der Halbebene $\mathrm{Re}(s) > 1$ als holomorphe Funktion erklärt ist. Wir werden sehen, daß die Funktionalgleichung der Thetafunktion zur analytischen Fortsetzung in die linke Halbebene und zu einer Funktionalgleichung der Zetafunktion führt. Dabei benutzen wir wieder die durch (2.33) definierte Gammafunktion.

Satz 2.17 *Die Riemannsche Zetafunktion ist holomorph in der gesamten Ebene bis auf einen einfachen Pol bei $s = 1$ mit dem Residuum 1. Sie genügt der Funktionalgleichung*

$$\pi^{-\frac{s}{2}}\Gamma\left(\frac{s}{2}\right)\zeta(s) = \pi^{-\frac{1-s}{2}}\Gamma\left(\frac{1-s}{2}\right)\zeta(1-s). \tag{2.45}$$

Beweis. Mit Hilfe von (2.33) erhalten wir für $\mathrm{Re}(s) > 1$

$$\pi^{-\frac{s}{2}}\Gamma\left(\frac{s}{2}\right)\zeta(s) = \sum_{n=1}^{\infty}(\pi n^2)^{-\frac{s}{2}}\Gamma\left(\frac{s}{2}\right) = \sum_{n=1}^{\infty}\int_0^{\infty} t^{\frac{s}{2}-1}e^{-\pi n^2 t}\,dt$$

$$= \frac{1}{2}\int_0^{\infty} t^{\frac{s}{2}-1}(\vartheta(0;it) - 1)\,dt.$$

Wir zerlegen das Integral in 2 Teile und verwenden im ersten Teil die Funktionalgleichung (2.30) der Thetafunktion.

$$\pi^{-\frac{s}{2}}\Gamma\left(\frac{s}{2}\right)\zeta(s) = \frac{1}{2}\int_0^{1} t^{\frac{s}{2}-1}\left(\frac{1}{\sqrt{t}}\left(\vartheta\left(0;\frac{i}{t}\right) - 1\right) + \frac{1}{\sqrt{t}} - 1\right)dt$$

$$+ \frac{1}{2}\int_1^{\infty} t^{\frac{s}{2}-1}(\vartheta(0;it) - 1)\,dt.$$

Im ersten Integral führen wir bezüglich des ersten Summanden die Substitution $t \to 1/t$ aus, den Rest des Integrals rechnen wir aus. Dann ist

$$\pi^{-\frac{s}{2}}\Gamma\left(\frac{s}{2}\right)\zeta(s) = \frac{1}{s(s-1)} + \frac{1}{2}\int_1^{\infty}\left(t^{-\frac{s}{2}-\frac{1}{2}} + t^{\frac{s}{2}-1}\right)(\vartheta(0;it) - 1)\,dt.$$

Dieses Integral konvergiert für alle s und stellt eine holomorphe Funktion dar. Die rechte und damit auch die linke Seite ist folglich eine holomorphe Funktion in der gesamten Ebene mit Ausnahme der beiden Polstellen $s = 0, 1$. In $s = 1$ ist $\Gamma(s/2)$ holomorph, und es ist $\Gamma(1/2) = \sqrt{\pi}$. Daher hat $\zeta(s)$ in $s = 1$ einen einfachen Pol mit dem Residuum 1. $\Gamma(s/2)$ ist holomorph in der gesamten Ebene mit Ausnahme der einfachen Polstellen $s = 0, -2, -4, \dots$. Deshalb ist auch $\zeta(s)$ für $\mathrm{Re}(s) \leq 1$, $s \neq 1$ holomorph mit $\zeta(0) \neq 0$, $\zeta(-2n) = 0$ für $n \in \mathbb{N}$. Überdies ändert sich die rechte Seite überhaupt nicht, wenn wir s durch $1 - s$ ersetzen. Daraus folgt die Funktionalgleichung (2.45).

Wir weisen noch auf einen ziemlich allgemeinen Fall hin, indem wir die Zetafunktion

$$\zeta(x,z;s) = \frac{1}{z^s} + \sum_{n=1}^{\infty}\left\{\frac{e^{2\pi inx}}{(n+z)^s} + \frac{e^{-2\pi inx}}{(n-z)^s}\right\}$$

betrachten. Diese Funktion sei für $0 < x, z < 1$ erklärt und ist dann für $\mathrm{Re}(s) > 1$ holomorph. In gewisser Verallgemeinerung zu Satz 2.17 erhalten wir den folgenden Satz.

Satz 2.18 *Die Zetafunktion* $s \mapsto \zeta(x, z; s)$ *ist für* $0 < x, z < 1$ *eine ganze Funktion in* s. *Sie genügt der Funktionalgleichung*

$$\pi^{-\frac{s}{2}} \Gamma\left(\frac{s}{2}\right) \zeta(x, z; s) = e^{-2\pi i x z} \pi^{-\frac{1-s}{2}} \Gamma\left(\frac{1-s}{2}\right) \zeta(-z, x; 1-s). \tag{2.46}$$

Beweis. Wieder bei Verwendung der Funktionalgleichung (2.30) der Thetafunktion verläuft der Beweis parallel zum Beweis des Satzes 2.17.

$$\pi^{-\frac{s}{2}} \Gamma\left(\frac{s}{2}\right) \zeta(x, z; s) =$$

$$= \int_0^\infty t^{\frac{s}{2}-1} \left\{ e^{-\pi z^2 t} + \sum_{n=1}^\infty \left(e^{2\pi i n x - \pi(n+z)^2 t} + e^{-2\pi i n x - \pi(n-z)^2 t} \right) \right\} dt$$

$$= \int_0^\infty t^{\frac{s}{2}-1} e^{-\pi z^2 t} \vartheta(x + izt; it)\, dt$$

$$= \int_0^1 t^{\frac{s}{2}-\frac{3}{2}} e^{-\pi x^2 \frac{1}{t}} \vartheta\left(-z + \frac{ix}{t}; \frac{i}{t}\right) dt + \int_1^\infty t^{\frac{s}{2}-1} e^{-\pi z^2 t} \vartheta(x + izt; it)\, dt$$

$$= \int_1^\infty \left\{ t^{-\frac{s}{2}-\frac{1}{2}} e^{-\pi x^2 t} \vartheta(-z + ixt; it) + t^{\frac{s}{2}-1} e^{-\pi z^2 t} \vartheta(x + izt; it) \right\} dt.$$

Diese Darstellung zeigt wie früher die analytische Fortsetzbarkeit und die Funktionalgleichung (2.46).

Man sieht, daß in (2.46) weder $x = 0$ noch $z = 0$ gesetzt werden darf, so daß die Funktionalgleichung der Riemannschen Zetafunktion hier nicht enthalten ist. Wir wollen aber noch den Fall der HURWITZschen Zetafunktion

$$\zeta(z; s) = \sum_{n=0}^\infty \frac{1}{(n+z)^s}$$

für $0 < z \leq 1$ betrachten, die für $\mathrm{Re}(s) > 1$ holomorph ist. Hier und in Folgendem ist der Spezialfall $z = 1$, also der Fall der RIEMANNschen Zetafunktion, zugelassen.

Satz 2.19 *Die Hurwitzsche Zetafunktion ist holomorph in der gesamten Ebene bis auf einen einfachen Pol bei* $s = 1$ *mit dem Residuum 1. Für* $\mathrm{Re}(s) < 0$ *besitzt sie die Entwicklung*

$$\zeta(z; s) = \frac{2\Gamma(1-s)}{(2\pi)^{1-s}} \left\{ \sin\left(\frac{\pi}{2}s\right) \sum_{n=1}^\infty \frac{\cos(2\pi n z)}{n^{1-s}} \right.$$

$$\left. + \cos\left(\frac{\pi}{2}s\right) \sum_{n=1}^\infty \frac{\sin(2\pi n z)}{n^{1-s}} \right\}. \tag{2.47}$$

Beweis. Mit Hilfe von (2.44) erhalten wir für $\mathrm{Re}(s) > 1$

$$\Gamma(s)\zeta(z;s) \;=\; \sum_{n=0}^{\infty} \frac{\Gamma(s)}{(n+z)^s} = \sum_{n=0}^{\infty} \int_{0}^{\infty} t^{s-1} e^{-(n+z)t}\, dt$$

$$=\; \int_{0}^{\infty} t^{s-1} \frac{e^{-zt}}{1 - e^{-t}}\, dt.$$

Zum Zwecke der analytischen Fortsetzbarkeit ist dieses Integral wegen der Schwierigkeiten bei $t = 0$ nicht geeignet. Wir betrachten daher das Integral

$$I(z;s) = \int_{\infty}^{(0^+)} (-t)^{s-1} \frac{e^{-zt}}{1 - e^{-t}}\, dt.$$

Der Integrationsweg verläuft von ∞ längs der positiven reellen Achse bis zu $t = \varrho$ mit $0 < \varrho < 2\pi$, umläuft den Punkt $t = 0$ längs des Kreises mit dem Radius ϱ entgegen dem Uhrzeigersinn bis nach ϱ zurück und von dort wieder längs der reellen Achse nach ∞. Dabei sei $-\pi \le \arg(-t) \le +\pi$. Das bedeutet: Auf dem Weg von ∞ nach ϱ ist $\arg(-t) = -\pi$, auf dem Kreis ist $t = \varrho e^{i\varphi}$ mit $-\pi \le \varphi \le +\pi$, und schließlich ist auf dem Weg von ϱ nach ∞ $\arg(-t) = +\pi$. Folglich ist

$$I(z;s) \;=\; \int_{\infty}^{\varrho} e^{-\pi i(s-1)} t^{s-1} \frac{e^{-zt}}{1 - e^{-t}}\, dt - i \int_{-\pi}^{+\pi} \left(-\varrho e^{i\varphi}\right)^s \frac{e^{-z\varrho(\cos\varphi + i\sin\varphi)}}{1 - e^{-\varrho(\cos\varphi + i\sin\varphi)}}\, d\varphi$$

$$+ \int_{\varrho}^{\infty} e^{\pi i(s-1)} t^{s-1} \frac{e^{-zt}}{1 - e^{-t}}\, dt$$

$$=\; -2i \sin \pi s \int_{\varrho}^{\infty} t^{s-1} \frac{e^{-zt}}{1 - e^{-t}}\, dt - i \int_{-\pi}^{+\pi} \left(-\varrho e^{i\varphi}\right)^s \frac{e^{-z\varrho(\cos\varphi + i\sin\varphi)}}{1 - e^{-\varrho(\cos\varphi + i\sin\varphi)}}\, d\varphi.$$

Für $\mathrm{Re}(s) > 1$ kann der Grenzübergang $\varrho \to 0$ vollzogen werden. Somit ist

$$I(z;s) = -2i \sin \pi s \int_{0}^{\infty} t^{s-1} \frac{e^{-zt}}{1 - e^{-t}}\, dt.$$

Verwenden wir noch die Funktionalgleichung

$$\Gamma(s)\Gamma(1 - s) = \frac{\pi}{\sin \pi s},$$

so erhalten wir schließlich die Integraldarstellung

$$\zeta(z;s) = -\frac{\Gamma(1 - s)}{2\pi i} \int_{\infty}^{(0^+)} (-t)^{s-1} \frac{e^{-zt}}{1 - e^{-t}}\, dt.$$

Hieraus können wir sofort die Holomorphie von $\zeta(z;s)$ in der gesamten Ebene mit Ausnahme von $s = 1$ ablesen. Für $s = 1$ liegt eine einfache Polstelle vor, die von der Funktion $\Gamma(1-s)$ herrührt. Der Integrand hat für $s = 1$ bei $t = 0$ eine einfache Polstelle mit dem Residuum 1. Da $-\Gamma(1-s)$ bei $s = 1$ das Residuum 1 hat, folgt dies auch für $\zeta(z;s)$. Die weiteren Polstellen von $\Gamma(1-s)$ für $s = 2, 3, \ldots$ täuschen, denn sie heben sich gegen die Nullstellen des Integrals auf.

Zum Nachweis von (2.47) blähen wir den Kreis um 0 im Integral auf und berechnen die Residuen an den Polstellen des Integranden. Nehmen wir den Radius des Kreises zu $\varrho = (2N+1)\pi$, $N \in \mathbb{N}$, so sind die einfachen Polstellen $t = \pm 2\pi i n$, $n = 1, 2, \ldots, N$ zu berücksichtigen. Das Residuum an einer solchen Stelle ist

$$(2\pi n)^{s-1} e^{\mp \frac{\pi i}{2}(s-1)} e^{\mp 2\pi i n z},$$

an beiden Stellen zusammen

$$2(2\pi n)^{s-1} \sin\left(\frac{\pi}{2}s + 2\pi n z\right) =$$

$$2(2\pi n)^{s-1}\left(\sin\frac{\pi}{2}s \cos(2\pi n z) + \cos\frac{\pi}{2}s \sin(2\pi n z)\right).$$

Daher ist

$$\zeta(z;s) \;=\; \frac{2\Gamma(1-s)}{(2\pi)^{1-s}}\left\{\sin\left(\frac{\pi}{2}s\right)\sum_{n=1}^{N}\frac{\cos(2\pi n z)}{n^{1-s}} + \cos\left(\frac{\pi}{2}s\right)\sum_{n=1}^{N}\frac{\sin(2\pi n z)}{n^{1-s}}\right\}$$
$$-\frac{\Gamma(1-s)}{2\pi i}\int_{C_N}(-t)^{s-1}\frac{e^{-zt}}{1-e^{-t}}\,dt.$$

Der Integrationsweg C_N verläuft von ∞ bis $t = (2N+1)\pi$, dann längs des Kreises $|t| = (2N+1)\pi$ und von $t = (2N+1)\pi$ zurück nach ∞. Die beiden Integrale längs der reellen Achse gehen für $N \to \infty$ exponentiell gegen 0. Das Integral längs des Kreises ist $O(N^{\mathrm{Re}(s)})$, geht also für $\mathrm{Re}(s) < 0$ auch gegen 0. Daraus folgt (2.47).

Wir wollen noch die Beziehung (2.47) ausnutzen, um für die Reihe

$$\sum_{n=1}^{\infty}\frac{e^{2\pi i \alpha n}}{n^s}$$

eine Darstellung durch die HURWITZsche Zetafunktion zu erlangen. Wir setzen in (2.47) zum einen $z = \alpha$ und zum anderen $z = 1 - \alpha$ mit $0 < \alpha < 1$. Inbeiden Fällen ersetzen wir s durch $1-s$ und setzen $\mathrm{Re}(s) > 1$ voraus. Dann folgt aus (2.47)

$$\frac{(2\pi)^s}{2\Gamma(s)}\left\{ie^{-\frac{\pi i}{2}s}\zeta(\alpha;1-s) - ie^{\frac{\pi i}{2}s}\zeta(1-\alpha;1-s)\right\} =$$

$$
\begin{aligned}
&= \ ie^{-\frac{\pi i}{2}s}\cos\left(\frac{\pi}{2}s\right)\sum_{n=1}^{\infty}\frac{\cos(2\pi n\alpha)}{n^s} + ie^{-\frac{\pi i}{2}s}\sin\left(\frac{\pi}{2}s\right)\sum_{n=1}^{\infty}\frac{\sin(2\pi n\alpha)}{n^s} \\
&\quad -ie^{\frac{\pi i}{2}s}\cos\left(\frac{\pi}{2}s\right)\sum_{n=1}^{\infty}\frac{\cos(2\pi n\alpha)}{n^s} + ie^{\frac{\pi i}{2}s}\sin\left(\frac{\pi}{2}s\right)\sum_{n=1}^{\infty}\frac{\sin(2\pi n\alpha)}{n^s} \\
&= \ 2\sin\left(\frac{\pi}{2}s\right)\cos\left(\frac{\pi}{2}s\right)\sum_{n=1}^{\infty}\frac{1}{n^s}\{\cos(2\pi n\alpha)+i\sin(2\pi n\alpha)\} \\
&= \ \sin(\pi s)\sum_{n=1}^{\infty}\frac{e^{2\pi i n\alpha}}{n^s}.
\end{aligned}
$$

Daraus ergibt sich

$$
\sum_{n=1}^{\infty}\frac{e^{2\pi i n\alpha}}{n^s} \ = \ \frac{(2\pi)^s}{2\Gamma(s)\sin(\pi s)}\left\{e^{\frac{\pi i}{2}(1-s)}\zeta(\alpha;1-s)\right.
$$
$$
\left. +e^{-\frac{\pi i}{2}(1-s)}\zeta(1-\alpha;1-s)\right\} \tag{2.48}
$$

für $0<\alpha<1$, $\mathrm{Re}(s)>1$.

Abschließend sollen in diesem Abschnitt einige wenige Bemerkungen zu den Nullstellen und zum Wachstum der RIEMANNschen Zetafunktion gemacht werden.

Es sei p eine Primzahl. Dann ist

$$
\frac{1}{1-p^{-s}} = \sum_{\nu=0}^{\infty}p^{-\nu s}
$$

für $\mathrm{Re}(s)>0$. Bezeichnen $p_1=2, p_2=3,\ldots,p_r$ die ersten r Primzahlen, so ist für $\mathrm{Re}(s)>1$

$$
\prod_{p\le p_r}\frac{1}{1-p^{-s}} \ = \ \sum_{\nu_1=0}^{\infty}\cdots\sum_{\nu_r=0}^{\infty}(p_1^{\nu_1}p_2^{\nu_2}\cdots p_r^{\nu_r})^{-s}
$$
$$
= \ \sum_{n_r=1}^{\infty}\frac{1}{n_r^s}.
$$

In der Reihe über n_r treten diejenigen natürlichen Zahlen n_r auf, die nur aus den Primzahlen $p_1,p_2,\ldots,p_r$ gebildet sind. Da es unendlich viele Primzahlen gibt, können wir für $\mathrm{Re}(s)>1$ den Grenzübergang $r\to\infty$ vollziehen. Wir erhalten die *Produktdarstellung der Riemannschen Zetafunktion*

$$
\zeta(s) = \prod_{p}\frac{1}{1-p^{-s}}.
$$

Aus der Produktdarstellung erkennen wir, daß $\zeta(s)\neq 0$ ist für $\mathrm{Re}(s)>1$. Aus dem Beweis zu Satz 2.17 wissen wir, daß $\zeta(s)$ für $s=-2n,\quad n=1,2,\ldots$ einfache Nullstellen hat und keine weiteren im Bereich $\mathrm{Re}(s)<0$. Also müssen alle weiteren

Nullstellen im *kritischen Streifen* $0 \leq \mathrm{Re}(s) \leq 1$ liegen. Man weiß, daß es dort unendlich viele Nullstellen gibt. Die bekannten Nullstellen liegen sämtlich auf der Geraden $\mathrm{Re}(s) = 1/2$.

Riemannsche Vermutung: *Alle Nullstellen im kritischen Streifen* $0 \leq \mathrm{Re}(s) \leq 1$ *liegen auf der Geraden* $\mathrm{Re}(s) = 1/2$.

Nun untersuchen wir das Wachstum von $\zeta(s)$ für $s = \sigma + it$, $t \to \pm\infty$. Für $\mathrm{Re}(s) > 1$, also $\sigma > 1$, ist

$$|\zeta(s)| = \left| \sum_{n=1}^{\infty} \frac{1}{n^s} \right| \leq \sum_{n=1}^{\infty} \frac{1}{n^\sigma} = \zeta(\sigma)$$

Auch die reziproke Zetafunktion ist beschränkt. Es ist

$$\frac{1}{\zeta(s)} = \prod_p \left(1 - \frac{1}{p^s} \right) = \sum_{n=1}^{\infty} \frac{\mu(n)}{n^s}$$

mit derMÖBIUSschen μ-Funktion

$$\begin{aligned}
\mu(1) &= 1, \\
\mu(p_1 p_2 \cdots p_r) &= (-1)^r, \qquad p_i \neq p_j \quad (i \neq j), \\
\mu(n) &= 0, \qquad \exists\ p,\ \ p^2 | n.
\end{aligned}$$

Darin bedeuten p, p_i, p_j Primzahlen. Also ist

$$\left| \frac{1}{\zeta(s)} \right| \leq \zeta(\sigma).$$

Damit ist $\zeta(s)$ für $\sigma > \sigma_0 > 1$ nach oben und unten beschränkt. Aus dieser Aussage können wir eine solche für $\sigma < 0$ ableiten. Nach (2.45) ist

$$\zeta(s) = \pi^{s-\frac{1}{2}} \frac{\Gamma(\frac{1-s}{2})}{\Gamma(\frac{s}{2})} \zeta(1 - s).$$

Nun wissen wir, daß sich die Gammafunktion für $s = \sigma + it$, $\quad a \leq \sigma \leq b$ beliebig, $t \to \pm\infty$ wie

$$\Gamma(s) = O\left(|t|^{\sigma - \frac{1}{2}} e^{-\frac{\pi}{2}|t|} \right) \tag{2.49}$$

verhält. Dies ist überdies die genaue Abschätzung, die nicht mehr verbessert werden kann. Daraus folgt

$$\frac{\Gamma(\frac{1-s}{2})}{\Gamma(\frac{s}{2})} = \frac{\Gamma(\frac{1-\sigma}{2} - i\frac{t}{2})}{\Gamma(\frac{\sigma}{2} + i\frac{t}{2})} = O\left(|t|^{\frac{1}{2} - \sigma} \right).$$

Daraus liest man aus obiger Darstellung

$$\zeta(s) = O\left(|t|^{\frac{1}{2} - \sigma} \right)$$

für $\sigma < \sigma_1 < 0$ ab. Diese Abschätzung kann ebenfalls nicht mehr verbessert werden. Nun führen wir die LINDELÖFsche μ-Funktion ein.

$$\mu(\sigma) = \inf\{\lambda : |\zeta(\sigma + it)| = O(|t|^{\lambda})\}.$$

Wir wissen bereits

$$\begin{aligned}
\mu(\sigma) &= 0 && \text{für} \quad \sigma > 1, \\
\mu(\sigma) &= \frac{1}{2} - \sigma && \text{für} \quad \sigma < 0.
\end{aligned}$$

Man weiß, daß $\mu(\sigma)$ von unten konvex ist, was hier nicht bewiesen werden soll. Daraus folgt

$$\mu(\sigma) \leq \frac{1}{2} \qquad \text{für} \quad 0 \leq \sigma \leq 1.$$

Man kann $\mu(\sigma)$ im kritischen Streifen besser abschätzen, aber man hat noch kein endgültiges Ergebnis.

Lindelöfsche Vermutung:

$$\begin{aligned}
\mu(\sigma) &= \frac{1}{2} - \sigma && \text{für} \quad \sigma \leq \frac{1}{2}, \\
\mu(\sigma) &= 0 && \text{für} \quad \sigma \geq \frac{1}{2}.
\end{aligned}$$

Es ist bekannt, daß aus der RIEMANNschen Vermutung die LINDELÖFsche Vermutung folgt, aber nicht umgekehrt.

2.5 Grenzfälle der Thetafunktionen

Wir haben in Satz 2.13 kennengelernt, daß die Thetafunktion $y \mapsto \vartheta(0; y)$ die reelle Achse $\mathrm{Im}(y) = 0$ zur wesentlich singulären Linie hat. Um zu einer konvergenten Entwicklung zu gelangen, betrachten wir die DIRICHLET-Reihe

$$\Phi(y; s) = \sum_{n=1}^{\infty} \frac{e^{\pi i y n^2}}{n^s}$$

für reelle y. Sie ist für $\mathrm{Re}(s) > 1$ absolut konvergent und stellt dort eine holomorphe Funktion dar. Wir betrachten ihr funktionentheoretisches Verhalten für rationale y.

Satz 2.20 *Es seien $a, b \in \mathbb{N}$, $(a, b) = 1$ und $y = 2a/b$. Die Funktion $s \mapsto \Phi(\frac{2a}{b}; s)$ ist für $b \equiv 2$ (mod 4) analytisch fortsetzbar in die gesamte Ebene und für $b \not\equiv 2$ (mod 4) ebenfalls, aber mit Ausnahme eines einfachen Pols bei $s = 1$ mit dem Residuum*

$$\mathrm{Res}_{s=1} \Phi\left(\frac{2a}{b}; s\right) = \frac{1}{b} S(a, b), \tag{2.50}$$

worin $S(a, b)$ die quadratische Gaußsche Summe bedeutet.

Beweis. Für $\mathrm{Re}(s) > 1$ zerlegen wir die Summation in Restklassen modulo b.

$$\Phi\left(\frac{2a}{b};s\right) = \sum_{r=1}^{b}\sum_{n=0}^{\infty} e^{2\pi i \frac{a}{b} r^2}(bn + r)^{-s}$$

$$= \frac{1}{b^s}\sum_{r=1}^{b} e^{2\pi i \frac{a}{b} r^2}\zeta\left(\frac{r}{b};s\right).$$

Nach Satz 2.19 wissen wir, daß die HURWITZsche Zetafunktion $s \mapsto \zeta(\frac{r}{b};s)$ holomorph in der gesamten Ebene mit Ausnahme des Punktes $s = 1$ ist. In diesem Punkt hat sie das Residuum 1. Daraus folgt sofort die analytische Fortsetzung der Φ-Funktion und (2.50). Da die GAUSSsche Summe $S(a,b)$ für $b \equiv 2 \pmod 4$ verschwindet, entfällt der Pol in diesem Fall.

Die Funktion $\Phi(y;s)$ genügt für $y \neq 0$ nicht mehr einer Funktionalgleichung. Jedoch näherungsweise kann man von einer *asymptotischen Transformationsformel* sprechen.

Satz 2.21 *Für* $y \in \mathbb{R}$, $y > 0$, $\mathrm{Re}(s) > 1$ *genügt* $\Phi(y;s)$ *der asymptotischen Transformationsformel*

$$\Phi(y;s) = e^{\frac{\pi i}{4}} y^{s-\frac{1}{2}} \Phi\left(-\frac{1}{y};s\right) + R(y;s). \tag{2.51}$$

Hierin bedeutet $s \mapsto R(y;s)$ *eine gewisse, für* $\mathrm{Re}(s) > 0$ *holomorphe Funktion.*

Beweis. Wir benutzen wieder das im Beweis zu Satz 2.9 vorgestellte MORDELLsche Beweisverfahren und gehen auch genauso wie dort vor. Wir betrachten die Partialsumme

$$\Phi_N(y;s) = \sum_{n=1}^{N-1} \frac{e^{\pi i y n^2}}{n^s}$$

mit $N > 1$ und stellen sie durch das Integral

$$\Phi_N(y;s) = \oint_{(0+)} \sum_{n=1}^{N-1} e^{\pi i y (z+n)^2} \frac{(z+n)^{-s}}{e^{2\pi i z} - 1}\, dz$$

dar. Die Integration erfolgt längs eines Kreises um 0 mit einem Radius kleiner als 1. Nun ziehen wir den Integrationsweg wie im Beweis zu Satz 2.9 auseinander und integrieren längs zweier Parallelen

$$+\frac{1}{2} - e^{\frac{\pi i}{4}}\infty \to +\frac{1}{2} \to +\frac{1}{2} + e^{\frac{\pi i}{4}}\infty$$

$$-\frac{1}{2} + e^{\frac{\pi i}{4}}\infty \to -\frac{1}{2} \to -\frac{1}{2} - e^{\frac{\pi i}{4}}\infty.$$

Jetzt heben sich wieder benachbarte Summanden heraus und nur die beiden Summationsenden bleiben übrig.

$$\Phi_N(y;s) = \int_{-\frac{1}{2}-e^{\pi i/4}\infty}^{-\frac{1}{2}+e^{\pi i/4}\infty} e^{\pi i y(z+N)^2} \frac{(z+N)^{-s}}{e^{2\pi i z}-1}\, dz + g(y;s).$$

Hierin stellt

$$g(y;s) = -\int_{-\frac{1}{2}-e^{\pi i/4}\infty}^{-\frac{1}{2}+e^{\pi i/4}\infty} e^{\pi i y(z+1)^2} \frac{(z+1)^{-s}}{e^{2\pi i z}-1}\, dz$$

eine ganze Funktion in s dar, die zudem unabhängig von N ist. Nun setzen wir

$$\Phi_N(y;s) - g(y;s) = T_N + R_N$$

mit

$$T_N = \int_{-\frac{1}{2}-e^{\pi i/4}\infty}^{-\frac{1}{2}+e^{\pi i/4}\infty} e^{\pi i y(z+N)^2} \sum_{1\leq n\leq yN} e^{-2\pi i n z} \frac{dz}{(z+N)^s},$$

$$R_N = \int_{-\frac{1}{2}-e^{\pi i/4}\infty}^{-\frac{1}{2}+e^{\pi i/4}\infty} e^{\pi i y(z+N)^2} \frac{e^{-2\pi i[yN]z}}{e^{2\pi i z}-1} \frac{dz}{(z+N)^s}.$$

Bezüglich R_N bemerken wir, daß

$$\frac{e^{2\pi i(yN-[yN])z}}{e^{2\pi i z}-1}$$

auf dem Integrationsweg beschränkt bleibt. Damit haben wir

$$R_N \ll \int_{-\frac{1}{2}-e^{\pi i/4}\infty}^{-\frac{1}{2}+e^{\pi i/4}\infty} \left| e^{\pi i y z^2}(z+N)^{-s} \right| |dz| \ll N^{-\operatorname{Re}(s)},$$

so daß $R_N \to 0$ für $\operatorname{Re}(s) > 0$. Im Integral T_N substituieren wir $z \to z-N$ und verschieben den Integrationsweg wieder durch $-1/2$. Gleichzeitig gehen wir bei hinreichend großem $\operatorname{Re}(s)$ zur Grenze $N \to \infty$ über. So erhalten wir

$$\Phi(y;s) - g(y;s) = \sum_{n=1}^{\infty} \int_{-1/2-e^{\pi i/4}\infty}^{-1/2+e^{\pi i/4}\infty} e^{\pi i(yz^2-2nz)} z^{-s}\, dz.$$

Jetzt ziehen wir den Integrationsweg über den Sattelpunkt $z = n/y$.

$$\Phi(y; s) - g(y; s) = \sum_{n=1}^{\infty} e^{-\pi i \frac{n^2}{y}} \int_{-e^{\pi i/4}\infty}^{+e^{\pi i/4}\infty} \left(z + \frac{n}{y}\right)^{-s} e^{\pi i y z^2} dz.$$

Die asymptotische Auswertung solcher Integrale erfordert die Entwicklung von $(z + n/y)^{-s}$ an der Stelle $z = 0$. Somit erhalten wir

$$\begin{aligned}
\Phi(y; s) - g(y; s) &= \sum_{n=1}^{\infty} \left(\frac{y}{n}\right)^s e^{-\pi i \frac{n^2}{y}} \int_{-e^{\pi i/4}\infty}^{+e^{\pi i/4}\infty} e^{\pi i y z^2} dz + r(y; s) \\
&= e^{\frac{\pi i}{4}} y^{s-\frac{1}{2}} \sum_{n=1}^{\infty} \frac{1}{n^s} e^{-\pi i \frac{n^2}{y}} + r(y; s) \\
&= e^{\frac{\pi i}{4}} y^{s-\frac{1}{2}} \Phi\left(-\frac{1}{y}; s\right) + r(y; s).
\end{aligned}$$

Die entstandene Reihe ist absolut konvergent für $\mathrm{Re}(s) > 1$ und definiert dort eine holomorphe Funktion. Es verbleibt

$$r(y; s) = \sum_{n=1}^{\infty} e^{-\pi i \frac{n^2}{y}} \int_{-e^{\pi i/4}\infty}^{+e^{\pi i/4}\infty} \left\{ \left(z + \frac{n}{y}\right)^{-s} - \left(\frac{n}{y}\right)^{-s} \right\} e^{\pi i y z^2} dz.$$

Die in dieser Reihe stehenden Integrale verhalten sich für $n \to \infty$ wie $n^{-\mathrm{Re}(s)-1}$. Daher ist die Reihe für $\mathrm{Re}(s) > 0$ absolut konvergent und $r(y; s)$ dort holomorph. Mit

$$R(y; s) = g(y; s) + r(y; s)$$

folgt nun (2.51).

Bemerkung. Man sieht, daß der Rest $r(y; s)$ ganz entsprechend weiterbehandelt werden kann. Bei weiterer Entwicklung an der Stelle $z = 0$ erhält man als nächstes eine absolut konvergente Reihe für $\mathrm{Re}(s) > 0$, dann eine solche für $\mathrm{Re}(s) > -1$. So kann man beliebig fortfahren und die Formel (2.51) weiter verfeinern.

Auch in dieser asymptotischen Transformationsformel kann das Reziprozitätsgesetz der GAUSSschen Summen entdeckt werden.

Vierter Beweis des Reziprozitätsgesetzes der quadratischen Gaußschen Summen

Es seien a, b ungerade natürliche Zahlen mit $(a, b) = 1$. Dann ist nach (2.51)

$$\Phi\left(\frac{2a}{b}; s\right) = e^{\frac{\pi i}{4}} \left(\frac{2a}{b}\right)^{s-\frac{1}{2}} \Phi\left(-\frac{b}{2a}; s\right) + R\left(\frac{2a}{b}; s\right).$$

Nach Satz (2.20) ist $s \mapsto \Phi(\frac{2a}{b}; s)$ in der ganzen Ebene holomorph bis auf einen einfachen Pol bei $s = 1$. Dies gilt analog für $s \mapsto \Phi(-\frac{b}{2a}; s)$. Also müssen die Residuen an der Stelle 1 auf der linken und rechten Seite dieser Gleichung übereinstimmen. Nach (2.50) ist

$$\frac{1}{b}S(a,b) \;=\; \mathrm{Res}_{s=1}\,\Phi\left(\frac{2a}{b};s\right) = \mathrm{Res}_{s=1}\left\{e^{\frac{\pi i}{4}}\left(\frac{2a}{b}\right)^{s-\frac{1}{2}}\Phi\left(-\frac{b}{2a};s\right)\right\}$$

$$\;=\; e^{\frac{\pi i}{4}}\sqrt{\frac{2a}{b}}\,\frac{1}{4a}S(-b,4a) = \frac{1+i}{4}\,\frac{1}{\sqrt{ab}}S(-b,4a).$$

2.6   Die Dedekindsche Etafunktion

In der Produktentwicklung der JACOBIschen Thetafunktion erscheint ein von x unabhängiger Faktor, der eine eigenständige Bedeutung hat. Wir erklären die von R. Dedekind 1877 eingeführte DEDEKINDsche Etafunktion durch

$$\eta(t) = e^{\frac{\pi i}{12}t}\prod_{n=1}^{\infty}\left(1 - e^{2\pi int}\right).$$

Sie ist in der Halbebene $\mathrm{Im}(t) > 0$ eine holomorphe Funktion. Sie ist überdies mit der Thetafunktion $t \mapsto \vartheta(0;t)$ eng verbunden, wie folgender Satz aussagt.

Satz 2.22 *Für* $\mathrm{Im}(t) > 0$ *gilt*

$$\vartheta(0;t) = \frac{\eta^2\left(\frac{t+1}{2}\right)}{\eta(t+1)}. \tag{2.52}$$

Beweis. Es ist

$$\frac{\eta^2\left(\frac{t+1}{2}\right)}{\eta(t+1)} \;=\; \prod_{n=1}^{\infty}\left(1 - (-1)^n e^{\pi int}\right)^2\left(1 - e^{2\pi int}\right)^{-1}$$

$$\;=\; \prod_{n=1}^{\infty}\left(1 - e^{2\pi int}\right)\left(1 + e^{\pi i(2n-1)t}\right)^2$$

$$\;=\; \vartheta(0;t).$$

Die Etafunktion erfüllt selbständig eine Funktionalgleichung im Sinne eines Reziprozitätsgesetzes. Bevor wir zu einem Beweis hierzu kommen sei noch vermerkt, daß $\eta(iz)$ für $z > 0$ reell ist. Wir können demzufolge das Produkt logarithmieren und erhalten

$$\log\eta(iz) = -\frac{\pi}{12}z + \sum_{n=1}^{\infty}\log\left(1 - e^{-2\pi nz}\right).$$

Nun führen wir die Funktion

$$\lambda(z) = -\log\left(1 - e^{-2\pi z}\right) = \sum_{m=1}^{\infty}\frac{1}{m}e^{-2\pi mz} \tag{2.53}$$

ein, so daß wir schreiben können

$$\log \eta(iz) = -\frac{\pi}{12}z - \sum_{n=1}^{\infty} \lambda(nz).$$

Es ist aber sofort klar, daß wir die Funkrtion $z \mapsto \lambda(z)$ in die rechte Halbebene $\mathrm{Re}(z) > 0$ analytisch fortsetzen können, wobei wir uns stets auf den Hauptzweig des Logarithmus festlegen. Daher läßt sich auch die unendliche Reihe

$$\sum_{n=1}^{\infty} \lambda(nz)$$

in die rechte Halbebene analytisch fortsetzen. Wir beweisen zunächst für diese Reihe eine Funktionalgleichung.

Satz 2.23 *Es sei $\lambda(z)$ durch (2.53) gegeben. Dann besteht die Funktionalgleichung*

$$\frac{\pi z}{12} + \sum_{n=1}^{\infty} \lambda(nz) = \frac{1}{2}\log z + \frac{\pi}{12z} + \sum_{n=1}^{\infty} \lambda\left(\frac{n}{z}\right) \tag{2.54}$$

in der Halbebene $\mathrm{Re}(z) > 0$, wobei der Logarithmus auf den Hauptzweig festgelegt sei.

Beweis. Wir nehmen $z > 0$ an. Dies ist insofern keine Einschränkung, als nach erfolgter Rechnung analytische Fortsetzung in die rechte Halbebene vorgenommen werden kann. Mit Hilfe der Integraldarstellung

$$e^{-t} = \frac{1}{2\pi i}\int_{c-i\infty}^{c+i\infty} \Gamma(s)t^{-s}ds,$$

in der $c > 0$ sein muß, wir aber $c > 1$ voraussetzen, erhalten wir

$$\begin{aligned}
\sum_{n=1}^{\infty} \lambda(nz) &= \sum_{n=1}^{\infty}\sum_{m=1}^{\infty} \frac{1}{m}\frac{1}{2\pi i}\int_{c-i\infty}^{c+i\infty} \Gamma(s)(2\pi mnz)^{-s}ds \\
&= \frac{1}{2\pi i}\int_{c-i\infty}^{c+i\infty} \Gamma(s)\zeta(s)\zeta(s+1)(2\pi z)^{-s}ds.
\end{aligned}$$

Alle Integrale sind wegen (2.49) und der Beschränktheit von $\zeta(s)$ auf $\mathrm{Re}(s) = c > 1$ absolut konvergent. Wir wollen jetzt auf $\zeta(s+1)$ die Funktionalgleichung der RIE-MANNschen Zetafunktion (2.45) anwenden. Aus den Eigenschaften der Gammafunktion

$$\Gamma(s) = \frac{1}{\sqrt{\pi}}2^{s-1}\Gamma\left(\frac{s}{2}\right)\Gamma\left(\frac{1+s}{2}\right),$$

$$\Gamma\left(\frac{1+s}{2}\right)\Gamma\left(\frac{1-s}{2}\right) = \frac{\pi}{\cos\frac{\pi s}{2}},$$

$$\Gamma(s+1) = s\Gamma(s)$$

folgt nacheinander aus (2.45)

$$
\begin{aligned}
\zeta(s) &= \pi^{s-\frac{1}{2}}\frac{\Gamma(\frac{1-s}{2})}{\Gamma(\frac{s}{2})}\zeta(1-s) \\
&= (2\pi)^{s-1}\frac{\Gamma(\frac{1+s}{2})\Gamma(\frac{1-s}{2})}{\Gamma(s)}\zeta(1-s) \\
&= (2\pi)^{s-1}\frac{\pi\zeta(1-s)}{\Gamma(s)\cos\frac{\pi s}{2}}, \\
\zeta(s+1) &= -(2\pi)^{s}\frac{\pi\zeta(-s)}{s\Gamma(s)\sin\frac{\pi s}{2}}.
\end{aligned}
$$

Setzt man dies ein, so ergibt sich

$$\sum_{n=1}^{\infty}\lambda(nz) = -\frac{1}{2\pi i}\int_{c-i\infty}^{c+i\infty}\frac{\pi\zeta(s)\zeta(-s)}{s\sin\frac{\pi s}{2}}z^{-s}ds$$

für $c > 1$. Da $\zeta(s)$ auf $\mathrm{Re}(s) = c > 1$, $s = c + it$, $t \to \pm\infty$ beschränkt bleibt, und $\zeta(-s)$ nur wie eine Potenz wächst, aber $1/\sin(\pi s/2)$ wie eine Exponentialfunktion fällt, bleibt auch dieses Integral, wie nicht anders zu erwarten, absolut konvergent. Die gleichen Verhältnisse liegen vor, wenn wir den Integrationsweg nach links verschieben. In den Polstellen $s = \pm 1$ liegen einfache Polstellen mit den Residuen

$$
\begin{aligned}
-\frac{\pi\zeta(-1)}{z\sin\frac{\pi}{2}} &= \frac{\pi}{12z} \qquad \text{für} \quad s = 1, \\
\frac{\pi\zeta(-1)z}{\sin\frac{\pi}{2}} &= -\frac{\pi z}{12} \qquad \text{für} \quad s = -1.
\end{aligned}
$$

Der Wert $\zeta(-1) = -1/12$ kann über die Funktionalgleichung unter Voraussetzung der Kenntnisse $\Gamma(\frac{1}{2}) = \sqrt{\pi}$, $\zeta(2) = \pi^2/6$ errechnet werden. Schließlich liegt in $s = 0$ noch ein zweifacher Pol vor. In der Umgebung von $s = 0$ verhält sich der Integrand wie

$$-\frac{2}{s^2}\left(\zeta^2(0) - \frac{\zeta'^2(0)}{2}s^2\right)(1 - s\log z) = -\frac{2\zeta^2(0)}{s^2} + \frac{2\zeta^2(0)}{s}\log z + O(1).$$

Aus der Funktionalgleichung der Zetafunktion errechnet sich sofort $\zeta(0) = -1/2$. Nunmehr folgt

$$\sum_{n=1}^{\infty}\lambda(nz) = \frac{1}{2}\log z - \frac{\pi z}{12} + \frac{\pi}{12z} - \frac{1}{2\pi i}\int_{-c-i\infty}^{-c+i\infty}\frac{\pi\zeta(s)\zeta(-s)}{s\sin\frac{\pi s}{2}}z^{-s}ds.$$

Substituiert man im Integral $s \to -s$, so erhält man sofort (2.54).

Setzt man beide Seiten von (2.54) in die Exponentialfunktion ein, so erhalten wir sofort folgendes Korollar.

Korollar zu Satz 2.23 *Die Dedekindsche Etafunktion erfüllt die Funktionalgleichung*

$$\eta(t) = \sqrt{\frac{i}{t}}\,\eta\left(-\frac{1}{t}\right) \tag{2.55}$$

in der Halbebene $\mathrm{Im}(t) > 0$ *mit* $\sqrt{i/t} > 0$ *für* $t = iz$, $z > 0$.

In der Darstellung (2.41) der Thetafunktion genügt das von x unabhängige Produkt einer Funktionalgleichung. Daher müssen die beiden anderen Faktoren ebenfalls einer Funktionalgleichung genügen.

Satz 2.24 *Die für beliebige* x, y *mit* $\mathrm{Im}(y) > 0$ *durch*

$$\varrho(x; y) = \prod_{n=1}^{\infty} \left(1 + e^{2\pi i\left(x + \frac{2n-1}{2}y\right)}\right)\left(1 + e^{2\pi i\left(-x + \frac{2n-1}{2}y\right)}\right) \tag{2.56}$$

erklärte Rhofunktion erfüllt die Funktionalgleichung

$$\varrho(x; y) = e^{\frac{\pi i}{12}\left(y + \frac{1}{y}\right) - \pi i \frac{x^2}{y}}\,\varrho\left(\frac{x}{y}; -\frac{1}{y}\right). \tag{2.57}$$

Beweis. Die Darstellung (2.41) schreibt sich mit Hilfe von Eta- und Rhofunktion

$$\vartheta(x; y) = e^{-\frac{\pi i}{12}y}\eta(y)\varrho(x; y).$$

Bei Ausnutzung der Funktionalgleichungen für die Thetafunktion (2.29) und die Etafunktion (2.55) erhalten wir

$$\varrho(x; y) = e^{\frac{\pi i}{12}y}\frac{\vartheta(x; y)}{\eta(y)} = e^{\frac{\pi i}{12}y - \pi i \frac{x^2}{y}}\frac{\vartheta\left(\frac{x}{y}; -\frac{1}{y}\right)}{\eta\left(-\frac{1}{y}\right)},$$

woraus schon (2.57) folgt.

Wir betrachten jetzt die Funktion ϱ für reelle x und $y = it$, $t > 0$. Dann zeigt die Darstellung (2.56), daß das Produkt aus Paaren konjugiert komplexer Zahlen besteht und somit $\varrho(x, it)$ reell ist. Ebenso ist die rechte Seite von (2.57) reell. Wir dürfen also logarithmieren und erhalten aus (2.57)

$$\log \varrho(x; it) = -\frac{\pi}{12}\left(t - \frac{1}{t}\right) - \frac{\pi x^2}{t} + \log \varrho\left(\frac{x}{it}; \frac{i}{t}\right)$$

oder ausführlich

$$\sum_{n=1}^{\infty}\left\{\log\left(1 + e^{2\pi i\left(x + i\frac{2n-1}{2}t\right)}\right) + \log\left(1 + e^{2\pi i\left(-x + i\frac{2n-1}{2}t\right)}\right)\right\} =$$

$$= -\frac{\pi}{12}\left(t - \frac{1}{t}\right) - \frac{\pi x^2}{t}$$

$$+ \sum_{n=1}^{\infty} \left\{ \log\left(1 + e^{2\pi\left(\frac{x}{t} - \frac{2n-1}{2}t\right)}\right) + \log\left(1 + e^{2\pi\left(-\frac{x}{t} - \frac{2n-1}{2}t\right)}\right) \right\}$$

Mit Hilfe der in (2.53) definierten Funktion $z \mapsto \lambda(z)$ erhalten wir daraus

$$\sum_{n=1}^{\infty} \left\{ \lambda\left(-i\left(x + \frac{1}{2}\right) + \frac{2n-1}{2}t\right) + \lambda\left(i\left(x + \frac{1}{2}\right) + \frac{2n-1}{2}t\right) \right\} =$$

$$= \frac{\pi}{12}\left(t - \frac{1}{t}\right) + \frac{\pi x^2}{t}$$

$$\sum_{n=1}^{\infty} \left\{ \lambda\left(-\frac{x}{t} - \frac{i}{2} + \frac{2n-1}{2t}\right) + \lambda\left(\frac{x}{t} + \frac{i}{2} + \frac{2n-1}{2t}\right) \right\}. \tag{2.58}$$

Da $z \mapsto \lambda(z)$ eine in der rechten Halbebene holomorphe Funktion ist, stellt sich jetzt die Frage der analytischen Fortsetzbarkeit bezüglich x bei festem $t > 0$. Für die linke Seite von (2.58) müssen dann $\mathrm{Re}(-ix + \frac{t}{2}) > 0$ und $\mathrm{Re}(ix + \frac{t}{2}) > 0$ sein. Also läßt sich die linke Seite in den Streifen $-\frac{t}{2} < \mathrm{Im}(x) < +\frac{t}{2}$ analytisch fortsetzen. Für die rechte Seite von (2.58) müssen wir $\mathrm{Re}(-\frac{x}{t} + \frac{1}{2t}) > 0$ und $\mathrm{Re}(\frac{x}{t} + \frac{1}{2t}) > 0$ fordern. Also läßt sich die rechte Seite in den Streifen $-\frac{1}{2} < \mathrm{Re}(x) < +\frac{1}{2}$ analytisch fortsetzen. Beide Streifen haben den nicht-leeren Durchschnitt $-\frac{1}{2} < \mathrm{Re}(x) < +\frac{1}{2}$, $-\frac{t}{2} < \mathrm{Im}(x) < +\frac{t}{2}$. Folglich lassen sich beide Seiten von (2.58) in diesen Teilbereich der komplexen Ebene hinein analytisch fortsetzen, wobei die Funktionalgleichung bestehen bleibt. Wir geben ihr eine formal günstigere Gestalt, wenn wir

$$x = \alpha - \frac{1}{2} + it\left(\beta - \frac{1}{2}\right) \quad \text{mit} \quad 0 < \alpha < 1, \quad 0 < \beta < 1$$

setzen. Dann erhalten wir aus (2.58), wenn wir noch zugleich $n \mapsto n+1$ substituieren,

$$\sum_{n=0}^{\infty} \{\lambda(-i\alpha + (n + \beta)t) + \lambda(i\alpha + (n + 1 - \beta)t)\} =$$

$$= \frac{\pi}{12}\left(t - \frac{1}{t}\right) + \frac{\pi}{t}\left(\alpha - \frac{1}{2} + i\left(\beta - \frac{1}{2}\right)t\right)^2$$

$$\sum_{n=0}^{\infty} \left\{ \lambda\left(-i\beta + \frac{n+1-\alpha}{t}\right) + \lambda\left(i\beta + \frac{n+\alpha}{t}\right) \right\}.$$

Betrachten wir jetzt beide Seiten bei festen α und β als Funktionen von t, so können wir ohne weiteres analytische Fortsetzung in die Halbebene $\mathrm{Re}(t) > 0$ vornehmen. Überdies erkennt man, daß $\alpha = 0,1$ für $0 < \beta < 1$ und $\beta = 0,1$ für $0 < \alpha < 1$ zulässig sind. Damit haben wir den folgenden Satz bewiesen:

Satz 2.25 *Die für $0 < \alpha < 1$, $0 < \beta < 1$ und $\mathrm{Re}(t) > 0$ durch*

$$\Lambda(\alpha, \beta; t) = \sum_{n=0}^{\infty} \{\lambda(-i\alpha + (n + \beta)t) + \lambda(i\alpha + (n + 1 - \beta)t)\} \tag{2.59}$$

erklärte Funktion Λ erfüllt die Funktionalgleichung

$$\begin{aligned}
\Lambda(\alpha, \beta; t) &= 2\pi i \left(\alpha - \frac{1}{2}\right)\left(\beta - \frac{1}{2}\right) \\
&\quad + \frac{\pi}{t} B_2(\alpha) - \pi t B_2(\beta) + \Lambda\left(\beta, 1 - \alpha; \frac{1}{t}\right),
\end{aligned} \tag{2.60}$$

worin

$$B_2(\alpha) = \alpha^2 - \alpha + \frac{1}{6}$$

das zweite Bernoullische Polynom bezeichnet. Überdies sind $\alpha = 0, 1$ für $0 < \beta < 1$ und $\beta = 0, 1$ für $0 < \alpha < 1$ zugelassen.

Die Lambdafunktion hat in Analogie zur JACOBIschen Thetafunktion die Gerade $\mathrm{Re}(t) = 0$ zur wesentlich singulären Linie, läßt sich also darüber hinweg nicht analytisch fortsetzen. Wir stellen dies wiederum fest, indem wir uns den rationalen Punkten dieser Geraden hähern. Wie bei der JACOBIschen Thetafunktion im Grenzverhalten die GAUSSschen Summen auftraten, entstehen hier die sogenannten DEDEKINDschen Summen. Sie sind folgendermaßen definiert. Es seien $p, q \in \mathbb{Z}$ mit $(p, q) = 1$ und $p \geq 1$. Wir setzen

$$((x)) = \begin{cases} x - [x] - \frac{1}{2} & \text{für} \quad x \notin \mathbb{Z}, \\ 0 & \text{für} \quad x \in \mathbb{Z}. \end{cases}$$

Dann ist die *Dedekindsche Summe* erklärt durch

$$s(q, p) = \sum_{n=0}^{p-1} \left(\left(\frac{n}{p}\right)\right)\left(\left(\frac{qn}{p}\right)\right). \tag{2.61}$$

Satz 2.26 *Seien $p, q \in \mathbb{Z}$, $(p, q) = 1$, $p \geq 1$. Es sei q' eine ganze Zahl mit der Eigenschaft $qq' \equiv -1 \pmod{p}$. Dann ist mit $\mathrm{Re}(t) > 0$ und der durch (2.53) erklärten Funktion λ*

$$\begin{aligned}
\sum_{n=1}^{\infty} \lambda\left(\frac{n}{p}(t - iq)\right) &= \sum_{n=1}^{\infty} \lambda\left(\frac{n}{p}\left(\frac{1}{t} - iq'\right)\right) \\
&\quad - \frac{\pi}{12p}\left(t - \frac{1}{t}\right) + \frac{1}{2}\log t + \pi i s(q; p). \tag{2.62}
\end{aligned}$$

Beweis. Für $p = 1$ ist (2.62) nichts anderes als (2.54). Nehmen wir also $p > 1$ an. Es sei $\mu \in \mathbb{Z}$ mit $1 \leq \mu \leq p - 1$. Wir setzen

$$\mu' = q\mu - p\left[\frac{q\mu}{p}\right].$$

Damit ist $1 \le \mu' \le p - 1$, und wegen $(p, q) = 1$ ist μ' in diesem Intervall eindeutig als Lösung der Kongruenz

$$\mu' \equiv q\mu \pmod{p}$$

bestimmt. Dann ist mit $\alpha = \mu'/p$, $\beta = \mu/p$ in (2.59)

$$\Lambda\left(\frac{\mu'}{p}, \frac{\mu}{p}; t\right) = \sum_{n=0}^{\infty}\left\{\lambda\left(-i\frac{\mu'}{p} + (n + \frac{\mu}{p})t\right) + \lambda\left(i\frac{\mu'}{p} + (n + 1 - \frac{\mu}{p})t\right)\right\}$$

$$= \sum_{n=0}^{\infty}\left\{\lambda\left((pn + \mu)\frac{t - iq}{p}\right) + \lambda\left((p(n + 1) - \mu)\frac{t - iq}{p}\right)\right\}$$

und entsprechend

$$\Lambda\left(\frac{\mu}{p}, 1 - \frac{\mu'}{p}; \frac{1}{t}\right) = \sum_{n=0}^{\infty}\left\{\lambda\left(-i\frac{\mu}{p} + (n + 1 - \frac{\mu'}{p})\frac{1}{t}\right) + \lambda\left(i\frac{\mu}{p} + (n + \frac{\mu'}{p})\frac{1}{t}\right)\right\}$$

$$= \sum_{n=0}^{\infty}\left\{\lambda\left((p(n + 1) - \mu')(\frac{1}{t} - iq')\frac{1}{p}\right)\right.$$

$$\left. + \lambda\left((pn + \mu')(\frac{1}{t} - iq')\frac{1}{p}\right)\right\}.$$

Wir setzen diese Ausdrücke in (2.60) ein und summieren anschließend über μ von 1 bis $p-1$. Dann durchläuft auch μ' die Zahlen 1 bis $p-1$ in einer gewissen Reihenfolge. Wir erhalten

$$2\sum_{\substack{n=1 \\ n \neq pk}}^{\infty} \lambda\left(\frac{n}{p}(t - iq)\right) = 2\sum_{\substack{n=1 \\ n \neq pk}}^{\infty} \lambda\left(\frac{n}{p}(\frac{1}{t} - iq')\right)$$

$$+ \frac{\pi}{t}\sum_{\mu'=1}^{p-1} B_2\left(\frac{\mu'}{p}\right) - \pi t\sum_{\mu=1}^{p-1} B_2\left(\frac{\mu}{p}\right)$$

$$+ 2\pi i\sum_{\mu=1}^{p-1} \left(\frac{\mu}{p} - \frac{1}{2}\right)\left(\frac{q\mu}{p} - \left[\frac{q\mu}{p}\right] - \frac{1}{2}\right)$$

Für $n = pk$ fügen wir einfach die Funktionalgleichung (2.54) hinzu, das ist

$$\sum_{k=1}^{\infty} \lambda(kt) = \sum_{k=1}^{\infty} \lambda\left(\frac{k}{t}\right) + \frac{1}{2}\log t - \frac{\pi}{12}\left(t - \frac{1}{t}\right).$$

Führen wir die Summation über die BERNOULLIschen Polynome aus, und führen wir die DEDEKINDsche Summe (2.61) ein, so erhalten wir sofort (2.62).

Der Satz 2.26 zeigt uns noch das Verhalten der in (2.62) links stehenden Reihe für $t \to 0$. Wir setzen $t = pz$ und erhalten für $z \to 0$ das folgende Korollar.

Korollar zu Satz 2.26 *Seien $p, q \in \mathbb{Z}$ mit $(p, q) = 1$, $p \ge 1$, $z > 0$. Dann ist*

$$\lim_{z \to 0}\left\{\sum_{n=1}^{\infty} \lambda\left(n(z - \frac{iq}{p})\right) - \frac{\pi}{12p^2 z} - \frac{1}{2}\log(pz)\right\} = \pi i s(q, p). \qquad (2.63)$$

2.7 Dedekindsche Summen

Wir haben im Abschnitt 2.3 erfahren, daß die GAUSSschen Summen in natürlicher Weise sich aus dem asymptotischen Verhalten der JACOBIschen Thetafunktionen in den rationalen Punkten der wesentlich singulären Linie ergeben. Gleiches hat sich im vorigen Abschnitt für die DEDEKINDschen Summen aus dem Grenzverhalten der Lambdafunktion ergeben. Bei Verwendung der Funktionalgleichung der Thetafunktion gelang ein sehr durchsichtiger Beweis des Reziprozitätsgesetzes der GAUSSschen Summen. Analog erreichen wir hier ein Reziprozitätsgesetz für die DEDEKINDschen Summen.

Satz 2.27 *Seien $p, q \in \mathbb{N}$ mit $(p, q) = 1$. Dann besteht das Reziprozitätsgesetz*

$$s(p, q) + s(q, p) = \frac{1}{12}\left(\frac{p}{q} + \frac{1}{pq} + \frac{q}{p}\right) - \frac{1}{4}. \tag{2.64}$$

Beweis. Wir verwenden in (2.63) die Funktionalgleichung (2.54) und erhalten

$$s(q, p) = \frac{1}{\pi i}\lim_{z \to 0}\left\{\sum_{n=1}^{\infty}\lambda\left(\frac{n}{z - i\frac{q}{p}}\right) + \frac{1}{2}\log\left(z - i\frac{q}{p}\right) - \frac{\pi}{12}\left(z - i\frac{q}{p}\right)\right.$$
$$\left. + \frac{\pi}{12}\frac{1}{z - i\frac{q}{p}} - \frac{\pi}{12p^2 z} - \frac{1}{2}\log(pz)\right\}.$$

Beim Grenzübergang $z \to 0$ stoßen wir im zweiten Term auf $\log(-i)$. Da wir uns im Hauptblatt des Logarithmus befinden, erhalten wir hierfür den Wert $-\pi i/2$. Somit folgt

$$s(q, p) = \frac{1}{\pi i}\lim_{z \to 0}\left\{\sum_{n=1}^{\infty}\lambda\left(\frac{n}{z - i\frac{q}{p}}\right) - \frac{\pi}{12p^2 z} - \frac{1}{2}\log\left(\frac{p^2 z}{q}\right)\right\}$$
$$+ \frac{1}{12}\left(\frac{q}{p} + \frac{p}{q}\right) - \frac{1}{4}.$$

Wir setzen jetzt

$$\frac{1}{z - i\frac{q}{p}} = z' + i\frac{p}{q},$$

also

$$z' = \frac{p^2 z}{q(q + iz)}, \qquad z = \frac{q^2 z'}{p(p - iqz')},$$

so daß mit $z \to 0$ auch $z' \to 0$ strebt. Dann erhalten wir

$$s(q, p) = \frac{1}{\pi i}\lim_{z' \to 0}\left\{\sum_{n=1}^{\infty}\lambda\left(n\left(z' + i\frac{p}{q}\right)\right) - \frac{\pi p(p - iqz')}{12p^2 q^2 z'} - \frac{1}{2}\log(qz')\right\}$$
$$+ \frac{1}{12}\left(\frac{q}{p} + \frac{p}{q}\right) - \frac{1}{4}$$
$$= s(-p, q) + \frac{1}{12}\left(\frac{q}{p} + \frac{1}{pq} + \frac{p}{q}\right) - \frac{1}{4}.$$

Das letzte Resultat folgt wieder nach (2.63). Daraus ergibt sich nun (2.64).

Die DEDEKINDschen Summen sind von ganz elementarer Natur, und dementsprechend gibt es auch einen ganz elementaren Beweis ihres Reziprozitätsgesetzes.

Elementarer Beweis von (2.64). Wir betrachten das Integral

$$I = \int_0^1 ((pt))((qt))\, dt = I_1 + I_2 + I_3$$

mit

$$I_1 = \int_0^1 [pt][qt]\, dt, \qquad I_2 = \int_0^1 \left(pt - \frac{1}{2}\right)\left(qt - \frac{1}{2}\right) dt,$$

$$I_3 = -\int_0^1 \left(qt - \frac{1}{2}\right)[pt]\, dt - \int_0^1 \left(pt - \frac{1}{2}\right)[qt]\, dt.$$

Für I_1 ergibt sich

$$\begin{aligned}
I_1 &= \int_0^1 \sum_{m \le pt} 1 \sum_{n \le qt} 1 \, dt \\
&= \sum_{\frac{m}{p} \le \frac{n}{q} \le 1} \left(1 - \frac{n}{q}\right) + \sum_{\frac{n}{q} < \frac{m}{p} \le 1} \left(1 - \frac{m}{p}\right) \\
&= pq - \sum_{n=1}^{q} \frac{n}{q}\left[\frac{pn}{q}\right] - \sum_{m=1}^{p} \frac{m}{p}\left[\frac{qm}{p}\right] + 1.
\end{aligned}$$

Für I_2 erhält man

$$I_2 = \frac{pq}{3} - \frac{p+q}{4} + \frac{1}{4}.$$

Für I_3 findet sich schließlich

$$\begin{aligned}
I_3 &= -\sum_{m=1}^{p} \int_{m/p}^{1} \left(qt - \frac{1}{2}\right) dt - \sum_{n=1}^{q} \int_{n/q}^{1} \left(pt - \frac{1}{2}\right) dt \\
&= -pq + \frac{p+q}{2} + \sum_{m=1}^{p}\left(\frac{q}{2}\left(\frac{m}{p}\right)^2 - \frac{m}{2p}\right) + \sum_{n=1}^{q}\left(\frac{p}{2}\left(\frac{n}{q}\right)^2 - \frac{n}{2q}\right).
\end{aligned}$$

Addiert man die 3 Ergebnisse, so erhält man

$$\begin{aligned}
I &= \sum_{n=1}^{q} \frac{n}{q}\left(\frac{pn}{q} - \left[\frac{pn}{q}\right] - \frac{1}{2}\right) + \sum_{m=1}^{p} \frac{m}{p}\left(\frac{qm}{p} - \left[\frac{qm}{p}\right] - \frac{1}{2}\right) + \frac{pq}{3} \\
&\quad + \frac{p+q+5}{4} - \sum_{m=1}^{p} \frac{q}{2}\left(\frac{m}{p}\right)^2 - \sum_{n=1}^{q} \frac{p}{2}\left(\frac{n}{q}\right)^2
\end{aligned}$$

$$= \sum_{n=1}^{q-1} \frac{n}{q} \left(\frac{pn}{q} - \left[\frac{pn}{q} \right] - \frac{1}{2} \right) + \sum_{m=1}^{p-1} \frac{m}{p} \left(\frac{qm}{p} - \left[\frac{qm}{p} \right] - \frac{1}{2} \right)$$
$$- \frac{1}{12} \left(\frac{q}{p} + \frac{p}{q} \right) + \frac{1}{4}$$
$$= \sum_{n=0}^{q-1} \frac{n}{q} \left(\left(\frac{pn}{q} \right) \right) + \sum_{m=0}^{p-1} \frac{m}{p} \left(\left(\frac{qm}{p} \right) \right) - \frac{1}{12} \left(\frac{q}{p} + \frac{p}{q} \right) + \frac{1}{4}.$$

Wegen

$$\sum_{n=0}^{q-1} \left(\left(\frac{pn}{q} \right) \right) = \sum_{m=0}^{p-1} \left(\left(\frac{qm}{p} \right) \right) = 0$$

ist schließlich

$$I = s(p,q) + s(q,p) - \frac{1}{12} \left(\frac{q}{p} + \frac{p}{q} \right) + \frac{1}{4}. \tag{2.65}$$

Nun berechnen wir I auf eine andere Art.

$$I = \frac{1}{q} \int_0^q \left(\left(\frac{pt}{q} \right) \right) ((t))\, dt$$
$$= \frac{1}{q} \sum_{n=0}^{q-1} \int_n^{n+1} \left(\left(\frac{pt}{q} \right) \right) \left(t - n - \frac{1}{2} \right) dt$$
$$= \frac{1}{q} \int_0^1 \left(t - \frac{1}{2} \right) \sum_{n=0}^{q-1} \left(\left(\frac{pt + np}{q} \right) \right) dt.$$

Wegen der Teilerfremdheit von p und q durchläuft mit n auch np ein vollständiges Restsystem modulo q. Daher ist

$$I = \frac{1}{q} \int_0^1 \left(t - \frac{1}{2} \right) \sum_{m=0}^{q-1} \left(\left(\frac{pt + m}{q} \right) \right) dt$$
$$= \frac{1}{pq} \int_0^p \left(\frac{t}{p} - \frac{1}{2} \right) \sum_{m=0}^{q-1} \left(\left(\frac{t + m}{q} \right) \right) dt.$$

Da I in p und q symmetrisch ist, können wir ohne Beschränkung der Allgemeinheit $p < q$ annehmen. Dann ist $0 < (t + m)/q < 2$ und bei weiterer Zerlegung des Intervalls

$$I = \frac{1}{pq} \int_0^p \left(\frac{t}{p} - \frac{1}{2} \right) \sum_{m=0}^{q-1} \left(\frac{t + m}{q} - \frac{1}{2} \right) dt - \frac{1}{pq} \int_1^p \left(\frac{t}{p} - \frac{1}{2} \right) \sum_{q-t < m \le q-1} 1\, dt$$
$$= \frac{1}{pq} \int_0^p \left(\frac{t}{p} - \frac{1}{2} \right) \left(t - \frac{1}{2} \right) dt - \frac{1}{pq} \int_1^p \left(\frac{t}{p} - \frac{1}{2} \right) [t]\, dt$$

$$= \frac{1}{pq} \int_0^p \left(\frac{t}{p} - \frac{1}{2}\right) ((t))\, dt$$

$$= \frac{1}{pq} \sum_{n=0}^{p-1} \int_n^{n+1} \left(\frac{t}{p} - \frac{1}{2}\right) \left(t - n - \frac{1}{2}\right) dt$$

$$= \frac{1}{pq} \sum_{n=0}^{p-1} \int_0^1 \left(\frac{t+n}{p} - \frac{1}{2}\right) \left(t - \frac{1}{2}\right) dt$$

$$= \frac{1}{pq} \int_0^1 \left(t - \frac{1}{2}\right)^2 dt = \frac{1}{12pq}.$$

Setzt man in (2.65) diesen Wert für I ein, so erhält man (2.64).

GAUSSsche und DEDEKINDsche Summen treten als Grenzwerte der Thetafunktion und Etafunktion auf. Zwischen diesen Funktionen besteht nach Satz 2.22 ein Zusammenhang. Also muß auch zwischen beiden Summen ein Zusammenhang bestehen. Dies werden wir in folgendem Satz feststellen.

Satz 2.28 *Es seien a, b natürliche, ungerade Zahlen mit $(a, b) = 1$. Dann ist*

$$S(a, b) = \sqrt{b}\, e^{\pi i (s(2a,b) - 2s(b+2a, 2b))}. \tag{2.66}$$

Beweis. Es ist

$$\eta(t) = e^{\frac{\pi i}{12} t} h(t),$$

wenn wir

$$h(t) = \prod_{n=1}^{\infty} \left(1 - e^{2\pi i n t}\right)$$

setzen. Dann folgt aus (2.52)

$$\vartheta(0; t) = \frac{h^2\left(\frac{t+1}{2}\right)}{h(t+1)}.$$

Nun ist nach (2.31) und (2.63)

$$\begin{aligned}
\frac{1}{b} S(a, b) &= \lim_{t \to 0} \sqrt{t}\, \vartheta\left(0; \frac{2a}{b} + it\right) \\
&= \lim_{t \to 0} \sqrt{t}\, \frac{h^2\left(\frac{b+2a}{2b} + \frac{it}{2}\right)}{h\left(\frac{2a}{b} + it\right)} \\
&= \frac{1}{\sqrt{b}}\, e^{\pi i (s(2a,b) - 2s(b+2a, 2b))}.
\end{aligned}$$

Daraus ergibt sich (2.66).

Der Satz 2.28 ermöglicht eine erneute Berechnung der GAUSSschen Summen auf der Basis der DEDEKINDschen Summen.

Neuer Beweis von (2.14). Wir setzen in (2.66) $a = 1$ und erhalten für ungerade, natürliche Zahlen b

$$
\begin{aligned}
s(2,b) - 2s(b+2, 2b) &= s(2,b) - 2\sum_{n=1}^{2b-1} \left(\left(\frac{n}{2b}\right)\right)\left(\left(\frac{n}{2} + \frac{n}{b}\right)\right)\\
&= -s(2,b) - 2\sum_{n=1}^{b}\left(\left(\frac{2n-1}{2b}\right)\right)\left(\left(\frac{1}{2} + \frac{2n-1}{b}\right)\right).
\end{aligned}
$$

Aus (2.59) folgt

$$
\begin{aligned}
-s(2,b) &= s(b,2) + \frac{1}{4} - \frac{1}{12}\left(\frac{2}{b} + \frac{1}{2b} + \frac{b}{2}\right)\\
&= \frac{1}{4} - \frac{5}{24b} - \frac{b}{24}.
\end{aligned}
$$

Für die verbleibende Summe erhalten wir

$$
-2\sum_{n=1}^{b}\left(\left(\frac{2n-1}{2b}\right)\right)\left(\left(\frac{1}{2} + \frac{2n-1}{b}\right)\right) =
$$

$$
\begin{aligned}
&= -2\sum_{n=1}^{b}\left(\frac{2n-1}{2b} - \frac{1}{2}\right)\frac{2n-1}{b} + 2\sum_{\frac{b+2}{4} < n \le b}\left(\frac{2n-1}{2b} - \frac{1}{2}\right)\\
&\quad +2\sum_{\frac{3b+2}{4} < n \le b}\left(\frac{2n-1}{2b} - \frac{1}{2}\right)\\
&= \frac{1}{3}\left(\frac{1}{b} - b\right) + \frac{1}{b}\left(b^2 - \left[\frac{b+2}{4}\right]^2\right) - \left(b - \left[\frac{b+2}{4}\right]\right)\\
&\quad +\frac{1}{b}\left(b^2 - \left[\frac{3b+2}{4}\right]^2\right) - \left(b - \left[\frac{3b+2}{4}\right]\right).
\end{aligned}
$$

Wir betrachten nun die Fälle $b \equiv \pm 1 \pmod 4$ getrennt. Wir erhalten insgesamt

$$
s(2,b) - 2s(b+2, 2b) = \begin{cases} 0 & \text{für } b \equiv 1 \pmod 4,\\ \frac{1}{2} & \text{für } b \equiv -1 \pmod 4. \end{cases}
$$

Daraus folgt mit (2.66)

$$
S(1,b) = \begin{cases} \sqrt{b} & \text{für } b \equiv 1 \pmod 4,\\ i\sqrt{b} & \text{für } b \equiv -1 \pmod 4. \end{cases}
$$

Das ist (2.14).

Es sei jetzt a eine ungerade, natürliche Zahl und $b = p$ eine ungerade Primzahl mit $(a, p) = 1$. Dann ist

$$S(a, p) = \left(\frac{a}{p}\right) S(1, p) = \left(\frac{a}{p}\right) \sqrt{p}\, i^{(\frac{p-1}{2})^2}.$$

Zusammen mit (2.66) ergibt sich daher folgender Satz.

Satz 2.29 *Es sei p eine ungerade Primzahl und a eine nicht durch p teilbare natürliche Zahl. Dann besteht für das Legendre-Symbol $(\frac{a}{p})$ die Darstellung*

$$\left(\frac{a}{p}\right) = e^{\pi i (s(2a,p) - 2s(p+2a,2p) - \frac{1}{8}(p-1)^2)}.$$

Wir betrachten noch zwei besondere Darstellungen der DEDEKINDschen Summen. Sie haben ihren Ausgangspunkt in der FOURIER-Entwicklung von $x \mapsto ((x))$:

$$((x)) = -\frac{1}{\pi} \sum_{n=1}^{\infty} \frac{1}{n} \sin 2\pi n x. \tag{2.67}$$

Nun seien $a, b \in \mathbb{Z}$ mit $(a, b) = 1$, $\quad b > 1$. Dann ist

$$\left(\left(\frac{a}{b}\right)\right) = -\frac{1}{\pi} \lim_{N \to \infty} S_N$$

$$S_N = \sum_{n=1}^{N} \frac{1}{n} \sin 2\pi \frac{an}{b}.$$

Wir teilen die Summation in Restklassen modulo b ein.

$$S_N = \sum_{r=1}^{b-1} \sin 2\pi \frac{ar}{b} \left(\frac{1}{r} + \sum_{1 \leq n \leq \frac{N-r}{b}} \frac{1}{bn + r}\right).$$

Auch folgende Möglichkeit besteht.

$$S_N = -\sum_{r=1}^{b-1} \sin 2\pi \frac{ar}{b} \sum_{1 \leq n \leq \frac{N+r}{b}} \frac{1}{bn - r}.$$

Beides zusammengenommen ergibt

$$S_N = \frac{1}{2} \sum_{r=1}^{b-1} \sin 2\pi \frac{ar}{b} \left(\frac{1}{r} + \sum_{1 \leq n \leq N/b} \left(\frac{1}{bn + r} - \frac{1}{bn - r}\right)\right) + O\left(\frac{1}{N}\right).$$

Mit $N \to \infty$ haben wir

$$\left(\left(\frac{a}{b}\right)\right) = -\frac{1}{2\pi} \sum_{r=1}^{b-1} \sin 2\pi \frac{ar}{b} \left(\frac{1}{r} + \sum_{n=1}^{\infty} \frac{2r}{r^2 - b^2 n^2}\right)$$

und mit (2.42)

$$\left(\!\left(\frac{a}{b}\right)\!\right) = -\frac{1}{2b}\sum_{r=1}^{b-1}\sin 2\pi\,\frac{ar}{b}\cot\pi\frac{r}{b}. \tag{2.68}$$

Nun können wir die folgenden Darstellungen der DEDEKINDschen Summen schnell zeigen.

Satz 2.30 *Es seien* $a,b \in \mathbb{Z}$ *mit* $(a,b)=1,\quad b>1$. *Dann bestehen für die Dedekindschen Summen die Darstellungen*

$$s(a,b) \;=\; \frac{1}{4b}\sum_{r=1}^{b-1}\cot\frac{\pi r}{b}\cot\frac{\pi ar}{b}, \tag{2.69}$$

$$\;=\; \frac{1}{2\pi}\sum_{\substack{n=1\\ n\neq bk}}^{\infty}\frac{1}{n}\cot\frac{\pi an}{b}. \tag{2.70}$$

Beweis. Zum Nachweis von (2.69) verwenden wir (2.68). Wir erhalten

$$s(a,b) \;=\; \sum_{n=1}^{b-1}\left(\frac{n}{b}-\frac{1}{2}\right)\left(\!\left(\frac{an}{b}\right)\!\right)$$

$$\;=\; -\sum_{n=1}^{b-1}\frac{n}{b}\sum_{r=1}^{b-1}\frac{1}{2b}\sin 2\pi\,\frac{anr}{b}\cot\frac{\pi r}{b}.$$

Nach Ausführung der Summation über n erhalten wir (2.69).

Zum Nachweis von (2.70) verwenden wir (2.67).

$$s(a,b) \;=\; \sum_{m=1}^{b-1}\frac{m}{b}\left(\!\left(\frac{am}{b}\right)\!\right)$$

$$\;=\; -\frac{1}{\pi}\sum_{m=1}^{b-1}\frac{m}{b}\sum_{n=1}^{\infty}\frac{1}{n}\sin 2\pi\,\frac{mn}{b}.$$

Ist n ein Vielfaches von b, so ist der entsprechende Summand gleich 0. Für $n \neq bk$ ergibt die Summation über m sofort (2.70).

Verwenden wir in (2.70) die Partialbruchzerlegung (2.42) des Cotangens, so erhalten wir eine zweifach-unendliche Reihe. Das Reziprozitätsgesetz (2.64) liefert uns dann ein Paradebeispiel dafür, daß man in zweifach-unendlichen Reihen nicht bedenkenlos die Summationsreihenfolge vertauschen darf.

Satz 2.31 *Es seien* $a,b \in \mathbb{N}$ *mit* $(a,b)=1$ *und* $a,b>1$. *Dann ist*

$$\sum_{\substack{m=1\\ bn\neq am}}^{\infty}\sum_{n=1}^{\infty}\frac{1}{a^2m^2-b^2n^2} + \sum_{n=1}^{\infty}\sum_{\substack{m=1\\ am\neq bn}}^{\infty}\frac{1}{b^2n^2-a^2m^2} = -\frac{\pi^2}{4ab}. \tag{2.71}$$

Beweis. Aus (2.69) und (2.42) folgt

$$
\begin{aligned}
s(a,b) \;=\;& \frac{b}{2\pi^2 a}\sum_{\substack{m=1\\ m\neq bk}}^{\infty}\frac{1}{m^2}+\frac{a}{\pi^2 b}\sum_{\substack{m=1\\ m\neq bk}}^{\infty}\sum_{n=1}^{\infty}\frac{b^2}{a^2m^2-b^2n^2}\\[2mm]
=\;& \frac{b}{12a}-\frac{1}{12ab}+\frac{ab}{\pi^2}\sum_{m=1}^{\infty}\sum_{\substack{n=1\\ bn\neq am}}^{\infty}\frac{1}{a^2m^2-b^2n^2}\\[2mm]
& -\frac{a}{\pi^2 b}\sum_{m=1}^{\infty}\sum_{\substack{n=1\\ n\neq am}}^{\infty}\frac{1}{a^2m^2-n^2}.
\end{aligned}
$$

Zur Berechnung der letzten Doppelsumme benutzen wir die Partialbruchzerlegung (2.42) des Cotangens. Damit erhalten wir

$$
\sum_{\substack{n=1\\ n\neq am}}^{\infty}\frac{1}{a^2m^2-n^2} =
$$

$$
\begin{aligned}
=\;& \lim_{z\to am}\left\{\frac{\pi}{2z}\cot\pi z-\frac{1}{2z^2}-\frac{1}{z^2-a^2m^2}\right\}\\[2mm]
=\;& -\frac{1}{2a^2m^2}+\lim_{z\to 0}\left\{\frac{\pi}{2(z+am)}\left(\cot\pi z-\frac{1}{\pi z}\right)+\frac{1}{2z(z+am)}-\frac{1}{z(z+2am)}\right\}\\[2mm]
=\;& -\frac{3}{4a^2m^2}.
\end{aligned}
$$

Das hat

$$
-\frac{a}{\pi^2 b}\sum_{m=1}^{\infty}\sum_{\substack{n=1\\ n\neq am}}^{\infty}\frac{1}{a^2m^2-n^2}=\frac{3}{4ab\pi^2}\sum_{m=1}^{\infty}\frac{1}{m^2}=\frac{3}{24ab}
$$

zur Folge. Damit ergibt sich

$$
s(a,b)=\frac{b}{12a}+\frac{1}{24ab}+\frac{ab}{\pi^2}\sum_{m=1}^{\infty}\sum_{\substack{n=1\\ bn\neq am}}^{\infty}\frac{1}{a^2m^2-b^2n^2}
$$

und weiter

$$
\begin{aligned}
s(a,b)+s(b,a)=\;& \frac{a}{12b}+\frac{b}{12a}+\frac{1}{12ab}\;+\;\frac{ab}{\pi^2}\sum_{m=1}^{\infty}\sum_{\substack{n=1\\ bn\neq am}}^{\infty}\frac{1}{a^2m^2-b^2n^2}\\[2mm]
& +\;\frac{ab}{\pi^2}\sum_{n=1}^{\infty}\sum_{\substack{m=1\\ am\neq bn}}^{\infty}\frac{1}{b^2n^2-a^2m^2}.
\end{aligned}
$$

Verwendet man jetzt für die linke Seite das Reziprozitätsgesetz (2.64) der DEDEKINDschen Summen, so erhalten wir sofort die Behauptung (2.71).

2.8 Anmerkungen

Einen Beweis des quadratischen Reziprozitätsgesetzes kann man in jedem Buch über elementare Zahlentheorie finden. Er wird meist über das EULERsche Kriterium und das GAUSSsche Lemma geführt. Schon C. F. GAUSS selbst gab verschiedene Beweise, unter anderem auch über GAUSSsche Summen. Einen Überblick darüber kann man in dem Buch von H. PIEPER [67] finden. Zudem existiert eine Produktdarstellung der GAUSSschen Summen, die eine Produktdarstellung des LEGENDRE-Symbols über Sinusfunktionen nach sich zieht. Das quadratische Reziprozitätsgesetz ist dann eine unmittelbare Folgerung. Dies kann man bei E. KRÄTZEL [46] nachlesen.

Der Beweis des wesentlichen Satzes 2.6 über die KUSMIN-LANDAUsche Ungleichung findet sich auch bei L. P. POSTNIKOVA [68] und N. M. KOROBOV[38]. Hieraus folgt selbstverständlich sofort das Reziprozitätsgesetz der quadratischen Gaußschen Summen, das aber andererseits viel eleganter mit Hilfe analytischer Methoden gewonnen wird.

Der zweite Beweis des Reziprozitätsgesetzes der quadratischen GAUSSschen Summen im Abschnitt 2.2 entspricht dem Originalbeweis von L. J. MORDELL [57]. Seine Methode wurde im Beweis des Satzes 2.9 ausgebaut und auch auf Exponentialsummen mit quadratischem Polynom, deren Koeffizienten nicht notwendig rational sind, angewandt. Wir werden später sehen, daß die MORDELLsche Methode noch viele gute Dienste leisten wird. Die Transformationsformel (2.18) wurde bereits 1914 von G. H. HARDY und J. E. LITTLEWOOD [23] angegeben.

Der Leser, der über Kenntnisse über die EULER-MACLAURINsche und die POISSONsche Summenformel verfügt, wird die Funktionalgleichungen beziehungsweise Transformationsformeln in den Abschnitten 2.3 und 2.4 ebenfalls mit diesen Summenformeln herleiten können. Wir haben hier bewußt darauf verzichtet, um die Zusammenhänge zwischen den einzelnen Transformationsformeln deutlicher hervortreten zu lassen, siehe G. DOETSCH [13], [14], [15].

Grundkenntnisse über die Gammafunktion sind sicher bei jedem Leser vorhanden. Alle benutzten Eigenschaften finden sich in dem Buch von E. T. WHITTAKER und G. N. WATSON [77] beziehungsweise in dem Band 1 von H. BATEMAN und A. ERDÉLYI [2]. Die HANKEL-, BESSEL-, NEUMANN-, MACDONALD-Funktionen werden unter dem Oberbegriff *Zylinderfunktionen* zusammengefaßt. Alle verwendeten Ergebnisse sind ebenfalls [77] beziehungsweise dem Band 2 von H. BATEMAN und A. ERDÉLYI [3] entnommen. Die asymptotischen Darstellungen dieser Funktionen finden sich ebenfalls dort, können aber auch leicht aus den Sätzen des Buches von E. T. COPSON [11] gewonnen werden.

Das merkwürdige Reziprozitätsgesetz (2.37) wurde von E. KRÄTZEL [39] aufgestellt. Die Transformationsformel (2.51) für die Dirichlet-Reihe findet sich erstmalig bei R. COOPER [10].

Mit den Ausführungen über die JACOBIsche Thetafunktion und die DEDEKINDsche Etafunktion ist der Einstieg in die Theorie der Modulfunktionen mit ihren zahlentheoretischen Anwendungen gegeben. Dieser Weg soll hier aber nicht verfolgt werden. Es sei auf das Buch von M. I. KNOPP [36] verwiesen. Ausführlich kann man sich über die DEDEKINDschen Funktionen und Summen bei H. RADEMACHER [69] informieren. Ebenso haben wir die Theorie der RIEMANNschen Zetafunktion nicht fortgeführt. Es sei auf E. C. TITCHMARSH und D. R. HEATH-BROWN [74] verwiesen.

Die Funktionalgleichung (2.57) für die Rhofunktion geht auf H. MELLIN [54] zurück. Es sei auch auf den Band 2 von G. DOETSCH [14] verwiesen. Die Funktionalgleichung (2.59) wurde von SHÔ ISEKI [32] aufgestellt.
Die in den Sätzen 2.28 und 2.29 dargestellten Zusammenhänge zwischen GAUSSschen Summen und dem LEGENDRE-Symbol mit den DEDEKINDschen Summen sind noch nicht publizierte Ergebnisse des Autors.

Kapitel 3

Höhere Eta- und Thetafunktionen

In diesem Kapitel beschäftigen wir uns mit Fragen, ob und wie die Ideen des zweiten Kapitels auf höhere Probleme übertragen werden können. Unser Ziel besteht darin, die Reihendarstellung der JACOBIschen Thetafunktionen zu ersetzen durch unendliche Reihen der Art

$$\sum_{n=-\infty}^{+\infty} e^{-p_k(n)}$$

und die Produktdarstellung der DEDEKINDschen Etafunktion zu ersetzen durch unendliche Produkte der Art

$$\prod_{n=1}^{\infty} \left(1 - e^{-p_{k-1}(n)}\right).$$

Hierin bedeuten $p_k(n)$ Polynome k-ten Grades in n mit $k > 2$ und geeigneten Koeffizienten, die die Konvergenz von Summe und Produkt garantieren. Wir wissen, daß im Fall $k = 2$ ein enger Zusammenhang zwischen Summe und Produkt besteht. Dies wird für $k > 2$ nicht mehr der Fall sein. Ebenso wird sich zeigen, daß das Herstellen von Funktionalgleichungen im Sinne von Reziprozitätsgesetzen nur sehr eingeschränkt möglich sein wird.

Im Falle der unendlichen Reihen werden wir uns für $k > 4$ mit asymptotischen Transformationsformeln begnügen müssen. Die Fälle $k = 3, 4$ spielen in gewisser Weise eine Sonderrolle und werden deshalb auch gesondert behandelt. In beiden Fällen können wir immerhin noch Entwicklungen nach bekannten Funktionen herstellen. Für $k = 3$ erhalten wir eine Transformation in eine Reihe über AIRY-Funktionen und für $k = 4$ wenigstens in einem Spezialfall eine Transformation in eine Reihe über WRIGHT-Funktionen. In diesem Fall erhalten wir sogar noch eine Integrofunktionalgleichung.

Im Falle der unendlichen Produkte reduzieren wir einerseits das Polynom $p_{k-1}(n)$ sofort auf eine $(k-1)$-te Potenz, also auf αn^{k-1}, lassen dann aber auch rationale Zahlen k zu. Dies bietet den Vorteil, daß wir in übersichtlicher Weise doch auf

Funktionalgleichungen stoßen werden. Es zeigt sich, daß gerade aus diesem Grunde die Produkte einfacher zu behandeln sind, weshalb wir mit ihnen beginnen werden.

Den höheren Thetafunktionen, also den unendlichen Reihen, und den höheren Etafunktionen, also den unendlichen Produkten, sind wie früher höhere GAUSSsche Summen sowie höhere DEDEKINDsche Summen zugeordnet. Wir werden sie behandeln, soweit es uns möglich ist. Es werden aber viele Fragen offen bleiben.

Ebenfalls treten wie früher DIRICHLET-Reihen als Grenzfälle der Thetafunktionen in ganz natürlicher Weise auf. Ihre Transformation gelingt grundsätzlich mit gewissen Modifikationen wie in Kapitel 2. Aber es entstehen neue Konvergenzfragen, hervorgerufen durch unbefriedigende Abschätzungen von Exponentialsummen. Deshalb werden auch einige Ausführungen zu Abschätzungen sogenannter WEYLscher Exponentialsummen gemacht.

3.1 Höhere Etafunktionen

Wir gehen von der DEDEKINDschen Etafunktion aus, die für $\operatorname{Re}(t) > 0$ durch

$$\eta(it) = e^{-\frac{\pi}{12}t} \prod_{n=1}^{\infty} \left(1 - e^{-2\pi n t}\right)$$

erklärt ist und in der rechten Halbebene eine holomorphe Funktion darstellt. Unser eigentliches Ziel besteht darin, die in erster Potenz erscheinende Variable n im Produkt durch eine in k-ter Potenz stehende Variable mit $k \in \mathbb{N}$, $k \geq 2$ zu ersetzen. Das so entstehende Produkt

$$\prod_{n=1}^{\infty} \left(1 - e^{-2\pi n^k t}\right), \qquad \operatorname{Re}(t) > 0,$$

hängt eng mit dem zahlentheoretischen Problem zusammen, die Anzahl der Zerlegungen einer natürlichen Zahl in Summen k-ter Potenzen natürlicher Zahlen abzuschätzen. Wir gehen im übernächsten Abschnitt näher darauf ein. Wenn wir die Transformation dieser Produkte entsprechend wie bei der DEDEKINDschen Etafunktion betrachten, so stoßen wir auf kompliziertere Produkte, wobei wesentlich ist, daß der Exponent k in den Exponenten $1/k$ übergeht. Das legt es nahe, die Verallgemeinerung noch weiter zu treiben und k durch eine rationale Zahl zu ersetzen. Diese Verallgemeinerung wird nur äußerlich komplizierter, die inhaltlichen Aussagen aber dafür umso durchsichtiger.

Die DEDEKINDsche Etafunktion enthält neben dem Produkt den Vorfaktor $e^{-\pi t/12}$. Analog werden die höheren Etafunktionen einen Vorfaktor erhalten, mit dem wir uns zunächst beschäftigen werden. Es seien a, b zwei beliebige, aber fest angenommene, natürliche Zahlen und $s \mapsto \zeta(s)$ die RIEMANNsche Zetafunktion. Dann sei

$$\gamma_{a,b}(t) = \frac{\pi \zeta(-\frac{b}{a})}{\sin \frac{\pi}{2a}} t^b. \tag{3.1}$$

Verwendet man die Funktionalgleichung der RIEMANNschen Zetafunktion wie bereits im Beweis des Satzes 2.23 in der Form

$$\zeta(s+1) = -(2\pi)^s \frac{\pi \zeta(-s)}{\Gamma(s+1)\sin\frac{\pi s}{2}}, \tag{3.2}$$

so erhält man die weitere Darstellung

$$\gamma_{a,b}(t) = -(2\pi)^{-\frac{b}{a}}\Gamma\left(\frac{b}{a}+1\right)\zeta\left(\frac{b}{a}+1\right)\frac{\sin\frac{\pi b}{2a}}{\sin\frac{\pi}{2a}}t^b. \tag{3.3}$$

Speziell für $a = 1$ haben wir

$$\gamma_{1,b}(t) = -\frac{b!}{(2\pi)^b}\zeta(b+1)t^b\sin\frac{\pi b}{2},$$

und wir erkennen, daß

$$\gamma_{1,b}(t) \equiv 0 \qquad \text{für} \quad b \equiv 0 \pmod 2.$$

Weiter ist für $b = 1$, wegen $\zeta(2) = \pi^2/6$,

$$\gamma_{1,1}(t) = -\frac{\pi}{12}t.$$

Es bezeichne weiterhin

$$\varepsilon_\nu(n) = e^{2\pi i \frac{\nu}{n}} \tag{3.4}$$

für $n \in \mathbb{N}$, $\nu \in \mathbb{Z}$. Dann wird durch

$$\eta_{a,b}(t) = (2\pi)^{\frac{1-b}{2}} e^{\gamma_{a,b}(t)} \prod_{n=1}^{\infty}\prod_{\nu=0}^{a-1}\left(1 - e^{2\pi i \varepsilon_{2\nu+1}(4a)n^{\frac{b}{a}}t^b}\right) \tag{3.5}$$

eine höhere Etafunktion für $|\arg t| < \pi/2ab$ erklärt. Es ist

$$0 \le \pi\frac{\nu}{a} < \arg(\varepsilon_{2\nu+1}(4a)t^b) < \pi\frac{\nu+1}{a} \le \pi,$$

so daß die Konvergenz des unendlichen Produkts gesichert ist. Natürlich stellt die höhere Etafunktion im definierenden Winkelbereich eine holomorphe Funktion dar.

Wir betrachten in der Produktdarstellung noch den Fall $t > 0$. Zum Faktor, der durch

$$i\varepsilon_{2\nu+1}(4a) = ie^{\pi i \frac{2\nu+1}{2a}}$$

gekennzeichnet ist, ziehen wir noch den Faktor, der durch

$$i\varepsilon_{2(a-1-\nu)+1}(4a) = ie^{\pi i \frac{2a-2\nu-1}{2a}}$$

bestimmt ist, hinzu. Wir erkennen

$$i\varepsilon_{2(a-1-\nu)+1}(4a) = -ie^{-\pi i \frac{2\nu+1}{2a}} = \overline{i\varepsilon_{2\nu+1}(4a)}$$

Beide Faktoren sind also konjugiert komplex zueinander und ihr Produkt folglich reell. Bis auf eine Ausnahme treten diese Faktoren stets paarweise auf. Die Ausnahme tritt für ungerade a ein. Der Faktor mit $\nu = (a-1)/2$ findet keinen Partner. Hier ist allerdings $i\varepsilon_a(4a) = -1$, und der Faktor ist selbst reell. Damit erhalten wir die Aussage: *Die höheren Etafunktionen sind für positive Werte des Argumentes reell, das heißt aus $t > 0$ folgt $\eta_{a,b}(t) \in \mathbb{R}$.*

Schließlich erkennen wir noch, daß $\eta_{1,1}(t)$ mit der DEDEKINDschen Etafunktion im wesentlichen übereinstimmt. Es ist

$$\eta_{1,1}(t) = \eta(it).$$

Daß hier t durch it ersetzt wurde, geschah nur aus Zweckmäßigkeitsgründen hinsichtlich der Definition (3.5) von $\eta_{a,b}(t)$.

Es ist bemerkenswert, daß sich die Funktionalgleichung (2.55) der DEDEKINDschen Etafunktion auf die verallgemeinerte Funktion (3.5) übertragen läßt, wobei sogar der Beweis im wesentlichen übernommen werden kann. So werden wir zunächst (3.5) für $t > 0$ logarithmieren und erhalten

$$\log \eta_{a,b}(t) = \frac{1-b}{2} \log 2\pi + \gamma_{a,b}(t) - \chi_{a,b}(t),$$

worin die Chifunktion mit Hilfe von (2.53) gegeben ist durch

$$\begin{aligned}
\chi_{a,b}(t) &= \sum_{\nu=0}^{a-1} \sum_{n=1}^{\infty} \lambda\left(-i\varepsilon_{2\nu+1}(4a)n^{\frac{b}{a}}t^b\right) \\
&= \sum_{\nu=0}^{a-1} \sum_{n=1}^{\infty} \sum_{m=1}^{\infty} \frac{1}{m} e^{2\pi i \varepsilon_{2\nu+1}(4a)n^{\frac{b}{a}}mt^b}.
\end{aligned} \tag{3.6}$$

Wie früher beweisen wir zunächst für diese Funktion eine Funktionalgleichung.

Satz 3.1 *Die durch (3.6) definierte Chifunktion erfüllt im Winkelraum $|arg(t)| < \pi/2ab$ die Funktionalgleichung*

$$\chi_{a,b}(t) = \frac{ab}{2} \log t + \frac{a-b}{2} \log 2\pi + \gamma_{a,b}(t) - \gamma_{b,a}\left(\frac{1}{t}\right) + \chi_{b,a}\left(\frac{1}{t}\right). \tag{3.7}$$

Beweis. Wir beweisen (3.7) für $t > 0$. Anschließende analytische Fortsetzung ergibt dann den vollen Winkelraum. Wir verwenden die Integraldarstellung

$$e^{-t} = \frac{1}{2\pi i} \int_{c-i\infty}^{c+i\infty} \Gamma(s)t^{-s}\,ds$$

mit $c > a/b$. Sodann erhalten wir

$$\chi_{a,b}(t) = \sum_{\nu=0}^{a-1} \sum_{n=1}^{\infty} \sum_{m=1}^{\infty} \frac{1}{2\pi i m} \int_{c-i\infty}^{c+i\infty} \Gamma(s)\left(2\pi\varepsilon_{2\nu+1-a}(4a)n^{\frac{b}{a}}t^b\right)^{-s}\,ds$$

$$= \sum_{\nu=0}^{a-1} \frac{1}{2\pi i} \int_{c-i\infty}^{c+i\infty} \Gamma(s)\zeta(s+1)\zeta\left(\frac{b}{a}s\right) \left(2\pi\varepsilon_{2\nu+1-a}(4a)t^b\right)^{-s} ds.$$

Noch eine Bemerkung zur Konvergenz der Integrale. Setzen wir $s = c + i\tau$, so läuft τ von $-\infty$ bis $+\infty$. $\Gamma(s)$ wird für $|\tau| \to \infty$ nach (2.49) exponentiell klein wie

$$e^{-\frac{\pi}{2}|\tau|},$$

abgesehen von einer unbedeutenden Potenz. Die Zetafunktionen sind beschränkt. Nun ist noch

$$(\varepsilon_{2\nu+1-a}(4a))^{-i\tau} = e^{\pi\tau\frac{2\nu+1-a}{2a}}$$

zu beachten. Wegen

$$-\frac{1}{2} < \frac{1-a}{2a} \leq \frac{2\nu+1-a}{2a} \leq \frac{a-1}{2a} < +\frac{1}{2}$$

wird insgesamt der Integrand exponentiell klein.

Nun führen wir die Summation über ν aus. Man sieht leicht

$$\begin{aligned}
\sum_{\nu=0}^{a-1} (\varepsilon_{2\nu+1-a}(4a))^{-s} &= \sum_{\nu=0}^{a-1} e^{-\pi i \frac{2\nu+1-a}{2a}} \\
&= e^{\pi i s(\frac{1}{2}-\frac{1}{2a})} \frac{1 - e^{-\pi i s}}{1 - e^{-\pi i \frac{s}{a}}} \\
&= \frac{\sin\frac{\pi s}{2}}{\sin\frac{\pi s}{2a}}.
\end{aligned}$$

Somit haben wir

$$\chi_{a,b}(t) = \frac{1}{2\pi i} \int_{c-i\infty}^{c+i\infty} \Gamma(s)\zeta(s+1)\zeta\left(\frac{b}{a}s\right) \frac{\sin\frac{\pi s}{2}}{\sin\frac{\pi s}{2a}} \left(2\pi t^b\right)^{-s} ds.$$

Jetzt ersetzen wir im Integral $\zeta(s+1)$ mit Hilfe der Darstellung (3.2) und erhalten, wenn wir noch sogleich $s \to as$ substituieren,

$$\chi_{a,b}(t) = -\frac{1}{2\pi i} \int_{c-i\infty}^{c+i\infty} \frac{\pi\zeta(-as)\zeta(bs)}{s\sin\frac{\pi s}{2}} t^{-abs} ds, \tag{3.8}$$

wobei jetzt $c > 1/b$ sein muß. Wir verschieben den Integrationsweg nach links, so daß er durch $c_0 < -1/a$ geht. In den Punkten $s = 1/b, -1/a$ liegen einfache Polstellen des Integranden. Bei Berücksichtigung der -1 vor dem Integral erhalten wir die Residuen

$$-\gamma_{b,a}\left(\frac{1}{t}\right) \qquad \text{für} \quad s = \frac{1}{b},$$

$$\gamma_{a,b}(t) \quad \text{für} \quad s = -\frac{1}{a},$$

wie wir über die Darstellung (3.1)erkennen. Der Integrand verhält sich in der Umgebung der zweifachen Polstelle $s = 0$ wie

$$-\frac{2}{s^2}(\zeta(0) - a\zeta'(0)s)(\zeta(0) + b\zeta'(0)s)(1 - abs\log t) =$$

$$= -\frac{2\zeta^2(0)}{s^2} - \frac{2}{s}((b-a)\zeta(0)\zeta'(0) - \zeta^2(0)ab\log t) + O(1).$$

Benutzen wir

$$\zeta(0) = -\frac{1}{2}, \qquad \zeta'(0) = -\frac{1}{2}\log 2\pi,$$

so erhalten wir das Residuum

$$-\frac{1}{2}(b-a)\log 2\pi + \frac{ab}{2}\log t.$$

Folglich ist

$$\chi_{a,b}(t) \quad = \quad \frac{ab}{2}\log t + \frac{a-b}{2}\log 2\pi - \gamma_{b,a}(\frac{1}{t}) + \gamma_{a,b}(t)$$

$$-\frac{1}{2\pi i}\int\limits_{c_0-i\infty}^{c_0+\infty} \frac{\pi\zeta(-as)\zeta(bs)}{s\sin\frac{\pi s}{2}}t^{-abs}\,ds.$$

Die Substitution $s \to -s$ gibt in Verbindung mit (3.8) die Funktionalgleichung (3.7).

Beachten wir die Definition (3.5), so erhalten wir sogleich die folgende Funktionalgleichung für die höhere Etafunktion.

Korollar zu Satz 3.1 *Die durch (3.5) definierte höhere Etafunktion erfüllt die Funktionalgleichung*

$$\eta_{a,b}(t) = t^{-\frac{ab}{2}}\eta_{b,a}\left(\frac{1}{t}\right) \tag{3.9}$$

im Winkelraum $|\arg(t)| < \pi/2ab$.

Wir wollen noch eine Verallgemeinerung der Funktion $t \mapsto \Lambda(\alpha,\beta;t)$ in (2.59) betrachten und eine (2.60) entsprechende Funktionalgleichung herleiten. Es seien in Folgendem α und β reelle Zahlen mit $0 < \alpha,\beta < 1$, und für α_n, β_n wollen wir die folgenden Bezeichnungen vereinbaren:

$$\alpha_n = \begin{cases} \alpha & \text{für} \quad n \equiv 1 \pmod 2, \\ 1-\alpha & \text{für} \quad n \equiv 0 \pmod 2. \end{cases}$$

Wir benutzen wieder wie bei der höheren Etafunktion die Bezeichnung (3.4). Weiterhin seien stets a,b ungerade, natürliche Zahlen. Wir definieren nun die *verallgemeinerte Lambdafunktion* $t \mapsto \Lambda_{a,b}(\alpha,\beta;t)$ durch

$$\Lambda_{a,b}(\alpha,\beta;t) \quad = \quad \sum_{\nu=0}^{a-1}\sum_{n=0}^{\infty}\Big\{\lambda(-i\alpha - i\varepsilon_{2\nu+1}(4a)(n+1-\beta_\nu)^{\frac{b}{a}}t^b)$$

$$+\lambda(i\alpha - i\varepsilon_{2\nu+1}(4a)(n+\beta_\nu)^{\frac{b}{a}}t^b)\Big\}. \tag{3.10}$$

Zur Konvergenz ist dasselbe zu sagen wie zur Produktdarstellung der höheren Etafunktion. Somit konvergiert die Reihe (3.10) für $|\arg(t)| < \pi/2ab$ und stellt dort eine holomorphe Funktion dar. Speziell ist

$$\Lambda_{1,1}(\alpha,\beta;t) = \Lambda(\alpha,\beta;t)$$

mit der durch (2.59) definierten Lambdafunktion. Die Grenzfälle $\alpha = 0,1$ für $0 < \beta < 1$ und $\beta = 0,1$ für $0 < \alpha < 1$ sind wieder zugelassen.

Zur Durchführung der Transformation der Lambdafunktion benötigen wir noch eine Verallgemeinerung der durch (3.3) definierten Funktion $t \mapsto \gamma_{a,b}(t)$. Wir definieren

$$\gamma_{a,b}(\beta;t) = -2(2\pi)^{-\frac{b}{a}} \Gamma\left(\frac{b}{a}+1\right) \frac{\sin(\frac{\pi b}{2a})}{\sin(\frac{\pi}{2a})} \sum_{n=1}^{\infty} \frac{\cos(2\pi n\beta)}{n^{\frac{b}{a}+1}} t^b, \qquad (3.11)$$

so daß $\gamma_{a,b}(0;t) = 2\gamma_{a,b}(t)$ ist. Für $a = 1$ stellt die unendliche Reihe im wesentlichen nichts anderes als die FOURIER-Entwicklung des $(b+1)$-ten BERNOULLIschen Polynoms dar. Schreiben wir

$$-2\sin\left(\frac{\pi b}{2a}\right)\cos(2\pi n\beta) \;=\; -\sin\left(\frac{\pi b}{2a}\right)\{\cos(2\pi n\beta) + \cos(2\pi n(1-\beta))\}$$

$$+\cos\left(\frac{\pi b}{2a}\right)\{\sin(2\pi n\beta) + \sin(2\pi n(1-\beta))\},$$

so erhalten wir über (2.47) mit $0 < \beta < 1$ den Zusammenhang mit der HURWITZschen Zetafunktion und bekommen die (3.1) entsprechende Darstellung

$$\gamma_{a,b}(\beta;t) = \frac{\pi}{\sin\frac{\pi}{2a}}\left\{\zeta\left(\beta;-\frac{b}{a}\right) + \zeta\left(1-\beta;-\frac{b}{a}\right)\right\} t^b. \qquad (3.12)$$

Satz 3.2 *Die für $0 < \alpha < 1$, $0 < \beta < 1$, $a,b \in \mathbb{N}$, $a \equiv b \equiv 1 \pmod 2$ und $|\arg(t)| < \pi/2ab$ durch (3.10) definierte verallgemeinerte Lambdafunktion erfüllt die Funktionalgleichung*

$$-\gamma_{a,b}(\beta;t) + \Lambda_{a,b}(\alpha,\beta;t) \;=\; 2\pi i\left(\alpha - \frac{1}{2}\right)\left(\beta - \frac{1}{2}\right)$$

$$-\gamma_{b,a}\left(\alpha;\frac{1}{t}\right) + \Lambda_{b,a}\left(\beta,1-\alpha;\frac{1}{t}\right). \qquad (3.13)$$

Dabei ist $\gamma_{a,b}(\beta;t)$ durch (3.11) oder (3.12) gegeben. Überdies sind $\alpha = 0,1$ für $0 < \beta < 1$ und $\beta = 0,1$ für $0 < \alpha < 1$ zugelassen.

Beweis. Wir gehen analog zum Beweis von Satz 3.1 vor. Wir können uns dabei auf $0 < \alpha,\beta < 1$ beschränken, da sich die Randfälle durch einfache Grenzbetrachtungen ergeben. Wieder nehmen wir $t > 0$ an. Wie früher verwenden wir die Integraldarstellung der Exponentialfunktion. Wir schreiben für (3.10)

$$\Lambda_{a,b}(\alpha,\beta;t) = f_{a,b}(1-\alpha,1-\beta;t) + f_{a,b}(\alpha,\beta;t), \qquad (3.14)$$

wobei die Funktion f unter Verwendung von (2.53) dargestellt ist durch

$$
\begin{aligned}
f_{a,b}(1-\alpha, 1-\beta; t) &= \sum_{\nu=0}^{a-1}\sum_{n=0}^{\infty} \lambda\left(i(1-\alpha) - i\varepsilon_{2\nu+1}(4a)(n+1-\beta_\nu)^{\frac{b}{a}} t^b\right) \\
&= \sum_{\nu=0}^{a-1}\sum_{n=0}^{\infty}\sum_{m=1}^{\infty} \frac{1}{m} e^{-2\pi i m(1-\alpha-\varepsilon_{2\nu+1}(4a)(n+1-\beta_\nu)^{\frac{b}{a}} t^b)} \\
&= \frac{1}{2\pi i}\int_{c-i\infty}^{c+i\infty} \Gamma(s) F_{a,b}(1-\alpha, 1-\beta; s) t^{-bs}\, ds
\end{aligned}
\tag{3.15}
$$

mit $c > a/b$ und

$$
\begin{aligned}
F_{a,b}(1-\alpha, 1-\beta; s) t^{-bs} &= \\
&= \sum_{\nu=0}^{a-1}\sum_{n=0}^{\infty}\sum_{m=1}^{\infty} \frac{1}{m} e^{2\pi i m\alpha} \left(2\pi\varepsilon_{2\nu+1-a}(4a)(n+1-\beta_\nu)^{\frac{b}{a}} m\right)^{-s}
\end{aligned}
$$

Zum Konvergenzverhalten des Integrals ist dasselbe zu sagen wie im Beweis zu Satz 3.1. Für die Summe über n führen wir die HURWITZsche Zetafunktion ein. Bei der Ausführung der Summation über ν beachten wir die Festlegungen zu β_ν. Wir erhalten

$$
\begin{aligned}
\sum_{\nu=0}^{a-1}\sum_{n=0}^{\infty} &\left(\varepsilon_{2\nu+1-a}(4a)(n+1-\beta_\nu)^{\frac{b}{a}}\right)^{-s} = \\
&= \sum_{\nu=0}^{a-1} \zeta\left(1-\beta_\nu; \frac{b}{a}s\right) e^{-\pi i \frac{2\nu+1-a}{2a} s} \\
&= \zeta\left(1-\beta; \frac{b}{a}s\right) \sum_{\nu=1}^{(a-1)/2} e^{-\pi i \frac{4\nu-1-a}{2a} s} + \zeta\left(\beta; \frac{b}{a}s\right) \sum_{\nu=0}^{(a-1)/2} e^{-\pi i \frac{4\nu+1-a}{2a} s} \\
&= \zeta\left(1-\beta; \frac{b}{a}s\right) \frac{\sin\frac{\pi(a-1)s}{2a}}{\sin\frac{\pi s}{a}} + \zeta\left(\beta; \frac{b}{a}s\right) \frac{\sin\frac{\pi(a+1)s}{2a}}{\sin\frac{\pi s}{a}}.
\end{aligned}
$$

Das ergibt

$$
(2\pi)^s \sin\left(\frac{\pi s}{a}\right) F_{a,b}(1-\alpha, 1-\beta; s) t^{-bs} =
$$

$$
= \left\{\zeta\left(1-\beta; \frac{b}{a}s\right)\sin\frac{\pi(a-1)s}{2a} + \zeta\left(\beta; \frac{b}{a}s\right)\sin\frac{\pi(a+1)s}{2a}\right\} \sum_{m=1}^{\infty} \frac{e^{2\pi i m\alpha}}{m^{s+1}}.
$$

In der noch verbleibenden Summe nutzen wir die Transformationsformel (2.48). Wir ersetzen dort s durch $s+1$.

$$
\frac{1}{\pi}\Gamma(s+1)\sin\left(\frac{\pi s}{a}\right) F_{a,b}(1-\alpha, 1-\beta; s) t^{-bs} =
$$

$$= -\left\{\zeta\left(1-\beta;\frac{b}{a}s\right)\sin\frac{\pi(a-1)s}{2a} + \zeta\left(\beta;\frac{b}{a}s\right)\sin\frac{\pi(a+1)s}{2a}\right\}\cdot$$

$$\cdot\left\{\zeta(1-\alpha;-s)\frac{e^{\frac{\pi i}{2}s}}{\sin\pi s} + \zeta(\alpha;-s)\frac{e^{-\frac{\pi i}{2}s}}{\sin\pi s}\right\}.$$

Wir setzen diesen Ausdruck in das Integral (3.15) ein, beachten $\Gamma(s+1) = s\Gamma(s)$ und substituieren sogleich $s \to as$. Dann erhalten wir

$$f_{a,b}(1-\alpha, 1-\beta; t) = -\frac{1}{2\pi i}\int\limits_{c-i\infty}^{c+i\infty}\frac{\pi}{s\sin\pi s}G_{a,b}(1-\alpha, 1-\beta; s)t^{-abs}\, ds \qquad (3.16)$$

mit $c > 1/b$ und

$$G_{a,b}(1-\alpha, 1-\beta; s) =$$
$$= \left\{\zeta(1-\beta; bs)\sin\left(\frac{\pi}{2}(a-1)s\right) + \zeta(\beta; bs)\sin\left(\frac{\pi}{2}(a+1)s\right)\right\}\cdot$$
$$\cdot\left\{\zeta(1-\alpha; -as)\frac{e^{\frac{\pi i}{2}as}}{\sin\pi as} + \zeta(\alpha; -as)\frac{e^{\frac{-\pi i}{2}as}}{\sin\pi as}\right\}.$$

Die Bildung von (3.14) macht nun die Bildung von

$$G_{a,b}(1-\alpha, 1-\beta; s) + G_{a,b}(\alpha, \beta; s)$$

erforderlich. Beim Ausmultiplizieren der geschweiften Klammern erhalten wir somit 8 Produkte von Zetafunktionen, die wir zu 4 Paaren zusammenfassen können. Zum Beispiel errechnet sich der Koeffizient von $\zeta(1-\beta; bs)\zeta(1-\alpha; -as)$ zu

$$\frac{e^{\frac{\pi i}{2}as}\sin\left(\frac{\pi}{2}(a-1)s\right)}{\sin\pi as} + \frac{e^{-\frac{\pi i}{2}as}\sin\left(\frac{\pi}{2}(a+1)s\right)}{\sin\pi as} =$$
$$= \frac{e^{\pi ias-\frac{\pi i}{2}s} - e^{\frac{\pi i}{2}s} + e^{\frac{\pi i}{2}s} - e^{-\pi ias-\frac{\pi i}{2}s}}{2i\sin\pi as} = e^{-\frac{\pi i}{2}s}.$$

Dies wird auch der Koeffizient von $\zeta(\beta; bs)\zeta(\alpha; -as)$. In gleicher Weise erhalten die beiden anderen Produkte den Koeffizienten $e^{\pi is/2}$. Dann ist

$$G_{a,b}(1-\alpha, 1-\beta; s) + G_{a,b}(\alpha, \beta; s) =$$
$$= e^{-\frac{\pi i}{2}s}\{\zeta(1-\beta; bs)\zeta(1-\alpha; -as) + \zeta(\beta; bs)\zeta(\alpha; -as)\}$$
$$+ e^{\frac{\pi i}{2}s}\{\zeta(1-\beta; bs)\zeta(\alpha; -as) + \zeta(\beta; bs)\zeta(1-\alpha; -as)\}.$$

Setzen wir

$$H_{a,b}(\alpha, \beta; s) = e^{-\frac{\pi i}{2}s}\{\zeta(1-\beta; bs)\zeta(1-\alpha; -as) + \zeta(\beta; bs)\zeta(\alpha; -as)\},$$

so erkennen wir

$$G_{a,b}(1 - \alpha, 1 - \beta; s) + G_{a,b}(\alpha, \beta; s) = H_{a,b}(\alpha, \beta; s) + H_{b,a}(\beta, 1 - \alpha; -s).$$

Damit erhalten wir aus (3.14), (3.15), (3.16)

$$\Lambda_{a,b}(\alpha, \beta; t) \;=\; -\frac{1}{2\pi i} \int\limits_{c-i\infty}^{c+i\infty} \frac{\pi}{s \sin \pi s} \{H_{a,b}(\alpha, \beta; s)$$
$$+ H_{b,a}(\beta, 1 - \alpha; -s)\} t^{-abs} \, ds \tag{3.17}$$

mit $c > 1/b$. Weiterhin verfahren wir wie zum Schluß des Beweises zu Satz 3.1. Wir verschieben den Integrationsweg nach links bis zu $c_0 < -1/a$. In den Punkten $s = 1/b$, $s = -1/a$ liegen einfache Polstellen des mit -1 multiplizierten Integranden mit den Residuen

$$-\gamma_{b,a}\left(\alpha; \frac{1}{t}\right) \qquad \text{für} \quad s = \frac{1}{b},$$

$$\gamma_{a,b}(\beta; t) \qquad \text{für} \quad s = -\frac{1}{a},$$

wie aus (3.12) zu ersehen ist. Im Punkt $s = 0$ liegt ein zweifacher Pol des Integranden vor. Nach (2.47) ist

$$\zeta(\alpha; 0) = \frac{1}{\pi} \sum_{n=1}^{\infty} \frac{\sin 2\pi n\alpha}{n} = -\left(\alpha - \frac{1}{2}\right).$$

Daher haben wir in der Umgebung von $s = 0$

$$H_{a,b}(\alpha, \beta; s) + H_{b,a}(\beta, 1 - \alpha; -s) =$$
$$= \left\{2\left(\alpha - \frac{1}{2}\right)\left(\beta - \frac{1}{2}\right) + O(|s|^2)\right\}\left(e^{-\frac{\pi i}{2}s} - e^{\frac{\pi i}{2}s}\right)$$
$$= 2\pi i \left(\alpha - \frac{1}{2}\right)\left(\beta - \frac{1}{2}\right) s + O(|s|^2).$$

Damit verhält sich der Integrand, mit dem vor dem Integral stehenden Faktor -1, in der Umgebung von $s = 0$ wie

$$\frac{2\pi i}{s}\left(\alpha - \frac{1}{2}\right)\left(\beta - \frac{1}{2}\right) + O(1).$$

Deshalb erhalten wir im Punkt $s = 0$ das Residuum

$$2\pi i \left(\alpha - \frac{1}{2}\right)\left(\beta - \frac{1}{2}\right),$$

und wir bekommen somit aus (3.17)

$$\Lambda_{a,b}(\alpha,\beta;t) \;=\; 2\pi i\left(\alpha-\frac{1}{2}\right)\left(\beta-\frac{1}{2}\right)+\gamma_{a,b}(\beta;t)-\gamma_{b,a}\left(\alpha;\frac{1}{t}\right)$$

$$-\frac{1}{2\pi i}\int\limits_{c_0-i\infty}^{c_0+i\infty}\frac{\pi}{s\sin\pi s}\{H_{a,b}(\alpha,\beta;s)$$

$$+H_{b,a}(\beta,1-\alpha;-s)\}t^{-abs}\,ds.$$

Ersetzen wir hierin $s\to -s$, so ergibt (3.17) nunmehr die Funktionalgleichung (3.13).

Wir betrachten jetzt in Analogie zum Abschnitt 2.6 das Verhalten der Chifunktion beim Annähern der Variablen t an die rationalen Punkte der singulären Linie $\mathrm{Re}(t)=0$. Natürlich macht das nur einen Sinn, wenn wir $a=1$, $b=k\in\mathbb{N}$ setzen. Wir stoßen auch hier in natürlicher Weise auf zahlentheoretische Funktionen, die wir als *verallgemeinerte* DEDEKIND*sche Summen* ansprechen können.

Es seien $p,q\in\mathbb{Z}$ mit $(p,q)=1$, $p\geq 1$, und es sei $k\in\mathbb{N}$. Dann definieren wir

$$s_k(q,p)=\sum_{n=0}^{p-1}\left(\!\left(\frac{n}{p}\right)\!\right)\left(\!\left(\frac{qn^k}{p}\right)\!\right),\qquad(3.18)$$

so daß $s_1(q,p)$ mit der bekannten DEDEKINDschen Summe übereinstimmt. Man merkt auch, daß diese Summen für gerade k kein Interesse verdienen. Denn man sieht in diesem Fall mit Hilfe der Substitution $n\to p-n$

$$s_k(q,p)=\sum_{n=1}^{p}\left(\!\left(\frac{p-n}{p}\right)\!\right)\left(\!\left(\frac{q(p-n)^k}{p}\right)\!\right)=-\sum_{n=1}^{p}\left(\!\left(\frac{n}{p}\right)\!\right)\left(\!\left(\frac{qn^k}{p}\right)\!\right)$$

und daher

$$s_k(q,p)=0\qquad\text{für}\quad k\quad\text{gerade.}$$

Der Fall der ungeraden k ist auf die hier vorliegende Lambdafunktion zugeschnitten, da die Transformationsformel (3.13) ohnehin nur für ungerade a und b gilt. Nun geben wir eine Verallgemeinerung des Satzes 2.25.

Satz 3.3 *Seien $p,q\in\mathbb{Z}$ mit $(p,q)=1$, $p\geq 1$, $p\equiv 1\pmod 2$; $k\in\mathbb{N}$ mit $k\equiv 1\pmod 2$; $t\in\mathbb{C}$ mit $|\arg(t)|<\pi/2$. Dann besteht für die durch (3.6) definierte Chifunktion und die durch (3.10) erklärte verallgemeinerte Lambdafunktion der Zusammenhang*

$$\chi_{1,k}\left(\left(-i\frac{q}{p}+t\right)^{\frac{1}{k}}\right)\;=\;\frac{1}{2}\sum_{r=1}^{p-1}\Lambda_{1,k}\left(\frac{r}{p},1-\frac{q}{p}r^k+\left[\frac{q}{p}r^k\right];\frac{1}{p}t^{-\frac{1}{k}}\right)$$

$$+\chi_{k,1}\left(\frac{1}{p}t^{-\frac{1}{k}}\right)+(-1)^{\frac{k+1}{2}}\frac{k!\zeta(k+1)}{(2\pi)^k}\frac{t}{p}$$

$$+ \Gamma\left(\frac{1}{k}+1\right)\frac{1}{p}(2\pi t)^{-\frac{1}{k}}\sum_{r=0}^{p-1}\sum_{n=1}^{\infty}\frac{\cos(2\pi n\frac{q}{p}r^k)}{n^{\frac{1}{k}+1}}$$

$$+\frac{k}{2}\log\left(\frac{p}{2\pi}\right)+\frac{1}{2}\log(2\pi t)+\pi i s_k(q,p). \qquad (3.19)$$

Beweis. Nach (3.6) ist

$$\chi_{1,k}\left(\left(-i\frac{q}{p}+t\right)^{\frac{1}{k}}\right)=\sum_{n=1}^{\infty}\lambda\left(n^k\left(-i\frac{q}{p}+t\right)\right)$$

und mit der Substitution $n \to pn+r$

$$\chi_{1,k}\left(\left(-i\frac{q}{p}+t\right)^{\frac{1}{k}}\right) \;=\; \sum_{r=1}^{p}\sum_{n=0}^{\infty}\lambda\left((pn+r)^k\left(-i\frac{q}{p}+t\right)\right)$$

$$=\sum_{r=1}^{p-1}\sum_{n=0}^{\infty}\lambda\left(-i\frac{q}{p}r^k+\left(n+\frac{r}{p}\right)^k p^k t\right)+\chi_{1,k}\left(pt^{\frac{1}{k}}\right).$$

Verwenden wir die rechts stehende Summe über r nur zur Hälfte, und ersetzen wir in der verbleibenden Hälfte r durch $p-r$ und addieren beide Hälften, so erhalten wir

$$\chi_{1,k}\left(\left(-i\frac{q}{p}+t\right)^{\frac{1}{k}}\right) \;=\; \frac{1}{2}\sum_{r=1}^{p-1}\sum_{n=0}^{\infty}\left\{\lambda\left(-i\frac{q}{p}r^k+\left(n+\frac{r}{p}\right)^k p^k t\right)\right.$$

$$\left.+\lambda\left(i\frac{q}{p}r^k+\left(n+1-\frac{r}{p}\right)^k p^k t\right)\right\}+\chi_{1,k}\left(pt^{\frac{1}{k}}\right).$$

Setzen wir in (3.10)

$$a=1,\quad b=k,\quad \alpha=\frac{q}{p}r^k-\left[\frac{q}{p}r^k\right],\quad \beta=\frac{r}{p},$$

so erkennen wir

$$\chi_{1,k}\left(\left(-i\frac{q}{p}+t\right)^{\frac{1}{k}}\right)=\frac{1}{2}\sum_{r=1}^{p-1}\Lambda_{1,k}\left(\frac{q}{p}r^k-\left[\frac{q}{p}r^k\right],\frac{r}{p};pt^{\frac{1}{k}}\right)+\chi_{1,k}\left(pt^{\frac{1}{k}}\right).$$

Mit Hilfe der Funktionalgleichungen (3.7) und (3.13) wird hieraus

$$\chi_{1,k}\left(\left(-i\frac{q}{p}+t\right)^{\frac{1}{k}}\right) \;=\; \frac{1}{2}\sum_{r=1}^{p-1}\left\{2\pi i\left(\frac{q}{p}r^k-\left[\frac{q}{p}r^k\right]-\frac{1}{2}\right)\left(\frac{r}{p}-\frac{1}{2}\right)\right.$$

$$+\gamma_{1,k}\left(\frac{r}{p};pt^{\frac{1}{k}}\right)-\gamma_{k,1}\left(\frac{q}{p}r^k-\left[\frac{q}{p}r^k\right];\frac{1}{p}t^{-\frac{1}{k}}\right)$$

$$\left.+\Lambda_{k,1}\left(\frac{r}{p},1-\frac{q}{p}r^k+\left[\frac{q}{p}r^k\right];\frac{1}{p}t^{-\frac{1}{k}}\right)\right\}$$

$$+\frac{k}{2}\log(pt^{\frac{1}{k}})+\frac{1-k}{2}\log 2\pi+\gamma_{1,k}\left(pt^{\frac{1}{k}}\right)$$

$$-\gamma_{k,1}\left(\frac{1}{p}t^{-\frac{1}{k}}\right)+\chi_{k,1}\left(\frac{1}{p}t^{-\frac{1}{k}}\right). \qquad (3.20)$$

Nach (3.18) ist

$$\pi i \sum_{r=1}^{p-1} \left(\frac{q}{p} r^k - \left[\frac{q}{p} r^k \right] - \frac{1}{2} \right) \left(\frac{r}{p} - \frac{1}{2} \right) = \pi i s_k(q,p).$$ (3.21)

Nach (3.11) und bei Berücksichtigung von $\gamma_{1,k}(0; z) = 2\gamma_{1,k}(z)$ ist

$$\gamma_{1,k}\left(pt^{\frac{1}{k}} \right) + \frac{1}{2} \sum_{r=1}^{p-1} \gamma_{1,k} \left(\frac{r}{p}; pt^{\frac{1}{k}} \right) =$$

$$= (-1)^{\frac{k+1}{2}} \frac{\Gamma(k+1)p^k t}{(2\pi)^k} \sum_{r=0}^{p-1} \sum_{n=1}^{\infty} \frac{\cos(2\pi n \frac{r}{p})}{n^{k+1}}$$

$$= (-1)^{\frac{k+1}{2}} \frac{k!\zeta(k+1)}{(2\pi)^k} \frac{t}{p}.$$ (3.22)

Ebenso folgt aus (3.11)

$$-\gamma_{k,1}\left(\frac{1}{p} t^{-\frac{1}{k}} \right) - \frac{1}{2} \sum_{r=1}^{p-1} \gamma_{k,1} \left(\frac{q}{p} r^k - \left[\frac{q}{p} r^k \right]; \frac{1}{p} t^{-\frac{1}{k}} \right) =$$

$$= \Gamma\left(\frac{1}{k} + 1 \right) \frac{1}{p} (2\pi t)^{-\frac{1}{k}} \sum_{r=0}^{p-1} \sum_{n=1}^{\infty} \frac{\cos(2\pi n \frac{q}{p} r^k)}{n^{\frac{1}{k}+1}}$$ (3.23)

Setzen wir nun (3.21), (3.22), (3.23) in (3.20) ein, so erhalten wir (3.19).

Die Gleichung (3.19) zeigt deutlich genauso wie im Korollar zu Satz 2.26, daß die verallgemeinerten DEDEKINDschen Summen ganz natürlich aus dem Grenzübergang $t \to 0$ entstehen. Wir können aber einen analytischen Fortgang wie im Beweis zu Satz 2.26 nicht bewerkstelligen, da die Veränderliche t in der Lambdafunktion von (3.19) mit einem gebrochenem Exponenten erscheint.

3.2 Höhere Dedekindsche Summen

Der Satz 3.3 zeigt uns aus analytischer Sicht, daß die durch (3.18) definierte verallgemeinerte DEDEKINDsche Summe wohl kaum einem solchen Reziprozitätsgesetz genügen wird, bei dem die transformierte Summe wieder über ein vollständiges Restsystem erstreckt werden kann. Aus diesem Grunde verzichten wir von vornherein auf diese Möglichkeit in der Definition solcher Summen und dehnen (3.18) sofort auf rationale $k = a/b$ aus.

Es seien $a, b, k, q, p \in \mathbb{N}$ mit $(a, b) = 1$. Wir nennen dann eine Summe der Gestalt

$$s_{a,b}^{(k)}(q,p) = \sum_{n=p(k-1)^a}^{pk^a} \left(\left(\left(\frac{n}{p} \right)^{\frac{1}{a}} \right) \right) \left(\left(q \left(\frac{n}{p} \right)^{\frac{b}{a}} \right) \right)$$ (3.24)

eine *höhere* DEDEKIND*sche Summe*. Dabei ist für beliebige k

$$s_{1,1}^{(k)}(q,p) = s(q,p)$$

die DEDEKINDsche Summe (2.56) und

$$s_{1,b}^{(k)}(qp^{b-1},p) = s_b(q,p)$$

die Summe (3.18). Bemerkenswert ist, daß diese Summen einem Reziprozitätsgesetz genügen.

Satz 3.4 *Sind* $N^{(k)}$ *und* $M_{a,b}^{(k)}(q)$ *durch*

$$N^{(k)} = \int\limits_{k-1}^{k} ((pt^a))((qt^b))\, dt, \tag{3.25}$$

$$M_{a,b}^{(k)}(q) = \int\limits_{(k-1)^a}^{k^a} \left(\left(t^{\frac{1}{a}}\right)\right)\left(\left(qt^{\frac{b}{a}}\right)\right) dt \tag{3.26}$$

gegeben, so genügen die höheren Dedekindschen Summen dem Reziprozitätsgesetz

$$s_{a,b}^{(k)}(q,p) + s_{b,a}^{(k)}(p,q) = pM_{a,b}^{k}(q) + qM_{b,a}^{(k)}(p) + N^{(k)} - \frac{1}{4}. \tag{3.27}$$

Beweis. Der Beweis verläuft ganz analog zum elementaren Beweis von (2.59). Wir betrachten das Integral

$$\begin{aligned}
I^{(k)} &= \int\limits_{0}^{k} ((pt^a))((qt^b))\, dt \\
&= \int\limits_{0}^{k} \left(pt^a - [pt^a] - \frac{1}{2}\right)\left(qt^b - [qt^b] - \frac{1}{2}\right) dt \\
&= I_1 + I_2 + I_3
\end{aligned}$$

mit

$$\begin{aligned}
I_1 &= \int\limits_{0}^{k} [pt^a][qt^b]\, dt, \\
I_2 &= \int\limits_{0}^{k} \left(qt^b - \frac{1}{2}\right)\left(pt^a - \frac{1}{2}\right) dt, \\
I_3 &= -\int\limits_{0}^{k} \left(qt^b - \frac{1}{2}\right)[pt^a]\, dt - \int\limits_{0}^{k} \left(pt^a - \frac{1}{2}\right)[qt^b]\, dt.
\end{aligned}$$

Für I_1 ergibt sich

$$
\begin{aligned}
I_1 &= \int_0^k \sum_{m \leq pt^a} 1 \sum_{n \leq qt^b} 1 \, dt \\[2mm]
&= \sum_{m=1}^{pk^a} \sum_{n=1}^{qk^b} \left\{ k - \max\left(\left(\frac{m}{p}\right)^{\frac{1}{a}}, \left(\frac{n}{q}\right)^{\frac{1}{b}} \right) \right\} \\[2mm]
&= pqk^{a+b+1} + \frac{1}{2} \sum \left\{ \left(\frac{m}{p}\right)^{\frac{1}{a}} + \left(\frac{n}{q}\right)^{\frac{1}{b}} \right\} \\[2mm]
&\quad - \sum_{m=1}^{pk^a} \left(\frac{m}{p}\right)^{\frac{1}{a}} \left[q\left(\frac{m}{p}\right)^{\frac{b}{a}} \right] - \sum_{n=1}^{qk^b} \left(\frac{n}{q}\right)^{\frac{1}{b}} \left[p\left(\frac{n}{q}\right)^{\frac{a}{b}} \right].
\end{aligned}
$$

Dabei unterliegt die zweite Summe der Summationsbedingung

$$
\mathrm{SB}\left(\textstyle\sum\right) : 1 \leq m \leq pk^a, \quad 1 \leq n \leq qk^b, \quad \left(\frac{m}{p}\right)^b = \left(\frac{n}{q}\right)^a.
$$

Für I_2 erhält man

$$
I_2 = \frac{pq}{a+b+1} k^{a+b+1} - \frac{p}{2(a+1)} k^{a+1} - \frac{q}{2(b+1)} k^{b+1} + \frac{k}{4}.
$$

Für I_3 findet sich schließlich

$$
\begin{aligned}
I_3 &= -\sum_{m=1}^{pk^a} \int_{(m/p)^{1/a}}^{k} \left(qt^b - \frac{1}{2} \right) dt - \sum_{n=1}^{qk^b} \int_{(n/q)^{1/b}}^{k} \left(qt^a - \frac{1}{2} \right) dt \\[2mm]
&= -pq\left(\frac{1}{a+1} + \frac{1}{b+1} \right) k^{a+b+1} + \frac{p}{2} k^{a+1} + \frac{q}{2} k^{b+1} \\[2mm]
&\quad + \sum_{m=1}^{pk^a} \left\{ \frac{q}{b+1} \left(\frac{m}{p}\right)^{\frac{b+1}{a}} - \frac{1}{2} \left(\frac{m}{p}\right)^{\frac{1}{a}} \right\} \\[2mm]
&\quad + \sum_{n=1}^{qk^b} \left\{ \frac{p}{a+1} \left(\frac{n}{q}\right)^{\frac{a+1}{b}} - \frac{1}{2} \left(\frac{n}{q}\right)^{\frac{1}{b}} \right\}.
\end{aligned}
$$

Die Zusammenfassung dieser drei Teilergebnisse ergibt

$$
\begin{aligned}
I^{(k)} &= \sum_{m=1}^{pk^a} \left(\frac{m}{p}\right)^{\frac{1}{a}} \left\{ q\left(\frac{m}{p}\right)^{\frac{b}{a}} - \left[q\left(\frac{m}{p}\right)^{\frac{b}{a}} \right] - \frac{1}{2} \right\} \\[2mm]
&\quad + \sum_{n=1}^{qk^b} \left(\frac{n}{q}\right)^{\frac{1}{b}} \left\{ p\left(\frac{n}{q}\right)^{\frac{a}{b}} - \left[p\left(\frac{n}{q}\right)^{\frac{a}{b}} \right] - \frac{1}{2} \right\} + \frac{1}{2} \sum \left\{ \left(\frac{m}{p}\right)^{\frac{1}{a}} + \left(\frac{n}{q}\right)^{\frac{1}{b}} \right\}
\end{aligned}
$$

$$-q\frac{b}{b+1}\sum_{m=1}^{pk^a}\left(\frac{m}{p}\right)^{\frac{b+1}{a}} - p\frac{a}{a+1}\sum_{n=1}^{qk^b}\left(\frac{n}{q}\right)^{\frac{a+1}{b}}$$

$$+pqk^{a+b+1}\left(\frac{1}{a+b+1}-\frac{1}{a+1}-\frac{1}{b+1}+1\right)$$

$$+\frac{p}{2}\frac{a}{a+1}k^{a+1}+\frac{q}{2}\frac{b}{b+1}k^{b+1}+\frac{k}{4}.$$

Wir können jetzt die ersten beiden Zeilen auf der rechten Seite von $I^{(k)}$ zusammenfassen und die geschweiften Klammern durch das Symbol $((.))$ ersetzen. Die dritte und fünfte Zeile zeigen, daß die Summanden $m = pk^a$ und $n = qk^b$ mit dem Faktor $1/2$ zu versehen sind. Also ist

$$I^{(k)} = \sum_{m=1}^{pk^a}\left(\frac{m}{p}\right)^{\frac{1}{a}}\left(\left(q\left(\frac{m}{p}\right)^{\frac{b}{a}}\right)\right) + \sum_{n=1}^{qk^b}\left(\frac{n}{q}\right)^{\frac{1}{b}}\left(\left(p\left(\frac{n}{q}\right)^{\frac{a}{b}}\right)\right)$$

$$-q\frac{b}{b+1}\left\{\sum_{m=1}^{pk^a}\left(\frac{m}{p}\right)^{\frac{b+1}{a}}-\frac{1}{2}k^{b+1}\right\}$$

$$-p\frac{a}{a+1}\left\{\sum_{n=1}^{qk^b}\left(\frac{n}{q}\right)^{\frac{a+1}{b}}-\frac{1}{2}k^{a+1}\right\}$$

$$+pqk^{a+b+1}\left(\frac{1}{a+b+1}-\frac{1}{a+1}-\frac{1}{b+1}+1\right)+\frac{k}{4}.$$

Wir bilden jetzt die Differenz $I^{(k)} - I^{(k-1)}$. Zugleich geben wir für den vorletzten Summanden eine Integraldarstellung. Dann erhalten wir wegen (3.25)

$$N^{(k)} = I^{(k)} - I^{(k-1)}$$

$$= \sum_{m=p(k-1)^a}^{pk^a}\left(\frac{m}{p}\right)^{\frac{1}{a}}\left(\left(q\left(\frac{m}{p}\right)^{\frac{b}{a}}\right)\right) + \sum_{n=q(k-1)^b}^{qk^b}\left(\frac{n}{q}\right)^{\frac{1}{b}}\left(\left(p\left(\frac{n}{q}\right)^{\frac{a}{b}}\right)\right)$$

$$-q\frac{b}{b+1}\left\{\sum_{m=p(k-1)^a}^{pk^a}\left(\frac{m}{p}\right)^{\frac{b+1}{a}}-\frac{1}{2}k^{b+1}-\frac{1}{2}(k-1)^{b+1}\right\}$$

$$-p\frac{a}{a+1}\left\{\sum_{n=q(k-1)^b}^{qk^b}\left(\frac{n}{q}\right)^{\frac{a+1}{b}}-\frac{1}{2}k^{a+1}-\frac{1}{2}(k-1)^{a+1}\right\}$$

$$+q\frac{b}{b+1}\int_{p(k-1)^a}^{pk^a}\left(\frac{t}{p}\right)^{\frac{b+1}{a}}dt + p\frac{a}{a+1}\int_{q(k-1)^b}^{qk^b}\left(\frac{t}{q}\right)^{\frac{a+1}{b}}dt + \frac{1}{4}.$$

Die beiden Summen in der ersten Zeile ergänzen wir zu DEDEKINDschen Summen. Dabei ist

$$\left[\left(\frac{m}{p}\right)^{\frac{1}{a}}\right] = k-1 \qquad \text{für} \quad p(k-1)^a \leq m < pk^a,$$

$$\left[\left(\frac{n}{q}\right)^{\frac{1}{b}}\right] \;=\; k-1 \quad \text{für} \quad p(k-1)^b \le n < pk^b.$$

Für die jeweils letzten Summanden ist das nicht so, was aber keine Bedeutung hat, da der beistehende Faktor den Wert 0 hat. Damit wird

$$N^{(k)} \;=\; s_{a,b}^{(k)}(q,p) + s_{b,a}^{(k)}(p,q) + \left(k - \frac{1}{2}\right) R$$

$$-q\frac{b}{b+1}\left\{\sum_{m=p(k-1)^a}^{pk^a}\left(\frac{m}{p}\right)^{\frac{b+1}{a}} - \frac{1}{2}k^{b+1} - \frac{1}{2}(k-1)^{b+1}\right\}$$

$$-p\frac{a}{a+1}\left\{\sum_{n=q(k-1)^b}^{qk^b}\left(\frac{n}{q}\right)^{\frac{a+1}{b}} - \frac{1}{2}k^{a+1} - \frac{1}{2}(k-1)^{a+1}\right\}$$

$$q\frac{b}{b+1}\int_{p(k-1)^a}^{pk^a}\left(\frac{t}{p}\right)^{\frac{b+1}{a}}\,dt$$

$$+p\frac{a}{a+1}\int_{q(k-1)^b}^{qk^b}\left(\frac{t}{q}\right)^{\frac{a+1}{b}}\,dt + \frac{1}{4} \tag{3.28}$$

mit

$$R = \sum_{m=p(k-1)^a}^{pk^a}\left(\left(q\left(\frac{m}{p}\right)^{\frac{b}{a}}\right)\right) + \sum_{n=q(k-1)^b}^{qk^b}\left(\left(p\left(\frac{n}{q}\right)^{\frac{a}{b}}\right)\right).$$

Wir geben zunächst eine Darstellung für R.

$$R \;=\; \sum_{m=p(k-1)^a}^{pk^a}\left\{q\left(\frac{m}{p}\right)^{\frac{b}{a}} - \left[q\left(\frac{m}{p}\right)^{\frac{b}{a}}\right] - \frac{1}{2}\right\}$$

$$+ \sum_{n=q(k-1)^b}^{qk^b}\left\{p\left(\frac{n}{q}\right)^{\frac{a}{b}} - \left[q\left(\frac{n}{q}\right)^{\frac{a}{b}}\right] - \frac{1}{2}\right\} + \sum 1.$$

Für die letzte Summe haben wir folgende Summationsbedingung:

$$SB\left(\sum\right) : p(k-1)^a \le m \le pk^a, \quad q(k-1)^b \le n \le qk^b, \quad \left(\frac{m}{p}\right)^b = \left(\frac{n}{q}\right)^a.$$

Weiter ist

$$R \;=\; q\sum_{m=p(k-1)^a}^{pk^a}\left(\frac{m}{p}\right)^{\frac{b}{a}} + p\sum_{n=q(k-1)^b}^{qk^b}\left(\frac{n}{q}\right)^{\frac{a}{b}}$$

$$- \sum_{m=p(k-1)^a}^{pk^a}\sum_{p^b n^a \le q^a m^b} 1 - \sum_{n=q(k-1)^b}^{qk^b}\sum_{q^a m^b \le p^b n^a} 1$$

$$-\frac{p}{2}(k^a - (k-1)^a) - \frac{q}{2}(k^b - (k-1)^b) + \sum 1$$

$$= q\left\{ \sum_{m=p(k-1)^a}^{pk^a} \left(\frac{m}{p}\right)^{\frac{b}{a}} - \frac{1}{2}k^b - \frac{1}{2}(k-1)^b \right\}$$

$$+ p\left\{ \sum_{n=q(k-1)^b}^{qk^b} \left(\frac{n}{q}\right)^{\frac{a}{b}} - \frac{1}{2}k^a - \frac{1}{2}(k-1)^a \right\}$$

$$-pq(k^{a+b} - (k-1)^{a+b})$$

$$= q\left\{ \sum_{m=p(k-1)^a}^{pk^a} \left(\frac{m}{p}\right)^{\frac{b}{a}} - \frac{1}{2}k^b - \frac{1}{2}(k-1)^b \right\}$$

$$+ p\left\{ \sum_{n=q(k-1)^b}^{qk^b} \left(\frac{n}{q}\right)^{\frac{a}{b}} - \frac{1}{2}k^a - \frac{1}{2}(k-1)^a \right\}$$

$$- q\int_{p(k-1)^a}^{pk^a} \left(\frac{t}{p}\right)^{\frac{b}{a}} dt - p\int_{q(k-1)^b}^{qk^b} \left(\frac{t}{q}\right)^{\frac{a}{b}} dt.$$

Setzen wir diesen Ausdruck für (3.28) ein, so erhalten wir

$$N^{(k)} = s_{a,b}^{(k)}(q,p) + s_{b,a}^{(k)}(p,q) - pM_{a,b}^{(k)} - qM_{b,a}^{(k)} + \frac{1}{4},$$

also die Funktionalgleichung (3.27), allerdings ist $M_{a,b}^{(k)}(q)$ zunächst gegeben durch

$$M_{a,b}^{(k)}(q) = \frac{a}{a+1}\left\{ \sum_{n=q(k-1)^b}^{qk^b} \left(\frac{n}{q}\right)^{\frac{a+1}{b}} - \frac{1}{2}k^{a+1} - \frac{1}{2}(k-1)^{a+1} \right\}$$

$$- \left(k - \frac{1}{2}\right)\left\{ \sum_{n=q(k-1)^b}^{qk^b} \left(\frac{n}{q}\right)^{\frac{a}{b}} - \frac{1}{2}k^a - \frac{1}{2}(k-1)^a \right\}$$

$$- \int_{q(k-1)^b}^{qk^b} \left\{ \frac{a}{a+1}\left(\frac{t}{q}\right)^{\frac{a+1}{b}} - \left(k - \frac{1}{2}\right)\left(\frac{t}{q}\right)^{\frac{a}{b}} \right\} dt. \qquad (3.29)$$

Nun ist leicht zu sehen, daß das definierende Integral (3.26) diesen Ausdruck darstellt. Aus (3.26) folgt

$$M_{a,b}^{(k)}(q) = \int_{(k-1)^a}^{k^a} \left\{ t^{\frac{1}{a}} - \left(k - \frac{1}{2}\right) \right\} ((qt^{\frac{b}{a}})) \, dt$$

$$= \frac{a}{b} \int_{(k-1)^b}^{k^b} \left\{ t^{\frac{a+1}{b}-1} - \left(k - \frac{1}{2}\right) t^{\frac{a}{b}-1} \right\} ((qt)) \, dt$$

$$= \frac{a}{bq} \int_{q(k-1)^b}^{qk^b} \left\{ \left(\frac{t}{q}\right)^{\frac{a+1}{b}-1} - \left(k-\frac{1}{2}\right)\left(\frac{t}{q}\right)^{\frac{a}{b}-1} \right\} \left\{ \left(t-\frac{1}{2}\right) - [t] \right\} dt.$$

Den letzten Faktor trennen wir in die beiden Summanden $t-1/2$ und $-[t]$. Bezüglich des ersten Summanden wird partiell integriert. Bezüglich des zweiten Summanden wird

$$[t] = \sum 1$$

geschrieben, die Summe vor das Integral gezogen und integriert. Dann ergibt sich sofort (3.29). Damit ist Satz 3.4 bewiesen.

Wir wollen noch zeigen, daß die Funktionalgleichung (3.27) eine gute Approximation für die einzelne höhere DEDEKINDsche Summe liefert, wenn man eine der beiden Größen q oder p als groß annimmt gegenüber der anderen. Sei also jetzt $1 \leq q < p$. Trivialerweise sind

$$|s_{b,a}^{(k)}(p,q)| \leq \frac{q}{4}\left(k^b - (k-1)^b\right),$$

$$|N^{(k)}| \leq \frac{1}{4}.$$

Nach (3.26) ist

$$M_{b,a}^{(k)}(p) = \int_{(k-1)^b}^{k^b} \left(\left(t^{\frac{1}{b}}\right)\right)\left(\left(pt^{\frac{a}{b}}\right)\right) dt$$

und mit der Substitution $t \to t^{b/a}$

$$M_{b,a}^{(k)}(p) = \frac{b}{a} \int_{(k-1)^a}^{k^a} t^{\frac{b}{a}-1} \left(\left(t^{\frac{1}{a}}\right)\right) ((pt)) \, dt$$

$$= \frac{b}{a} \int_{(k-1)^a}^{k^a} t^{\frac{b}{a}-1} \left(t^{\frac{1}{a}} - k + \frac{1}{2}\right) ((pt)) \, dt. \qquad (3.30)$$

Wir wollen jetzt partiell integrieren. Bezeichnet

$$B_2(t) = t^2 - t + \frac{1}{6}$$

das zweite BERNOULLIsche Polynom, so ist

$$\int_0^t ((\tau)) \, d\tau = 2(B_2(t) - B_2(0)) \qquad \text{für} \quad 0 \leq t < 1$$

und durch periodische Fortsetzung

$$\int_0^t ((\tau)) \, d\tau = \frac{1}{2}(B_2(t - [t]) - B_2(0))$$

für beliebige t, so daß das Integral für ganze t verschwindet. Dann wird

$$M_{b,a}^{(k)}(p) = -\frac{b}{2ap} \int\limits_{(k-1)^a}^{k^a} \frac{d}{dt}\left\{ t^{\frac{b}{a}-1}\left(t^{\frac{1}{a}} - k + \frac{1}{2}\right)\right\} B_2(pt - [pt]) - B_2(0))\, dt.$$

Die partielle Integration ist im Fall $k > 1$ für alle a, b, im Fall $k = 1$ nur für $a < b$ erlaubt. Wir schätzen das Integral trivial ab und erhalten somit

$$M_{b,a}^{(k)}(p) = O\left(\frac{1}{p}\right) \qquad \text{für} \quad k > 1 \quad \text{oder} \quad k = 1 \quad \text{mit} \quad a < b. \tag{3.31}$$

Die O-Konstante hängt von a, b und k ab.

Für $k = 1$ und $a \geq b$ folgt aus (3.30)

$$M_{b,a}^{(1)}(p) = \frac{b}{a}\left\{ \int\limits_0^\infty - \int\limits_1^\infty\right\} t^{\frac{b}{a}-1}\left(t^{\frac{1}{a}} - \frac{1}{2}\right)((pt))\, dt.$$

Dann liefert die Substitution $t \to t/p$ im ersten Integral die Größenordnung $p^{-b/a}$. Das zweite Integral gibt durch partielle Integration wieder die Ordnung $1/p$. Somit erhalten wir, beide Fälle zusammengenommen,

$$M_{b,a}^{(1)}(p) = O\left(p^{-\frac{b}{a}}\right) \qquad \text{für} \quad a \geq b, \tag{3.32}$$

wobei die O-Konstante wieder von a, b und k abhängt.

Nun schließen wir aus (3.27) mit den Abschätzungen (3.31) und (3.32) und den trivialen Abschätzungen für $s_{b,a}^{(k)}(p, q)$ und $N^{(k)}$ auf folgende asymptotische Darstellung.

Korollar 1 zu Satz 3.4 *Sei $1 \leq q < p$. Dann gestatten die höheren Dedekindschen Summen die asymptotische Darstellung*

$$s_{a,b}^{(k)}(q, p) = pM_{a,b}^{(k)}(q) + O(q),$$

wobei die O-Konstante von a, b, k, aber nicht von p abhängt.

Wenden wir uns jetzt noch der verallgemeinerten DEDEKINDschen Summe (3.18) zu, also

$$s_{1,b}^{(k)}(qp^{b-1}, p) = s_b(q, p) = \sum_{n=0}^{p-1} \left(\left(\frac{n}{p}\right)\right)\left(\left(\frac{qn^b}{p}\right)\right).$$

Da man über ein beliebiges Restsystem modulo p summieren kann, setzen wir zweckmäßigerweise $k = 0$. Außerdem sei jetzt stets $(q, p) = 1$. Dann erhalten wir für (3.27)

$$s_b(q, p) + s_{b,1}^{(1)}(p, qp^{b-1}) = pM_{1,b}^{(1)}(qp^{b-1}) + qp^{b-1}M_{b,1}^{(1)}(p) + N^{(1)} - \frac{1}{4} \tag{3.33}$$

mit

$$s_{b,1}^{(1)}(p, qp^{b-1}) = \sum_{n=0}^{qp^{b-1}} \left(\left(\frac{1}{p}\left(\frac{pn}{q}\right)^{\frac{1}{b}}\right)\right)\left(\left(\left(\frac{pn}{q}\right)^{\frac{1}{b}}\right)\right).$$

Wir nehmen stets $b > 1$ an. Wir haben nach (3.32)

$$pM_{1,b}^{(1)}(qp^{b-1}) \ll \left(\frac{p}{q}\right)^{\frac{1}{b}}.$$

$N^{(1)}$ schätzen wir wieder trivial durch 1 ab. Den zweiten Summanden auf der rechten Seite von (3.33) entwickeln wir diesmal sorgfältiger. Dazu benötigen wir die durch die erzeugende Funktion

$$\frac{te^{xt}}{e^t - 1} = \sum_{k=0}^{\infty} B_k(x)\frac{t^k}{k!}$$

für $k \geq 1$ definierten BERNOULLIschen Polynome $B_k(x)$. Dabei sei $B_0(x) = 1$ gesetzt. Die ersten BERNOULLIschen Polynome sind

$$B_1(x) = x - \frac{1}{2}, \qquad B_2(x) = x^2 - x + \frac{1}{6},$$

$$B_3(x) = x^3 - \frac{3}{2}x^2 + \frac{1}{2}x, \qquad B_4(x) = x^4 - 2x^3 + x^2 - \frac{1}{30}.$$

Allgemein ist das k-te BERNOULLIsche Polynom gegeben durch

$$B_k(x) = \sum_{n=0}^{k} \binom{k}{n} B_n x^{k-n}.$$

Hierin ist $B_0 = 1$ und $B_n = B_n(0)$ die n-te BERNOULLIsche Zahl. Es ist $B_{2n+1} = 0$ für $n \geq 1$. Wir benötigen die Eigenschaften

$$\begin{aligned} B_k(x+1) &= B_k(x) + kx^{k-1}, \\ B_k(m) &= B_k + k\sum_{n=1}^{m-1} n^{k-1} \end{aligned}$$

für $m \in \mathbb{N}$, $m \geq 2$ und $k \geq 2$.

Nun ist nach (3.30)

$$\begin{aligned} qp^{b-1}M_{b,1}^{(1)}(p) &= bqp^{b-1}\int_0^1 t^{b-1}\left(t - \frac{1}{2}\right)((pt))\, dt \\ &= \frac{bq}{p^2}\int_0^p t^{b-1}\left(t - \frac{p}{2}\right)\left(t - [t] - \frac{1}{2}\right) dt \\ &= \frac{bq}{p^2}\left(f(b) - \frac{p}{2}f(b-1)\right). \end{aligned}$$

Dabei ist

$$f(b) \;=\; \int_0^p t^b \left(t - [t] - \frac{1}{2}\right) dt$$

$$= \; \frac{p^{b+2}}{b+2} - \frac{p^{b+1}}{2(b+1)} - \sum_{n=1}^{p} \int_n^p t^b \, dt$$

$$= \; \frac{p^{b+2}}{b+2} - \frac{p^{b+1}}{2(b+1)} - \sum_{n=1}^{p} \frac{1}{b+1} \left(p^{b+1} - n^{b+1}\right)$$

$$= \; -\frac{p^{b+2}}{(b+1)(b+2)} - \frac{p^{b+1}}{2(b+1)}$$
$$+ \frac{1}{(b+1)(b+2)} \left((b+2)p^{b+1} B_{b+2}(p+1) - B_{b+2}\right)$$

$$= \; -\frac{p^{b+2}}{(b+1)(b+2)} + \frac{p^{b+1}}{2(b+1)}$$
$$+ \frac{1}{(b+1)(b+2)} \left(\sum_{n=0}^{b+2} \binom{b+2}{n} B_n p^{b+2-n} - B_{b+2}\right)$$

$$= \; \frac{1}{(b+1)(b+2)} \sum_{n=2}^{b+1} \binom{b+2}{n} B_n p^{b+2-n}.$$

Also ist

$$q p^{b-1} M_{b,1}^{(1)}(p) \;=\; \frac{bq}{b+1} \sum_{n=2}^{b} \left\{ \frac{1}{b+2}\binom{b+2}{n} - \frac{1}{2b}\binom{b+1}{n} \right\} B_n p^{b-n}$$
$$+ \frac{bq}{b+1} B_{b+1} \frac{1}{p}.$$

Da $b \geq 3$ und ungerade ist, entfällt wegen $B_b = 0$ der letzte Summand. Setzen wir die erhaltenen Darstellungen und Abschätzungen in (3.33) ein, so ergibt sich folgende asymptotische Darstellung.

Korollar 2 zu Satz 3.4 *Es seien* $b, p, q \in \mathbb{N}$ *mit* $b \geq 3$, *ungerade und* $(p, q) = 1$. *Dann ist*

$$\sum_{n=0}^{p-1} \left(\left(\frac{n}{p}\right)\right) \left(\left(\frac{q n^b}{p}\right)\right) + \sum_{n=0}^{q p^{b-1}} \left(\left(\frac{1}{p}\left(\frac{pn}{q}\right)^{\frac{1}{b}}\right)\right) \left(\left(\left(\frac{pn}{q}\right)^{\frac{1}{b}}\right)\right) =$$

$$= \; \frac{bq}{b+1} \sum_{n=2}^{b-1} \left\{ \frac{1}{b+2}\binom{b+2}{n} - \frac{1}{2b}\binom{b+1}{n} \right\} B_n p^{b-n}$$
$$+ \frac{b B_{b+1}}{b+1} \frac{q}{p} + O\left(\left(\frac{p}{q}\right)^{\frac{1}{b}}\right) + O(1),$$

wobei die O-Konstanten nur von b *abhängen.*

3.3 Partitionen

Es sei k eine feste natürliche Zahl. Dann bezeichne $p_k(m)$ die Anzahl der Partitionen der natürlichen Zahl m in k-te Potenzen natürlicher Zahlen, wobei die einzelnen Potenzen nicht notwendig verschieden sind und ihre Anordnung bedeutungslos ist. Man kann gleiche Potenzen zusammenfassen und folglich jede Partition von m in k-te Potenzen in der Form

$$m = m_1 \cdot 1^k + m_2 \cdot 2^k + \cdots + m_n \cdot n^k + \cdots$$

mit nicht-negativen Zahlen $m_1, m_2, \ldots m_n$ aufschreiben. Wir definieren zusätzlich $p_k(0) = 1$.

Wir zeigen jetzt, daß die DEDEKINDsche Etafunktion für $k = 1$ und die höheren Etafunktionen für $k > 1$ geeignet sind, die Partitionen zu erzeugen. Dazu betrachten wir

$$\prod_{n=1}^{N} \left(1 - e^{-2\pi n^k t}\right)^{-1} = \prod_{n=1}^{N} \left(\sum_{r=0}^{\infty} e^{-2\pi r n^k t}\right)$$

für $t > 0$. Multiplizieren wir aus, so erhalten wir eine Darstellung

$$\prod_{n=1}^{N} \left(1 - e^{-2\pi n^k t}\right)^{-1} = \sum_{m=0}^{\infty} a_m e^{-2\pi m t}.$$

Man sieht $a_m = p_k(m)$ für $0 \leq m \leq N$ und $0 \leq a_m \leq p_k(m)$ für $m > N$. Also ist

$$\sum_{m=0}^{N} p_k(m) e^{-2\pi m t} \leq \prod_{n=1}^{N} \left(1 - e^{-2\pi n^k t}\right)^{-1} \leq \prod_{n=1}^{\infty} \left(1 - e^{-2\pi n^k t}\right)^{-1}.$$

Da die linke Seite mit N monoton wächst, zeigt die Abschätzung die Konvergenz der unendlichen Reihe. Somit haben wir

$$\sum_{m=0}^{\infty} p_k(m) e^{-2\pi m t} \leq \prod_{n=1}^{\infty} \left(1 - e^{-2\pi n^k t}\right)^{-1}.$$

Andererseits ist wegen $a_m \leq p_k(m)$

$$\sum_{m=0}^{\infty} p_k(m) e^{-2\pi m t} \geq \prod_{n=1}^{N} \left(1 - e^{-2\pi n^k t}\right)^{-1}$$

für jedes N. Demzufolge erhalten wir mit $N \to \infty$ die Identität

$$\sum_{m=0}^{\infty} p_k(m) e^{-2\pi m t} = \prod_{n=1}^{\infty} \left(1 - e^{-2\pi n^k t}\right)^{-1}. \tag{3.34}$$

Flüchtige Versuche, $p_k(m)$ für konkrete Zahlen m zu berechnen, zeigen bereits ein enormes Wachstum von $p_k(m)$ mit wachsendem m. Es ist also wünschenswert, eine obere Abschätzung hierfür zu haben. Diese werden wir im nächsten Satz geben. Zugleich werden wir im Beweis sehen, daß die Funktionalgleichung (3.9) der höheren Etafunktion wichtige Dienste leisten wird.

Satz 3.5 *Es sei $k \in \mathbb{N}$ und*

$$a_k = (k+1) \left(\frac{1}{k} \Gamma \left(1 + \frac{1}{k} \right) \zeta \left(1 + \frac{1}{k} \right) \right)^{\frac{k}{k+1}}.$$

Dann ist für hinreichend großes n

$$p_k(n) < e^{a_k n^{\frac{1}{k+1}}}. \tag{3.35}$$

Beweis. Für $k \in \mathbb{N}$ folgt aus (3.9) und (3.34) mit $t > 0$

$$\frac{(2\pi)^{\frac{1-k}{2}} e^{\gamma_{1,k}(t^{1/k})}}{\eta_{1,k}(t^{1/k})} = \prod_{n=1}^{\infty} \left(1 - e^{-2\pi n^k t} \right)^{-1}$$

$$= \sum_{m=0}^{\infty} p_k(m) e^{-2\pi m t}.$$

Da stets $p_k(m) > 0$ ist und außerdem stets $p_k(m) \geq p_k(n)$ für $m \geq n$ ist, haben wir

$$\frac{(2\pi)^{\frac{1-k}{2}} e^{\gamma_{1,k}(t^{1/k})}}{\eta_{1,k}(t^{1/k})} > \sum_{m=n}^{\infty} p_k(n) e^{-2\pi m t} = p_k(n) \frac{e^{-2\pi n t}}{1 - e^{-2\pi t}}.$$

Wir lösen die Ungleichung nach $p_k(n)$ auf und verwenden dann die Funktionalgleichung (3.9).

$$p_k(n) < \frac{(2\pi)^{\frac{1-k}{2}} e^{\gamma_{1,k}(t^{1/k})}}{\eta_{1,k}(t^{1/k})} e^{2\pi n t} \left(1 - e^{-2\pi t} \right)$$

$$= \frac{(2\pi)^{\frac{1-k}{2}} e^{\gamma_{1,k}(t^{1/k})} \sqrt{t}}{\eta_{k,1}(t^{-1/k})} e^{2\pi n t} \left(1 - e^{-2\pi t} \right). \tag{3.36}$$

Wir haben

$$\sqrt{t} \left(1 - e^{-2\pi t} \right) \to 0 \qquad \text{für} \quad t \to 0$$

und nach (3.3)

$$e^{\gamma_{1,k}(t^{1/k})} \to 1 \qquad \text{für} \quad t \to 0.$$

Nach (3.5) haben wir

$$\eta_{k,1} \left(t^{-\frac{1}{k}} \right) = e^{\gamma_{k,1}(t^{-1/k})} \prod_{n=1}^{\infty} \prod_{\nu=0}^{k-1} \left(1 - e^{2\pi i \varepsilon_{2\nu+1}(4k)(n/t)^{1/k}} \right).$$

Das unendliche Produkt strebt für $t \to 0$ gegen 1, verbleibt also nur der Vorfaktor. Die Ungleichung (3.36) gilt für jedes $t > 0$. Also gilt für jedes hinreichend kleine t

$$p_k(n) < e^{2\pi n t - \gamma_{k,1}(t^{-1/k})}.$$

Wir bekommen für den Exponenten mit (3.3)

$$2\pi nt - \gamma_{k,1}\left(t^{-\frac{1}{k}}\right) = 2\pi nt + (2\pi)^{-\frac{1}{k}}\Gamma\left(1 + \frac{1}{k}\right)\zeta\left(1 + \frac{1}{k}\right)t^{-\frac{1}{k}}.$$

Diese Funktion nimmt an der Stelle

$$t_0 = \frac{1}{2\pi}\left(\frac{\Gamma\left(1 + \frac{1}{k}\right)\zeta\left(1 + \frac{1}{k}\right)}{kn}\right)^{\frac{k}{k+1}}$$

ihr Minimum an. Für hinreichend großes n ist auch t_0 hinreichend klein. Setzen wir diesen Wert in die Ungleichung ein, so erhalten wir (3.35).

3.4 Höhere Thetafunktionen

Bei ihren Untersuchungen über die Darstellungen natürlicher Zahlen als Summe von k-ten Potenzen ($k > 2$) stießen G. H. HARDY und J. E. LITTLEWOOD auf unendliche Reihen der Gestalt

$$\sum_{n=0}^{\infty} q^{n^k} \qquad (0 < q < 1).$$

Diese Reihen stellen eine unmittelbare Verallgemeinerung der in Abschnitt 2.3 betrachteten JACOBIschen Thetafunktion $y \mapsto \vartheta(0; y)$ dar. Da wir die Thetafunktion aber allgemeiner als Funktion von zwei Veränderlichen betrachtet hatten, wollen wir jetzt in ihrer Verallgemeinerung eine Funktion von k Veränderlichen aufbauen.

Es seien $k \in \mathbb{N}$, $k \geq 2$ und $x_1, x_2, \ldots, x_k \in \mathbb{C}$. Wir setzen $\mathbf{x} = (x_1, x_2, \ldots, x_k)$. Dann seien die *höheren Thetafunktionen* erklärt durch die unendlichen Reihen

$$\vartheta_k(\vec{x}) = \sum_{n=-\infty}^{+\infty} e^{2\pi i(x_1 n + \frac{x_2}{2}n^2 + \cdots + \frac{x_k}{k}n^k)}. \tag{3.37}$$

Sie sind absolut konvergent für alle endlichen $x_1, x_2, \ldots, x_k$, wenn wir bei geradem k voraussetzen, daß $\text{Im}(x_k) > 0$ ist, und bei ungeradem k annehmen, daß $\text{Im}(x_{k-1}) > 0$, $x_k \in \mathbb{R}$ ist. Wir wollen aber auch die folgenden Grenzfälle zulassen: Für beliebiges gerades p mit $2 \leq p < k$ seien x_p auf $\text{Im}(x_p) > 0$ und $x_{p+1}, x_{p+2}, \ldots, x_k \in \mathbb{R}$ eingeschränkt. Diese Voraussetzungen sollen im Folgenden stets stillschweigend angenommen sein. Dann stellen die höheren Thetafunktionen ganze transzendente Funktionen in x_1 dar. Natürlich ist für $k = 2$ als Spezialfall die JACOBIsche Thetafunktion enthalten. Jedoch wollen wir uns stets auf $k > 2$ konzentrieren.

Wir sehen sofort, daß die höheren Thetafunktionen periodisch in x_1 mit der Periode 1 sind. Ferner bezeichne $\mathbf{x}' = (x_1', x_2', \ldots, x_k')$ mit

$$x_\mu' = \sum_{\nu=\mu}^{k}\binom{\nu - 1}{\mu - 1}x_\nu, \qquad \mu = 1, 2, \ldots, k.$$

Dann erkennt man ohne weiteres

$$e^{2\pi i(x_1+\frac{x_2}{2}+\cdots+\frac{x_k}{k})}\vartheta_k(\mathbf{x}') =$$

$$= \sum_{n=-\infty}^{+\infty} e^{2\pi i(x_1(n+1)+\frac{x_2}{2}(n+1)^2+\cdots+\frac{x_k}{k}(n+1)^k)} = \vartheta_k(\mathbf{x}).$$

Wie in Satz 2.10 ausgeführt, reichten im Fall $k = 2$ die Periodizität in x_1 und diese Eigenschaft aus, um die JACOBIsche Thetafunktion im wesentlichen zu charakterisieren. Dies gilt für $k > 2$ nicht mehr. Wir benötigen zusätzliche partielle Differentialgleichungen, die von $\vartheta_k(\vec{x})$ erfüllt werden oder eine Integralbeziehung der Art (2.28). Erst dann können wir ein Analogon zum Satz 2.11 beweisen.

Satz 3.6 *Die höheren Thetafunktionen sind als ganze Funktionen in x_1 und bei festem $k > 2$ durch folgende Bedingungen eindeutig festgelegt:*
(I) $\vartheta_k(\mathbf{x})$ sei in x_1 periodisch mit der Periode 1.
(II) Sei $\mathbf{x}' = (x_1', x_2', \ldots, x_k')$ mit

$$x_\mu' = \sum_{\nu=\mu}^{k} \binom{\nu-1}{\mu-1} x_\nu, \qquad \mu = 1, 2, \ldots, k.$$

Dann genügt $\vartheta_k(\mathbf{x})$ der linearen Transformation

$$e^{2\pi i(x_1+\frac{x_2}{2}+\cdots+\frac{x_k}{k})}\vartheta_k(\mathbf{x}') = \vartheta_k(\mathbf{x}).$$

(III) $\vartheta_k(\mathbf{x})$ erfüllt für $p = 2, 3, \ldots, k$ die partiellen Differentialgleichungen

$$\frac{\partial^p}{\partial x_1^p}\vartheta_k(\mathbf{x}) = p(2\pi i)^{p-1}\frac{\partial}{\partial x_k}\vartheta_k(\mathbf{x}).$$

(IV) Für $x_1 = x_3 = \ldots = x_k = 0$ ist

$$\lim_{\mathrm{Im}(x_2)\to\infty} \vartheta_k(\mathbf{x}) = 1.$$

(V) Die Bedingungen (III) und (IV) können durch die einzige Bedingung

$$\int_0^1 \vartheta_k(\mathbf{x})\,dx_1 = 1$$

ersetzt werden.

Beweis. Die Ganzheit der Funktion ϑ_k und die Periodizität in x_1 gestatten eine Darstellung in Form der konvergenten, unendlichen Reihe

$$\vartheta_k(\mathbf{x}) = \sum_{n=-\infty}^{+\infty} c_n(\mathbf{y})e^{2\pi i(x_1 n+\frac{x_2}{2}n^2+\cdots+\frac{x_k}{k}n^k)}$$

mit noch unbekannten Koeffizienten $c_n(\mathbf{y})$, worin $\mathbf{y} = (0, x_2, \ldots, x_k)$ gesetzt ist. Nach Eigenschaft (II) ist mit $\mathbf{y}' = (0, x_2', \ldots, x_k')$

$$
\begin{aligned}
\vartheta_k(\mathbf{x}) &= e^{2\pi i(x_1 + \frac{x_2}{2} + \cdots + \frac{x_k}{k})} \vartheta_k(\mathbf{x}') \\
&= \sum_{n=-\infty}^{+\infty} c_n(\mathbf{y}') e^{2\pi i(x_1(n+1) + \frac{x_2}{2}(n+1)^2 + \cdots + \frac{x_k}{k}(n+1)^k)} \\
&= \sum_{n=-\infty}^{+\infty} c_{n-1}(\mathbf{y}') e^{2\pi i(x_1 n + \frac{x_2}{2} n^2 + \cdots + \frac{x_k}{k} n^k)}
\end{aligned}
$$

und durch Koeffizientenvergleich

$$
c_n(\mathbf{y}) = c_{n-1}(\mathbf{y}'), \quad \text{also} \quad c_n(\mathbf{y}) = c_0(\mathbf{y}^{(n)}) = c(\mathbf{y}^{(n)}),
$$

wenn $\mathbf{y}^{(n)}$ für $n > 0$ das Ergebnis der n-maligen Anwendung der Substitution bedeutet und für $n < 0$ deren entsprechende Umkehrung. Die Eigenschaft (V) liefert nunmehr sofort

$$
c(\mathbf{y}) = 1, \quad \text{also} \quad c(\mathbf{y}^{(n)}) = 1 \quad \text{für alle} \quad n.
$$

Bevorzugen wir die Eigenschaften (III) und (IV), so zeigen die partiellen Differentialgleichungen für $p = 2, 3, \ldots, k$ nacheinander die Unabhängigkeit von $c(\mathbf{y})$ von $x_2, x_3, \ldots, x_k$. danach haben wir aus (I), (II), (III) mit einer Konstanten c

$$
\vartheta_k(\mathbf{x}) = c \sum_{n=-\infty}^{+\infty} e^{2\pi i(x_1 n + \frac{x_2}{2} n^2 + \cdots + \frac{x_k}{k} n^k)}
$$

erhalten. Die Bedingung ((IV)) normiert dann c zu $c = 1$, und der Satz ist bewiesen.

Für die höheren Thetafunktionen kann man keine Funktionalgleichungen mehr wie (2.29) für die JACOBIsche Thetafunktion erwarten. Wir beweisen als Analogon lediglich die folgende Transformationsformel.

Satz 3.7 *Für die höheren Thetafunktionen gilt die Transformationsformel*

$$
\vartheta_k(\mathbf{x}) = \sum_{n=-\infty}^{+\infty} A_k(\mathbf{x}_n), \tag{3.38}
$$

worin $\mathbf{x}_n = (x_1 + n, x_2, \ldots, x_k)$ *und*

$$
A_k(\vec{x}) = \int_{-\infty}^{+\infty} e^{2\pi i(x_1 t + \frac{x_2}{2} t^2 + \cdots + \frac{x_k}{k} t^k)} \, dt \tag{3.39}
$$

bedeuten.

Beweis. Man sieht sofort, daß $A_k(\mathbf{x})$ die Bedingung (II) erfüllt. Also erfüllt

$$\sum_{n=-\infty}^{+\infty} A_k(\mathbf{x}_n)$$

die Bedingungen (I) und (II). Sei $0 \le x_1 < 1$ und $|n| \ge 1$. Dann ist nach partieller Integration

$$A_k(\mathbf{x}_n) = \frac{(-1)^{p-1}}{(2\pi i(x_1 + n))^p} \int_{-\infty}^{+\infty} e^{2\pi i(x_1+n)t} \frac{\partial^p}{\partial t^p} e^{2\pi i(\frac{x_2}{2} t^2 + \cdots + \frac{x_k}{k} t^k)} \, dt.$$

Dabei kann p beliebig groß gewählt werden, so daß $A_k(\mathbf{x}_n)$ für $|n| \to \infty$ stärker gegen 0 strebt als jede Potenz von $|n|$. Die unendliche Reihe ist also absolut konvergent und stellt offensichtlich eine ganze Funktion dar. Auch die Bedingungen (III) sind sämtlich erfüllt. Zudem ist für $x_1 = x_3 = x_4 = \ldots = x_k = 0$

$$
\begin{aligned}
\sum_{n=-\infty}^{+\infty} A_k(\mathbf{x}_n) &= \sum_{n=-\infty}^{+\infty} \int_{-\infty}^{+\infty} e^{2\pi i(nt + \frac{x_2}{2} t^2)} \, dt \\[2mm]
&= \sum_{n=-\infty}^{+\infty} e^{-\pi i n^2 / x_2} \int_{-\infty}^{+\infty} e^{\pi i(n + x_2 t)^2 / x_2} \, dt \\[2mm]
&= \sqrt{\frac{i}{x_2}} \sum_{n=-\infty}^{+\infty} e^{-\pi i n^2 / x_2} \\[2mm]
&= \sqrt{\frac{i}{x_2}}\, \vartheta\left(0; -\frac{1}{x_2}\right) \\[2mm]
&= \vartheta(0; x_2).
\end{aligned}
$$

Der letzte Schritt folgt aus der Funktionalgleichung (2.30). Wegen

$$\lim_{\mathrm{Im}(x_2)\to\infty} \vartheta(0; x_2) = 1$$

ist auch die Bedingung (IV) für die unendliche Reihe erfüllt. Also muß nach Satz 3.6 die unendliche Reihe mit $\vartheta_k(\vec{x})$ übereinstimmen, und (3.38) ist bewiesen.

Die durch (3.39) dargestellten Funktionen A_k führen nur im Fall $k = 3$ noch auf bekannte Funktionen und in einem Spezialfall von $k = 4$, weshalb wir diese höheren Thetafunktionen in den folgenden beiden Unterabschnitten gesondert behandeln. Auch eine asymptotische Darstellung der Integrale (3.39) gestaltet sich recht schwierig, und die Ungeradheit von k potenziert diese Schwierigkeit noch. Deshalb beschränken wir uns von nun an auf gerade k. Für das Folgende substituieren wir $k \to 2k$, und das neue k sei eine natürliche Zahl $k \ge 2$. Wir setzen weiter

$$x_1 \;=\; x + \frac{1}{2k}\binom{2k}{1} y^{2k-1} z,$$

$$x_\nu \;=\; \frac{\nu}{2k}\binom{2k}{\nu}y^{2k-\nu}z, \qquad \nu = 2,3,\ldots,2k.$$

Dann wird

$$\sum_{\nu=1}^{2k} x_\nu \frac{n^\nu}{\nu} \;=\; xn + \sum_{\nu=1}^{2k} \frac{n^\nu}{2k}\binom{2k}{\nu}y^{2k-\nu}z$$

$$\;=\; xn + (y+n)^{2k}\frac{z}{2k} - y^{2k}\frac{z}{2k}.$$

Nehmen wir noch $x,y,z \in \mathbb{C}$ mit $\mathrm{Im}(z) > 0$ an, so wird aus (3.37)

$$\vartheta_{2k}(\mathbf{x}) = e^{-\frac{\pi i}{k}y^{2k}z} \sum_{n=-\infty}^{+\infty} e^{2\pi i\left(xn+(y+n)^{2k}\frac{z}{2k}\right)}.$$

Wir nennen die unendliche Reihe wieder eine *höhere Thetafunktion* und benutzen die Bezeichnung

$$\Theta_{2k}(x,y;z) = \sum_{n=-\infty}^{+\infty} e^{2\pi i\left(xn+(y+n)^{2k}\frac{z}{2k}\right)}. \tag{3.40}$$

Dann folgt aus (3.38) und (3.39), indem wir in der Exponentialfunktion des Integrals genauso substituieren wie oben, die Transformationsformel

$$\Theta_{2k}(x,y;z) = \sum_{n=-\infty}^{+\infty} B_{2k}(x+n,y;z) \tag{3.41}$$

mit

$$B_{2k}(x,y;z) = \int_{-\infty}^{+\infty} e^{2\pi i\left(xt+(y+t)^{2k}\frac{z}{2k}\right)}\,dt. \tag{3.42}$$

Für dieses Integral werden wir später eine asymptotische Darstellung geben.

3.4.1 Die kubische Thetafunktion

Wir beginnen mit einigen Vorbetrachtungen über das AIRY-Integral

$$Ai(z) = \frac{1}{2\pi}\int_{-\infty}^{+\infty} e^{i\left(zt+\frac{1}{3}t^3\right)}\,dt, \qquad z \in \mathbb{R} \tag{3.43}$$

Wir können $Ai(z)$ in eine Potenzreihe nach Potenzen von z entwickeln. Dazu benötigen wir ein absolut konvergentes Integral. Dieses erhalten wir, indem wir den von 0 nach ∞ verlaufenden Integrationsweg nach $e^{\pi i/6}\infty$ drehen und den von 0 nach $-\infty$ verlaufenden Integrationsweg nach $-e^{-\pi i/6}\infty$. Damit erhalten wir

$$Ai(z) = \frac{1}{2\pi}\left\{\int_0^{e^{\pi i/6}\infty} - \int_0^{-e^{-\pi i/6}\infty}\right\} e^{i\left(zt+\frac{1}{3}t^3\right)}\,dt \tag{3.44}$$

und mit den Substitutionen $t \to e^{\pi i/6}t$ beziehungsweise $t \to -e^{-\pi i/6}t$

$$
\begin{aligned}
Ai(z) &= \frac{1}{2\pi}e^{\frac{\pi i}{6}} \int_0^\infty e^{e^{2\pi i/3}zt - \frac{1}{3}t^3}\, dt + \frac{1}{2\pi}e^{-\frac{\pi i}{6}} \int_0^\infty e^{e^{-2\pi i/3}zt - \frac{1}{3}t^3}\, dt \\[2mm]
&= \frac{1}{2\pi} \sum_{n=0}^\infty \frac{1}{n!} \left(e^{\frac{2\pi i n}{3} + \frac{\pi i}{6}} + e^{-\frac{2\pi i n}{3} - \frac{\pi i}{6}} \right) \int_0^\infty (zt)^n e^{-\frac{1}{3}t^3}\, dt \\[2mm]
&= \frac{1}{3\pi} \sum_{n=0}^\infty \frac{\sin \frac{2\pi}{3}(n+1)}{n!} z^n \int_0^\infty t^{\frac{n-2}{3}} e^{-\frac{t}{3}}\, dt.
\end{aligned}
$$

Nach (2.33) folgt daraus

$$
Ai(z) = \frac{1}{\pi} 3^{-\frac{2}{3}} \sum_{n=0}^\infty \frac{\Gamma\left(\frac{n+1}{3}\right) \sin \frac{2\pi}{3}(n+1)}{n!} \left(3^{\frac{1}{3}}z\right)^n. \tag{3.45}
$$

Diese Entwicklung zeigt, daß das AIRY-Integral in die ganze, komplexe Ebene analytisch fortgesetzt werden kann. Folglich ist $z \mapsto Ai(z)$ eine ganze Funktion, und wir sprechen auch von der AIRY-Funktion.

Um eine asymptotische Entwicklung für $Ai(z)$ zu erlangen, benötigen wir in (3.43) die Sattelpunkte von

$$
h(t) = zt + \frac{1}{3}t^3,
$$

also die Punkte mit $h'(t) = 0$, welche durch $t = \pm i\sqrt{z}$ gegeben sind. Offensichtlich ist $t = +i\sqrt{z}$ für $z > 0$ der geeignete Sattelpunkt. Wir wollen den Integrationsweg in eine Parallele durch diesen Punkt legen. Dazu integrieren wir über den Integranden von (3.43) wie folgt:

$$
-N \to 0 \to N \to N + i\sqrt{z} \to i\sqrt{z} \to -N + i\sqrt{z} \to -N
$$

bei beliebigem $N > 0$. Nach dem CAUCHYschen Integralsatz ist dieses Integral 0. Nun betrachten wir das Integral

$$
I_N = \int_N^{N+i\sqrt{z}} e^{i(zt + \frac{1}{3}t^3)}\, dt.
$$

Mit der Substitution $t \to N + it$ erhalten wir

$$
I_N = i \int_0^{\sqrt{z}} e^{iz(N+it) + \frac{i}{3}(N+it)^3}\, dt
$$

und

$$|I_N| \;\leq\; \int_0^{\sqrt{z}} e^{-zt - N^2 t + \frac{1}{3} t^3} \, dt$$

$$\leq\; e^{\frac{1}{3} z^{3/2}} \int_0^{\sqrt{z}} e^{-N^2 t} \, dt$$

$$\leq\; e^{\frac{1}{3} z^{3/2}} \frac{1}{N^2}.$$

Damit strebt $I_N \to 0$ für $N \to \infty$. Das gleiche gilt für das Integral von $-N + i\sqrt{z}$ nach $-N$. Demzufolge können wir die Integrationswege beidseitig bis ins Unendliche ausdehnen. Das gibt

$$\begin{aligned}
Ai(z) &= \frac{1}{2\pi} \int_{i\sqrt{z}-\infty}^{i\sqrt{z}+\infty} e^{i(zt + \frac{1}{3} t^3)} \, dt \\[2mm]
&= \frac{1}{2\pi} e^{-\frac{2}{3} z^{3/2}} \int_{-\infty}^{+\infty} e^{-\sqrt{z}\, t^2 + \frac{i}{3} t^3} \, dt \\[2mm]
&= \frac{1}{\pi} e^{-\frac{2}{3} z^{3/2}} \int_0^{\infty} e^{-\sqrt{z}\, t^2} \cos\left(\frac{1}{3} t^3\right) \, dt.
\end{aligned} \tag{3.46}$$

Dieses für $z > 0$ hergeleitete Ergebnis zeigt aber sofort, daß analytische Fortsetzung in den Winkelraum $|\arg(z)| < \pi$ erfogen kann. Wenn wir nun die Cosinus-Funktion in ihre Potenzreihe entwickeln und in (3.46) gliedweise integrieren, so erhalten wir eine divergente Reihe, die aber als asymptotische Entwicklung von $Ai(z)$ im genannten Winkelraum für große $|z|$ interpretiert werden kann. Wir begnügen uns mit einer asymptotischen Darstellung in erster Näherung, welche im folgenden Hilfssatz gegeben werden soll.

Hilfssatz 3.1 *Die asymptotische Darstellung*

$$Ai(z) = \frac{1}{2\sqrt{\pi}} z^{-\frac{1}{4}} e^{-\frac{2}{3} z^{3/2}} \left\{ 1 + O\left(|z|^{-\frac{3}{2}}\right) \right\} \tag{3.47}$$

gilt für $z \to \infty$ im Winkelraum $|\arg(z)| < \pi$.

Beweis. Aus (3.46) folgt für $|\arg(z)| < \pi$

$$\begin{aligned}
Ai(z) &= \frac{1}{\pi} e^{-\frac{2}{3} z^{3/2}} \int_0^{\infty} e^{-\sqrt{z}\, t^2} \left\{ 1 + \left(\cos\left(\frac{1}{3} t^3\right) - 1 \right) \right\} \, dt \\[2mm]
&= \frac{1}{\pi} e^{-\frac{2}{3} z^{3/2}} \left\{ \frac{\sqrt{\pi}}{2} z^{-\frac{1}{4}} + R \right\} \, dt
\end{aligned}$$

mit

$$R = \int\limits_0^\infty e^{-\sqrt{z}t^2}\left(\cos\left(\frac{1}{3}t^3\right) - 1\right)\,dt.$$

Sei $x = \mathrm{Re}(\sqrt{z})$. Dann ist

$$|R| \leq \int\limits_0^\infty e^{-xt^2}\left|\cos\left(\frac{1}{3}t^3\right) - 1\right|\,dt = 2\int\limits_0^\infty e^{-xt^2}\sin^2\left(\frac{1}{6}t^3\right)\,dt$$

$$\leq \int\limits_0^\infty t^6 e^{-xt^2}\,dt \ll x^{-\frac{7}{2}} \ll |z|^{-\frac{7}{4}}.$$

Daraus ergibt sich nun sofort (3.47).

Die asymptotische Darstellung (3.47) gilt nicht für $\arg(z) = \pi$. Aber gerade diesen Fall benötigen wir ebenfalls. Dazu dient der nächste Hilfssatz

Hilfssatz 3.2 *Die asymptotische Darstellung*

$$Ai(-z) = \frac{1}{\sqrt{\pi}}z^{-\frac{1}{4}}\sin\left(\frac{2}{3}z^{\frac{3}{2}} + \frac{\pi}{4}\right)\left\{1 + O\left(|z|^{-\frac{3}{2}}\right)\right\} \tag{3.48}$$

gilt für $z \to \infty$ im Winkelraum $|\arg(z)| < 2\pi/3$.

Beweis. Aus (3.45) folgt

$$Ai(z) + e^{-\frac{2\pi i}{3}}Ai\left(e^{-\frac{2\pi i}{3}}z\right) + e^{-\frac{4\pi i}{3}}Ai\left(e^{-\frac{4\pi i}{3}}z\right) = 0.$$

Denn addieren wir die drei entsprechenden Reihen, indem wir gliedweise summieren, so entsteht die Summe

$$\sum_{\nu=0}^{2} e^{-\frac{2\pi i\nu}{3}(n+1)}.$$

Diese Summe ist 0, wenn nicht $n + 1 \equiv 0 \pmod 3$. In diesem Fall sind die Glieder der Reihe aber wegen der Sinusfunktion sowieso 0. Folglich ist

$$Ai(-z) = Ai\left(e^{\pi i}z\right) = e^{\frac{\pi i}{3}}Ai\left(e^{\frac{\pi i}{3}}z\right) + e^{-\frac{\pi i}{3}}Ai\left(e^{-\frac{\pi i}{3}}z\right).$$

Nun können wir für die beiden AIRY-Funktionen auf der rechten Seite die asymptotische Darstellung (3.47) einsetzen. Dabei muß sowohl

$$\left|\arg\left(e^{\frac{\pi i}{3}}z\right)\right| < \pi$$

als auch

$$\left|\arg\left(e^{-\frac{\pi i}{3}}z\right)\right| < \pi$$

erfüllt sein. Daher ist also

$$|\arg(z)| < \frac{2\pi}{3}$$

gemeinsamer Winkelraum. Damit ergibt sich

$$
\begin{aligned}
Ai(-z) \;=\; & \frac{1}{2\sqrt{\pi}} e^{\frac{\pi i}{4}} z^{-\frac{1}{4}} e^{-\frac{2i}{3} z^{3/2}} \left\{ 1 + O\left(|z|^{-\frac{3}{2}}\right)\right\} \\
& + \frac{1}{2\sqrt{\pi}} e^{-\frac{\pi i}{4}} z^{-\frac{1}{4}} e^{\frac{2i}{3} z^{3/2}} \left\{ 1 + O\left(|z|^{-\frac{3}{2}}\right)\right\},
\end{aligned}
$$

woraus (3.48) folgt.

Nun sind alle Vorbereitungen getroffen, um die Transformation der kubischen Thetafunktion näher zu beleuchten. Wir setzen in (3.37) $k = 3$, $x_1 = x$, $x_2 = y$ mit $\operatorname{Im}(y) > 0$ und $x_3 = z$, wobei wir $z > 0$ annehmen können. Dann ist die *kubische Thetafunktion* definiert durch

$$\vartheta_3(x, y; z) = \sum_{n=-\infty}^{+\infty} e^{2\pi i (xn + \frac{y}{2} n^2 + \frac{z}{3} n^3)}.$$

Die Transformation dieser Funktion ist nach (3.38) und (3.39) gegeben durch

$$\vartheta_3(x, y; z) = \sum_{n=-\infty}^{+\infty} A_3(x + n, y; z)$$

mit

$$A_3(x, y, z) = \int_{-\infty}^{+\infty} e^{2\pi i (xt + \frac{y}{2} t^2 + \frac{z}{3} t^3)} \, dt.$$

Wie beim AIRY-Integtal drehen wir den von 0 nach ∞ verlaufenden Integrationsweg nach $e^{\pi i/6}\infty$ und den von 0 nach $-\infty$ verlaufenden Integrationsweg nach $-e^{-\pi i/6}\infty$. Anschließend substituieren wir $t \to t - y/2z$. Den nun über $y/2z$ statt 0 verlaufenden Integrationsweg können wir nach dem CAUCHYschen Integralsatz ohne weitere Schwierigkeiten wieder über 0 verlegen. Sodann erhalten wir

$$
\begin{aligned}
A_3(x, y, z) \;=\; & e^{-\frac{\pi i}{6 z^2}(6xyz - y^3)} \cdot \\
& \cdot \left\{ \int_0^{e^{\pi i/6}\infty} - \int_0^{-e^{-\pi i/6}\infty} \right\} e^{\frac{\pi i}{2z}(4xz - y^2)t + \frac{2\pi i}{3} z t^3} \, dt \\
=\; & (2\pi z)^{-\frac{1}{3}} e^{-\frac{\pi i}{6 z^2}(6xyz - y^3)} \cdot \\
& \cdot \left\{ \int_0^{e^{\pi i/6}\infty} - \int_0^{-e^{-\pi i/6}\infty} \right\} e^{i\left(\frac{(2\pi)^{2/3}}{4 z^{4/3}}(4xz - y^2)t + \frac{1}{3} t^3\right)} \, dt.
\end{aligned}
$$

Nun folgt mit (3.44)

$$A_3(x,y,z) = \left(\frac{4\pi^2}{z}\right)^{\frac{1}{3}} e^{-\frac{\pi i}{6z^2}(6xyz-y^3)} Ai\left(\left(\frac{\pi}{4z^2}\right)^{\frac{2}{3}}(4xz-y^2)\right),$$

und es gilt der folgende Satz.

Satz 3.8 *Es seien* $x,y \in \mathbb{C}$ *mit* $\mathrm{Im}(y) > 0$ *und* $z > 0$. *Dann gestattet die kubische Thetafunktion die Transformation*

$$\vartheta_3(x,y,z) = \left(\frac{4\pi^2}{z}\right)^{\frac{1}{3}} \sum_{n=-\infty}^{+\infty} e^{-\frac{\pi i y}{6z^2}(6(x+n)z-y^2)} \cdot$$

$$\cdot Ai\left(\left(\frac{\pi}{4z^2}\right)^{\frac{2}{3}}(4(x+n)z-y^2)\right). \tag{3.49}$$

Anmerkung. Das Polynom

$$4xz - y^2$$

ist invariant gegenüber der Transformation

$$x \to x+y+z, \quad y \to y+2z, \quad z \to z.$$

Dagegen geht das Polynom

$$\frac{y}{12}(6xz-y^2)$$

über in

$$\frac{y}{12}(6xz-y^2) + z^2\left(x+\frac{y}{2}+\frac{z}{3}\right).$$

Nun wollen wir uns die Transformationsformel (3.49) der kubischen Thetafunktion unter Berücksichtigung der asymptotischen Darstellungen (3.47) und (3.48) etwas näher ansehen. Wir verwenden in (3.49) für $n \geq 0$ (3.47) und für $n < 0$ (3.48). Im Fall der negativen n gehen wir von n zu $-n$ über. Dann kann man (3.49) folgendermaßen schreiben:

$$\vartheta_3(x,y,z) = \sum_{n=0}^{\infty}(4(x+n)z-y^2)^{-\frac{1}{4}} e^{-\frac{\pi i y}{6z^2}(6(x+n)z-y^2)}$$

$$\cdot e^{-\frac{\pi}{6z^2}(4(x+n)z-y^2)^{3/2}}\{1+f_n(x,y,z)\}$$

$$+2\sum_{n=1}^{\infty}(4(-x+n)z+y^2)^{-\frac{1}{4}} e^{-\frac{\pi i y}{6z^2}(6(x-n)z-y^2)}$$

$$\cdot \sin\left(\frac{\pi}{6z^2}(4(n-x)+y^2)^{\frac{3}{2}}\right)\{1+g_n(x,y,z)\}.$$

Dabei sind f_n und g_n wohl-definierte Funktionen, die sich für $n \to \infty$ wie $O(n^{-3/2})$ verhalten, wobei die O-Konstante natürlich noch von x,y,z abhängt. Man sieht, daß in der ersten Summe die zweite Exponentialfunktion wegen $z > 0$ die Konvergenz garantiert. In der zweiten Summe garantiert die Exponentialfunktion wegen $z > 0$ und $\mathrm{Im}(y) > 0$ die Konvergenz.

3.4.2 Die biquadratische Thetafunktion

Als *biquadratische Thetafunktion* bezeichnen wir die aus (3.40) für $k = 2$ folgende Funktion

$$\Theta_4(x, y; z) = \sum_{n=-\infty}^{+\infty} e^{2\pi i(xn+(y+n)^4 \frac{z}{4})}$$

mit $x, y, z \in \mathbb{C}$ und $\operatorname{Im}(z) > 0$. Die Transformation dieser Funktion ist nach (3.41) und (3.42) gegeben durch

$$\Theta_4(x, y; z) = \sum_{n=-\infty}^{+\infty} B_4(x + n, y; z) \tag{3.50}$$

mit

$$\begin{aligned}
B_4(x, y; z) &= \int_{-\infty}^{+\infty} e^{2\pi i(xt+(y+t)^4 \frac{z}{4})}\, dt \\
&= e^{-2\pi i xy} \int_{-\infty}^{+\infty} e^{2\pi i(xt+\frac{z}{4}t^4)}\, dt
\end{aligned} \tag{3.51}$$

Dieses Integral führt auf eine bekannte Funktion, auf einen Spezialfall der WRIGHT-Funktion. Zu diesem Zweck betrachten wir das Integral

$$I(v) = \frac{1}{\pi} \int_{-\infty}^{+\infty} e^{-2vt-\frac{t^4}{4}}\, dt$$

Es ist offensichtlich

$$I(v) = \frac{\sqrt{8}}{\pi} \int_{-\infty}^{+\infty} \cosh(\sqrt{8}\, vt) e^{-t^4}\, dt.$$

Potenzreihenentwicklung des hyperbolischen Cosinus und Verwendung der Formel (2.33) ergeben

$$\begin{aligned}
I(v) &= \frac{\sqrt{8}}{\pi} \int_{-\infty}^{+\infty} \sum_{n=0}^{\infty} \frac{(8v^2)^n}{(2n)!} t^{2n} e^{-t^4}\, dt \\
&= \frac{1}{\pi\sqrt{2}} \sum_{n=0}^{\infty} \frac{(8v^2)^n}{(2n)!} \int_0^{\infty} t^{\frac{n}{2}-\frac{3}{4}} e^{-t}\, dt \\
&= \frac{1}{\pi\sqrt{2}} \sum_{n=0}^{\infty} \frac{\Gamma(\frac{n}{2}+\frac{1}{4})(8v^2)^n}{(2n)!}.
\end{aligned}$$

Nun verwenden wir die Formel

$$\Gamma(2x) = \frac{2^{2x-1}}{\sqrt{\pi}} \Gamma(x)\Gamma\left(x + \frac{1}{2}\right)$$

zweimal hintereinander. Mit $(2n)! = \Gamma(2n+1)$ ergibt sich

$$\begin{aligned}
I(v) &= \frac{1}{\sqrt{2\pi}} \sum_{n=0}^{\infty} \frac{\Gamma(\frac{n}{2} + \frac{1}{4})(2v^2)^n}{n!\,\Gamma(n + \frac{1}{2})} \\
&= \sum_{n=0}^{\infty} \frac{v^{2n}}{n!\,\Gamma(\frac{n}{2} + \frac{3}{4})}.
\end{aligned}$$

Setzen wir noch $v^2 = w$, so zeigt diese Reihenentwicklung einerseits, daß das Integral $I(\sqrt{w})$ eine ganze Funktion in w repräsentiert und andererseits, daß es einen Spezialfall der für $\varrho > 0$ und $\beta \in \mathbb{C}$ definierten WRIGHT-Funktion

$$\Phi(\varrho, \beta; w) = \sum_{n=0}^{\infty} \frac{w^n}{n!\,\Gamma(\varrho n + \beta)} \tag{3.52}$$

darstellt. Es ist

$$I(\sqrt{w}) = \Phi\left(\frac{1}{2}, \frac{3}{4}; w\right).$$

In (3.51) setzen wir $z = i\zeta$ und nehmen $\zeta > 0$ an. Dann können wir $t \to (2\pi\zeta)^{-1/4}t$ substituieren. Anschließend setzen wir wieder $\zeta = -iz$, und wir können analytische Fortsetzung bezüglich z nach $\mathrm{Im}(z) > 0$ vornehmen. Damit muß $(i/z)^{1/4} > 0$ für $z = i\zeta$, $\zeta > 0$ sein. Dann ist

$$B_4(x,y;z) = \left(\frac{i}{2\pi z}\right)^{\frac{1}{4}} e^{-2\pi ixy} \int_{-\infty}^{+\infty} e^{i(8\pi^3 i/z)^{1/4}xt - \frac{t^4}{4}}\, dt.$$

In $I(\sqrt{w})$ müssen wir nun

$$w = -\sqrt{\frac{\pi^3 i}{2z}}\, x^2$$

setzen. Also ist

$$B_4(x,y;z) = \left(\frac{\pi^3 i}{2z}\right)^{\frac{1}{4}} e^{-2\pi ixy} \Phi\left(\frac{1}{2}, \frac{3}{4}; -\sqrt{\frac{\pi^3 i}{2z}}\, x^2\right). \tag{3.53}$$

Damit haben wir folgenden Satz bewiesen.

Satz 3.9 *Es seien* $x, y, z \in \mathbb{C}$ *mit* $Im(z) > 0$. *Dann gestattet die biquadratische Thetafunktion die Transformation*

$$\Theta_4(x, y; z) =$$
$$= \left(\frac{\pi^3 i}{2z}\right)^{\frac{1}{4}} \sum_{n=-\infty}^{+\infty} e^{-2\pi i(x+n)y} \Phi\left(\frac{1}{2}, \frac{3}{4}; -\sqrt{\frac{\pi^3 i}{2z}}\, (x+n)^2\right). \tag{3.54}$$

Dabei ist $(i/z)^{1/4} > 0$ *für* $z = i\zeta$, $\zeta > 0$.

Es seien noch einige Bemerkungen zum Grenzverhalten $z \to 0$ gemacht. Betrachten wir die WRIGHT-Funktionen auf der rechten Seite von (3.54). Aus den allgemeinen Ausführungen zu den höheren Thetafunktionen können wir entnehmen, daß diese Funktionen schneller gegen 0 streben als jede Potenz von z, falls x keine ganze Zahl ist. Wir werden im nächsten Abschnitt sehen, daß die Funktionen sogar exponentiell klein werden. Also strebt auch $\Theta_4(x, y; z)$ stärker gegen 0 als jede Potenz von z. Ist aber $x \in \mathbb{Z}$, dann gibt es ein n mit $x + n = 0$. Wir können also $x = 0$ annehmen. Hier zeigen (3.54) und (3.52) die Existenz des Grenzwertes

$$\lim_{z \to 0}(-iz)^{\frac{1}{4}}\Theta_4(0, y; z) = \left(\frac{\pi^3}{2}\right)^{\frac{1}{4}} \frac{1}{\Gamma(\frac{3}{4})}.$$

Wir zeigen jetzt, daß an die Stelle der Funktionalgleichung der JACOBIschen Thetafunktion eine *Integrofunktionalgleichung der biquadratischen Thetafunktion* tritt. Zu diesem Zweck zeigen wir zunächst folgenden Hilfssatz.

Hilfssatz 3.3 *Es bezeichne* $x \mapsto J_{1/4}(x)$ *die Bessel-Funktion mit dem Index* $\nu = 1/4$ *und* $t \mapsto \Phi(\frac{1}{2}, \frac{3}{4}; -2\sqrt{t})$ *die Wright-Funktion mit den Indizes* $\varrho = \frac{1}{2}$, $\beta = \frac{3}{4}$. *Dann besteht für beide Funktionen für* $t > 0$ *der Zusammenhang*

$$\frac{1}{\sqrt{\pi}} t^{\frac{3}{8}} \int_0^\infty \tau^{-\frac{5}{8}} J_{1/4}(2\sqrt{t\tau}) e^{-\frac{1}{\tau}}\, d\tau = \Phi\left(\frac{1}{2}, \frac{3}{4}; -2\sqrt{t}\right). \tag{3.55}$$

Bemerkung. Die asymptotische Darstellung (2.36) der BESSEL-Funktion zeigt die Konvergenz des Integrals für $\tau \to \infty$.

Beweis. Die BESSEL-Funktionen besitzen bekanntlich für $|\arg(x)| < \pi$ die Reihendarstellung

$$J_\nu(x) = \sum_{n=0}^\infty \frac{(-1)^n}{n!\Gamma(n+\nu+1)} \left(\frac{x}{2}\right)^{2n+\nu}. \tag{3.56}$$

Sie kann auch leicht der Integraldarstellung (2.35) entnommen werden, indem man dort den Cosinus in eine Potenzreihe entwickelt und dann gliedweise integriert. Wir betrachten zunächst für $\tau > 0$ und $\mathrm{Re}(s) > 0$ die LAPLACE-Transformation

$$
\begin{aligned}
L\left\{t^{\frac{1}{8}} J_{1/4}(2\sqrt{t\tau})\right\} &= \int_0^\infty t^{\frac{1}{8}} J_{1/4}(2\sqrt{t\tau})e^{-st}\, dt \\[2mm]
&= \tau^{\frac{1}{8}} \sum_{n=0}^\infty \frac{(-\tau)^n}{n!\,\Gamma(n+\frac{5}{4})} \int_0^\infty t^{n+\frac{1}{4}} e^{-st}\, dt \\[2mm]
&= \tau^{\frac{1}{8}} s^{-\frac{5}{4}} \sum_{n=0}^\infty \frac{(-1)^n}{n!} \left(\frac{\tau}{s}\right)^n \\[2mm]
&= \tau^{\frac{1}{8}} s^{-\frac{5}{4}} e^{-\frac{\tau}{s}}.
\end{aligned}
$$

Nun dividieren wir die linke Seite von (3.55) durch $\sqrt{t}$ und unterwerfen den entstehenden Ausdruck der LAPLACE-Transformation, wobei wir das eben erzielte Ergebnis berücksichtigen. Verzichten wir auf den Nachweis der Vertauschbarkeit beider Integrale, so ergibt sich

$$
\begin{aligned}
L\left\{\frac{1}{\sqrt{\pi}} t^{\frac{1}{8}} \int_0^\infty \tau^{-\frac{5}{8}} J_{1/4}(2\sqrt{t\tau}) e^{-\frac{1}{\tau}}\, d\tau\right\} &= s^{-\frac{5}{4}} \int_0^\infty \frac{1}{\sqrt{\pi\tau}} e^{-\frac{\tau}{s}-\frac{1}{\tau}}\, d\tau \\[2mm]
&= s^{-\frac{3}{4}} e^{-\frac{2}{\sqrt{s}}} \\[2mm]
&= s^{-\frac{3}{4}} \sum_{n=0}^\infty \frac{(-2)^n}{n!} s^{-\frac{n}{2}} \\[2mm]
&= \sum_{n=0}^\infty \frac{(-2)^n}{n!\,\Gamma(\frac{n}{2}+\frac{3}{4})} \int_0^\infty t^{\frac{n}{2}-\frac{1}{4}} e^{-st}\, dt \\[2mm]
&= \int_0^\infty t^{-\frac{1}{4}} \Phi\left(\frac{1}{2},\frac{3}{4};-2\sqrt{t}\right) e^{-st}\, dt \\[2mm]
&= L\left\{\int_0^\infty t^{-\frac{1}{4}} \Phi\left(\frac{1}{2},\frac{3}{4};-2\sqrt{t}\right) dt\right\}.
\end{aligned}
$$

Dabei haben wir in der vorletzten Zeile (3.52) benutzt. Hierin erkennen wir die Übereistimmung beider LAPLACE-Integrale. Da die zu transformierenden Funktionen stetig sind, müssen auch sie übereinstimmen. Das ergibt (3.55).

Mit diesem Hilfssatz ist die wesentliche Voraussetzung zum Beweis der *Integrofunktionalgleicheung der biquadratischen Thetafunktion* gegeben.

Satz 3.10 *Es seien $x,y,z \in \mathbb{C}$ mit $\mathrm{Im}(z) > 0$. Dann genügt die biquadratische Thetafunktion der Integrofunktionalgleichung*

$$
\Theta_4\left(x,y;\frac{\pi}{2}z\right) = \left(\frac{i}{z}\right)^{\frac{1}{4}} e^{-2\pi i x y} \int_0^\infty \tau^{-\frac{5}{8}} J_{1/4}(2\sqrt{\tau}) \Theta_4\left(-y,x;-\frac{\pi}{2z\tau}\right) d\tau. \tag{3.57}
$$

Bemerkung. Die asymptotische Darstellung (2.36) der BESSEL-Funktion und die zu (3.54) gemachten Ausführungen zeigen die Konvergenz des Integrals für $\tau \to \infty$.

Beweis. Wir setzen $z = it$ mit $t > 0$. Dann folgt aus (3.54) und (3.55)

$$\Theta_4\left(x, y; \frac{\pi i}{2}t\right) = \left(\frac{\pi^2}{t}\right)^{\frac{1}{4}} \sum_{n=-\infty}^{+\infty} e^{-2\pi i(x+n)y} \, \Phi\left(\frac{1}{2}, \frac{3}{4}; -\frac{\pi}{\sqrt{t}}(x+n)^2\right)$$

$$= t^{-\frac{1}{4}} \sum_{n=-\infty}^{+\infty} e^{-2\pi i(x+n)y} \left(\frac{\pi^2}{4t}(x+n)^4\right)^{\frac{3}{8}} \cdot$$

$$\cdot \int_0^\infty \tau^{-\frac{5}{8}} J_{1/4}\left(2\sqrt{\frac{\pi^2\tau}{4t(x+n)^4}}\right) e^{-\frac{1}{\tau}} \, d\tau.$$

Die Substitution $\tau \to 4\pi^{-2}(x+n)^{-4}t\tau$ ergibt nun

$$\Theta_4\left(x, y; \frac{\pi i}{2}t\right) = t^{-\frac{1}{4}} \sum_{n=-\infty}^{+\infty} e^{-2\pi i(x+n)y} \int_0^\infty \tau^{-\frac{5}{8}} J_{1/4}(2\sqrt{\tau}) e^{-\frac{\pi^2}{4t\tau}(x+n)^4} \, d\tau$$

$$= t^{-\frac{1}{4}} \int_0^\infty \tau^{-\frac{5}{8}} J_{1/4}(2\sqrt{\tau}) e^{-2\pi ixy} \Theta_4\left(-y, x; \frac{\pi i}{2t\tau}\right) \, d\tau.$$

Setzen wir $t = -iz$, so erhalten wir (3.57). Analytische Fortsetzung nach $\mathrm{Im}(z) > 0$ ist wie üblich möglich.

Noch eine abschließende Bemerkung zu dieser Integrofunktionalgleichung. Wir setzen in (3.57) $x = y = 0$, $z = i/t$ mit $t > 0$ und substituieren $\tau \to t\tau$. Das gibt

$$t^{-\frac{5}{8}} \Theta_4\left(0, 0; \frac{\pi i}{2t}\right) = \int_0^\infty \tau^{-\frac{5}{8}} J_{1/4}(2\sqrt{t\tau}) \Theta_4\left(0, 0; -\frac{\pi i}{2\tau}\right) \, d\tau.$$

Gilt nun allgemein eine Beziehung der Art

$$f(t) = \int_0^\infty J_\nu(2\sqrt{t\tau}) F(\tau) \, d\tau,$$

so bezeichnet man die Funktion $t \mapsto f(t)$ als die HANKEL-*Transformierte* der Funktion $\tau \mapsto F(\tau)$ oder die Integralgleichung als HANKEL-*Transformation*. Das bedeutet, daß die spezielle HANKEL-Transformation mit $\nu = 1/4$ obige Thetafunktion in sich überführt. Das heißt:

Korollar zu Satz 3.10 *Die biquadratische Thetafunktion*

$$t \mapsto t^{-\frac{5}{8}} \Theta_4\left(0, 0; \frac{\pi i}{2t}\right)$$

ist selbstreziprok bezüglich der Hankel-Transformation mit der Bessel-Funktion $x \mapsto J_{1/4}(x)$.

3.4.3　Asymptotische Darstellungen

Um die transformierten höheren Thetafunktionen (3.41) mit ihren Reihengliedern (3.42) in ihrem Konvergenzverhalten besser als bisher beurteilen zu können, benötigen wir asymptotische Darstellungen der Integrale

$$I_k = \int\limits_{-\infty}^{+\infty} e^{x f(\tau)}\, d\tau, \qquad f(\tau) = i\tau - \frac{1}{2k}\tau^{2k}$$

für $k > 2$ und $x \to \infty$, wobei wir vorläufig $|\arg(x)| < \pi/2$ annehmen, was wir später allerdings noch weiter einschränken müssen. Nach der Sattelpunktsmethode (siehe Anmerkungen und insbesondere bei G. DOETSCH [14] oder E. T. COPSON [11]) sind zunächst die Sattelpunkte von $f(\tau)$, das heißt die Lösungen von

$$f'(\tau) = i - \tau^{2k-1} = 0$$

aufzusuchen. Wir erhalten für $f'(\tau_\nu) = 0$

$$\tau_\nu = e^{\frac{\pi i}{2(2k-1)} + \frac{2\pi i \nu}{2k-1}}, \qquad \nu = 0, 1, \ldots, 2k-2.$$

Für diese Punkte ist

$$\begin{aligned}
f(\tau_\nu) &= ie^{\frac{\pi i}{2(2k-1)} + \frac{2\pi i \nu}{2k-1}} - \frac{1}{2k} e^{\frac{2\pi i k}{2(2k-1)} + \frac{4\pi i k \nu}{2k-1}} \\
&= \left(1 - \frac{1}{2k}\right) i e^{\frac{\pi i (4\nu+1)}{2(2k-1)}}, \\
\operatorname{Re}(f(\tau_\nu)) &= -\left(1 - \frac{1}{2k}\right) \sin \frac{\pi(4\nu+1)}{2(2k-1)}.
\end{aligned}$$

Es ist $\operatorname{Re}(f(\tau_\nu)) < 0$ nur für $\nu = 0, 1, \ldots, k-1$. Der $\operatorname{Re}(f(\tau_\nu))$ ist für diese Indizes am größten für $\nu = 0, k-1$ mit dem gleichen Wert

$$\operatorname{Re}(f(\tau_0)) = \operatorname{Re}(f(\tau_{k-1})) = -\left(1 - \frac{1}{2k}\right) \sin \frac{\pi}{2(2k-1)}.$$

Also ziehen wir nur diese beiden Sattelpunkte in Betracht und verlagern den Integrationsweg über sie. Wir setzen

$$\tau = t + i \sin \frac{\pi}{2(2k-1)}$$

und bekommen

$$I_k = \int\limits_{-\infty}^{+\infty} e^{x f\left(t + i \sin \frac{\pi}{2(2k-1)}\right)}\, dt.$$

Beide Sattelpunkte sind jetzt durch

$$t_0 = \cos \frac{\pi}{2(2k-1)} \quad \text{und} \quad -t_0$$

gekennzeichnet. Wir untersuchen, wie sich der Realteil der Funktion f auf diesem Integrationsweg verhält. Sei

$$\begin{aligned}
F(t) \;=\;& \operatorname{Re}\left(f\left(t + i\sin\frac{\pi}{2(2k-1)}\right)\right) \\
=\;& -\sin\frac{\pi}{2(2k-1)} - \frac{1}{4k}\left(t + i\sin\frac{\pi}{2(2k-1)}\right)^{2k} \\
& -\frac{1}{4k}\left(t - i\sin\frac{\pi}{2(2k-1)}\right)^{2k}.
\end{aligned}$$

Weiter ist

$$\begin{aligned}
F'(t) \;=\;& -\frac{1}{2}\left(t + i\sin\frac{\pi}{2(2k-1)}\right)^{2k-1} - \frac{1}{2}\left(t - i\sin\frac{\pi}{2(2k-1)}\right)^{2k-1}, \\
F'(t_0) \;=\;& F'(-t_0) = 0, \\
\frac{1}{2k-1}F''(t) \;=\;& -\frac{1}{2}\left(t + i\sin\frac{\pi}{2(2k-1)}\right)^{2k-2} - \frac{1}{2}\left(t - i\sin\frac{\pi}{2(2k-1)}\right)^{2k-2}, \\
F''(t_0) \;=\;& F''(-t_0) = -\cos\frac{\pi(2k-2)}{2(2k-1)} < 0.
\end{aligned}$$

Damit hat $F(t)$ in $\pm t_0$ Maxima, und es ist

$$F(t_0) = F(-t_0) = -\left(1 - \frac{1}{2k}\right)\sin\frac{\pi}{2(2k-1)} < 0.$$

Wir suchen weitere Extremwerte von $F(t)$ auf. Man sieht sofort $F'(0) = 0$ mit

$$F(0) = -\sin\frac{\pi}{2(2k-1)} - \frac{(-1)^k}{2k}\left(\sin\frac{\pi}{2(2k-1)}\right)^{2k} < -\left(1 - \frac{1}{2k}\right)\sin\frac{\pi}{2(2k-1)}.$$

Aus Symmetriegründen suchen wir weiter nur nach Extremwerten für $t > 0$. Wir erhalten aus $F'(t_\nu) = 0$

$$\begin{aligned}
\left(t + i\sin\frac{\pi}{2(2k-1)}\right)^{2k-1} \;=\;& e^{\pi i(2\nu+1)}\left(t - i\sin\frac{\pi}{2(2k-1)}\right)^{2k-1} \\
t_\nu \;=\;& -i\frac{1 + e^{\pi i\frac{2\nu+1}{2k-1}}}{1 + e^{\pi i\frac{2\nu+1}{2k-1}}}\sin\frac{\pi}{2(2k-1)} \\
\;=\;& \cot\pi\frac{2\nu+1}{2(2k-1)} \cdot \sin\frac{\pi}{2(2k-1)} < 1
\end{aligned}$$

für $\nu = 1, 2, \ldots, k-2$. Für $\nu = 0$ hätten wir unser Ausgangsmaximum wieder, und für $\nu = k-1$ ist $t_{k-1} = 0$. Für $F(t_\nu)$ erhalten wir

$$F(t_\nu) \;=\; -\sin\frac{\pi}{2(2k-1)} - \frac{1}{4k}\left(\sin\frac{\pi}{2(2k-1)}\right)^{2k}\frac{e^{\pi i k\frac{2\nu+1}{2k-1}} + e^{-\pi i k\frac{2\nu+1}{2k-1}}}{(\sin\pi\frac{2\nu+1}{2(2k-1)})^{2k}}$$

$$= \; -\sin\frac{\pi}{2(2k-1)} + \frac{1}{2k}\frac{(\sin\frac{\pi}{2(2k-1)})^{2k}}{(\sin\pi\frac{2\nu+1}{2(2k-1)})^{2k-1}}$$

$$< \; -\left(1 - \frac{1}{2k}\right)\sin\frac{\pi}{2(2k-1)} = F(t_0).$$

Zusammengefaßt ergibt das: Für $t \geq 0$ liegen alle Extremwerte von $F(t)$ in $t = 0, t_\nu$ mit $\nu = 1, 2\ldots, k-2$ und t_0. Alle Werte $t = 0$ und t_ν sind kleiner als 1, und alle Funktionswerte - insbesondere in den Maxima - sind kleiner als $F(t_0)$. Setzen wir $t = \xi + i\eta$ und lassen t in der komplexen Ebene variieren. So können wir uns

$$\zeta = \mathrm{Re}\left(f(\xi + i\eta + i\sin\frac{\pi}{2(2k-1)})\right)$$

als Fläche im dreidimensionalen (ξ, η, ζ)-Raum vorstellen. Ist ζ_0 hiernach durch $\xi_0 = t_0$, $\eta_0 = 0$ bestimmt, so stellt dann (ξ_0, η_0, ζ_0) einen Sattelpunkt dieser Fläche dar. Läuft nun $\xi = t$ mit $\eta = 0$ von $\xi_0 = t_0$ in Richtung $+\infty$, so führt der Weg ins Tal. In entgegengesetzter Richtung verläuft der Weg ebenfalls den Berg hinab, aber wegen weiterer Nullstellen von $F'(t)$ in eine Hügellandschaft, immer einen Berg hinunter, den anderen wieder hinauf. Aber selbst der höchst gelegene Sattel bleibt wegen $F(t_\nu) < F(t_0)$ unter dem Niveau des durch t_0 gegebenen Sattels. Damit gibt der Sattelpunkt t_0 den maximalen Anteil für unser Integral, $t \geq 0$ vorausgesetzt. Aber aus Symmetriegründen liegen für $t \leq 0$ die gleichen Verhältnisse vor.

Wir betrachten jetzt den Anteil des Integrals I_k an der Stelle $t_0 = \cos\frac{\pi}{2(2k-1)}$. Dazu stellen wir die TAYLOR-Entwicklung an dieser Stelle her. Es ist

$$
\begin{aligned}
f\left(t + i\sin\frac{\pi}{2(2k-1)}\right) \; &= \; f\left(t - \cos\frac{\pi}{2(2k-1)} + e^{\frac{\pi i}{2(2k-1)}}\right)\\
&= \; i\left(t - \cos\frac{\pi}{2(2k-1)} + e^{\frac{\pi i}{2(2k-1)}}\right)\\
&\quad -\frac{1}{2k}\left(t - \cos\frac{\pi}{2(2k-1)} + e^{\frac{\pi i}{2(2k-1)}}\right)^{2k}.
\end{aligned}
$$

Substituieren wir noch $t \to t + \cos\frac{\pi}{2(2k-1)}$, so rückt der Sattelpunkt in den Punkt $t = 0$, und wir erhalten

$$f\left(t + e^{\frac{\pi i}{2(2k-1)}}\right) = \left(1 - \frac{1}{2k}\right)e^{\pi i\frac{k}{2k-1}} - \frac{1}{2k}\sum_{n=2}^{2k}\binom{2k}{n}e^{\pi i\frac{2k-n}{2(2k-1)}}t^n.$$

Wir betrachten jetzt die Umgebung $|t| < |x|^{-\varepsilon_0}$ des Nullpunktes mit $\varepsilon_0 = 1/2 - \varepsilon/3$ und $0 < \varepsilon < 1/2$. Wir vereinbaren jetzt stets die Schreibweise $i = e^{\pi i/2}$. Dann ist

$$xf\left(t + i^{\frac{1}{2k-1}}\right) = x\left(1 - \frac{1}{2k}\right)i^{\frac{2k}{2k-1}} - \frac{2k-1}{2}i^{\frac{2k-2}{2k-1}}xt^2 + O\left(|x|^{-\frac{1}{2}+\varepsilon}\right)$$

und

$$\int\limits_{-|x|^{-\varepsilon_0}}^{+|x|^{-\varepsilon_0}} e^{xf(t+i^{1/(2k-1)})}\, dt =$$

$$= e^{x(1-\frac{1}{2k})}i^{\frac{2k}{2k-1}} \int\limits_{-|x|^{-\varepsilon_0}}^{+|x|^{-\varepsilon_0}} e^{-(k-\frac{1}{2})i^{(2k-2)/(2k-1)}xt^2}\left\{1+O\left(|x|^{-\frac{1}{2}+\varepsilon}\right)\right\} dt.$$

Wir wollen die Integrationsgrenzen des Integrals auf der rechten Seite durch $-\infty$ beziehungsweise durch $+\infty$ ersetzen. Zu der bisherigen Voraussetzung $|\arg(x)| < \pi/2$ kommt nun aus Konvergenzgründen die Voraussetzung

$$\left|\pi\frac{k-1}{2k-1} + \arg(x)\right| < \frac{\pi}{2}$$

hinzu. Insgesamt müssen wir also

$$-\frac{\pi}{2} < \arg(x) < \frac{\pi}{2(2k-1)}$$

annehmen. Die verbleibenden Integrale von $\pm|x|^{-\varepsilon_0}$ nach $\pm\infty$ können vernachlässigt werden, da sie wegen

$$|x|t^2 \geq |x|^{1-2\varepsilon_0}$$

und $\varepsilon_0 < 1/2$ exponentiell klein werden. Damit ist

$$\int\limits_{\cos\frac{\pi}{2(2k-1)}-|x|^{-\varepsilon_0}}^{\cos\frac{\pi}{2(2k-1)}+|x|^{-\varepsilon_0}} e^{xf(t+i\sin\frac{\pi}{2(2k-1)})}\, dt =$$

$$= \int\limits_{-|x|^{-\varepsilon_0}}^{+|x|^{-\varepsilon_0}} e^{xf(t+i^{1/(2k-1)})}\, dt$$

$$= e^{x(1-\frac{1}{2k})}i^{2k/(2k-1)} \int\limits_{-\infty}^{+\infty} e^{-(k-\frac{1}{2})i^{(k-1)/(2k-1)}xt^2}\left\{1+O\left(|x|^{-\frac{1}{2}+\varepsilon}\right)\right\} dt$$

$$= \sqrt{\frac{2\pi}{(2k-1)x}}\, i^{-\frac{k-1}{2k-1}} e^{x(1-\frac{1}{2k})}i^{2k/(2k-1)}\left\{1+O\left(|x|^{-\frac{1}{2}+\varepsilon}\right)\right\}. \tag{3.58}$$

Die verbleibenden Restintegrale bereiten keine Schwierigkeiten. Das Integral mit dem Integrationsweg

$$\cos\frac{\pi}{2(2k-1)} + |x|^{-\varepsilon_0} \to \infty$$

wird analog zu oben exponentiell kleiner als in (3.58), da der Weg ins Tal führt. Das gilt ebenso für das Integral längs

$$0 \to \cos \frac{\pi}{2(2k-1)} - |x|^{-\varepsilon_0},$$

obwohl der Integrationsweg in einer Hügellandschaft verläuft. Aber das Höhenniveau bewegt sich unterhalb des Sattels t_0. Deshalb konnte in obiger Formel der Anteil dieser Integrale bereits vernachlässigt werden.

Das Integral, welches von $-\infty$ nach 0 geführt wird, entwickelt sich genauso, man braucht nur i durch $-i$ ersetzen. Hier haben wir die Voraussetzung

$$-\frac{\pi}{2(2k-1)} < \arg(x) < \frac{\pi}{2},$$

so daß wir den Durchschnitt mit oben zu nehmen haben. Daraus ergibt sich nun der folgende Hilfssatz.

Hilfssatz 3.4 *Es sei* $k \in \mathbb{N}, k \geq 2$ *und* $\varepsilon > 0$. *Es sei die Schreibweise* $i = e^{\pi i/2}$ *vereinbart. Dann gilt*

$$\int_{-\infty}^{+\infty} e^{x(i\tau - \frac{1}{2k}\tau^{2k})} \, d\tau = \sqrt{\frac{2\pi}{(2k-1)x}} \left\{ i^{-\frac{k-1}{2k-1}} e^{x(1-\frac{1}{2k})i^{2k/(2k-1)}} \right.$$

$$\left. + (-i)^{\frac{k-1}{2k-1}} e^{x(1-\frac{1}{2k})(-i)^{2k/(2k-1)}} \right\} \cdot$$

$$\cdot \left\{ 1 + O\left(|x|^{-\frac{1}{2}+\varepsilon}\right) \right\} \tag{3.59}$$

für $x \to \infty$ *im Winkelraum* $|\arg(x)| < \pi/2(2k-1)$.

Wir wollen jetzt den Hilfssatz auf die Integrale (3.42) der Transformationsformel (3.41) anwenden. Zur Vereinfachung setzen wir dort $x = 0$ und ersetzen z durch iz, so daß jetzt $|\arg(z)| < \pi/2$ ist. Dann ist

$$\Theta_{2k}(0, y; iz) = B_{2k}(0, y; iz) + 2 \sum_{n=1}^{\infty} B_{2k}(n, y; iz)$$

mit

$$B_{2k}(n, y; iz) = \int_{-\infty}^{+\infty} e^{2\pi i(nt + (y+t)^{2k}\frac{iz}{2k})} \, dt$$

$$= e^{-2\pi i n y} \int_{-\infty}^{+\infty} e^{2\pi i(nt + t^{2k}\frac{iz}{2k})} \, dt.$$

$B_{2k}(0, y; iz)$ errechnet sich leicht zu

$$B_{2k}(0, y; iz) = \left(\frac{k}{\pi z}\right)^{\frac{1}{2k}} \frac{1}{k} \Gamma\left(\frac{1}{2k}\right).$$

Im Integral setzen wir

$$t = \left(\frac{n}{z}\right)^{\frac{1}{2k-1}} \tau$$

mit vorläufig $z > 0$. Dann erhalten wir

$$B_{2k}(0, y; iz) = e^{-2\pi i n y} \left(\frac{n}{z}\right)^{\frac{1}{2k-1}} \int\limits_{-\infty}^{+\infty} e^{ix(\tau + \frac{i}{2k}\tau^{2k})} \, d\tau$$

mit

$$x = 2\pi \left(\frac{n^{2k}}{z}\right)^{\frac{1}{2k-1}}.$$

Um die asymptotische Darstellung (3.59) zu nutzen, muß $|\arg(x)| < \pi/2(2k-1)$ sein. Wir können also bezüglich z in den Winkelraum $|\arg(z)| < \pi/2$ analytisch fortsetzen. Setzen wir jetzt diesen Ausdruck für x in (3.59) ein, so erkennen wir einerseits ein Vorkommen von $(in)^{2k/(2k-1)}$ im Exponenten der Exponentialfunktion und andererseits von $(-in)^{2k/2(2k-1)}$. Entsprechendes trifft auf die Faktoren vor den Exponentialfunktionen zu. Das bedeutet, daß wir sowohl über positive als auch negative n summieren können. Dann folgt:

Satz 3.11 *Es seien* $y, z \in \mathbb{C}$ *mit* $|\arg(z)| < \pi/2$. *Dann ist*

$$\Theta_{2k}(0, y; iz) = \left(\frac{k}{\pi z}\right)^{\frac{1}{2k}} \frac{1}{k} \Gamma\left(\frac{1}{2k}\right) + \frac{2}{\sqrt{2k-1}} z^{-\frac{1}{2(2k-1)}} \sum_{\substack{n=-\infty \\ n \neq 0}}^{+\infty} H_{2k}(n, y; z) \qquad (3.60)$$

mit

$$H_{2k}(n, y; z) = (in)^{-\frac{k-1}{2k-1}} e^{-2\pi i n y + 2\pi(1-\frac{1}{2k})(in)^{\frac{2k}{2k-1}} z^{-\frac{1}{2k-1}}}.$$
$$\cdot g_{2k}\left(2\pi \left(\frac{n^{2k}}{z}\right)^{\frac{1}{2k-1}}\right).$$

Dabei ist $x \mapsto g_{2k}(x)$ *eine wohlbestimmte Funktion mit der Eigenschaft*

$$g_{2k}(x) = 1 + O\left(|x|^{-\frac{1}{2}+\varepsilon}\right) \qquad (\varepsilon > 0)$$

für $x \to \infty$ *in* $|\arg(x)| < \pi/2(2k-1)$.

Abschließend betrachten wir noch die Funktion $z \mapsto \Theta_{2k}(0,0;z)$, jetzt wieder in der Halbebene $\mathrm{Im}(z) > 0$. Sie ist dort holomorph und hat genau wie die JACOBIsche Thetafunktion die reelle Achse zur wesentlich singulären Linie. Wir zeigen wieder, daß keine analytische Fortsetzung in die rationalen Punkte von $\mathrm{Im}(z) = 0$ möglich ist. Bei der JACOBIschen Thetafunktion zeigte Satz 2.31, daß man bei der Betrachtung des Grenzübergangs auf die GAUSSschen Summen stieß. In ganz natürlicher Verallgemeinerung kommt man jetzt auf entsprechende Summen. Sie sind folgendermaßen definiert:

Es seien $a, b, k \in \mathbb{Z}$ mit $b \geq 1$, $(a, b) = 1$ und $k \geq 2$. Dann werden die höheren Gaußschen Summen definiert durch

$$S_k(a,b) = \sum_{n=0}^{b-1} e^{2\pi i \frac{a}{b} n^k}. \qquad (3.61)$$

Für $k = 2$ sind die gewöhnlichen GAUSSschen Summen als Spezialfall enthalten.

Satz 3.12 *$\mathrm{Im}(z) = 0$ ist wesentlich singuläre Linie der in der oberen Halbebene holomorphen Funktion $z \mapsto \Theta_{2k}(0,0;z)$. Sind a, b natürliche Zahlen mit $(a,b) = (a, 2k) = (b, 2k) = 1$, so ist mit $z > 0$, $z \to 0$*

$$\lim_{z \to 0} z^{\frac{1}{2k}} \Theta_{2k}\left(0,0; \frac{2ka}{b} + iz\right) = \left(\frac{k}{2\pi}\right)^{\frac{1}{2k}} \frac{1}{k} \Gamma\left(\frac{1}{2k}\right) \frac{1}{b} S_{2k}(a,b) \qquad (3.62)$$

mit der höheren Gaußschen Summe $S_{2k}(a,b)$.

Beweis. Wir folgen ganz dem Beweis zu Satz 2.13. Wir haben

$$\Theta_{2k}\left(0,0; \frac{2ka}{b} + iz\right) = \sum_{n=-\infty}^{+\infty} e^{\frac{\pi i}{k}\left(\frac{2ka}{b} + iz\right) n^{2k}}$$

$$= \sum_{r=0}^{b-1} e^{2\pi i \frac{a}{b} r^{2k}} \sum_{n=-\infty}^{+\infty} e^{-\frac{\pi z}{k}(bn+r)^{2k}}$$

$$= \sum_{r=0}^{b-1} e^{2\pi i \frac{a}{b} r^{2k}} \Theta_{2k}\left(0, \frac{r}{b}; ib^{2k} z\right).$$

Nun zeigt uns (3.60) das Verhalten der höheren Thetafunktion für $z \to 0$. Es ist

$$\Theta_{2k}\left(0,0; \frac{2ka}{b} + iz\right) \sim \left(\frac{k}{\pi b^{2k} z}\right)^{\frac{1}{2k}} \frac{1}{k} \Gamma\left(\frac{1}{2k}\right) \sum_{r=0}^{b-1} e^{2\pi i \frac{a}{b} r^{2k}}$$

$$\sim \left(\frac{k}{\pi z}\right)^{\frac{1}{2k}} \frac{1}{k} \Gamma\left(\frac{1}{2k}\right) \frac{1}{b} S_{2k}(a,b).$$

Wir wissen im Vorgriff auf den folgenden Abschnitt, daß im allgemeinen $S_{2k}(a,b) \neq 0$ ist. Demnach existiert für diese Werte von a, b der Grenzwert für $z \to 0$ nicht, und $\mathrm{Im}(z) = 0$ ist wesentlich singuläre Linie. Gleichzeitig aber gilt (3.62).

Die Transformationsformel (3.60) zeigt uns insbesondere, daß wir für die höheren GAUSSschen Summen nicht zu einem Reziprozitätsgesetz gelangen wie über den dritten Beweis des Reziprozitätsgesetzes der quadratischen GAUSSschen Summen.

3.5 Höhere Gaußsche Summen

Wir wollen jetzt die höheren GAUSSschen Summen $S_k(a,b)$ betrachten, die durch (3.61) definiert sind. Die natürliche Zahl k ist stets größer oder gleich 2. Da wir aber den Fall $k=2$ der quadratischen GAUSSschen Summen bereits erschöpfend behandelt haben, denken wir eigentlich immer an $k \geq 3$. Wir sprechen auch von GAUSSschen Summen der Ordnung k. Während eine unmittelbare Darstellung und damit Berechnung der quadratischen GAUSSschen Summen möglich war, werden wir uns jetzt weitgehend mit Abschätzungen begnügen müssen.

3.5.1 Gaußsche Summen der Ordnung k

Wir zeigen zunächst in Analogie zum Satz 2.2, daß auch die höheren GAUSSschen Summen einem Multiplikationssatz genügen.

Satz 3.13 *Seien $b_1, b_2 \in \mathbb{N}$ mit $(b_1, b_2) = 1$. Dann gilt*

$$S_k(ab_2^{k-1}, b_1)S_k(ab_1^{k-1}, b_2) = S_k(a, b_1 b_2). \tag{3.63}$$

Beweis.

$$
\begin{aligned}
S_k(ab_2^{k-1}, b_1)S_k(ab_1^{k-1}, b_2) &= \sum_{n_1=0}^{b_1-1}\sum_{n_2=0}^{b_2-1} e^{2\pi i \frac{a}{b_1 b_2}(b_2^k n_1^k + b_1^k n_2^k)} \\
&= \sum_{n_1=0}^{b_1-1}\sum_{n_2=0}^{b_2-1} e^{2\pi i \frac{a}{b_1 b_2}(b_2 n_1 + b_1 n_2)^k} \\
&= \sum_{m \bmod b_1 b_2} e^{2\pi i \frac{a}{b_1 b_2} m^k} \\
&= S_k(a, b_1 b_2).
\end{aligned}
$$

Dieser Satz zeigt uns, daß wir uns bei der weiteren Behandlung der höheren GAUSSschen Summen auf Primzahlpotenzen p^ν beschränken können. Ist $\nu \geq k+1$, so können wir den Exponenten noch systematisch verkleinern, wie folgender Satz aussagt.

Satz 3.14 *Ist p eine Primzahl, die a nicht teilt, und ist $\nu \in \mathbb{N}$ mit $\nu \geq k+1$, so ist*

$$S_k(a, p^\nu) = p^{k-1}S_k(a, p^{\nu-k}). \tag{3.64}$$

Beweis. Es sei $\mu \geq 1$ und p^μ ein Teiler von k, aber $p^{\mu+1}$ kein Teiler von k mehr. Dann ist

$$\nu \geq k+1 \geq p^\mu + 1 \geq \mu + 2$$

und für $r \in \mathbb{Z}, r \geq 0$

$$
\begin{aligned}
(n + p^{\nu-\mu-1} r)^k &= n^k + k p^{\nu-\mu-1} n^{k-1} r + \frac{1}{2} k(k-1) p^{2\nu-2\mu-2} n^{k-2} r^2 + \ldots \\
&\equiv n^k + k p^{\nu-\mu-1} n^{k-1} r \pmod{p^\nu}.
\end{aligned}
$$

Daher ist

$$
\begin{aligned}
S_k(a, p^\nu) &= \sum_{n=0}^{p^{\nu-\mu-1}-1} \sum_{r=0}^{p^{\mu+1}-1} e^{2\pi i \frac{a}{p^\nu}(n + p^{\nu-\mu-1} r)^k} \\
&= \sum_{n=0}^{p^{\nu-\mu-1}-1} \sum_{r=0}^{p^{\mu+1}-1} e^{2\pi i \frac{a}{p^\nu}(n^k + k p^{\nu-\mu-1} n^{k-1} r)}.
\end{aligned}
$$

Da $p^{\mu+1}$ kein Teiler von k ist, verschwindet die Summe über r, wenn nicht n ein Vielfaches von p ist. Mit $n = pm$ ist

$$
\begin{aligned}
S_k(a, p^\nu) &= p^{\mu+1} \sum_{m=0}^{p^{\nu-\mu-2}-1} e^{2\pi i \frac{a}{p^{\nu-k}} m^k} \\
&= p^{\mu+1} \sum_{n=0}^{p^{k-\mu-2}-1} \sum_{m=np^{\nu-k}}^{(n+1)p^{\nu-k}-1} e^{2\pi i \frac{a}{p^{\nu-k}} m^k} \\
&= p^{k-1} S_k(a, p^{\nu-k}).
\end{aligned}
$$

Nunmehr können wir uns auf Primzahlpotenzen p^ν mit $\nu \leq k$ beschränken. Denn ist $q \in \mathbb{Z}$ mit $q \geq 0$ und $1 \leq \nu \leq k$, so folgt aus (3.64)

$$S_k(a, p^{qk+\nu}) = p^{q(k-1)} S_k(a, p^\nu). \tag{3.65}$$

Ist $(k, p) = 1$ und $2 \leq \nu \leq k$, so können wir die höhere GAUSSsche Summe sogar berechnen.

Satz 3.15 *Ist* $2 \leq \nu \leq k$ *und* p *eine Primzahl mit* $(k, p) = (a, p) = 1$, *so ist*

$$S_k(a, p^\nu) = p^{\nu-1}. \tag{3.66}$$

Beweis.

$$
\begin{aligned}
S_k(a, p^\nu) &= \sum_{n=0}^{p^\nu-1} e^{2\pi i \frac{a}{p^\nu} n^k} \\
&= \sum_{n=0}^{p^{\nu-1}-1} \sum_{r=0}^{p-1} e^{2\pi i \frac{a}{p^\nu}(n + p^{\nu-1} r)^k} \\
&= \sum_{n=0}^{p^{\nu-1}-1} e^{2\pi i \frac{a}{p^\nu} n^k} \sum_{r=0}^{p-1} e^{2\pi i \frac{akr}{p} n^{k-1}}.
\end{aligned}
$$

Da p weder a noch k teilt, verschwinden die Summen über r, wenn nicht $n = pm$ ist. Damit erhalten wir

$$S_k(a, p^\nu) = p \sum_{n=0}^{p^{\nu-2}-1} e^{2\pi i a p^{k-\nu} n^k} = p^{\nu-1}.$$

Aus diesen beiden Sätzen können wir sehr leicht wenigstens Abschätzungen für die höheren GAUSSschen Summen mit Primzahlpotenzen bekommen. Für $(a, p) = (k, p) = 1$, $q \geq 0$, $2 \leq \nu \leq k$ ist nach (3.65) und (3.66)

$$S_k(a, p^{qk+\nu}) = p^{q(k-1)+\nu-1} \leq p^{(qk+\nu)(1-\frac{1}{k})}. \tag{3.67}$$

Für $(a, p) = 1$, $(k, p) = p$, $q \geq 0$, $2 \leq \nu \leq k$ können wir nur (3.66) zusammen mit der trivialen Abschätzung nehmen.

$$\begin{aligned} |S_k(a, p^{qk+\nu})| &\leq p^{q(k-1)+\nu} \leq p \cdot p^{(qk+\nu)(1-\frac{1}{k})} \\ &\leq k p^{(qk+\nu)(1-\frac{1}{k})}. \end{aligned} \tag{3.68}$$

Jetzt betrachten wir die Summen $S_k(a, p)$, für die wir nur eine Abschätzung erreichen können.

Satz 3.16 *Ist p eine Primzahl mit $(a, p) = 1$ und $d = (k, p-1)$, so ist*

$$|S_k(a, p)| \leq \sqrt{d(d-1)p}. \tag{3.69}$$

Beweis. Für jede natürliche Zahl m mit $1 \leq m \leq p-1$ ist

$$S_k(a, p) = \sum_{n=0}^{p-1} e^{2\pi i \frac{a(mn)^k}{p}}$$

und daher

$$|S_k(a, p)|^2 = \frac{1}{p-1} \sum_{m=1}^{p-1} \left| \sum_{n=0}^{p-1} e^{2\pi i \frac{a(mn)^k}{p}} \right|^2.$$

Weiter ist bekannt, daß unter Annahme von $d = (k, p-1)$ die Anzahl der Lösungen von $am^k \equiv b \pmod{p}$ mit $1 \leq a, b \leq p-1$ entweder 0 oder d ist. Folglich ist

$$\begin{aligned} |S_k(a, p)|^2 &\leq \frac{d}{p-1} \sum_{b=1}^{p-1} \left| \sum_{n=0}^{p-1} e^{2\pi i \frac{bn^k}{p}} \right|^2 \\ &= \frac{d}{p-1} \sum_{b=1}^{p-1} \sum_{n_1=0}^{p-1} \sum_{n_2=0}^{p-1} e^{2\pi i \frac{b(n_1^k - n_2^k)}{p}}. \end{aligned}$$

Ferner ist bekannt, daß unter Annahme von $d = (k, p-1)$ die Anzahl der Lösungen von $n_1^k \equiv n_2^k \pmod{p}$ $1 + d(p-1)$ ist. Damit ist

$$
\frac{d}{p-1} \sum_{b=1}^{p-1} \left| \sum_{n=0}^{p-1} e^{2\pi i \frac{bn^k}{p}} \right|^2 = \frac{d}{p-1} \sum_{b=0}^{p-1} \sum_{n_1=0}^{p-1} \sum_{n_2=0}^{p-1} e^{2\pi i \frac{b(n_1^k - n_2^k)}{p}} - \frac{dp^2}{p-1}
$$

$$
= \frac{dp}{p-1}(1 + d(p-1)) - \frac{dp^2}{p-1}
$$

$$
= d(d-1)p.
$$

Daraus folgt (3.69).

Die Abschätzung (3.69) ist qualitativ gut, da wir $\sqrt{p}$ durch keine kleinere Potenz von p ersetzen können. Denn wählen wir unter den Möglichkeiten $1 \leq a \leq p-1$ im Satz 3.16 a so aus, daß $|S_k(a,p)|$ das Maximum aller GAUSSschen Summen darstellt, so ist

$$
|S_k(a,p)|^2 = \max_{1 \leq b \leq p-1} \left| \sum_{n=0}^{p-1} e^{2\pi i \frac{bn^k}{p}} \right|^2
$$

$$
\geq \frac{1}{p-1} \sum_{b=1}^{p-1} \left| \sum_{n=0}^{p-1} e^{2\pi i \frac{bn^k}{p}} \right|^2 = (d-1)p.
$$

Also ist

$$
|S_k(a,p)| \geq \sqrt{(d-1)p}. \tag{3.70}
$$

Satz 3.16 liefert auch noch zu den Abschätzungen (3.67) und (3.68), die nur für $\nu \geq 2$ gelten, die noch fehlende für $\nu = 1$. Es folgt aus (3.65) und (3.69) für $(k, a) = 1$

$$
|S_k(a, p^{qk+1})| = p^{q(k-1)} |S_k(a,p)|
$$

$$
\leq p^{q(k-1)} k \sqrt{p}.
$$

Nehmen wir $k \geq 3$ an, so erhalten wir hieraus

$$
|S_k(a, p^{qk+1})| \leq p^{(qk+1)(1-\frac{1}{k})}, \tag{3.71}
$$

allerdings unter der Voraussetzung $p \geq k^6$. Für $p < k^6$ sind wir gezwungen, die Abschätzung

$$
|S_k(a, p^{qk+1})| \leq k p^{(qk+1)(1-\frac{1}{k})} \tag{3.72}
$$

zu nehmen. Der folgende Satz dehnt nun die Ergebnisse (3.67) bis (3.72) auf beliebige höhere GAUSSsche Summen aus.

Satz 3.17 *Für ganze Zahlen a, b, k mit $k \geq 3$ und $b \geq 1$, $(a, b) = 1$ gilt die Abschätzung*

$$
|S_k(a, b)| \leq k^{k^6} b^{1-\frac{1}{k}}. \tag{3.73}
$$

Beweis. Es bezeichne

$$b = \prod_{\nu=1}^{r} p_{\nu}^{r_{\nu}}, \qquad p_{\nu} \neq p_{\mu} \quad \text{für} \quad \nu \neq \mu,$$

die kanonische Primfaktorzerlegung von b. Dann ist nach (3.63)

$$S_k(a,b) = \prod_{\nu=1}^{r} S_k(a_{\nu}, p_{\nu}^{r})$$

mit gewissen ganzen Zahlen a_{ν} und $(a_{\nu}, p_{\nu}) = 1$. Aus (3.67), (3.68) und (3.71), (3.72) erhalten wir

$$|S_k(a,b)| \leq \prod_{\nu=1}^{r} c_{\nu}(p_{\nu}) p_{\nu}^{r_{\nu}(1-\frac{1}{k})} = b^{1-\frac{1}{k}} \prod_{\nu=1}^{r} c_{\nu}(p_{\nu}).$$

Es ist $c_{\nu}(p_{\nu}) = 1$, wenn die Abschätzungen (3.67) und (3.71) benutzt wurden. In den beiden anderen Fällen ist $c_{\nu}(p_{\nu}) = k$. Im Fall (3.68) ist $p \leq k$ und im Fall (3.72) $p < k^6$. Insgesamt kommt das k höchstens sooft vor wie es Primzahlen unterhalb k^6 gibt, also höchstens k^6 oft. Daraus ergibt sich nun (3.73).

Wir betrachten die höheren GAUSSschen Summen jetzt noch speziell für ungerade Primzahlen $b = p$. Es ist

$$S_k(a,p) = \sum_{n=0}^{p-1} e^{2\pi i \frac{a}{p} n^k} = \sum_{m=0}^{p-1} t_k(m) e^{2\pi i \frac{am}{p}},$$

wobei $t_k(m)$ die Anzahl der Lösungen von

$$n^k \equiv m \pmod{p}$$

bezeichnet. Ist g eine Primitivwurzel modulo p, so ist in

$$m \equiv g^{\mu} \pmod{p}$$

μ modulo $p - 1$ eindeutig festgelegt. Dann heißt die durch durch $1 \leq \mu \leq p - 1$ eindeutig bestimmte Zahl μ der Index von m bezüglich der Primitivwurzel g. Wir schreiben $\mu = \text{ind}(m)$ und erwähnen g nicht, da Verwechslungen nicht zu befürchten sind. Dann kann für die Kongruenz in der k-ten Potenz die lineare Kongruenz

$$k \cdot \text{ind}(n) \equiv \mu \pmod{p - 1}$$

geschrieben werden. Hieraus folgt

$$t_k(m) = \begin{cases} d & \text{für} \quad \mu \equiv 0 \pmod{d}, \\ 0 & \text{für} \quad \mu \not\equiv 0 \pmod{d}. \end{cases}$$

Daher ist

$$t_k(m) = \sum_{r=0}^{d-1} e^{2\pi i \frac{r}{d} \text{ind}(m)} \qquad \text{für} \quad (m,p) = 1.$$

Folglich erhalten wir für die höheren GAUSSschen Summen

$$S_k(a,p) = 1 + \sum_{m=1}^{p-1}\sum_{r=0}^{d-1} e^{2\pi i(\frac{r}{d}\operatorname{ind}(m)+\frac{am}{p})}$$

$$= \sum_{r=1}^{d-1}\sum_{m=1}^{p-1} e^{2\pi i(\frac{r}{d}\operatorname{ind}(m)+\frac{am}{p})}.$$

Für die innere Summe führen wir die selbständige Bezeichnung

$$\tau_a(r) = \sum_{m=1}^{p-1} e^{2\pi i(\frac{r}{d}\operatorname{ind}(m)+\frac{am}{p})} \tag{3.74}$$

ein. Somit ist

$$S_k(a,p) = \sum_{r=1}^{d-1} \tau_a(r). \tag{3.75}$$

Wir berechnen den Betrag von (3.74).

Satz 3.18 *Es sei p eine ungerade Primzahl mit $(a,p) = 1$, $d = (k,p-1)$ und $r \not\equiv 0$ (mod d). Dann ist bezüglich jeder Primitivwurzel modulo p*

$$|\tau_a(r)| = \sqrt{p}. \tag{3.76}$$

Beweis. Es ist nach (3.74)

$$|\tau_a(r)|^2 = \tau_a(r)\overline{\tau_a(r)}$$

$$= \sum_{m_1=1}^{p-1}\sum_{m_2=1}^{p-1} e^{2\pi i(\frac{r}{d}(\operatorname{ind}(m_1)-\operatorname{ind}(m_2))+\frac{a(m_1-m_2)}{p})}.$$

Wir ersetzen nun m_1 durch m vermöge

$$m_1 \equiv mm_2 \quad (\text{mod } p),$$

wobei m mit $1 \leq m \leq p-1$ eindeutig bestimmt ist. Da d ein Teiler von $p-1$ ist und wegen

$$\operatorname{ind}(mm_2) \equiv \operatorname{ind}(m) + \operatorname{ind}(m_2) \quad (\text{mod } p-1)$$

folgt daraus

$$|\tau_a(r)|^2 = \sum_{m=1}^{p-1}\sum_{m_2=1}^{p-1} e^{2\pi i(\frac{r}{d}(\operatorname{ind}(mm_2)-\operatorname{ind}(m_2))+\frac{am_2(m-1)}{p})}$$

$$= \sum_{m=1}^{p-1}\sum_{m_2=0}^{p-1} e^{2\pi i(\frac{r}{d}\operatorname{ind}(m)+\frac{am_2(m-1)}{p})}.$$

Wir konnten $m_2 = 0$ zulassen, da die Summe über m in diesem Fall verschwindet. Nun ist die Summe über m_2 stets 0 außer für $m = 1$. Wegen $\mathrm{ind}(1) = 0$ folgt

$$|\tau_a(r)|^2 = p,$$

also (3.76).

Die Identität (3.76) gibt in Verbindung mit (3.75) eine gegenüber (3.69) etwas verbesserte Abschätzung, die auch für $p = 2$ gültig ist:

Korollar zu Satz 3.18. *Ist p eine ungerade Primzahl mit $(a,p) = 1$ und $d = (k, p-1)$, so ist*

$$|S_k(a,p)| \le (d-1)\sqrt{p}. \tag{3.77}$$

Abschließend betrachten wir noch eine Darstellung für $\tau_1^2(r)$.

Satz 3.19 *Es sei p eine ungerade Primzahl und $d = (k, p-1)$. Es bezeichne $\left(\frac{m}{p}\right)$ das Legendre-Symbol. Dann ist bezüglich jeder Primitivwurzel g modulo p*

$$\tau_1^2(r) = e^{-2\pi i \frac{r}{d}\,\mathrm{ind}(4)}\,\tau_1(2r) \sum_{m=2}^{p-1} \left(\frac{1-m}{p}\right) e^{2\pi i \frac{r}{d}\,\mathrm{ind}(m)}. \tag{3.78}$$

Beweis. Aus (3.74) folgt

$$\tau_1^2(r) = \sum_{m=1}^{p-1}\sum_{n=1}^{p-1} e^{2\pi i \left(\frac{r}{d}\,\mathrm{ind}(mn)+\frac{m+n}{p}\right)}$$

$$= \sum_{h=0}^{p-1} e^{2\pi i \frac{h}{p}} \sum_{\substack{m+n\equiv h \pmod p \\ 1\le m,n\le p-1}} e^{2\pi i \frac{r}{d}\,\mathrm{ind}(mn)}.$$

Speziell für $h = 0$ haben wir

$$\sum_{\substack{m+n\equiv 0 \pmod p \\ 1\le m,n\le p-1}} e^{2\pi i \frac{r}{d}\,\mathrm{ind}(mn)} = \sum_{n=1}^{p-1} e^{2\pi i \frac{r}{d}\,\mathrm{ind}(-n^2)}$$

$$= \sum_{n=1}^{p-1} e^{2\pi i \frac{r}{d}(\mathrm{ind}(-1)+2\,\mathrm{ind}(n))} = 0.$$

Für $1 \le h \le p - 1$ betrachten wir die Kongruenzen

$$2m \equiv m_1 h \pmod p,$$
$$2n \equiv n_1 h \pmod p.$$

Die Zahlen m und m_1 sowie n und n_1 entsprechen einander modulo p eindeutig. Aus

$$m + n \equiv h \pmod p$$

folgen

$$m_1 + n_1 \;\equiv\; 2 \quad (\mathrm{mod}\ p)$$
$$4mn \;\equiv\; m_1 n_1 h^2 \quad (\mathrm{mod}\ p).$$

Damit ergibt sich

$$\tau_1^2(r) \;=\; \sum_{h=1}^{p-1} e^{2\pi i \frac{h}{p}} \sum_{\substack{m+n\equiv h \ (\mathrm{mod}\ p) \\ 1\le m,n \le p-1}} e^{2\pi i \frac{r}{d}(\mathrm{ind}(4mn)-\mathrm{ind}(4))}$$

$$=\; e^{-2\pi i \frac{r}{d}\,\mathrm{ind}(4)} \sum_{h=1}^{p-1} e^{2\pi i (\frac{r}{d}\,\mathrm{ind}(h^2)+\frac{h}{p})}\,.$$

$$\sum_{\substack{m_1+n_1\equiv 2 \ (\mathrm{mod}\ p) \\ 1\le m_1,n_1 \le p-1}} e^{2\pi i \frac{r}{d}\,\mathrm{ind}(m_1 n_1)}$$

$$=\; e^{-2\pi i \frac{r}{d}\,\mathrm{ind}(4)} \tau_1(2r) \sum_{\substack{n=1 \\ n\ne 2}}^{p-1} e^{2\pi i \frac{r}{d}\,\mathrm{ind}(-n^2+2n)}$$

$$=\; e^{-2\pi i \frac{r}{d}\,\mathrm{ind}(4)} \tau_1(2r) \sum_{\substack{n=0 \\ n\ne 1}}^{p-2} e^{2\pi i \frac{r}{d}\,\mathrm{ind}(1-n^2)}.$$

Im letzten Schritt wurde noch $n \to n+1$ substituiert. Nun betrachten wir die Kongruenz

$$1 - n^2 \equiv m \quad (\mathrm{mod}\ p).$$

Die Lösbarkeit entscheidet das LEGENDRE-Symbol $\left(\frac{1-m}{p}\right)$. Im Falle der Lösbarkeit gibt es für $m \ne 1$ genau 2 Lösungen. Da es für $m = 1$ genau eine Lösung gibt, lassen wir $\left(\frac{0}{p}\right) = 0$ zu. Dann ist

$$\tau_1^2(r) = e^{-2\pi i \frac{r}{d}\,\mathrm{ind}(4)} \tau_1(2r) \sum_{m=1}^{p-1} \left(1 + \left(\frac{1-m}{p}\right)\right) e^{2\pi i \frac{r}{d}\,\mathrm{ind}(m)},$$

woraus (3.78) unmittelbar folgt.

3.5.2 Kubische Gaußsche Summen

Für die kubische GAUSSsche Summe

$$S_3(a,b) = \sum_{n=0}^{p-1} e^{2\pi i \frac{a}{b} n^3}$$

wissen wir allgemein nach (3.73)

$$|S_3(a,b)| \le 3^{3^6} b^{\frac{2}{3}}.$$

Ist b eine Primzahlpotenz, so wissen wir nach (3.64), daß wir uns auf die Primzahlpotenzen p^ν mit $\nu = 1, 2, 3$ beschränken können. Für $p \equiv \pm 1 \pmod 3$, $(a, p) = 1$ erhalten wir aus Satz 3.15

$$S_3(a, p^3) = p^2, \qquad S_3(a, p^2) = p.$$

Weiter folgt aus (3.77) für $(a, p) = 1$ und $d = (3, p - 1)$

$$|S_3(a, p)| \leq (d - 1)\sqrt{p}.$$

Das bedeutet

$$\begin{aligned} S_3(a, p) &= 0 && \text{für} \quad p \equiv -1 \pmod 3 \\ |S_3(a, p)| &\leq 2\sqrt{p} && \text{für} \quad p \equiv 1 \pmod 3. \end{aligned}$$

Wir betrachten weiterhin die GAUSSsche Summe $S_3(1, p)$ für $p \equiv 1 \pmod 3$. Wir werden zunächst eine Darstellung für $\tau_1^3(r)$ anstreben. Dazu betrachten wir (3.78) und den auf der rechten Seite enthaltenen Faktor $\tau_1(2r)$. Hierfür verwenden wir (3.74), substituieren sogleich $m \to p - m$. Dann erhalten wir wegen $d = 3$

$$\tau_1(2r) = \sum_{m=1}^{p-1} e^{2\pi i \left(\frac{2r}{3} \operatorname{ind}(-m) - \frac{m}{p} \right)}.$$

Nun ist

$$\operatorname{ind}(-m) \equiv \operatorname{ind}(-1) + \operatorname{ind}(m) \equiv \frac{p-1}{2} + \operatorname{ind}(m) \pmod{p-1}.$$

Weiter ist

$$\frac{2r}{3} \frac{p-1}{2} \equiv 0 \pmod 1 \quad \text{und} \quad 2r \equiv -r \pmod 3.$$

Daraus folgt

$$\tau_1(2r) = \sum_{m=1}^{p-1} e^{-2\pi i \left(\frac{r}{3} \operatorname{ind}(m) + \frac{m}{p} \right)} = \overline{\tau_1(r)},$$

wobei der Strich den konjugiert komplexen Wert von $\tau_1(r)$ andeutet. (3.78) multiplizieren wir mit $\tau_1(r)$. Dann folgt hieraus und aus (3.76)

$$\tau_1^3(r) = p e^{-2\pi i \frac{r}{3} \operatorname{ind}(4)} \sum_{m=2}^{p-1} \left(\frac{1-m}{p} \right) e^{2\pi i \frac{r}{3} \operatorname{ind}(m)}.$$

Nun sind

$$e^{\frac{2\pi i}{3}} = \frac{-1 + i\sqrt{3}}{2}, \qquad e^{\frac{4\pi i}{3}} = e^{\frac{-2\pi i}{3}} = \frac{-1 - i\sqrt{3}}{2} = -1 - e^{\frac{2\pi i}{3}}.$$

Daher kann man

$$\tau_1^3(r) = p \left(a + b e^{\frac{2\pi i}{3}} \right)$$

schreiben mit geeigneten ganzen Zahlen a, b. Wieder nach (3.76) folgt

$$p^3 = |\tau_1^3|^2 = p^2 \left(a + be^{\frac{2\pi i}{3}} \right) \left(a + be^{\frac{-2\pi i}{3}} \right),$$

also

$$p = a^2 - ab + b^2.$$

Potenzieren wir $\tau_1^3(r)$ gemäß Definition (3.74) aus, so erhalten wir mit ganzen Zahlen c, d

$$\begin{aligned}
\tau_1^3(r) &= \sum_{m=1}^{p-1} e^{6\pi i (\frac{r}{3} \operatorname{ind}(m) + \frac{m}{p})} + 3c + 3de^{\frac{2\pi i}{3}} \\
&= -1 + 3c + 3de^{\frac{2\pi i}{3}}.
\end{aligned}$$

Also müssen

$$a \equiv -1 \quad (\mathrm{mod}\ 3) \quad \text{und} \quad b \equiv 0 \quad (\mathrm{mod}\ 3)$$

sein. Weiterhin ist

$$4p = (2a - b)^2 + 3b^2$$

und mit $2a - b = A$, $b = 3B$ erhalten wir

$$4p = A^2 + 27B^2 \quad \text{mit} \quad A \equiv 1 \quad (\mathrm{mod}\ 3).$$

Übrigens ist, was wir nicht ausführen wollen, die Darstellung von $4p$ mit $A \equiv 1$ (mod 3) und $B > 0$ eindeutig. Wir haben gesehen

$$\tau_1^3(r) = p \left(a + be^{\frac{2\pi i}{3}} \right) = p \frac{2a - b + b\sqrt{-3}}{2},$$

so daß wir endgültig die Darstellung

$$\tau_1^3(r) = p \frac{A + 3B\sqrt{-3}}{2} \tag{3.79}$$

bekommen.

Weiter ist nach (3.75) und entsprechenden Überlegungen wie oben

$$S_3(1, p) = \tau_1(1) + \tau_2(2) = \tau_1(1) + \overline{\tau_1(1)}. \tag{3.80}$$

Insbesondere erkennen wir, daß $S_3(1, p)$ stets reell ist. Aus dieser Beziehung eribt sich nun

$$S_3^3(1, p) = \tau_1^3(1) + (\overline{\tau_1(1)})^3 + 3\tau_1(1)\overline{\tau_1(1)}(\tau_1(1) + \overline{\tau_1(1)})$$

Folglich ist

$$S_3^3(1, p) = Ap + 3pS_3(1, p).$$

Damit haben wir den folgenden Satz bewiesen:

Satz 3.20 *Ist p eine Primzahl mit $p \equiv 1 \pmod 3$, und ist p durch $4p = A^2 + 27B^2$ mit $A \equiv 1 \pmod 3$ dargestellt, so ist die kubische Gaußsche Summe $S_3(1,p)$ eine der drei reellen Wurzeln der Gleichung*

$$x^3 - 3px - Ap = 0.$$

Blicken wir einen Moment zurück zur quadratischen GAUSSschen Summe $S_2(1,p)$. Sie ist nach Satz 2.5, Gleichung (2.10) Wurzel der Gleichung

$$x^2 = (-1)^{\frac{p-1}{2}} p.$$

An dieser Stelle hätten wir sagen können: Die Menge der ungeraden Primzahlen zerfällt in 2 Klassen, je nachdem bei der Wurzel das positive oder negative Vorzeichen zu nehmen ist. Welche Primzahlen fallen in welche Klasse? Die Antwort gibt Gleichung (2.14) von Satz 2.6. Es ist stets

$$S_2(1,p) = +\sqrt{(-1)^{\frac{p-1}{2}}},$$

also das positive Vorzeichen zu wählen. Daher fallen alle ungeraden Primzahlen in eine Klasse, die andere ist leer.

Etwas ganz Entsprechendes findet auch im kubischen Fall statt. Normieren wir die Beziehung (3.79) auf $B > 0$, so ist $0 < \arg(\tau_1^3(r)) < \pi$. Daraus entspringen die 3 Möglichkeiten

$$0 \quad < \quad \arg(\tau_1(r)) < \frac{\pi}{3},$$
$$\frac{2\pi}{3} \quad < \quad \arg(\tau_1(r)) < \pi,$$
$$\frac{4\pi}{3} \quad < \quad \arg(\tau_1(r)) < \frac{5\pi}{3}.$$

Nach (3.76) ist

$$|\tau_1(r)| = \sqrt{p}.$$

Setzen wir

$$\tau_1(r) = \sqrt{p}\,e^{i\phi}$$

so ist nach (3.80)

$$S_3(1,p) = 2\sqrt{p}\,\cos\phi.$$

Daher zerfallen die Primzahlen $p \equiv 1 \pmod 3$ nach den 3 obigen Möglichkeiten in 3 Klassen, die durch

$$K_1 : \qquad \sqrt{p} < S_3(1,p) < 2\sqrt{p},$$
$$K_2 : \qquad -2\sqrt{p} < S_3(1,p) < -\sqrt{p},$$
$$K_3 : \qquad -\sqrt{p} < S_3(1,p) < \sqrt{p}$$

gekenzeichnet sind. Im Gegensatz zur quadratischen GAUSSschen Summe ist keine dieser Klassen leer. Zum Beispiel ist

$$S_3(1,7) = \sum_{n=0}^{6} e^{2\pi i \frac{n^3}{7}} = 1 + 6\cos\frac{2\pi}{7} = 4,74\ldots.$$

Wegen $\sqrt{7} < 4,74\ldots < 2\sqrt{7}$ gehört 7 zur Klasse K_1. Weiter ist

$$S_3(1,13) = \sum_{n=0}^{12} e^{2\pi i \frac{n^3}{13}} = 1 + 6\cos\frac{2\pi}{13} + 6\cos\frac{10\pi}{13} = 1,82\ldots,$$

und wegen $-\sqrt{13} < 1,82\ldots < \sqrt{13}$ gehört 13 zur Klasse K_3. Etwas numerischer Aufwand ist nötig, um festzustellen, daß

$$S_3(1,97) = \sum_{n=0}^{96} e^{2\pi i \frac{n^3}{97}} = -11,32\ldots$$

ist. Hier ist $-2\sqrt{97} < -11,32\ldots < -\sqrt{97}$, und daher gehört die Primzahl 97 in die Klasse K_2. Auf Grund nicht allzu großen Zahlenmaterials sprach E. E. KUMMER 1846 die Vermutung aus, daß jede der 3 Klassen unendlich viele Primzahlen enthält. Diese Vermutung wurde 1979 von D. R. HEATH-BROWN und S. J. PATTERSON bewiesen. Wir haben also:

Satz von Kummer - Heath-Brown - Patterson. *Jede der drei Klassen K_1, K_2, K_3 enthält unendlich viele Primzahlen $p \equiv 1 \pmod 3$.*

    E. E. KUMMER nahm sogar an, daß die Primzahlen in den Klassen K_1, K_3, K_2 im Verhältnis $3 : 2 : 1$ auftreten würden. dies konnte nicht bestätigt werden. Die genannten Autoren zeigten dagegen, daß die Primzahlen gleichverteilt sind.

3.5.3   Anwendungen: Kongruenzen

Wir betrachten jetzt Kongruenzen nach k-ten Potenzen in mehreren Variablen bezüglich eines Primzahlmoduls und fragen nach der Anzahl der Lösungen. Im Beweis zu Satz 2.8 haben wir im Fall $k = 2$ gesehen, daß die GAUSSschen Summen hierbei eine wesentliche Rolle spielen. Da wir die quadratischen GAUSSschen Summen berechnen konnten, war es möglich, die Lösungsanzahl direkt zu berechnen. Dies wird für $k > 2$ im allgemeinen nicht mehr möglich sein, weshalb wir uns mit Abschätzungen begnügen müssen.

Satz 3.21 *Es seien $k, m, n \in \mathbb{Z}$ mit $k \geq 3$, $n \geq 1$ und p eine ungerade Primzahl, die m nicht teilt. Es sei $d = (k, p-1)$. Dann gilt für die Anzahl $H_{k,n}(m;p)$ der Lösungen der Kongruenz*

$$k_1^k + k_2^k + \cdots + x_n^k \equiv m \pmod p$$

die Abschätzung

$$|H_{k,n}(m;p) - p^{n-1}| \leq (d-1)^n (p-1) p^{\frac{n}{2}-1}. \tag{3.81}$$

Beweis. Man sieht sofort

$$H_{k,n}(m;p) = \sum_{x_1=0}^{p-1} \cdots \sum_{x_n=0}^{p-1} \frac{1}{p} \sum_{\nu=0}^{p-1} e^{2\pi i \frac{\nu}{p}(x_1^k + \cdots + x_n^k - m)}$$

$$= p^{n-1} + \frac{1}{p} \sum_{\nu=1}^{p-1} e^{-2\pi i \frac{\nu m}{p}} S_k^n(\nu,p).$$

Verwendet man hierin die Abschätzung (3.77), so erhält man sogleich das Resultat (3.81).

Im Fall $k = 3$, $n = 2$ haben wir hinsichtlich der kubischen GAUSSschen Summen hinreichend viel Hilfsmittel bereitgestellt, so daß wir den auf C. F. GAUSS zurückgehenden Satz beweisen können.

Satz 3.22 *Es sei p eine Primzahl mit $p \equiv 1 \pmod 3$. Sie sei dargestellt durch*

$$4p = A^2 + 27B^2, \qquad A \equiv 1 \pmod 3.$$

Dann ist

$$H_{3,2}(1;p) = p + A - 2. \tag{3.82}$$

Beweis. Es ist $d = (3, p-1) = 3$. Mit Hilfe von (3.75) haben wir

$$H_{3,2}(1;p) = p + \frac{1}{p} \sum_{\nu=1}^{p-1} e^{-2\pi i \frac{\nu}{p}} S_3^2(\nu,p)$$

$$= p + \frac{1}{p} \sum_{\nu=1}^{p-1} e^{-2\pi i \frac{\nu}{p}} (\tau_\nu(1) + \tau_\nu(2))^2.$$

Aus (3.74) folgt

$$\tau_\nu(1) = \sum_{m=1}^{p-1} e^{2\pi i (\frac{1}{3} \operatorname{ind}(m) + \frac{\nu m}{p})}$$

$$= e^{-\frac{2\pi i}{3} \operatorname{ind}(\nu)} \sum_{m=1}^{p-1} e^{2\pi i (\frac{1}{3} \operatorname{ind}(\nu m) + \frac{\nu m}{p})}$$

$$= e^{-\frac{2\pi i}{3} \operatorname{ind}(\nu)} \tau_1(1).$$

Wie in Abschnitt 3.5.2 sieht man $\tau_\nu(2) = \overline{\tau_\nu(1)}$. Also ist

$$H_{3,2}(1;p) = p + \frac{1}{p} \sum_{\nu=1}^{p-1} e^{-2\pi i \frac{\nu}{p}} \left(e^{-\frac{2\pi i}{3} \operatorname{ind}(\nu)} \tau_1(1) + e^{\frac{2\pi i}{3} \operatorname{ind}(\nu)} \overline{\tau_1(1)} \right)^2.$$

Beim Ausmultiplizieren des Quadrates verwenden wir zunächst (3.76) und dann wieder (3.74). Das gibt

$$
\begin{aligned}
H_{3,2}(1,p) &= p + \frac{1}{p}\sum_{\nu=1}^{p-1} e^{-2\pi i\frac{\nu}{p}}\left(e^{-\frac{4\pi i}{3}\operatorname{ind}(\nu)}\tau_1^2(1)\right.\\
&\qquad\left. + 2p + e^{\frac{4\pi i}{3}\operatorname{ind}(\nu)}(\overline{\tau_1(1)})^2\right)\\
&= p - 2 + \frac{1}{p}(\tau_1^3(1) + (\overline{\tau_1(1)})^3).
\end{aligned}
$$

Bei Benutzung von (3.79) folgt hieraus (3.82).

3.6 Grenzfälle der höheren Thetafunktionen

In Analogie zu den JACOBIschen Thetafunktionen haben wir im Satz 3.12 festgestellt, daß auch die höheren Thetafunktionen $z \mapsto \Theta_{2k}(0,0;z)$ die Gerade $\operatorname{Im}(z) = 0$ zur wesentlich singulären Linie haben. Für die Thetafunktionen ungerader Ordnung mußte ohnehin z reell sein. Deshalb betrachten wir analog zu Abschnitt 2.5 DIRICHLET-Reihen der Art

$$
\Phi_k(y;s) = \sum_{n=1}^{\infty} n^{-s} e^{2\pi i\frac{y}{k}n^k} \tag{3.83}
$$

für $k = 3,4,\dots$ und reelle y. Die Reihen sind für $\operatorname{Re}(s) > 1$ absolut konvergent und stellen dort holomorphe Funktionen dar. Ganz entsprechend dem Satz 2.20 stellen wir hier sehr einfach die folgende Aussage fest.

Satz 3.23 *Es seien $a,b \in \mathbb{N}$, $(a,b) = 1$ und $y = \frac{ka}{b}$. Die Funktion $s \mapsto \Phi_k(\frac{ka}{b};s)$ ist analytisch fortsetzbar in die gesamte Ebene mit Ausnahme eines einfachen Pols bei $s = 1$ mit dem Residuum*

$$
\operatorname{Res}_{s=1} \Phi_k\left(\frac{ka}{b};s\right) = \frac{1}{b}S_k(a,b),
$$

worin $S_k(a,b)$ die höhere Gaußsche Summe bedeutet. Für $S_k(a,b) = 0$ entfällt der Pol.

Beweis. Durch Zerlegung der Summation in Restklassen modulo b ergibt sich für $\operatorname{Re}(s) > 1$

$$
\begin{aligned}
\Phi_k\left(\frac{ka}{b};s\right) &= \sum_{r=1}^{b}\sum_{n=0}^{\infty} e^{2\pi i\frac{a}{b}r^k}(bn+r)^{-s}\\
&= \frac{1}{b^s}\sum_{r=1}^{b} e^{2\pi i\frac{a}{b}r^k}\zeta\left(\frac{r}{b};s\right).
\end{aligned}
$$

Die analytische Fortsetzbarkeit der HURWITZschen Zetafunktion gibt wie im Beweis zu Satz 2.20 sofort die Aussage des Satzes.

Das Erstellen einer asymptotischen Transformationsformel für die höhere Phifunktion (3.83) gestaltet sich schwieriger als in Abschnitt 2.5. Wir wollen uns deshalb, auch in Hinblick auf das Anliegen des folgenden Abschnitts, zunächst mit der endlichen Summe

$$\Phi_{k,N}(y;s) = \sum_{n=1}^{N} n^{-s} e^{2\pi i \frac{y}{k} n^k} \tag{3.84}$$

beschäftigen.

Hilfssatz 3.5 *Es seien* $y > 0$, $s \in \mathbb{C}$ *und* $k, N \in \mathbb{N}$ *mit* $N > 1$, $k \geq 3$ *und* $y(N + \frac{1}{2})^k > 1$. *Es werde* $N' = y(N + \frac{1}{2})^{k-1}$ *gesetzt. Es bezeichne* C_k *die folgenden Integrationswege:*

$$-e^{\frac{\pi i}{2k}}\infty \to\; 0 \;\to e^{\frac{\pi i}{2k}}\infty \quad \text{für} \quad k \equiv 0 \pmod 2,$$
$$-e^{\frac{\pi i}{3}}\infty \to\; 0 \;\to e^{\frac{\pi i}{6}}\infty \quad \text{für} \quad k = 3,$$
$$-e^{\frac{3\pi i}{2k}}\infty \to\; 0 \;\to e^{\frac{\pi i}{2k}}\infty \quad \text{für} \quad k \equiv 1 \pmod 2, k > 3.$$

Dann ist

$$\Phi_{k,N}(y;s) = g_k(y:s) \;+\; \sum_{1 \leq n \leq N'} \int_{(C_k)} \left(z + \frac{1}{2}\right)^{-s} e^{2\pi i\left(\frac{y}{k}(z+\frac{1}{2})^k - n(z+\frac{1}{2})\right)} dz$$
$$+\; O\left(\frac{1}{\sqrt{y}} N^{1-\frac{k}{2}-\operatorname{Re}(s)}\right) \tag{3.85}$$

mit

$$g_k(y;s) = \int_{(C_k)} e^{2\pi i \frac{y}{k}(z+\frac{1}{2}))^k} \frac{(z + \frac{1}{2})^{-s}}{e^{2\pi i z} + 1} dz. \tag{3.86}$$

Bemerkung. Es ist $N' < 1$ durchaus zugelassen. Dann ist die Summe in (3.85) leer.

Beweis. Wir benutzen das MORDELLsche Beweisverfahren wie in den Beweisen zu den Sätzen 2.9 und 2.21. Wir stellen die Reihe (3.84) durch das Integral

$$\Phi_{k,N}(y;s) = \oint_{(0+)} \sum_{n=1}^{N} e^{2\pi i \frac{y}{k}(z+n)^k} \frac{(z + n)^{-s}}{e^{2\pi i z} - 1} dz$$

dar, indem wir längs eines Kreises um 0 mit einem Radius kleiner als 1 integrieren. Wie früher ziehen wir den Integrationsweg auseinander und integrieren längs zweier

Parallelen, die wir durch Verschieben von C_k um $1/2$ nach links und rechts erhalten. Es ist sofort zu sehen, daß die erhaltenen Integrale absolut konvergent sind.

$$\Phi_{k,N}(y;s) = \left\{ \int\limits_{(\frac{1}{2}+C_k)} - \int\limits_{(-\frac{1}{2}+C_k)} \right\} \sum_{n=1}^{N} e^{2\pi i \frac{y}{k}(z+n)^k} \frac{(z+n)^{-s}}{e^{2\pi i z} - 1}\, dz.$$

Benachbarte Summanden heben sich heraus, abgesehen von den Summationsenden. Damit wird

$$\Phi_{k,N}(y;s) = \int\limits_{(-\frac{1}{2}+C_k)} \left\{ (z+N+1)^{-s} e^{2\pi i \frac{y}{k}(z+N+1)^k} \right.$$

$$\left. -(z+1)^{-s} e^{2\pi i \frac{y}{k}(z+1)^k} \right\} \frac{dz}{e^{2\pi i z} - 1}.$$

Man erkennt, daß das zweite Integral (3.86) liefert. Wir verwenden

$$\frac{1}{e^{2\pi i z} - 1} = \sum_{1 \leq n \leq N'} e^{-2\pi i n z} + \frac{e^{-2\pi i [N']z}}{e^{2\pi i z} - 1}$$

und erhalten

$$\Phi_{k,N}(y;s) =$$

$$= g_k(y;s) + \sum_{1 \leq n \leq N'} \int\limits_{(-\frac{1}{2}+C_k)} e^{2\pi i (\frac{y}{k}(z+N+1)^k - nz)} \frac{dz}{(z+N+1)^s} + R_{k,N}$$

mit

$$R_{k,N} = \int\limits_{(-\frac{1}{2}+C_k)} e^{2\pi i \frac{y}{k}(z+N+1)^k} \frac{e^{-2\pi i [N']z}}{e^{2\pi i z} - 1} \frac{dz}{(z+N+1)^s}.$$

Substituieren wir im Integral unter der Summe $z \to z - N - \frac{1}{2}$, so können wir den Integrationsweg anschließend so verschieben, daß er durch 0 verläuft. Auf diese Weise entsteht (3.85), sofern wir noch die Abschätzung

$$R_{k,N} \ll \frac{1}{\sqrt{y}} N^{1 - \frac{k}{2} - \mathrm{Re}(s)} \tag{3.87}$$

beweisen. Mit $z \to z - \frac{1}{2}$ schreiben wir

$$R_{k,N} = - \int\limits_{(C_k)} e^{2\pi g_k(z)} \frac{e^{2\pi i (y(N+\frac{1}{2})^{k-1}z - [N']z + \frac{y}{k}(N+\frac{1}{2})^k)}}{e^{2\pi i z} + 1} \frac{dz}{(z+N+\frac{1}{2})^s}.$$

Dabei ist

$$g_k(z) = \frac{iy}{k}\left(z+N+\frac{1}{2}\right)^k - iy\left(N+\frac{1}{2}\right)^{k-1} z - \frac{iy}{k}\left(N+\frac{1}{2}\right)^k.$$

Man sieht, daß auf allen Integrationswegen der Bruch mit den Exponentialfunktionen, in denen z linear auftritt, beschränkt bleibt. In

$$g_k\left(\left(N+\frac{1}{2}\right)z\right) = iy\left(N+\frac{1}{2}\right)^k\left\{\frac{1}{k}(z+1)^k - z - \frac{1}{k}\right\}$$

$$= iy\left(N+\frac{1}{2}\right)^k\left\{\frac{1}{k}z^k + \cdots + (k-1)z^2\right\}$$

ist $y(N+1/2)^k > 1$. Wie wollen zur Abschätzung des Integrals die Sattelpunktsmethode (siehe Anmerkungen) anwenden. Zu diesem Zweck betrachten wir in g_k die k-ten Potenzen und die Quadrate von z auf den Integrationswegen. Sei $x > 0$, dann sehen wir sogleich:

$$z = e^{\frac{\pi i}{2k}}x \Rightarrow iz^k = -x^k < 0, \quad \mathrm{Re}(iz^2) < 0$$

für alle k,

$$z = -e^{\frac{\pi i}{2k}}x \Rightarrow iz^k = -x^k < 0, \quad \mathrm{Re}(iz^2) < 0$$

für gerade k,

$$z = -e^{-\frac{\pi i}{3}}x \Rightarrow \mathrm{Re}(iz^3) = 0, \quad \mathrm{Re}(iz^2) < 0$$

für $k = 3$ und

$$z = -e^{\frac{3\pi i}{2k}}x \Rightarrow iz^k = -x^k < 0, \quad \mathrm{Re}(iz^2) < 0$$

für ungerade $k > 3$. Also kann man hoffen, daß $z = 0$ ein Sattelpunkt mit in die Täler führenden Integrationswegen ist. Diese Hoffnung wird sich erfüllen.

Beginnen wir mit dem für alle k gültigen Weg von 0 nach $e^{\pi i/2k}\infty$. Es ist

$$g_k\left(e^{\frac{\pi i}{2k}}z\right) = \frac{iy}{k}\left(e^{\frac{\pi i}{2k}}z + N + \frac{1}{2}\right)^k - iy\left(N+\frac{1}{2}\right)^{k-1}e^{\frac{\pi i}{2k}}z - \frac{iy}{k}\left(N+\frac{1}{2}\right)^k,$$

$$\frac{d}{dz}g_k\left(e^{\frac{\pi i}{2k}}z\right) = ie^{\frac{\pi i}{2k}}y\left(e^{\frac{\pi i}{2k}}z + N + \frac{1}{2}\right)^{k-1} - ie^{\frac{\pi i}{2k}}y\left(N+\frac{1}{2}\right)^{k-1}.$$

Für die Nullstellen erhalten wir

$$\frac{d}{dz}g_k\left(e^{\frac{\pi i}{2k}}z_n\right) = 0$$

$$z_n = e^{-\frac{\pi i}{2k}}\left(e^{2\pi i\frac{n}{k-1}} - 1\right)\left(N+\frac{1}{2}\right)$$

$$= 2ie^{\pi i\left(-\frac{1}{2k}+\frac{n}{k-1}\right)}\left(N+\frac{1}{2}\right)\sin\frac{\pi n}{k-1}$$

für $n = 0, 1, \ldots, k - 2$. Es ist $z_0 = 0$. Wegen

$$0 < -\frac{1}{2k} + \frac{n}{k-1} < 1$$

für $n = 1, 2, \ldots, k - 2$ kann es keine weiteren Nullstellen mit $z_n > 0$ geben. Weiter ist

$$\operatorname{Re}(g_k(0)) = 0, \qquad \operatorname{Re}(\frac{d^2}{dz^2} g_k(0)) < 0.$$

Also ist $z_0 = 0$ ein Sattelpunkt, und der Integrationsweg verläuft von 0 an in ein Tal. Daher ist

$$\left| \int\limits_0^{e^{\pi i/2k}\infty} e^{2\pi g_k(z)} \frac{e^{2\pi i(y(N+\frac{1}{2})^{k-1}z - [N']z + \frac{y}{k}(N+\frac{1}{2})^k)}}{e^{2\pi i z} + 1} \frac{dz}{(z + N + \frac{1}{2})^s} \right| \ll$$

$$\ll N^{-\operatorname{Re}(s)} \int\limits_0^\infty e^{2\pi \operatorname{Re}(g_k(e^{\pi i/2k} z))} \, dz$$

$$\ll N^{-\operatorname{Re}(s)} \int\limits_0^\infty e^{-cyN^{k-2}z^2} \, dz \ll \frac{1}{\sqrt{y}} N^{1-\frac{k}{2}-\operatorname{Re}(s)}$$

mit passendem $c > 0$. Auf den anderen Integrationswegen liegen gleiche Verhältnisse vor. So sind für

$$\frac{d}{dz} g_k \left(-e^{\frac{\pi i}{2k}} z_n \right) = 0$$

die Nullstellen gegeben durch

$$z_n = -2i e^{\pi i(-\frac{1}{2k} + \frac{n}{k-1})} \left(N + \frac{1}{2} \right) \sin \frac{\pi n}{k - 1}.$$

Die einzige positive Nullstelle wäre für

$$-\frac{1}{2k} + \frac{n}{k - 1} = \frac{1}{2}$$

gegeben. Aber

$$n = \frac{(k - 1)(k + 1)}{2k}$$

ist nicht ganzzahlig. Für

$$\frac{d}{dz} g_3 \left(-e^{\frac{\pi i}{3}} z_n \right) = 0$$

ist außer $z_0 = 0$ nur noch die Nullstelle $z_1 = 2e^{-2\pi i/3}(N + 1/2)$ vorhanden.

　　Für

$$\frac{d}{dz} g_k \left(-e^{\frac{3\pi i}{2k}} z_n \right) = 0$$

ist im Fall $k > 3$

$$z_n = -i e^{\pi i(-\frac{3}{2k} + \frac{n}{k-1})} \left(N + \frac{1}{2} \right) \sin \frac{\pi n}{k - 1}.$$

Aber auch hier kann

$$-\frac{3}{2k} + \frac{n}{k-1} = \frac{1}{2}$$

nicht für ganzzahliges n gelöst werden.

Also erhalten wir auch in allen diesen Fällen dieselbe Abschätzung wie zuvor. Damit ist die Abschätzung (3.87) für $R_{k,N}$ insgesamt bewiesen, und es folgt nun (3.85).

Als nächstes betrachten wir die Integrale in der Reihe von (3.85). Wir wollen Abschätzungen für große n geben, um beurteilen zu können, für welche Werte von s der Grenzübergang $N \to \infty$ vollzogen werden kann. Zu diesem Zweck führen wir in den Integralen zwei Substitutionen hintereinander aus. Zuerst ersetzen wir z durch $z - 1/2$ und dann das neue z durch $(n/y)^{1/(k-1)}z$. Wir erhalten

$$I = \int\limits_{(C_k)} \left(z + \frac{1}{2}\right)^{-s} e^{2\pi i \left(\frac{y}{k}(z+\frac{1}{2})^k - n(z+\frac{1}{2})\right)}\, dz$$

$$= \left(\frac{y}{n}\right)^{\frac{s-1}{k-1}} \int\limits_{(\frac{1}{2}+C_k)} z^{-s} e^{2\pi i x \left(\frac{1}{k}z^k - z\right)}\, dz$$

mit

$$x = \left(\frac{n^k}{y}\right)^{\frac{1}{k-1}}.$$

Weiter ist

$$I = \left(\frac{y}{n}\right)^{\frac{s-1}{k-1}} \left\{ \int\limits_{(C_k)} e^{2\pi i x \left(\frac{1}{k}z^k - z\right)}\, dz \right.$$

$$\left. + \int\limits_{(\frac{1}{2}+C_k)} \left(z^{-s} - 1\right) e^{2\pi i x \left(\frac{1}{k}z^k - z\right)}\, dz \right\}.$$

Im ersten Integral können wir natürlich den Integrationsweg über 0 legen. Für die Funktion

$$h_k(z) = ix\left(\frac{1}{k}z^k - 1\right)$$

ist $h_k'(1) = 0$, und wir bilden $h_k(z+1)$. Nun können wir alles, was wir im Beweis zu Hilfssatz 3.5 zu $g_k(z)$ und der Konvergenz der Integrale gesagt haben, wörtlich übernehmen. Daher ist für $x \to \infty$

$$\int\limits_{(C_k)} e^{2\pi i x \left(\frac{1}{k}z^k - z\right)}\, dz = \int\limits_{(C_k)} e^{2\pi i x \left(\frac{1}{k}(z+1)^k - z - 1\right)}\, dz$$

$$= \frac{1}{\sqrt{x}} \int\limits_{(C_k)} e^{2\pi i x(\frac{1}{k}(z/\sqrt{x}+1)^k - z/\sqrt{x}-1)}\, dz$$

$$\ll \frac{1}{\sqrt{x}} \int\limits_{-\infty}^{+\infty} e^{-cz^2}\, dz \ll \frac{1}{\sqrt{x}} \tag{3.88}$$

mit passendem $c > 0$. Somit folgt

$$\left(\frac{y}{n}\right)^{\frac{s-1}{k-1}} \int\limits_{(C_k)} e^{2\pi i x(\frac{1}{k}z^k - z)}\, dz \ll \left(\frac{y}{n}\right)^{\frac{Re(s)-1}{k-1}} \left(\frac{y}{n^k}\right)^{\frac{1}{2(k-1)}}. \tag{3.89}$$

Entsprechendes bekommen wir für das zweite Integral, wobei wir den Schlußteil des Beweises zu Hifssatz 3.4 nachbilden, aber jetzt wohl übergehen können.

$$\int\limits_{(\frac{1}{2}+C_k)} (z^{-s} - 1)\, e^{2\pi i x(\frac{1}{k}z^k - z)}\, dz =$$

$$= \frac{1}{\sqrt{x}} \int\limits_{(-\frac{1}{2}+C_k)} \left(\left(\frac{z}{\sqrt{x}}+1\right)^{-s} - 1\right) e^{2\pi i x(\frac{1}{k}(z/\sqrt{x}+1)^k - z/\sqrt{x}-1)}\, dz$$

$$\ll \frac{1}{x^{1+\varepsilon}}$$

mit $\varepsilon > 0$. Daraus folgt

$$\left(\frac{y}{n}\right)^{\frac{s-1}{k-1}} \int\limits_{(\frac{1}{2}+C_k)} (z^{-s} - 1)\, e^{2\pi i x(\frac{1}{k}z^k - z)}\, dz \ll \left(\frac{y}{n}\right)^{\frac{Re(s)-1}{k-1}} \left(\frac{y}{n^k}\right)^{\frac{1}{k-1}+\varepsilon}. \tag{3.90}$$

Der Exponent von n im Nenner der Abschätzung von (3.89) wird größer als 1, wenn $Re(s) > k/2$ ist, und von (3.90), wenn $Re(s) > 0$ ist. Deshalb kann im Hilfssatz 3.5 für $Re(s) > k/2$ der Grenzübergang $N \to \infty$ vollzogen werden. Dabei entsteht aus der endlichen Reihe in (3.85) die unendliche Reihe

$$\sum_{n=1}^{\infty} \left(\frac{y}{n}\right)^{\frac{s-1}{k-1}} \int\limits_{(C_k)} e^{2\pi i x(\frac{1}{k}z^k - z)}\, dz, \tag{3.91}$$

die für $Re(s) > k/2$ absolut konvergent ist und dort eine holomorphe Funktion definiert und die unendliche Reihe

$$\sum_{n=1}^{\infty} \left(\frac{y}{n}\right)^{\frac{s-1}{k-1}} \int\limits_{(\frac{1}{2}+C_k)} (z^{-s} - 1)\, e^{2\pi i x(\frac{1}{k}z^k - z)}\, dz$$

die für $Re(s) > 0$ absolut konvergent ist und dort eine holomorphe Funktion erklärt. In (3.91) führen wir noch die Substitution $z \to (n/y)^{1/(k-1)} z$ aus und haben damit den folgenden Satz bewiesen.

Satz 3.24 *Es seien* $y > 0$, $k \in \mathbb{N}$, $k \geq 3$ *und* $s \in \mathbb{C}$. *Die Integrationswege* C_k *seien wie in Hilfssatz 3.5 gegeben. Dann besteht für die Funktion* $s \mapsto \Phi_k(y; s)$ *in der Halbebene* $\mathrm{Re}(s) > k/2$ *die asymptotische Transformationsformel*

$$\Phi_k(y; s) = \sum_{n=1}^{\infty} \left(\frac{y}{n}\right)^{\frac{s}{k-1}} \int\limits_{(C_k)} e^{2\pi i(\frac{y}{k}z^k - nz)} \, dz + R_k(y; s), \tag{3.92}$$

worin $s \mapsto R_k(y; s)$ *eine für* $\mathrm{Re}(s) > 0$ *holomorphe Funktion darstellt.*

Die in (3.92) auftretenden Integrale können wie schon bei den höheren Thetafunktionen nur in den Fällen $k = 3, 4$ auf bekannte Funktionen zurückgeführt werden. Wir werden diese beiden Fälle noch behandeln und schließlich allgemein eine asymptotische Darstellung der Integrale in (3.92) geben.

3.6.1 Der kubische Fall

Dieser Fall ist ein klein wenig kompliziert. Wir erinnern uns, daß die Transformation der kubischen Thetafunktion mit Hilfe von AIRY-Funktionen gelang. Es wurde nicht ausgeführt, daß die AIRY-Funktion in engem Zusammenhang mit den BESSEL- beziehungsweise HANKEL-Funktionen mit dem Index $\nu = 1/3$ steht. Die Integrale in (3.92) stellen für $k = 3$ nicht direkt AIRY-Funktionen dar, können aber durch HANKEL-Funktionen ausgedrückt werden. Dazu vorab eine Bemerkung. In Abschnitt 2.3 haben wir auf den Zusammenhang von BESSEL-Funktion $z \mapsto J_\nu(z)$ und NEUMAN-Funktion $z \mapsto Y_\nu(z)$ hingewiesen:

$$Y_\nu(z) = \frac{1}{\sin \pi\nu}(J_\nu(z) \cos \pi\nu - J_{-\nu}(z)).$$

Aus beiden Funktionen konstruieren wir die HANKEL-Funktion zweiter Art $z \mapsto H_\nu^{(2)}(z)$:

$$H_\nu^{(2)}(z) = J_\nu(z) - iY_\nu(z).$$

Verwenden wir beide Formeln für $\nu = 1/3$, so erhalten wir

$$
\begin{aligned}
Y_{1/3}(z) &= \frac{1}{\sin \frac{\pi}{3}} \left(\frac{1}{2}J_{1/3}(z) - J_{-1/3}(z)\right) \\
H_{1/3}^{(2)}(z) &= \frac{1}{i \sin \frac{\pi}{3}} \left(e^{\frac{\pi i}{3}} J_{1/3}(z) - J_{-1/3}(z)\right).
\end{aligned}
\tag{3.93}
$$

Nun können wir unser erstes Korollar zu Satz 3.24 formulieren:

Korollar 1 zu Satz 3.24 *Es seien* $y > 0$, $s \in \mathbb{C}$ *und die Hankel-Funktion* $z \mapsto H_{1/3}^{(2)}(z)$ *durch (3.93) definiert. Dann besteht für die Funktion* $s \mapsto \Phi_3(y; s)$ *in der Halbebene* $\mathrm{Re}(s) > 3/2$ *die asymptotische Transformationsformel*

$$\Phi_3(y; s) = \frac{\pi}{\sqrt{3}} e^{-\frac{\pi i}{6}} \sum_{n=1}^{\infty} \left(\frac{y}{n}\right)^{\frac{s-1}{2}} H_{1/3}^{(2)}\left(\frac{4\pi}{3}\sqrt{\frac{n^3}{y}}\right) + R_3(y; s), \tag{3.94}$$

worin $s \mapsto R_3(y; s)$ eine für $\mathrm{Re}(s) > 0$ holomorphe Funktion darstellt.

Beweis. Es ist

$$\int\limits_{(C_3)} e^{2\pi i(\frac{y}{3}z^3 - nz)}\, dz = \left(\frac{3}{2\pi y}\right)^{\frac{1}{3}} \int\limits_{(C_3)} e^{i(z^3 - xz)}\, dz \tag{3.95}$$

mit

$$x = \left(\frac{12\pi^2}{y}\right)^{\frac{1}{3}} n.$$

Wir stellen die Potenzreihenentwicklung des Integrals her.

$$\int\limits_{(C_3)} e^{i(z^3 - xz)}\, dz = \left\{\int\limits_{-i\infty}^{0} + \int\limits_{0}^{e^{\pi i/6}\infty}\right\} e^{i(z^3 - xz)}\, dz$$

$$= i\int\limits_{0}^{\infty} e^{-z^3 - xz}\, dz + \int\limits_{0}^{\infty} e^{-z^3 - e^{2\pi i/3}xz}\, dz$$

$$= \sum\limits_{n=0}^{\infty} \frac{(-x)^n}{n!}\left(i + e^{\frac{\pi i}{6} + \frac{2\pi in}{3}}\right)\int\limits_{0}^{\infty} z^n e^{-z^3}\, dz$$

$$= \frac{1}{3}\sum\limits_{n=0}^{\infty} \frac{\Gamma(\frac{n+1}{3})}{n!}(-x)^n\left(i + e^{\frac{\pi i}{6} + \frac{2\pi in}{3}}\right).$$

Wir betrachten die Summation über n modulo 3. Für $n \equiv -1 \pmod 3$ verschwinden die einzelnen Summanden. In den verbleibenden Fällen ersetzen wir n durch $3n$ beziehungsweise $3n + 1$. Dann erhalten wir

$$\int\limits_{(C_3)} e^{i(z^3 - xz)}\, dz = \frac{1}{3}\left(i + e^{\frac{\pi i}{6}}\right)\sum\limits_{n=0}^{\infty} \frac{\Gamma(n + \frac{1}{3})(-1)^n}{(3n)!}x^{3n}$$

$$- \frac{1}{3}\left(i + e^{\frac{5\pi i}{6}}\right)\sum\limits_{n=0}^{\infty} \frac{\Gamma(n + \frac{2}{3})(-1)^n}{(3n + 1)!}x^{3n+1}.$$

Für $(3m)! = \Gamma(3m + 1)$ und $(3m + 1)! = \Gamma(3m + 2)$ benutzen wir jetzt

$$\Gamma(3x) = \frac{1}{2\pi}3^{3x - \frac{1}{2}}\Gamma(x)\Gamma\left(x + \frac{1}{3}\right)\Gamma\left(x + \frac{2}{3}\right)$$

mit $x = m + 1/3$ und $x = m + 2/3$. Damit ergibt sich

$$\int\limits_{(C_3)} e^{i(z^3 - xz)}\, dz = \frac{2\pi}{3\sqrt{3}}\left(i + e^{\frac{\pi i}{6}}\right)\sum\limits_{n=0}^{\infty} \frac{(-1)^n}{n!\Gamma(n + \frac{2}{3})}\left(\frac{x}{3}\right)^{3n}$$

$$- \frac{2\pi}{3\sqrt{3}}\left(i + e^{\frac{5\pi i}{6}}\right)\sum\limits_{n=0}^{\infty} \frac{(-1)^n}{n!\Gamma(n + \frac{4}{3})}\left(\frac{x}{3}\right)^{3n+1}.$$

Aus der Potenzreihenentwicklung (3.56) der BESSEL-Funktionen erhalten wir für $\nu = -1/3$ und $\nu = 1/3$

$$\int\limits_{(C_3)} e^{i(z^3-xz)}\,dz =$$

$$= \frac{2\pi\sqrt{x}}{9}\left(i + e^{\frac{\pi i}{6}}\right)\left(J_{-1/3}\left(2\left(\frac{x}{3}\right)^{\frac{3}{2}}\right) - e^{\frac{\pi i}{3}}\left(J_{1/3}\left(2\left(\frac{x}{3}\right)^{\frac{3}{2}}\right)\right)\right)$$

$$= \frac{4\pi\sqrt{x}}{9i}e^{-\frac{\pi i}{6}}\sin\frac{\pi}{3}\left(e^{\frac{\pi i}{3}}J_{1/3}\left(2\left(\frac{x}{3}\right)^{\frac{3}{2}}\right) - J_{-1/3}\left(2\left(\frac{x}{3}\right)^{\frac{3}{2}}\right)\right).$$

Hieraus folgt nach (3.93)

$$\int\limits_{(C_3)} e^{i(z^3-xz)}\,dz = \frac{\pi}{3}\sqrt{x}e^{-\frac{\pi i}{6}}H_{1/3}^{(2)}\left(2\left(\frac{x}{3}\right)^{\frac{3}{2}}\right). \tag{3.96}$$

Setzen wir dieses Ergebnis in (3.95) ein und verwenden es dann in (3.92), so erhalten wir (3.94).

3.6.2   Der biquadratische Fall

Die Integrale in (3.92) können leicht mit der WRIGHT-Funktion in Verbindung gebracht werden. Es ist nach Definition des Integrationsweges C_4

$$\int\limits_{(C_4)} e^{2\pi i(\frac{y}{4}z^4-nz)}\,dz = \int\limits_{-e^{\pi i/8}\infty}^{+e^{\pi i/8}\infty} e^{2\pi i(\frac{y}{4}z^4-nz)}\,dz$$

$$= e^{\frac{\pi i}{8}}\int\limits_{-\infty}^{+\infty} e^{2\pi i(\frac{iy}{4}z^4-e^{\pi i/8}nz)}\,dz.$$

Hier verwenden wir zunächst (3.51), indem wir dort $x = -e^{\pi i/8}$, $y = 0$, $z = iy$ setzen und anschließend (3.53). Dann folgt

$$\int\limits_{(C_4)} e^{2\pi i(\frac{y}{4}z^4-nz)}\,dz = e^{\frac{\pi i}{8}}B_4\left(-e^{\frac{\pi i}{8}}n, 0; iy\right)$$

$$= e^{\frac{\pi i}{8}}\left(\frac{\pi^3}{2y}\right)^{\frac{1}{4}}\Phi\left(\frac{1}{2}, \frac{3}{4}; -e^{\frac{\pi i}{4}}\sqrt{\frac{\pi^3}{2y}}n^2\right). \tag{3.97}$$

Unter Verwendung von (3.92) erhalten wir nun:

Korollar 2 zu Satz 3.24 *Es seien $y > 0$, $s \in \mathbb{C}$ und die Wright-Funktion durch (3.52) definiert. Dann besteht für die Funktion $s \mapsto \Phi_4(y; s)$ in der Halbebene*

$\mathrm{Re}(s) > 2$ *die asymptotische Transformationsformel*

$$\Phi_4(y;s) = e^{\frac{\pi i}{8}} \left(\frac{\pi^3}{2y}\right)^{\frac{1}{4}} \sum_{n=1}^{\infty} \left(\frac{y}{n}\right)^{\frac{s}{3}} \Phi\left(\frac{1}{2},\frac{3}{4}; -e^{\frac{\pi i}{4}}\sqrt{\frac{\pi^3}{2y}}n^2\right) + R_4(y;s),$$

worin $s \mapsto R_4(y;s)$ eine für $\mathrm{Re}(s) > 0$ holomorphe Funktion darstellt.

3.6.3 Der allgemeine Fall

Es soll nun noch für die Integrale in (3.92) eine asymptotische Darstellung in erster Näherung angegeben werden. Dazu dient der folgende Hilfssatz.

Hilfssatz 3.6 *Es seien $x > 0$, $k \in \mathbb{N}$ mit $k \geq 3$. Die Integrationswege C_k seien wie in Hilfssatz 3.5 gegeben. Dann ist für $x \to \infty$ mit $\varepsilon > 0$*

$$\int\limits_{(C_k)} e^{2\pi i x(\frac{1}{k}z^k - z)} \, dz = \frac{1}{\sqrt{(k-1)x}} e^{2\pi i(\frac{1}{k}-1)x+\frac{\pi i}{4}} + O\left(\frac{1}{x^{1+\varepsilon}}\right). \tag{3.98}$$

Beweis. Wir können uns kurz fassen, da wir alles, was in den Beweisen zu Hilfssatz 3.5 und Satz 3.24 ausgesagt wurde, wieder benutzen können. So können wir gleich von (3.88) ausgehen.

$$\int\limits_{(C_k)} e^{2\pi i x(\frac{1}{k}z^k - z)} \, dz =$$

$$= \frac{1}{\sqrt{x}} \int\limits_{(C_k)} e^{2\pi i x(\frac{1}{k}(z/\sqrt{x}+1)^k - z/\sqrt{x} - 1)} \, dz$$

$$= \frac{1}{\sqrt{x}} e^{2\pi i(\frac{1}{k}-1)x} \int\limits_{(C_k)} e^{\pi i(k-1)z^2} \, dz$$

$$+ \frac{1}{\sqrt{x}} e^{2\pi i(\frac{1}{k}-1)x} \int\limits_{(C_k)} \left(e^{2\pi i x(\frac{1}{k}(z/\sqrt{x}+1)^k - \frac{1}{k} - z/\sqrt{x} - (k-1)z^2/2x)} - 1 \right) e^{\pi i(k-1)z^2} \, dz.$$

Im zweiten Integral verhält sich der Ausdruck in der runden Klammer für $z \to 0$ wie $O(z^3/\sqrt{x})$. Nun folgt ganz analog zum Schlußteil des Beweises zu Hilfssatz 3.4 für das gesamte Integral die Größenordnung $O(x^{-1-\varepsilon})$, $\varepsilon > 0$. Also ist

$$\int\limits_{(C_k)} e^{2\pi i x(\frac{1}{k}z^k - z)} \, dz = \frac{1}{\sqrt{x}} e^{2\pi i(\frac{1}{k}-1)x} \int\limits_{(C_k)} e^{\pi i(k-1)z^2} \, dz + O\left(\frac{1}{x^{1+\varepsilon}}\right).$$

Berechnen wir noch die Integrale. Für gerade k ist

$$\int\limits_{(C_k)} e^{\pi i(k-1)z^2} \, dz = \int\limits_{-e^{\pi i/2k}\infty}^{+e^{\pi i/2k}\infty} e^{\pi i(k-1)z^2} \, dz.$$

Drehen wir den Integrationsweg, so daß er von $-e^{\pi i/4}\infty$ über 0 nach $+e^{\pi i/4}\infty$ verläuft, so folgt

$$\int\limits_{(C_k)} e^{(k-1)\pi i z^2}\,dz = \int\limits_{-e^{\pi i/4}\infty}^{+e^{\pi i/4}\infty} e^{(k-1)\pi i z^2}\,dz = e^{\frac{\pi i}{4}}\int\limits_{-\infty}^{+\infty} e^{-(k-1)\pi z^2}\,dz$$

$$= \frac{2}{\sqrt{(k-1)\pi}}e^{\frac{\pi i}{4}}\int\limits_{0}^{\infty} e^{-z^2}\,dz = \frac{1}{\sqrt{k-1}}e^{\frac{\pi i}{4}}.$$

Man sieht, daß man auch für ungerade k den Integrationsweg in den Weg von $-e^{\pi i/4}\infty$ über 0 nach $+e^{\pi i/4}\infty$ drehen kann. Also erhalten wir dasselbe Ergebnis und damit (3.98).

Wenden wir den Hilfssatz auf die vorliegenden Integrale an, so erhalten wir

$$\int\limits_{(C_k)} e^{2\pi i(\frac{y}{k}z^k - nz)}\,dz = \left(\frac{y}{n}\right)^{-\frac{1}{k-1}}\int\limits_{(C_k)} e^{2\pi i x(\frac{1}{k}z^k - z)}\,dz$$

mit

$$x = \left(\frac{n^k}{y}\right)^{\frac{1}{k-1}}.$$

Aus (3.98) folgt daraus für $n^k/y \to \infty$ mit $\varepsilon > 0$

$$\int\limits_{(C_k)} e^{2\pi i x(\frac{y}{k}z^k - nz)}\,dz =$$

$$= \frac{1}{\sqrt{k-1}}y^{-\frac{1}{2(k-1)}}n^{-\frac{k-2}{2(k-1)}}e^{2\pi i(\frac{1}{k}-1)(n^k y^{-1})^{\frac{1}{k-1}}+\frac{\pi i}{4}}$$

$$+O\left(n^{\varepsilon-1}\right) \tag{3.99}$$

gleichmäßig in y. Verwenden wir das in Satz 3.24, so erhalten wir:

Korollar zu Satz 3.24 *Es seien $y > 0$, $k \in \mathbb{N}$ mit $k \geq 3$. Für die Funktion $s \mapsto \Phi_k(y;s)$ besteht die asymptotische Transformationsformel*

$$\Phi_k(y;s) =$$

$$\frac{1}{\sqrt{k-1}}y^{\frac{2s-1}{2(k-1)}}\sum_{n=1}^{\infty} n^{-\frac{2s+k-2}{2(k-1)}}e^{2\pi i(\frac{1}{k}-1)(n^k y^{-1})^{\frac{1}{k-1}}+\frac{\pi i}{4}} + R_k(y;s)$$

in der Halbebene $\mathrm{Re}(s) > k/2$. Die Funktion $s \mapsto R_k(y;s)$ ist in der Halbebene $\mathrm{Re}(s) > 0$ holomorph.

Bemerkung. Die Funktion $s \mapsto R_k(y;s)$ stimmt natürlich nicht mit der genauso bezeichneten Funktion (3.92) überein.

3.7   Weylsche Exponentialsummen

Bezeichnet

$$p_k(x) = \alpha_k x^k + \alpha_{k-1} x^{k-1} + \cdots + \alpha_1 x$$

ein Polynom mit reellen Keffizienten, so nennt man

$$\sum_{n=a}^{b} e^{2\pi i p_k(n)}$$

eine WEYL*sche Exponentialsumme*, da von H. WEYL erstmalig nicht - triviale Abschätzungen angegeben worden sind. Wir betrachten hier nur den Spezialfall

$$S_k(\vartheta; N) = \sum_{n=1}^{N} e^{2\pi i \vartheta n^k} \tag{3.100}$$

mit $0 < \vartheta < 1$, $k = 3, 4, \ldots$. Der Fall $k = 2$ braucht eigentlich nicht ausgeschlossen werden, ist aber bereits ausführlich in Abschnitt 2.2 behandelt worden. Natürlich sind in (3.100) speziell für $\vartheta = a/N$, $a \in \mathbb{N}$, $(a, N) = 1$ die höheren Gaußschen Summen enthalten. Wir geben asymptotische Transformationsformeln und Abschätzungen für diese Summen mit den hier entwickelten Methoden. Das wird recht einfach, da die Hauptarbeit bereits im vergangenen Abschnitt geleistet wurde.

Setzen wir in (3.84) $y = k\vartheta$, $s = 0$, so ist

$$S_k(\vartheta; N) = \Phi_{k,N}(k\vartheta; 0).$$

Übernehmen wir wieder die Bezeichnungen des Hilfssatzes 3.5, so erhalten wir aus (3.85)

$$S_k(\vartheta; N) = g_k(k\vartheta; 0) + \sum_{1 \le n \le N'} \int_{(C_k)} e^{2\pi i(\vartheta z^k - nz)}\, dz + O\left(\frac{1}{\sqrt{\vartheta N^{k-2}}}\right), \tag{3.101}$$

worin $N' = k\vartheta(N + 1/2)^{k-1}$ und nach (3.86)

$$g_k(k\vartheta; 0) = \int_{(C_k)} e^{2\pi i \vartheta (z + \frac{1}{2})^k} \frac{dz}{e^{2\pi i z} + 1}$$

bedeuten. Dabei ist $k\vartheta(N + 1/2)^k > 1$ vorausgesetzt. Über die Integrale in (3.101) wissen wir inzwischen Bescheid. Es verbleibt noch eine Bearbeitung der Integrale $g_k(k\vartheta; 0)$.

Im Integral für $g_k(k\vartheta; 0)$ substituieren wir wieder $z \to z - 1/2$. Dann ist

$$g_k(k\vartheta; 0) = -\int_{(\frac{1}{2}+C_k)} e^{2\pi i \vartheta z^k} \frac{dz}{e^{2\pi i z} - 1}.$$

Für das Integral von $\frac{1}{2}$ nach $\frac{1}{2} + e^{\pi i/2k}\infty$ verlagern wir mittels des CAUCHYschen Integralsatzes den Integrationsweg und formen gleichzeitig um.

$$- \int_{\frac{1}{2}}^{\frac{1}{2}+e^{\pi i/2k}\infty} e^{2\pi i\vartheta z^k}\frac{dz}{e^{2\pi iz}-1} = - \int_{\frac{1}{2}}^{e^{\pi i/2k}} e^{2\pi i\vartheta z^k}\frac{dz}{e^{2\pi iz}-1}$$

$$+ \int_{e^{\pi i/2k}}^{e^{\pi i/2k}\infty} e^{2\pi i\vartheta z^k}\left\{1 - \frac{e^{2\pi iz}}{e^{2\pi iz}-1}\right\}dz.$$

Das erste Integral ist beschränkt. Im zweiten Integral gilt bezüglich des zweiten Summanden

$$\frac{e^{2\pi iz}}{e^{2\pi iz}-1} \to 0 \quad \text{für} \quad z \to e^{\frac{\pi i}{2k}}\infty.$$

Also kann die von ϑ abhängende Exponentialfunktion größenordnungsmäßig durch 1 abgeschätzt werden. Wir substituieren $z \to e^{\pi i/2k}z$. Bezüglich des ersten Summanden kann der Integrationsweg bis 0 verlängert werden. Der entstehende Fehler ist von der Größenordnung 1. Insgesamt verbleibt also

$$- \int_{\frac{1}{2}}^{\frac{1}{2}+e^{\pi i/2k}\infty} e^{2\pi i\vartheta z^k}\frac{dz}{e^{2\pi iz}-1} =$$

$$= \int_{0}^{e^{\pi i/2k}\infty} e^{2\pi i\vartheta z^k}dz + O\left(\int_{1}^{\infty}\left|\frac{e^{2\pi i e^{\pi i/2k}z}}{e^{2\pi i e^{\pi i/2k}z}-1}\right|dz\right) + O(1)$$

$$= e^{\frac{\pi i}{2k}}(2\pi\vartheta)^{-\frac{1}{k}}\int_{0}^{\infty} e^{-z^k}dz + O(1)$$

$$= e^{\frac{\pi i}{2k}}\Gamma\left(\frac{1}{k}+1\right)(2\pi\vartheta)^{-\frac{1}{k}} + O(1).$$

Verbleiben noch die Integrale von $\frac{1}{2}$ nach $\frac{1}{2} - e_k\infty$, wobei

$$e_k = e^{\frac{\pi i}{2k}} \quad \text{für} \quad k \equiv 0 \pmod 2,$$

$$e_3 = e^{\frac{\pi i}{3}} \quad \text{für} \quad k = 3,$$

$$e_k = e^{\frac{3\pi i}{2k}} \quad \text{für} \quad k \equiv 1 \pmod 2, k > 3$$

gesetzt wurde. Auf diesen Integrationswegen gilt bereits

$$\frac{1}{e^{2\pi iz}-1} \to 0,$$

wenn z auf diese Weise gegen ∞ strebt. Durch Substitution $z \to \frac{1}{2} - e_k z$ ergibt sich in allen drei Fällen

$$\int_{\frac{1}{2}}^{\frac{1}{2}-e_k\infty} e^{2\pi i\vartheta z^k} \frac{dz}{e^{2\pi i z}-1} \ll \int_0^\infty \left| \frac{1}{e^{-2\pi i e_k z}+1} \right| dz \ll 1.$$

Also ist

$$g_k(k\vartheta;0) = e^{\frac{\pi i}{2k}} \Gamma\left(\frac{1}{k}+1\right)(2\pi\vartheta)^{-\frac{1}{k}} + O(1).$$

Wir verwenden dieses Ergebnis und (3.96) mit $x = (4\pi^2/\vartheta)^{1/3}n$ und (3.97) mit $y = 4\vartheta$ und (3.99) mit $y = k\vartheta$ in (3.101) mit $s = 0$. Dann erhalten wir sofort den folgenden Satz.

Satz 3.25 *Es seien $0 < \vartheta < 1$, $\vartheta N^k > 1$, $N' = k\vartheta(N+1/2)^{k-1}$, $k = 3, 4, \ldots$. Dann bestehen für die Weylschen Summen die folgenden asymptotischen Transformationsformeln:*
Für $k = 3$ ist

$$S_3(\vartheta;N) = e^{\frac{\pi i}{6}}\Gamma\left(\frac{4}{3}\right)(2\pi\vartheta)^{-\frac{1}{3}} + e^{-\frac{\pi i}{6}}\frac{\pi}{3}\frac{1}{\sqrt{\vartheta}}\sum_{1\leq n\leq N'}\sqrt{n}H_{1/3}^{(2)}\left(\frac{4\pi}{3}\sqrt{\frac{n^3}{3\vartheta}}\right)$$
$$+ O\left(\frac{1}{\sqrt{\vartheta N}}\right) + O(1),$$

für $k = 4$ ist

$$S_4(\vartheta;N) = e^{\frac{\pi i}{8}}\Gamma\left(\frac{5}{4}\right)(2\pi\vartheta)^{-\frac{1}{4}}$$
$$+ e^{\frac{\pi i}{8}}\frac{\pi}{2}\left(\frac{2}{\pi\vartheta}\right)^{\frac{1}{4}}\sum_{1\leq n\leq N'}\Phi\left(\frac{1}{2},\frac{3}{4};-e^{\frac{\pi i}{4}}\sqrt{\frac{\pi}{2\vartheta}}\frac{\pi n^2}{2}\right)$$
$$+ O\left(\frac{1}{\sqrt{\vartheta N^2}}\right) + O(1),$$

und für $k \geq 3$ gilt mit $\varepsilon > 0$

$$S_k(\vartheta;N) = e^{\frac{\pi i}{2k}}\Gamma\left(\frac{1}{k}+1\right)(2\pi\vartheta)^{-\frac{1}{k}}$$
$$+ \frac{1}{\sqrt{k-1}}\sum_{1\leq n\leq N'}\left(k\vartheta n^{k-2}\right)^{-\frac{1}{2(k-1)}} e^{2\pi i(\frac{1}{k}-1)(n^k k^{-1}\vartheta^{-1})^{\frac{1}{k-1}}+\frac{\pi i}{4}}$$
$$+ O\left(\frac{1}{\sqrt{\vartheta N^{k-2}}}\right) + O\left(\left(\vartheta N^{k-1}\right)^{\varepsilon}\right) + O(1). \tag{3.102}$$

Die Transformationsformeln haben natürlich auch Gültigkeit für die höheren GAUSSschen Summen. Man braucht nur $\vartheta = a/N$ mit $a \in \mathbb{N}$ und $a < N$, $(a, N) = 1$ zu setzen. Aber für eine Abschätzung sind sie nicht geeignet, da man die Exponentialsumme in (3.102) nur trivial abschätzen kann. Selbst im allgemeinen Fall kann die Summe bei trivialer Abschätzung nur zur Größenordnung $\sqrt{\vartheta N^k}$ abgeschätzt werden. Nun ist aber offenbar trivialerweise

$$|S_k(\vartheta; N)| \leq N,$$

und es ist

$$\sqrt{\vartheta N^k} \geq N \qquad \text{für} \quad \vartheta \geq \frac{1}{N^{k-2}}.$$

Also gibt (3.102) schlechtere Abschätzungen als die triviale Abschätzung.

Für $N^{-k} < \vartheta < N^{-(k-2)}$ liefert dagegen (3.102) eine gute asymptotische Darstellung der WEYLschen Summen. Es ist

$$S_k(\vartheta; N) = e^{\frac{\pi i}{2k}} \Gamma\left(\frac{1}{k} + 1\right) (2\pi\vartheta)^{-\frac{1}{k}} + O\left(\sqrt{\vartheta N^k}\right) + O\left(\frac{1}{\sqrt{\vartheta N^{k-2}}}\right).$$

Die Summe bringt eigentlich nur den Beitrag $O(\sqrt{\vartheta N^k})$, wenn $N' > 1$ ist. Wir können ihn aber trotzdem stehen lassen, da er andernfalls kleiner ausfällt als das zweite O-Glied. Die beiden anderen O-Glieder in (3.102) sind bedeutungslos. Somit folgt:

Korollar zu Satz 3.25 *Für die Weylsche Summe* (3.100) *besteht für $k \geq 3$ die asymptotische Darstellung*

$$S_k(\vartheta; N) = e^{\frac{\pi i}{2k}} \Gamma\left(\frac{1}{k} + 1\right) (2\pi\vartheta)^{-\frac{1}{k}} + \begin{cases} O\left(\sqrt{\vartheta N^k}\right) & \text{für} \quad \frac{1}{N^{k-1}} < \vartheta < \frac{1}{N^{k-2}}, \\ O\left(\frac{1}{\sqrt{\vartheta N^{k-2}}}\right) & \text{für} \quad \frac{1}{N^k} < \vartheta \leq \frac{1}{N^{k-1}}. \end{cases}$$

3.8 Anmerkungen

Die Funktionalgleichung (3.9) wurde von E. KRÄTZEL [44] aufgestellt. Der hier wiedergegebene Beweis entspricht im wesentlichen dem dortigen. Die höhere Etafunktion $t \mapsto \eta_{a,b}(t)$ wurde für $a = 1$ bereits von E. M. WRIGHT [79] untersucht und zur Behandlung höherer Partitionsprobleme benutzt. Man kann die hier vorgenommene Verallgemeinerung der DEDEKINDschen Etafunktion aus der Darstellung ihres Logarithmus heraus verstehen. Für $t > 0$ ist

$$\log \eta(it) + \frac{\pi}{12} t = \sum_{n=1}^{\infty} \sum_{m=1}^{\infty} \frac{1}{m} e^{-2\pi nmt}$$

Man geht über zu

$$\sum_{n=1}^{\infty} \sum_{m=1}^{\infty} \frac{1}{m} e^{-2\pi n^k mt}$$

mit zunächst natürlichen Zahlen k, dann rationalen Zahlen $k = a/b$. Eine weitere natürliche Verallgemeinerung besteht in

$$\sum_{n=1}^{\infty} \sum_{m=1}^{\infty} \frac{1}{m} e^{-2\pi n m^k t},$$

wieder zunächst für natürliche Zahlen k und dann rationale Zahlen $k = a/b$. Dieser zweite Weg wurde von E. KRÄTZEL in [45] beschritten.

Die Formel (3.13) wurde für $a = 1$ von SHÔ ISEKI [33] aufgestellt, die Verallgemeinerung von E. KRÄTZEL [44]. SHÔ ISEKI konnte auch eine Funktionalgleichung für $a = 1$ und gerade b beweisen, eine Verallgemeinerung auf beliebige ungerade a ist jedoch nicht möglich.

Der in Satz 3.3 ausgesprochene Zusammenhang mit den verallgemeinerten DEDEKINDschen Summen findet sich bereits bei E. M. WRIGHT [79] und SHÔ ISEKI [33]. Der Abschnitt 3.2 ist nach E. KRÄTZEL [44] gestaltet. Entsprechend der zweiten Verallgemeinerung der DEDEKINDschen Etafunktion kann man auch eine zweite Art von verallgemeinerten DEDEKINDschen Summen einführen, was in [45] geschehen ist.

Für die Partitionen im Spezialfall $k = 1$ existiert eine umfangreiche Literatur. Einen einfacheren Beweis für die Ungleichung (3.35) findet man zum Beispiel bei M. I. KNOPP [36] und E. KRÄTZEL [46]. H. RADEMACHER hat für die Partitionsfunktion $p_1(n)$ eine asymptotische Darstellung gegeben. Hierüber lese man am besten in seinem Buch [69] nach. Für die Anzahl der Partitionen mit $k > 1$ hat E. M. WRIGHT [79] eine asymptotische Darstellung angegeben.

Die Transformation und weitere Eigenschaften der höheren Thetafunktionen wurden von E. KRÄTZEL [40], [41] studiert. Die Tansformation der kubischen Thetafunktion wurde von W. MAIER [53] und die Integrofunktionalgleichung der biquadratischen Thetafunktion von E. KRÄTZEL [41] angegeben. Die höheren Thetafunktionen besitzen keine Produktdarstellung wie die JACOBIsche Thetafunktion, was ihre Anwendbarkeit weitgehend einschränkt. In [43] wurde dargestellt, daß das Produkt ersetzt wird durch eine recht komplizierte und unhandliche Entwicklung.

N. G. BAKHOOM [1] hat ausführlich das asymptotische Verhalten der Integrale

$$\int\limits_{0}^{\infty} e^{xz-z^k}\, dz$$

studiert. Allerdings ist das hier benötigte Ergebnis in Abschnitt 3.4.3 nicht als Spezialfall in seinen Resultaten enthalten.

Der hier verwendeten *Sattelpunktsmethode* liegt folgende Idee zugrunde: Ziel ist die asymptotische Entwicklung eines Integrals der Gestalt

$$f(x) = \int\limits_{C} g(z) e^{x h(z)}\, dz$$

für $x \to \infty$. Dabei sei der Einfachheit halber $x > 0$ angenommen. Die Funktionen g und h seien in einem gewissen Gebiet holomorph, und der Integrationsweg verlaufe in diesem Gebiet. Es sei in einem inneren Punkt die Ableitung $h'(z_0) = 0$. Wir schreiben

$$f(x) = e^{xh(z_0)} \int\limits_C g(z) e^{x(h(z)-h(z_0))} \, dz.$$

Wir versuchen , den Integrationsweg C so zu deformieren, daß er über den Punkt z_0 verläuft. Wir zerlegen z, z_0, $h(z)$ in ihre Real- und Imaginärteile

$$z = x + iy, \quad z_0 = x_0 + iy_0, \quad h(z) = u(x,y) + iv(x,y).$$

Jetzt betrachten wir $u = u(x,y)$ als Fläche im (x,y,u)-Raum und wünschen, daß $u(x,y)$ im Punkt (x_0,y_0) möglichst groß ausfällt. Nun kann aber $u(x,y)$ als Realteil einer holomorphen Funktion im Innern des Holomorphiegebietes kein Maximum (und kein Minimum) im zweidimensionalen Sinn besitzen. Also muß z_0 ein Sattelpunkt sein. Ist

$$h'(z_0) = h''(z_0) = \cdots = h^{(m-1)}(z_0) = 0, \quad h^{(m)}(z_0) \neq 0,$$

so sagt man z_0 ist ein Sattelpunkt der Ordnung $m - 1$. Die unmittelbare Umgebung des Sattelpunktes besteht dann aus m Bergen und m Tälern. Können wir den Integrationsweg über den Sattelpunkt und in die Täler führen, so wird die unmittelbare Umgebung des Sattelpunktes den Hauptanteil an der asymptotischen Entwicklung des Integrals liefern. Dabei kann es gelegentlich vorkommen, daß man den Weg über mehrere Sattelpunkte, so vorhanden, legen muß. Im einzelnen sei auf die Bücher von G. DOETSCH [14] und E. T. COPSON [11] verwiesen.

Die höheren GAUSSschen Summen sind ausführlich in dem Buch von N. M. KOROBOV [38] abgehandelt worden. Wir haben uns der dortigen Vorgehensweise weitgehend angeschlossen. Der aufmerksame Leser wird am Schluß von Abschnitt 3.5.1 und im Abschnitt über kubische GAUSSsche Summen gemerkt haben, daß wir dort mit Charakteren gearbeitet haben, ohne sie namentlich genannt zu haben. Dem analytischen Charakter des Buches entsprechend sind wir auch an dieser Stelle konsequent analytisch geblieben. Dem Leser sei unbedingt empfohlen, auch den algebraischen Hintergrund zu studieren. Das geschieht am besten mit dem Buch [24] von H. HASSE. Dort ist die KUMMERsche Vermutung ausführlich erläutert. Sie wurde von D. R. HEATH-BROWN und S. J. PATTERSON [27] 1979 bewiesen. H. HASSE beschreibt auch ausführlich den biquadratischen Fall und stellt eine der KUMMERschen Vermutung analoge Vermutung auf.

Die Behandlung der DIRICHLETschen Reihen (3.83) erfolgte nach H. MENZER [55], [56]. Die Abschätzung WEYLscher Summen mit der MORDELLschen Methode hat die Arbeit [42] von E. KRÄTZEL zum Vorbild. WEYLsche Summen werden üblicherweise mit der WEYLschen oder VINOGRADOVschen Methode abgeschätzt. Hier sollte nicht darauf eingegangen werden, es sei auf das Buch von N. M. KORO-BOV [38] verwiesen. Erwähnen wollen wir noch dasWEYLsche Ergebnis: Es sei mit

$a, q \in \mathbb{N}$

$$\vartheta = \frac{a}{q} + \frac{\theta}{q^2}, \qquad (a, q) = 1, \qquad |\theta| \leq 1.$$

Dann ist

$$|S_k(\vartheta; N)| \leq c(N, \varepsilon) N^{1 - \frac{1-\varepsilon}{2^k - 1}} \qquad (\varepsilon > 0)$$

für

$$\frac{1}{N^{k-1}} \leq \frac{1}{q} \leq \frac{1}{N}.$$

Darüber hinaus ist

$$|S_k(\vartheta; N)| \leq c(N, \varepsilon, \varepsilon_1) N^{1 - \frac{1-\varepsilon_1-\varepsilon}{2^k - 1}} \qquad (\varepsilon > 0)$$

für

$$\frac{1}{N^{k-\varepsilon_1}} \leq \frac{1}{q} \leq \frac{1}{N^{\varepsilon_1}} \qquad (0 < \varepsilon_1 < 1).$$

Dieses Ergebnis wurde von D. R. HEATH-BROWN [25] für einige kleine k noch ein wenig verbessert. Für große k können allerdings mit der VINOGRADOVschen Methode bessere Resultate erzielt werden. Das im Korollar zu Satz 3.25 ausgesprochene Ergebnis arbeitet nur in einem speziellen Teilbereich, ist aber für

$$\vartheta < \frac{1}{N^{k-2+2^{1-k}}}$$

besser als das WEYLsche Ergebnis.

Kapitel 4

Exponentialsummen II

Das Anliegen dieses Kapitels besteht darin, Ergebnisse und Methoden des ersten Kapitels zur Abschätzung einfacher Exponentialsummen auf zweifache Exponentialsummen

$$\sum_{(n_1,n_2)\in D} e^{2\pi i f(n_1,n_2)}$$

zu übertragen. Hierin stellt D einen kompakten, ebenen Bereich dar.
(n_1, n_2) durchläuft die Gitterpunkte von D. Die Funktion f sei auf allen Gitterpunkten erklärt und reellwertig. Ist sogar f für alle Punkte $(t_1, t_2) \in D$ definiert, so soll durchweg $f(t_1, t_2) \in \mathbb{R}$ sein. Wie werden drei verschiedenartige Abschätzungen der Exponentialsumme vornehmen. Im ersten Abschnitt geben wir ein Analogon zur KUSMIN-LANDAUschen Ungleichung. Die Voraussetzungen werden kompliziert und einschränkend sein. Deshalb entwickeln wir noch ein zweites Ergebnis mit etwas einfacheren Voraussetzungen, aber mit einem etwas schwächeren Resultat. Im zweiten Abschnitt benutzen wir eine Mischung von KUSMIN-LANDAUscher Ungleichung und VAN DER CORPUTschem Satz. Das heißt, auf eine Variable wird die eine, auf die andere Variable die andere Methode angewandt. Schließlich im dritten Abschnitt iterieren wir die VAN DER CORPUTsche Methode.

4.1 Zweifache Exponentialsummen I: Analoga zur Kusmin-Landauschen Ungleichung

In diesem Abschnitt sei der Einfachheit halber der Bereich D ein Rechteck:

$$D = \{(t_1, t_2) \in \mathbb{R}^2 : a_1 \le t_1 \le b_1, a_2 \le t_2 \le b_2\}. \tag{4.1}$$

Dabei seien $a_1, b_1, a_2, b_2 \in \mathbb{Z}$ mit $b_1 - a_1 \ge 2$, $b_2 - a_2 \ge 2$. Die Funktion f sei auf allen Gitterpunkten $(n_1, n_2) \in D$ erklärt und reell. Wir bilden die Differenzen

$$\begin{aligned}
\Delta_1 f(n_1, n_2) &= f(n_1 + 1, n_2) - f(n_1, n_2), \\
\Delta_2 f(n_1, n_2) &= f(n_1, n_2 + 1) - f(n_1, n_2).
\end{aligned}$$

Wie üblich sei

$$\Delta_j^2 f(n_1, n_2) = \Delta_j \Delta_j f(n_1, n_2) \qquad (j = 1, 2),$$

und natürlich ist

$$\Delta_1 \Delta_2 f(n_1, n_2) = \Delta_2 \Delta_1 f(n_1, n_2).$$

Die Übertragung der KUSMIN-LANDAUschen Ungleichung (1.4) auf zweifache Exponentialsummen gelingt nicht so ohne weiteres. Abgesehen von einer Einschränkung auf einen Rechteckbereich werden auch die Voraussetzungen für die Gültigkeit der entstehenden Ungleichungen nicht ganz angenehm sein. Dies liegt aber wohl in der Natur der Sache. Wir werden zwei Ungleichungen bei unterschiedlichen Voraussetzungen beweisen und beginnen mit einem Hilfssatz für die erste Ungleichung.

Hilfssatz 4.1 *Es bezeichne D das Rechteck (4.1), und es sei $f(n_1, n_2) \in \mathbb{R}$ für $(n_1, n_2) \in D$. Es seien $\Delta_1 f(n_1, n_2), \Delta_2 f(n_1, n_2)$ monoton sowohl in n_1 als auch in n_2. Weiter seien*

$$0 < \vartheta_1 \le \Delta_1 f(n_1, n_2) \le 1 - \vartheta_1 \quad \textit{für} \quad a_1 \le n_1 \le b_1 - 1, \quad a_2 \le n_2 \le b_2,$$
$$0 < \vartheta_2 \le \Delta_2 f(n_1, n_2) \le 1 - \vartheta_2 \quad \textit{für} \quad a_1 \le n_1 \le b_1, \quad a_2 \le n_2 \le b_2 - 1.$$

Dann ist

$$\left| \sum_{n_1=a_1}^{b_1} \sum_{n_2=a_2}^{b_2} e^{2\pi i f(n_1,n_2)} \right| \le$$

$$\le \frac{1}{2} \cot \frac{\pi}{2} \vartheta_1 \sum_{n_1=a_1+1}^{b_1} \sum_{n_2=a_2+1}^{b_2-1} |C(f(n_1,n_2))| + 2 \cot \frac{\pi}{2} \vartheta_1 \cot \frac{\pi}{2} \vartheta_2 \qquad (4.2)$$

mit

$$C(f(n_1,n_2)) = \Delta_1 \Delta_2 \cot \pi \Delta_2 f(n_1 - 1, n_2 - 1). \qquad (4.3)$$

Beweis. Wir gehen zunächst ganz analog zum Beweis von Satz 1.2 vor, indem wir in

$$S = \sum_{n_1=a_1}^{b_1} \sum_{n_2=a_2}^{b_2} e^{2\pi i f(n_1,n_2)}$$

die Summe über n_2 wie dort behandeln. Wir erhalten

$$S = \sum_{n_1=a_1}^{b_1} \left\{ e^{2\pi i f(n_1,a_2)} + \sum_{n_2=a_2+1}^{b_2} \frac{e^{2\pi i f(n_1,n_2)}}{\Delta_2 e^{2\pi i f(n_1,n_2-1)}} \Delta_2 e^{2\pi i f(n_1,n_2-1)} \right\}$$

$$= \sum_{n_1=a_1}^{b_1} \left\{ e^{2\pi i f(n_1,a_2)} + \sum_{n_2=a_2+1}^{b_2} \frac{e^{\pi i \Delta_2 f(n_1,n_2-1)}}{2i \sin \pi \Delta_2 f(n_1, n_2 - 1)} \Delta_2 e^{2\pi i f(n_1,n_2-1)} \right\}$$

Wegen

$$\frac{e^{ix}}{i \sin x} = 1 - i \cot x$$

folgt daraus

$$S \;=\; \frac{1}{2} \sum_{n_1=a_1}^{b_1} \left\{ 2e^{2\pi i f(n_1,a_2)} + \sum_{n_2=a_2+1}^{b_2} \Delta_2 e^{2\pi i f(n_1,n_2-1)} \right\}$$

$$- \frac{i}{2} \sum_{n_1=a_1}^{b_1} \sum_{n_2=a_2+1}^{b_2} \left(\Delta_2 e^{2\pi i f(n_1,n_2-1)} \right) \cot \pi \Delta_2 f(n_1, n_2 - 1).$$

Im ersten Teil der Formel heben sich in der Summe über n_2 alle Summanden heraus bis auf zwei Endterme, so daß zwei einfache Summen über n_1 bezüglich $f(n_1,a_2)$ und $f(n_1,b_2)$ übrig bleiben. Im zweiten Teil der Formel zerlegen wir

$$\Delta_2 e^{2\pi i f(n_1,n_2-1)} = e^{2\pi i f(n_1,n_2)} - e^{2\pi i f(n_1,n_2-1)},$$

so daß wir zwei Doppelsummen erhalten. In der zweiten Summe substituieren wir $n_2 \to n_2 + 1$ bezüglich $e^{2\pi i f(n_1,n_2-1)}$. Dann bekommen wir

$$S = S_1 + S_2 + S_3$$

mit

$$S_1 \;=\; \frac{1}{2} \sum_{n_1=a_1}^{b_1} e^{2\pi i f(n_1,a_2)} \left\{ 1 + i \cot \pi \Delta_2 f(n_1, a_2) \right\},$$

$$S_2 \;=\; \frac{1}{2} \sum_{n_1=a_1}^{b_1} e^{2\pi i f(n_1,b_2)} \left\{ 1 - i \cot \pi \Delta_2 f(n_1, b_2 - 1) \right\},$$

$$S_3 \;=\; \frac{i}{2} \sum_{n_1=a_1}^{b_1} \sum_{n_2=a_2+1}^{b_2-1} e^{2\pi i f(n_1,n_2)} \Delta_2 \cot \pi \Delta_2 f(n_1, n_2 - 1). \tag{4.4}$$

Auf den zweiten Teil der Summe S_1 wenden wir partielle Summation an. Damit ergibt sich

$$S_1 \;=\; \frac{1}{2} \sum_{n_1=a_1}^{b_1} e^{2\pi i f(n_1,a_2)} \left\{ 1 + i \cot \pi \Delta_2 f(b_1, a_2) \right\}$$

$$- \frac{i}{2} \sum_{n_1=a_1}^{b_1-1} \left(\Delta_1 \cot \pi \Delta_2 f(n_1, a_2) \right) \sum_{n_3=a_1}^{n_1} e^{2\pi i f(n_3,a_2)}.$$

Bezüglich der ersten Summe über n_1 mit $a_1 \le n_1 \le b_1$ und der letzten Summe über n_3 mit $a_1 \le n_3 \le n_1$ bei festem $n_1 > a_1$ sind die Bedingungen des Satzes 1.2 erfüllt. Sie können nach (1.4) mit $\cot(\pi\vartheta_1/2)$ abgeschätzt werden. Für $n_3 = n_1$ schätzen wir trivial mit 1 ab. Wegen $\vartheta_1 \le 1/2$ ist dann auch $1 \le \cot(\pi\vartheta_1/2)$. Also bekommen wir

$$|S_1| \le \frac{1}{2} \cot \frac{\pi}{2}\vartheta_1 \left\{ |1 + i \cot \pi \Delta_2 f(b_1, a_2)| + \sum_{n_1=a_1}^{b_1-1} |\Delta_1 \cot \pi \Delta_2 f(n_1, a_2)| \right\}.$$

Ist $\Delta_2 f(n_1, a_2)$ in n_1 monoton wachsend, so ist $\cot \pi \Delta_2 f(n_1, a_2)$ monoton fallend. Das gibt·

$$|S_1| \;\le\; \frac{1}{2} \cot \frac{\pi}{2} \vartheta_1 \left\{ \frac{1}{\sin \pi \Delta_2 f(b_1, a_2)} - \sum_{n_1 = a_1}^{b_1 - 1} \Delta_1 \cot \pi \Delta_2 f(n_1, a_2) \right\}$$

$$= \frac{1}{2} \cot \frac{\pi}{2} \vartheta_1 \left\{ \frac{1}{\sin \pi \Delta_2 f(b_1, a_2)} - \cot \pi \Delta_2 f(b_1, a_2) + \cot \pi \Delta_2 f(a_1, a_2) \right\}.$$

Wegen

$$\sin 2x = 2 \sin x \cos x, \qquad \cos 2x = 2 \cos^2 x - 1$$

haben wir

$$\frac{1 - \cos 2x}{\sin 2x} = \frac{1 - \cos^2 x}{\sin x \cos x} = \tan x$$

und daher

$$|S_1| \;\le\; \frac{1}{2} \cot \frac{\pi}{2} \vartheta_1 \{ \tan \frac{\pi}{2} \Delta_2 f(b_1, a_2) + \cot \pi \Delta_2 f(a_1, a_2) \}$$

$$= \frac{1}{2} \cot \frac{\pi}{2} \vartheta_1 \{ \cot \frac{\pi}{2} (1 - \Delta_2 f(b_1, a_2)) + \cot \pi \Delta_2 f(a_1, a_2) \}$$

$$\le \frac{1}{2} \cot \frac{\pi}{2} \vartheta_1 \{ \cot \frac{\pi}{2} \vartheta_2 + \cot \pi \vartheta_2 \}.$$

Weiter ist

$$\cot 2x = \frac{2 \cos^2 x - 1}{2 \sin x \cos x} = \frac{\cos^2 x - \sin^2 x}{2 \sin x \cos x} = \frac{1}{2} \cot x - \frac{1}{2} \tan x$$

$$< \frac{1}{2} \cot x \qquad \text{für} \quad 0 < x < \frac{\pi}{2}.$$

Folglich ist

$$|S_1| \le \frac{3}{4} \cot \frac{\pi}{2} \vartheta_1 \cdot \cot \frac{\pi}{2} \vartheta_2.$$

Ist andererseits $\Delta_2 f(n_1, a_2)$ monoton fallend, so erhalten wir, wenn wir

$$\frac{1 + \cos 2x}{\sin 2x} = \frac{\cos^2 x}{\sin x \cos x} = \cot x$$

berücksichtigen,

$$|S_1| \;\le\; \frac{1}{2} \cot \frac{\pi}{2} \vartheta_1 \left\{ \frac{1}{\sin \pi \Delta_2 f(b_1, a_2)} + \cot \pi \Delta_2 f(b_1, a_2) - \cot \pi \Delta_2 f(a_1, a_2) \right\}$$

$$= \frac{1}{2} \cot \frac{\pi}{2} \vartheta_1 \{ \cot \frac{\pi}{2} \Delta_2 f(b_1, a_2) - \cot \pi \Delta_2 f(a_1, a_2) \}$$

$$\le \frac{1}{2} \cot \frac{\pi}{2} \vartheta_1 \{ \tan \frac{\pi}{2} (1 - \vartheta_2) - \cot \pi (1 - \vartheta_2) \}$$

$$\le \frac{3}{4} \cot \frac{\pi}{2} \vartheta_1 \cdot \cot \frac{\pi}{2} \vartheta_2.$$

Also gilt auch in diesem Fall dieselbe Abschätzung für S_1. Ganz analog verfährt man für S_2, und man erhält wieder diese Abschätzung. Damit haben wir zunächst

$$|S| \le \frac{3}{2} \cot \frac{\pi}{2}\vartheta_1 \cdot \cot \frac{\pi}{2}\vartheta_2 + |S_3|.$$

In S_3 führen wir bezüglich der Summe über n_1 partielle Summation durch und erhalten

$$S_3 = S_{3,1} + S_{3,2}$$

mit

$$S_{3,1} = \frac{i}{2} \sum_{n_2=a_2+1}^{b_2-1} \Delta_2 \cot \pi \Delta_2 f(b_1, n_2 - 1) \sum_{n_1=a_1}^{b_1} e^{2\pi i f(n_1,n_2)},$$

$$S_{3,2} = -\frac{i}{2} \sum_{n_1=a_1+1}^{b_1} \sum_{n_2=a_2+1}^{b_2-1} \Delta_1 \Delta_2 \cot \pi \Delta_2 f(n_1 - 1, n_2 - 1) \sum_{n_3=a_1}^{n_1-1} e^{2\pi i f(n_3,n_2)}.$$

In $S_{3,1}$ schätzen wir die Summe über n_1 wieder mit (1.4) ab.

$$|S_{3,1}| \le \frac{1}{2} \cot \frac{\pi}{2}\vartheta_1 \sum_{n_2=a_2+1}^{b_2-1} |\Delta_2 \cot \pi \Delta_2 f(b_1, n_2 - 1)|.$$

Nun ist nach Voraussetzung $\Delta_2 f(b_1, n_2 - 1)$ monoton, etwa monoton wachsend. Dann ist

$$\begin{aligned}
|S_{3,1}| &\le \frac{1}{2} \cot \frac{\pi}{2}\vartheta_1 \{\cot \pi \Delta_2 f(b_1, a_1) - \cot \pi \Delta_2 f(b_1, b_2 - 1)\} \\
&\le \frac{1}{2} \cot \frac{\pi}{2}\vartheta_1 \{\cot \pi \vartheta_2 - \cot \pi (1 - \vartheta_2)\} \\
&\le \cot \frac{\pi}{2}\vartheta_1 \cdot \cot \pi \vartheta_2 \\
&\le \frac{1}{2} \cot \frac{\pi}{2}\vartheta_1 \cdot \cot \frac{\pi}{2}\vartheta_2.
\end{aligned}$$

Der Fall, daß $\Delta_2 f(b_1, n_2 - 1)$ monoton fallend ist, erledigt sich in gleicher Weise. Auf $S_{3,2}$ wenden wir wieder (1.4) an und erhalten

$$|S_{3,2}| \le \frac{1}{2} \cot \frac{\pi}{2}\vartheta_1 \sum_{n_1=a_1+1}^{b_1} \sum_{n_2=a_2+1}^{b_2-1} |\Delta_1 \Delta_2 \cot \pi \Delta_2 f(n_1 - 1, n_2 - 1)|$$

und damit bei Benutzung von (4.3)

$$|S_3| \le \frac{1}{2} \cot \frac{\pi}{2}\vartheta_1 \sum_{n_1=a_1+1}^{b_1} \sum_{n_2=a_2+1}^{b_2-1} |C(f(n_1, n_2))| + \frac{1}{2} \cot \frac{\pi}{2}\vartheta_1 \cdot \cot \frac{\pi}{2}\vartheta_2.$$

Setzen wir dies in obige Abschätzung für S ein, so erhalten wir (4.2).

Es verbleibt nun noch, in (4.2) die Summe über $|C(f(n_1, n_2))|$ abzuschätzen. Wäre $C(f(n_1, n_2))$ stets größer oder gleich 0 oder stets kleiner oder gleich 0, so könnten wir die Betragsstriche löschen. Nehmen wir etwa an, $C(f(n_1, n_2))$ wäre stets größer oder gleich 0, dann hätten wir

$$
\begin{aligned}
\sum_{n_1=a_1+1}^{b_1} \sum_{n_2=a_2+1}^{b_2-1} &|C(f(n_1, n_2))| = \\
&= \sum_{n_1=a_1+1}^{b_1} \sum_{n_2=a_2+1}^{b_2-1} \Delta_1 \Delta_2 \cot \pi \Delta_2 f(n_1 - 1, n_2 - 1) \\
&= \sum_{n_1=a_1+1}^{b_1} \Delta_1 \{\cot \pi \Delta_2 f(n_1 - 1, b_2 - 1) - \cot \pi \Delta_2 f(n_1 - 1, a_2)\} \\
&= \cot \pi \Delta_2 f(b_1, b_2 - 1) - \cot \pi \Delta_2 f(a_1, b_2 - 1) \\
&\quad - \cot \pi \Delta_2 f(b_1, a_2) + \cot \pi \Delta_2 f(a_1, a_2) \\
&\leq 2 \cot \pi \vartheta_2 - 2 \cot \pi (1 - \vartheta_2) \\
&\leq 4 \cot \pi \vartheta_2 \\
&\leq 2 \cot \frac{\pi}{2} \vartheta_2.
\end{aligned}
$$

Dies in (4.2) eingesetzt führt zu

$$
|S| \leq 3 \cot \frac{\pi}{2} \vartheta_1 \cdot \cot \frac{\pi}{2} \vartheta_2. \tag{4.5}
$$

Für $C(f(n_1, n_2))$ stets kleiner oder gleich 0 erhalten wir natürlich die gleiche Abschätzung. Nun ist es aber in der Tat so, daß man unter den allgemeinen Voraussetzungen des Hilfssatzes 4.1 einen Vorzeichenwechsel von $C(f(n_1, n_2))$ durchaus hinnehmen muß. Deshalb müssen wir die Intervalle, in denen die Differenzen $\Delta_1 f(n_1, n_2)$ und $\Delta_2 f(n_1, n_2)$ schwanken können, stärker einschränken und weitere zusätzliche Voraussetzungen hinnehmen. Wir werden in den folgenden Hilfssätzen klären, unter welchen Bedingungen $C(f(n_1, n_2))$ sein Vorzeichen nicht wechselt.

Zuvor noch eine Bemerkung zur Funktion $x \mapsto \cot \pi x$. Sie ist für $0 < x < 1$ monoton fallend, für $0 < x < 1/2$ positiv, für $x = 1/2$ null, für $1/2 < x < 1$ negativ. Somit lesen wir aus

$$
\cot \pi y - \cot \pi x = \pi \int_y^x \frac{dt}{\sin^2 \pi t}
$$

die folgenden Ungleichungen ab:

$$
\pi \frac{x - y}{\sin^2 \pi x} \leq \cot \pi y - \cot \pi x \leq \pi \frac{x - y}{\sin^2 \pi y} \quad \text{für} \quad 0 < y \leq x \leq \frac{1}{2}, \tag{4.6}
$$

$$
\pi \frac{x - y}{\sin^2 \pi y} \leq \cot \pi y - \cot \pi x \leq \pi \frac{x - y}{\sin^2 \pi x} \quad \text{für} \quad \frac{1}{2} \leq y \leq x < 1. \tag{4.7}
$$

Hilfssatz 4.2 *Es seien die Bedingungen des Hilfssatzes 4.1 erfüllt.*
Ist für alle $(n_1, n_2) \in D$

$$0 < \vartheta_2 \leq \Delta_2 f(n_1, n_2) \leq \frac{1}{2}, \tag{4.8}$$

so sei

$$\Delta_1 \Delta_2 f(n_1, n_2) \geq 0 \quad und \quad \Delta_1 \Delta_2^2 f(n_1, n_2) \leq 0.$$

Für

$$\frac{1}{2} \leq \Delta_2 f(n_1, n_2) \leq 1 - \vartheta_2 < 1 \tag{4.9}$$

sei

$$\Delta_1 \Delta_2 f(n_1, n_2) \leq 0 \quad und \quad \Delta_1 \Delta_2^2 f(n_1, n_2) \geq 0.$$

In beiden Fällen wechselt $C(f(n_1, n_2))$ sein Vorzeichen nicht.

Beweis. Es ist ausreichend, den ersten Fall zu beweisen. Denn ist (4.9) erfüllt, so betrachten wir wegen

$$|S| = \left| \sum_{n_1=a_1}^{b_1} \sum_{n_2=a_2}^{b_2} e^{2\pi i(n_2 - f(n_1, n_2))} \right|$$

anstelle $f(n_1, n_2)$ jetzt $n_2 - f(n_1, n_2)$. Nun ist

$$0 \leq \vartheta_2 \leq \Delta_2(n_2 - f(n_1, n_2)) = 1 - \Delta_2 f(n_1, n_2) \leq \frac{1}{2},$$

und in den übrigen beiden Bedingungen drehen sich die Vorzeichen um.

Sei also (4.8) erfüllt. Dann ist nach (4.3)

$$\begin{aligned}
C(f(n_1, n_2)) &= \\
&= \Delta_1 \cot \pi \Delta_2 f(n_1 - 1, n_2) - \Delta_1 \cot \pi \Delta_2 f(n_1 - 1, n_2 - 1) \\
&= \{\cot \pi \Delta_2 f(n_1, n_2) - \cot \pi \Delta_2 f(n_1 - 1, n_2)\} \\
&\quad - \{\cot \pi \Delta_2 f(n_1, n_2 - 1) - \cot \pi \Delta_2 f(n_1 - 1, n_2 - 1)\}.
\end{aligned} \tag{4.10}$$

Wegen (4.8) wenden wir (4.6) an. Da nach Voraussetzung $\Delta_2 f(n_1, n_2)$ in n_1 monoton wächst, setzen wir für die erste Klammer $\Delta_2 f(n_1, n_2) = x$, $\Delta_2 f(n_1 - 1, n_2) = y$ und für die zweite Klammer $\Delta_2 f(n_1, n_2 - 1) = x$, $\Delta_2 f(n_1 - 1, n_2 - 2) = y$. Dann folgt

$$C(f(n_1, n_2)) \geq -\pi \frac{\Delta_1 \Delta_2 f(n_1 - 1, n_2)}{\sin^2 \pi \Delta_2 f(n_1 - 1, n_2)} + \pi \frac{\Delta_1 \Delta_2 f(n_1 - 1, n_2 - 1)}{\sin^2 \pi \Delta_2 f(n_1 - 1, n_2 - 1)}.$$

Ist $\Delta_2 f(n_1, n_2 - 1) \leq \Delta_2 f(n_1 - 1, n_2)$, so ist

$$C(f(n_1, n_2)) \geq -\pi \frac{\Delta_1 \Delta_2^2 f(n_1 - 1, n_2 - 1)}{\sin^2 \pi \Delta_2 f(n_1 - 1, n_2)} \geq 0.$$

Ist dagegen $\Delta_2 f(n_1, n_2 - 1) \geq \Delta_2 f(n_1 - 1, n_2)$, so ist

$$C(f(n_1, n_2)) \geq -\pi \frac{\Delta_1 \Delta_2^2 f(n_1 - 1, n_2 - 1)}{\sin^2 \pi \Delta_2 f(n_1, n_2 - 1)} \geq 0.$$

Damit ist der Hilfssatz bewiesen.

Hilfssatz 4.3 *Es seien die Bedingungen des Hilfssatzes 4.1 erfüllt. Für (4.8) sei*

$$\Delta_1 \Delta_2 f(n_1, n_2) \leq 0 \quad und \quad \Delta_1 \Delta_2^2 f(n_1, n_2) \geq 0,$$

und für (4.9) sei

$$\Delta_1 \Delta_2 f(n_1, n_2) \geq 0 \quad und \quad \Delta_1 \Delta_2^2 f(n_1, n_2) \leq 0.$$

In beiden Fällen wechselt $C(f(n_1, n_2))$ sein Vorzeichen nicht.

Beweis. Wie schon im Beweis zum vorherigen Hilfssatz brauchen wir nur die erste Aussage beweisen. Wir benutzen (4.10) und wenden (4.6) wegen (4.8)an. Da nach Voraussetzung $\Delta_2 f(n_1, n_2)$in n_1 monoton fällt, setzen wir für die erste Klammer $\Delta_2 f(n_1, n_2) = y$, $\Delta_2 f(n_1 - 1, n_2) = x$ und für die zweite Klammer $\Delta_2 f(n_1, n_2 - 1) = y$, $\Delta_2 f(n_1 - 1, n_2 - 1) = x$. Dann folgt

$$C(f(n_1, n_2)) \geq \pi \frac{\Delta_1 \Delta_2 f(n_1 - 1, n_2)}{\sin^2 \pi \Delta_2 f(n_1 - 1, n_2)} - \pi \frac{\Delta_1 \Delta_2 f(n_1 - 1, n_2 - 1)}{\sin^2 \pi \Delta_2 f(n_1, n_2 - 1)}.$$

Ist $\Delta_2 f(n_1, n_2 - 1) \geq \Delta_2 f(n_1 - 1, n_2)$, so ist

$$C(f(n_1, n_2)) \geq \pi \frac{\Delta_1 \Delta_2^2 f(n_1 - 1, n_2 - 1)}{\sin^2 \pi \Delta_2 f(n_1, n_2 - 1)} \geq 0.$$

Für die entgegengesetzte Ungleichung verläuft die Betrachtung wieder ganz entsprechend.

Hilfssatz 4.4 *Es seien die Bedingungen des Hilfssatzes 4.1 erfüllt. Für (4.8) sei*

$$\Delta_1 \Delta_2 f(n_1, n_2) \geq 0 \quad und \quad \Delta_1 \Delta_2^2 f(n_1, n_2) \geq 0,$$

und für (4.9) sei

$$\Delta_1 \Delta_2 f(n_1, n_2) \leq 0 \quad und \quad \Delta_1 \Delta_2^2 f(n_1, n_2) \leq 0.$$

In beiden Fällen wechselt $C(f(n_1, n_2))$ sein Vorzeichen nicht.

Beweis. Diesmal beweisen wir den zweiten Teil der Behauptung und schließen analog zu vorher bei Ersatz von $f(n_1, n_2)$ durch $n_2 - f(n_1, n_2)$ auf die Richtigkeit des ersten Teils. Wir benutzen (4.10) und wenden (4.7) an. Dann setzen wir für die erste Klammer $\Delta_2 f(n_1, n_2) = y$, $\Delta_2 f(n_1 - 1, n_2) = x$ und für die zweite Klammer $\Delta_2 f(n_1, n_2 - 1) = y$, $\Delta_2 f(n_1 - 1, n_2 - 1) = x$. Es folgt

$$C(f(n_1, n_2)) \leq \pi \frac{\Delta_1 \Delta_2 f(n_1 - 1, n_2)}{\sin^2 \pi \Delta_2 f(n_1 - 1, n_2)} - \pi \frac{\Delta_1 \Delta_2 f(n_1 - 1, n_2 - 1)}{\sin^2 \pi \Delta_2 f(n_1, n_2 - 1)}.$$

Ist $\Delta_2 f(n_1, n_2 - 1) \geq \Delta_2 f(n_1 - 1, n_2)$, so ist

$$C(f(n_1, n_2)) \leq \pi \frac{\Delta_1 \Delta_2^2 f(n_1 - 1, n_2 - 1)}{\sin^2 \pi \Delta_2 f(n_1, n_2 - 1)} \leq 0.$$

Analoges gilt für die entgegengesetzte Ungleichung.

Hilfssatz 4.5 *Es seien die Bedingungen des Hilfssatzes 4.1 erfüllt. Für (4.8) sei*

$$\Delta_1 \Delta_2 f(n_1, n_2) \leq 0 \quad und \quad \Delta_1 \Delta_2^2 f(n_1, n_2) \leq 0,$$

und für (4.9) sei

$$\Delta_1 \Delta_2 f(n_1, n_2) \geq 0 \quad und \quad \Delta_1 \Delta_2^2 f(n_1, n_2) \geq 0.$$

In beiden Fällen wechselt $C(f(n_1, n_2))$ sein Vorzeichen nicht.

Beweis. Wir zeigen wieder den zweiten Teil der Behauptung. Wir benutzen (4.10) und wenden (4.7) wegen (4.9) an. Dann setzen wir für die erste Klammer $\Delta_2 f(n_1, n_2) = x$, $\Delta_2 f(n_1 - 1, n_2) = y$ und für die zweite Klammer $\Delta_2 f(n_1, n_2 - 1) = x$, $\Delta_2 f(n_1 - 1, n_2 - 1) = y$. Es folgt

$$C(f(n_1, n_2)) \leq -\pi \frac{\Delta_1 \Delta_2 f(n_1 - 1, n_2)}{\sin^2 \pi \Delta_2 f(n_1 - 1, n_2)} + \pi \frac{\Delta_1 \Delta_2 f(n_1 - 1, n_2 - 1)}{\sin^2 \pi \Delta_2 f(n_1, n_2 - 1)}.$$

Ist $\Delta_2 f(n_1, n_2 - 1) \geq \Delta_2 f(n_1 - 1, n_2)$, so ist

$$C(f(n_1, n_2)) \leq -\pi \frac{\Delta_1 \Delta_2^2 f(n_1 - 1, n_2 - 1)}{\sin^2 \pi \Delta_2 f(n_1, n_2 - 1)} \leq 0.$$

Analoges gilt für die entgegengesetzte Ungleichung.

In den letzten vier Hilfssätzen haben wir bezüglich der Teilintervalle (4.8) und (4.9) alle vier Möglichkeiten des monotonen Wachsens beziehungsweise Fallens der Differenzen $\Delta_2 f(n_1, n_2)$ und $\Delta_2^2 f(n_1, n_2)$ hinsichtlich n_1 durchgespielt. So kann man die vier Fälle zusammenfassen, indem man lediglich die Monotonie fordert. Unter diesen Bedingungen gilt nun die Abschätzung (4.5), und wir erhalten den alle Hilfssätze zusammenfassenden Satz:

Satz 4.1 *Es bezeichne D das Rechteck (4.1), und es sei $f(n_1, n_2) \in \mathbb{R}$ für $(n_1, n_2) \in D$. Es seien $\Delta_1 f(n_1, n_2)$, $\Delta_2 f(n_1, n_2)$ monoton sowohl in n_1 als auch in n_2 und außerdem $\Delta_2^2 f(n_1, n_2)$ monoton in n_1. Weiter seien*

$$0 < \vartheta_1 \leq \Delta_1 f(n_1, n_2) \leq 1 - \vartheta_1$$

für $a_1 \leq n_1 \leq b_1 - 1$, $a_2 \leq n_2 \leq b_2$ und

$$0 < \vartheta_2 \leq \Delta_2 f(n_1, n_2) \leq \frac{1}{2} \quad oder \quad \frac{1}{2} \leq \Delta_2 f(n_1, n_2) \leq 1 - \vartheta_2 < 1$$

für $a_1 \leq n_1 \leq b_1$, $a_2 \leq n_2 \leq b_2 - 1$. Dann ist

$$\left| \sum_{n_1=a_1}^{b_1} \sum_{n_2=a_2}^{b_2} e^{2\pi i f(n_1, n_2)} \right| \leq 3 \cot \frac{\pi}{2} \vartheta_1 \cdot \cot \frac{\pi}{2} \vartheta_2. \tag{4.11}$$

Beispiel. *Es seien q eine natürliche Zahl mit $q \geq 5$ und a_{11}, a_{12}, a_{22} positive Zahlen mit $a_{11} + a_{12} \leq 1, a_{12} + a_{22} \leq 1$. Dann ist*

$$\left| \sum_{\sqrt{q} < n_1, n_2 < q} e^{2\pi i \frac{1}{4q}(a_{11} n_1^2 + 2a_{12} n_1 n_2 + a_{22} n_2^2)} \right| < \frac{5q}{(a_{11} + a_{12})(a_{12} + a_{22})}.$$

Beweis. Wir setzen

$$f(n_1, n_2) = \frac{1}{4q}(a_{11} n_1^2 + 2a_{12} n_1 n_2 + a_{22} n_2^2)$$

und erhalten

$$\frac{1}{2\sqrt{q}}(a_{11} + a_{12}) \;=\; \vartheta_1 < \frac{1}{4q}\{a_{11}(2n_1 + 1) + 2a_{12} n_1\} = \Delta_1 f(n_1, n_2) < \frac{1}{2},$$

$$\frac{1}{2\sqrt{q}}(a_{12} + a_{22}) \;=\; \vartheta_2 < \frac{1}{4q}\{2a_{12} n_2 + a_{22}(2n_2 + 1)\} = \Delta_2 f(n_1, n_2) < \frac{1}{2}.$$

Wir sehen sofort, daß die Voraussetzungen des Satzes 4.1 erfüllt sind, und in (4.11) ist

$$3 \cot \frac{\pi}{2} \vartheta_1 \cdot \cot \frac{\pi}{2} \vartheta_2 < \frac{12}{\pi^2} \frac{1}{\vartheta_1 \vartheta_2} < \frac{5}{4} \frac{4q}{(a_{11} + a_{12})(a_{12} + a_{22})},$$

woraus die behauptete Abschätzung folgt.

Wie in Kapitel 1 können wir die Voraussetzungen über die Differenzen in Voraussetzungen über die partiellen Ableitungen von f übersetzen, sofern f stetige partielle Ableitungen besitzt. Dabei können wir noch auf die Ganzzahligkeit der a_i ind b_i verzichten. Damit ist folgendes Korollar klar.

Korollar zu Satz 4.1 *Es bezeichne D das Rechteck (4.1), und es sei f eine auf D reelle Funktion mit stetigen partiellen Ableitungen bis zur zweiten Ordnung. Es seien $f_{t_1}(t_1, t_2), f_{t_2}(t_1, t_2)$ monoton sowohl in t_1 als auch in t_2 und außerdem $f_{t_2 t_2}(t_1, t_2)$ monoton in t_1. Weiter seien*

$$0 < \vartheta_1 \leq f_{t_1}(t_1, t_2) \leq 1 - \vartheta_1$$

und

$$0 < \vartheta_2 \leq f_{t_2}(t_1, t_2) \leq \frac{1}{2} \quad oder \quad \frac{1}{2} \leq f_{t_2}(t_1, t_2) \leq 1 - \vartheta_2 < 1.$$

Dann gilt (4.11).

Wie angekündigt werden wir noch einen zweiten Satz dieses Typs beweisen, bleiben aber der Einfachheit halber gleich bei differenzierbaren Funktionen. Wir beginnen mit einem Hilfssatz.

Hilfssatz 4.6 *Es seien $a, b \in \mathbb{Z}$ mit $a < b$. Es sei $t \mapsto f(t)$ eine reelle, stetige Funktion auf $[a, b]$ mit stetiger und monotoner Ableitung für $a < t < b$. Ist $0 < f'(t) < 1$, so ist*

$$\sum_{a \leq n \leq b} e^{2\pi i f(n)} = \int_a^b e^{2\pi i f(t)} dt + \int_a^b e^{2\pi i (f(t) - t)} dt + O(1). \tag{4.12}$$

Ist $0 < f'(t) \leq 1 - \varphi < 1$, so ist

$$\left| \sum_{a \leq n \leq b} e^{2\pi i f(n)} - \int_a^b e^{2\pi i f(t)} dt \right| < \frac{1}{\varphi} + 2. \tag{4.13}$$

Beweis. Es seien $c, d \in \mathbb{R}$ und $\psi(t) = t - [t] - 1/2$. Es sei $g(t)$ für $c \leq t \leq d$ stetig und für $c < t < d$ stetig differenzierbar. Dann besteht die EULER-MACLAURIN*sche Summenformel*

$$\sum_{c < n \leq d} g(t) = \int_c^d g(t)\, dt - \psi(d)g(d) + \psi(c)g(c) + \int_c^d g'(t)\psi(t)\, dt. \tag{4.14}$$

Setzen wir

$$c = a, \quad d = b, \quad g(t) = e^{2\pi i f(t)},$$

so erhalten wir

$$\sum_{a \leq n \leq b} e^{2\pi i f(n)} = \int_a^b e^{2\pi i f(t)} dt + \frac{1}{2} e^{2\pi i f(b)} + \frac{1}{2} e^{2\pi i f(a)}$$
$$+ 2\pi i \int_a^b \psi(t) f'(t) e^{2\pi i f(t)} dt. \tag{4.15}$$

Für $\psi(t)$ nutzen wir die FOURIER-Entwicklung

$$\psi(t) = -\frac{1}{\pi} \sum_{\nu=1}^{\infty} \frac{1}{\nu} \sin 2\pi\nu t = \frac{1}{2\pi i} \sum_{\substack{\nu = -\infty \\ \nu \neq 0}}^{+\infty} \frac{1}{\nu} e^{-2\pi i \nu t}.$$

Damit erhalten wir

$$2\pi i \int_a^b \psi(t) f'(t) e^{2\pi i f(t)} dt = \sum_{\substack{\nu = -\infty \\ \nu \neq 0}}^{+\infty} \int_a^b f'(t) e^{2\pi i (f(t) - \nu t)} dt. \tag{4.16}$$

Die Funktion $f'(t)/(f'(t) - \nu t)$ ist monoton. Wir zerlegen im Integral die Exponentialfunktion in

$$e^{2\pi i(f(t)-\nu t)} = \cos(2\pi(f(t) - \nu t)) + i\sin(2\pi(f(t) - \nu t))$$

und wenden dann auf den Realteil und Imaginärteil getrennt den zweiten Mittelwertsatz der Integralrechnung an. Sei zum Beispiel $f'(t)/(f'(t) - \nu t)$ positiv und monoton wachsend, so gibt es ein τ mit $a \leq \tau \leq b$ und

$$\int_a^b f'(t)\cos(2\pi(f(t) - \nu t))\,dt =$$

$$= \int_a^b \frac{f'(t)}{f'(t) - \nu}(f'(t) - \nu)\cos(2\pi(f(t) - \nu t))\,dt$$

$$= \frac{f'(b)}{f'(b) - \nu}\int_\tau^b (f'(t) - \nu)\cos(2\pi(f(t) - \nu t))\,dt$$

$$= \frac{1}{2\pi}\frac{f'(b)}{f'(b) - \nu}\{\sin(2\pi(f(b) - \nu b)) - \sin(2\pi(f(\tau) - \nu\tau))\}.$$

Daraus folgt

$$\left|\int_a^b f'(t)\cos(2\pi(f(t) - \nu t))\,dt\right| \leq \frac{1}{\pi}\frac{f'(b)}{f'(b) - \nu}.$$

Entsprechendes kann man in allen anderen Fällen und für den Sinus durchführen. Damit ist dann

$$\left|\int_a^b f'(t)e^{2\pi i(f(t)-\nu t))}\,dt\right| \leq \frac{2}{\pi}\max_{a \leq t \leq b}\frac{f'(t)}{|f'(t) - \nu|} \leq \frac{2}{\pi}\frac{1}{|1 - \nu|}$$

für $\nu < 0$ und $\nu > 1$, wenn man $0 < f'(t) < 1$ voraussetzt. Nehmen wir in (4.16) den Term für $\nu = 1$ heraus, so sehen wir, daß ein beschränkter Rest übrig bleibt. Setzen wir dies nunmehr in (4.15) ein, so erhalten wir sofort (4.12).

Setzen wir jetzt $0 < f'(t) < 1 - \varphi < 1$ voraus, so behalten die Abschätzungen für $\nu < 0$ und $\nu > 1$ ihre Gültigkeit, und zusätzlich erhalten wir für $\nu = 1$

$$\left|\int_a^b f'(t)e^{2\pi i(f(t)-t))}\,dt\right| \leq \frac{2}{\pi}\left(\frac{1}{\varphi} - 1\right).$$

Daraus ergibt sich die Abschätzung

$$\left|2\pi i\int_a^b \psi(t)f'(t)e^{2\pi if(t)}\,dt\right| \leq$$

$$\leq \frac{2}{\pi} \sum_{\nu=1}^{\infty} \frac{1}{\nu(\nu+1)} + \frac{2}{\pi}\left(\frac{1}{\varphi}-1\right) + \frac{2}{\pi} \sum_{\nu=2}^{\infty} \frac{1}{\nu(\nu-1)}$$

$$\leq \frac{2}{\pi}\left(\frac{1}{\varphi}-1\right) + \frac{4}{\pi} \sum_{\nu=1}^{\infty}\left(\frac{1}{\nu}-\frac{1}{\nu+1}\right)$$

$$\leq \frac{2}{\pi}\left(\frac{1}{\varphi}+1\right) < \frac{1}{\varphi}+1.$$

Verwenden wir dies in (4.15), so erhalten wir (4.13) sogleich.

Satz 4.2 *Es bezeichne D das Rechteck (4.1) und $f : D \to \mathbb{R}$ eine reellwertige Funktion mit stetigen partiellen Ableitungen bis zur dritten Ordnung. Es seien $f_{t_1}(t_1,t_2)$, $f_{t_2}(t_1,t_2)$ monoton in beiden Variablen sowie $f_{t_2t_2}(t_1,t_2)/f_{t_2}^2(t_1,t_2)$ monoton in t_1. Ist*

$$\begin{aligned}
0 &< \vartheta_1 \leq f_{t_1}(t_1,t_2) \leq 1 - \vartheta_1 < 1, \\
0 &< \vartheta_2 \leq f_{t_2}(t_1,t_2) \leq 1 - \varphi_2 < 1,
\end{aligned}$$

so ist

$$\left| \sum_{n_1=a_1}^{b_1} \sum_{n_2=a_2}^{b_2} e^{2\pi i f(n_1,n_2)} \right| < \frac{2}{\vartheta_1\vartheta_2} + \left(\frac{1}{\varphi_2}+2\right)(b_1-a_1+1). \qquad (4.17)$$

Beweis. Wir schreiben

$$\sum_{n_1=a_1}^{b_1} \sum_{n_2=a_2}^{b_2} e^{2\pi i f(n_1,n_2)} = T_1 + T_2$$

mit

$$T_1 = \sum_{n_1=a_1}^{b_1} \int_{a_2}^{b_2} e^{2\pi i f(n_1,t_2)}\, dt_2,$$

$$T_2 = \sum_{n_1=a_1}^{b_1} \left\{ \sum_{n_2=a_2}^{b_2} e^{2\pi i f(n_1,n_2)} - \int_{a_2}^{b_2} e^{2\pi i f(n_1,t_2)}\, dt_2 \right\}.$$

T_2 können wir sofort mit Hilfe von (4.13) abschätzen:

$$|T_2| < \left(\frac{1}{\varphi_2}+2\right)(b_1-a_1+1).$$

Das Integral von T_1 formen wir mit Hilfe partieller Summation um:

$$T_1 = T_{1,2} + T_{1,2} + T_{1,3},$$

$$T_{1,1} \;=\; \frac{1}{2\pi i} \sum_{n_1=a_1}^{b_1} \frac{1}{f_{t_2}(n_1,b_2)} e^{2\pi i f(n_1,b_2)},$$

$$T_{1,2} \;=\; -\frac{1}{2\pi i} \sum_{n_1=a_1}^{b_1} \frac{1}{f_{t_2}(n_1,a_2)} e^{2\pi i f(n_1,a_2)},$$

$$T_{1,3} \;=\; \frac{1}{2\pi i} \sum_{n_1=a_1}^{b_1} \int_{a_2}^{b_2} \frac{f_{t_2 t_2}(n_1,t_2)}{f_{t_2}^2(n_1,t_2)} e^{2\pi i f(n_1,t_2)}\, dt_2.$$

Auf $T_{1,1}$ wenden wir partielle Summation an, verwenden dann die Kusmin-Landausche Ungleichung (1.4) und nutzen die Tatsache aus, daß $f_{t_1 t_2}$ sein Vorzeichen nicht ändert.

$$T_{1,1} \;=\; \frac{1}{2\pi i f_{t_2}(b_1,b_2)} \sum_{n_1=a_1}^{b_1} e^{2\pi i f(n_1,b_2)}$$

$$+ \frac{1}{2\pi i} \int_{a_1}^{b_1} \frac{|f_{t_1 t_2}(t_1,b_2)|}{f_{t_2}^2(t_1,b_2)} \sum_{a_1 \leq n_1 \leq t_1} e^{2\pi i f(n_1,b_2)}\, dt_1,$$

$$|T_{1,1}| < \frac{1}{2\pi \vartheta_1 \vartheta_2} + \frac{1}{2\pi \vartheta_1} \int_{a_1}^{b_1} \frac{|f_{t_1 t_2}(t_1,b_2)|}{f_{t_2}^2(t_1,b_2)}\, dt_1 < \frac{1}{\pi \vartheta_1 \vartheta_2}.$$

Ebenso ist

$$|T_{1,2}| < \frac{1}{\pi \vartheta_1 \vartheta_2}.$$

In gleicher Weise erhalten wir für $T_{1,3}$

$$T_{1,3} \;=\; \frac{1}{2\pi i} \int_{a_2}^{b_2} \frac{f_{t_2 t_2}(b_1,t_2)}{f_{t_2}^2(b_1,t_2)} \sum_{n_1=a_1}^{b_1} e^{2\pi i f(n_1,t_2)}\, dt_2$$

$$- \frac{1}{2\pi i} \int_{a_2}^{b_2} \int_{a_1}^{b_1} \frac{\partial}{\partial t_1} \frac{f_{t_2 t_2}(t_1,t_2)}{f_{t_2}^2(t_1,t_2)} \sum_{a_1 \leq n_1 \leq t_1} e^{2\pi i f(n_1,t_2)}\, dt_2\, dt_1.$$

Neben der Kusmin-Landauschen Ungleichung verwenden wir noch, daß

$$f_{t_2 t_2}(b_1,t_2), \quad \frac{\partial}{\partial t_1} \frac{f_{t_2 t_2}(t_1,t_2)}{f_{t_2}^2(t_1,t_2)}$$

ihre Vorzeichen nicht ändern. Damit ist

$$|T_{1,3}| \;<\; \frac{1}{2\pi \vartheta_1} \int_{a_2}^{b_2} \frac{|f_{t_2 t_2}(b_1,t_2)|}{f_{t_2}^2(b_1,t_2)}\, dt_2$$

$$+ \frac{1}{2\pi\vartheta_1} \int\limits_{a_2}^{b_2} \int\limits_{a_1}^{b_1} \left| \frac{\partial}{\partial t_1} \frac{f_{t_2 t_2}(t_1, t_2)}{f_{t_2}^2(t_1, t_2)} \right| dt_1 dt_2$$

$$< \frac{1}{\pi\vartheta_1\vartheta_2}.$$

Also ist

$$|T_1| < \frac{3}{\pi\vartheta_1\vartheta_2} < \frac{1}{\vartheta_1\vartheta_2}.$$

Aus den Abschätzungen für T_1 und T_2 folgt nun (4.17).

4.2 Zweifache Exponentialsummen II: Die Kusmin-Landausche Ungleichung und der Satz von van der Corput

Der folgende Satz ist wesentliche Voraussetzung zum Beweis des Satzes im nächsten Abschnitt, bietet aber selbständiges Interesse, da er aus einer Mischung von KUSMIN-LANDAUscher Ungleichung und des Satzes von van der Corput besteht.

Satz 4.3 *Es seien folgende Voraussetzungen erfüllt:*
(A) Es sei D ein kompakter, ebener Bereich, definiert durch

$$D = \{(t_1, t_2) : a_1 \leq \sigma(t_2) \leq t_1 \leq \varrho(t_2) \leq b_1, a_2 \leq t_2 \leq b_2\}.$$

Es seien $c_1 = b_1 - a_1 > 1$, $c_2 = b_2 - a_2 > 1$. $\sigma(t_2)$ und $\varrho(t_2)$ seien auf $[a_2, b_2]$ stetig und stückweise monoton und auf (a_2, b_2) zweimal stetig differenzierbar.
(B) $f(t_1, t_2)$ sei auf D reellwertig und besitze dort stetige, partielle Ableitungen bis zur dritten Ordnung.
(C) Es seien

$$|f_{t_1 t_1}(t_1, t_2)| \asymp \lambda_{11}, \qquad f_{t_1 t_2}(t_1, t_2) \ll \lambda_{12},$$

$$H(f) = f_{t_1 t_1}(t_1, t_2) f_{t_2 t_2}(t_1, t_2) - f_{t_1 t_2}^2(t_1, t_2), \quad \Lambda \leq |H(f)| \ll \Lambda.$$

(D) Es sei

$$0 < \vartheta \leq f_{t_1}(t_1, t_2) \leq 1 - \vartheta.$$

(E) Die Funktion $y \mapsto \varphi(y, t_2)$ sei durch

$$f_{t_1}(\varphi(y, t_2), t_2) = y$$

definiert. Es bezeichne $t \mapsto \eta(t)$ eine der Funktionen $t \mapsto \varrho(t)$, $t \mapsto \sigma(t)$ oder $t \mapsto \varphi(y, t)$ für jedes feste y. Dann seien

$$\eta''(t), \quad f_{t_1 t_1}(\eta(t), t)\eta''(t) + f_{t_1 t_2}(\eta(t), t),$$

$$f_{t_1 t_1}(\eta(t), t) f_{t_1}(\eta(t), t)\eta''(t)$$

stückweise monoton.
Dann gilt

$$\sum_{(n_1,n_2)\in D} e^{2\pi i f(n_1,n_2)} \ll$$

$$\ll \frac{1}{\vartheta}\left\{ c_2\sqrt{\frac{\Lambda}{\lambda_{11}}} + \sqrt{\frac{\lambda_{11}'}{\Lambda}} \right\} + \frac{|\log\vartheta|}{\sqrt{\Lambda}} + \frac{\lambda_{12}}{\Lambda} + c_2. \tag{4.18}$$

Beweis. Wir zerlegen die Summe in

$$\sum_{(n_1,n_2)\in D} e^{2\pi i f(n_1,n_2)} = \sum_{a_2\leq n_2\leq b_2}\sum_{\sigma(n_2)\leq n_1\leq \varrho(n_2)} e^{2\pi i f(n_1,n_2)}$$

und wenden auf die innere Summe (4.12) an. Dann ist

$$\sum_{(n_1,n_2)\in D} e^{2\pi i f(n_1,n_2)} = S_1 + S_2 + O(c_2) \tag{4.19}$$

mit

$$S_1 = \sum_{a_2\leq n_2\leq b_2}\int_{\sigma(n_2)}^{\varrho(n_2)} e^{2\pi i f(t_1,n_2)}\,dt_1,$$

$$S_2 = \sum_{a_2\leq n_2\leq b_2}\int_{\sigma(n_2)}^{\varrho(n_2)} e^{2\pi i (f(t_1,n_2)-t_1)}\,dt_1.$$

Wir betrachten zunächst die Summe S_1 und erhalten durch partielle Integration

$$S_1 = \sum_{a_2\leq n_2\leq b_2}\int_{\sigma(n_2)}^{\varrho(n_2)} \frac{1}{f_{t_1}(t_1,n_2)} f_{t_1}(t_1,n_2) e^{2\pi f(t_1,n_2)}\,dt_1$$

$$= S_{1,1} - S_{1,2} + S_{1,3}$$

mit

$$S_{1,1} = \frac{1}{2\pi i}\sum_{a_2\leq n\leq b_2} \frac{e^{2\pi i f(\varrho(n),n)}}{f_{t_1}(\varrho(n),n)},$$

$$S_{1,2} = \frac{1}{2\pi i}\sum_{a_2\leq n\leq b_2} \frac{e^{2\pi i f(\sigma(n),n)}}{f_{t_1}(\sigma(n),n)},$$

$$S_{1,3} = \frac{1}{2\pi i}\cdot\sum_{a_2\leq n\leq b_2}\int_{\sigma(n)}^{\varrho(n)} \frac{f_{t_1 t_1}(t_1,n)}{f_{t_1}^2(t_1,n)} e^{2\pi i f(t_1,n)}\,dt_1.$$

Es soll jetzt die Summe $S_{1,1}$ abgeschätzt werden. Es kann ohne Beschränkung der Allgemeinheit angenommen werden, daß die in der Bedingung (E) beschriebenen Funktionen im gesamten Intervall $[a_2, b_2]$ monoton sind. Wir zerlegen daher das Intervall in drei Teilintervalle I_1, I_2, I_3 gemäß

$$
\begin{aligned}
I_1 &: |f_{t_1 t_1} \varrho' + f_{t_1 t_2}| \ < \ \frac{1}{2}\sqrt{\Lambda}, \quad |f_{t_1 t_1} f_{t_1} \varrho''| \le \frac{1}{2}\Lambda, \\
I_2 &: |f_{t_1 t_1} \varrho' + f_{t_1 t_2}| \ < \ \frac{1}{2}\sqrt{\Lambda}, \quad |f_{t_1 t_1} f_{t_1} \varrho''| > \frac{1}{2}\Lambda, \\
I_3 &: |f_{t_1 t_1} \varrho' + f_{t_1 t_2}| \ \ge \ \frac{1}{2}\sqrt{\Lambda},
\end{aligned}
$$

Es bezeichne

$$
T_1 = \sum_{a_2' \le n \le b_2'} \frac{e^{2\pi i f(\varrho(n), n)}}{f_{t_1}(\varrho(n), n)}
$$

die zum Intervall $I_1 = [a_2', b_2']$ gehörige Teilsumme. Partielle Summation ergibt

$$
\begin{aligned}
T_1 \ = \ & \frac{1}{2\pi i f_{t_1}(\varrho(b_2'), b_2')} \sum_{a_2' \le n \le b_2'} e^{2\pi i f(\varrho(n), n)} \\
& - \frac{1}{2\pi i} \int_{a_2'}^{b_2'} \frac{d}{dt} \frac{1}{f_{t_1}(\varrho(t), t)} \sum_{a_2' \le n \le t} e^{2\pi i f(\varrho(n), n)} \, dt.
\end{aligned}
$$

Auf die beiden Summen wenden wir den Satz von van der Corput an in der Form des Korollars zu Satz 1.3 ohne konkrete Konstanten. Bezeichnet

$$
g(t) = f(\varrho(t), t),
$$

so ist

$$
\begin{aligned}
g'(t) \ &= \ f_{t_1} \varrho' + f_{t_2} \\
g''(t) \ &= \ f_{t_1 t_1} \varrho'^2 + f_{t_1} \varrho'' + 2 f_{t_1 t_2} \varrho' + f_{t_2 t_2} \\
&= \ \frac{1}{f_{t_1 t_1}} \{ H(f) + (f_{t_1 t_1} \varrho' + f_{t_1 t_2})^2 + f_{t_1 t_1} f_{t_1} \varrho'' \}.
\end{aligned}
$$

Wegen der Bedingung (C) und den Bedingungen von I_1 ist

$$
|g''(t)| \asymp \frac{\Lambda}{\lambda_{11}}.
$$

Folglich erhalten wir aus (1.10) unter den Bedingungen (E) und (D)

$$
T_1 \ll \frac{1}{\vartheta} \left\{ c_2 \sqrt{\frac{\Lambda}{\lambda_{11}}} + \sqrt{\frac{\lambda_{11}}{\Lambda}} \right\}. \tag{4.20}
$$

Die zum Intervall I_2 gehörige Summe T_2 schätzen wir trivial ab und verwenden dann die zweite Bedingung von I_2.

$$T_2 \;=\; \frac{1}{2\pi i} \sum_{n\in I_2} \frac{e^{2\pi i f(\varrho(n),n)}}{f_{t_1}(\varrho(n),n)} \;\ll\; \sum_{n\in I_2} \frac{1}{f_{t_1}(\varrho(n),n)}$$

$$\ll\; \frac{1}{\Lambda} \sum_{n\in I_2} |f_{t_1 t_1}(\varrho(n),n)\varrho''(n)| \;\ll\; \frac{\lambda_{11}}{\Lambda} \sum_{n\in I_2} |\varrho''(n)|.$$

Da $\varrho''(t)$ monoton ist, wechselt diese Funktion höchstens einmal das Vorzeichen. In den Teilintervallen kann die Summe durch das Integral abgeschätzt werden. Daher ist

$$T_2 \;\ll\; \frac{\lambda_{11}}{\Lambda} \max_{n\in I_2} |\varrho'(n)|,$$

und nach der ersten Bedingung von I_2 ist dann

$$T_2 \;\ll\; \frac{1}{\sqrt{\Lambda}} + \frac{\lambda_{12}}{\Lambda}.$$

Die zum Intervall I_3 gehörige Summe T_3 schätzen wir ebenfalls trivial ab.

$$T_3 = \sum_{n\in I_3} \frac{e^{2\pi i f(\varrho(n),n)}}{2\pi i f_{t_1}(\varrho(n),n)} \;\ll\; \sum_{n\in I_3} \frac{1}{f_{t_1}(\varrho(n),n)}.$$

Da

$$\frac{d}{dt} f_{t_1}(\varrho(t),t) = f_{t_1 t_1}(\varrho(t),t)\varrho'(t) + f_{t_1 t_2}(\varrho(t),t)$$

als monoton angenommen wird, wechselt diese Funktion höchstens einmal das Vorzeichen. Damit kann das Intervall in höchstens zwei Teilintervalle zerlegt werden, in denen $f_{t_1}(\varrho(t),t)$ monoton ist. Also kann die Summe durch das Integral abgeschätzt werden. Dann benutzen wir die Bedingung von I_3.

$$T_3 \;\ll\; \int_{I_3} \frac{1}{f_{t_1}(\varrho(t),t)}\,dt \;\ll\; \frac{1}{\sqrt{\Lambda}} \int_{I_3} \frac{|f_{t_1 t_1}\varrho' + f_{t_1 t_2}|}{f_{t_1}(\varrho(t),t)}\,dt$$

$$\ll\; \frac{|\log\vartheta|}{\sqrt{\Lambda}}.$$

Mit den Abschätzungen von T_1, T_2, T_3 haben wir für $S_{1,1}$ die Abschätzung

$$S_{1,1} \;\ll\; \frac{1}{\vartheta} \left\{ c_2 \sqrt{\frac{\Lambda}{\lambda_{11}}} + \sqrt{\frac{\lambda_{11}}{\Lambda}} \right\} + \frac{|\log\vartheta|}{\sqrt{\Lambda}} + \frac{\lambda_{12}}{\Lambda} \tag{4.21}$$

erhalten. Gleiches gilt auch für $S_{1,2}$.

Zur Abschätzung von $S_{1,3}$ nehmen wir ohne Beschränkung der Allgemeinheit $f_{t_1 t_1} > 0$ an. Wir substituieren im Integral $f_{t_1}(t_1, n) = y$, also $t_1 = \varphi(y, n)$ und erhalten

$$S_{1,3} = \frac{1}{2\pi i} \sum_{a_2 \leq n \leq b_2} \int_{f_{t_1}(\sigma(n),n)}^{f_{t_1}(\varrho(n),n)} \frac{1}{y^2} e^{2\pi i f(\varphi(y,n),n)} \, dy.$$

Wegen $f_{t_1 t_1} > 0$ ist stets

$$f_{t_1}(\varrho(n), n) > f_{t_1}(\sigma(n), n) \quad \text{für} \quad \varrho(n) > \sigma(n).$$

Wir werden eine entsprechende Intervalleinteilung wie bei der Abschätzung von $S_{1,1}$ vornehmen, haben es aber diesmal etwas leichter, da aus $f_{t_1}(\varphi(y, t_2), t_2) = y$

$$f_{t_1 t_1}(\varphi(y, t_2), t_2)\varphi_{t_2}(y, t_2) + f_{t_1 t_2}(\varphi(y, t_2), t_2) = 0$$

folgt. Somit kann der dritte Fall gar nicht eintreten. Wir zerlegen jetzt das Intervall in zwei Teilintervalle I_1, I_2.

$$I_1 : |f_{t_1 t_1} f_{t_1} \varphi_{t_2 t_2}| \leq \frac{1}{2}\Lambda,$$

$$I_2 : |f_{t_1 t_1} f_{t_1} \varphi_{t_2 t_2}| > \frac{1}{2}\Lambda.$$

Für das Teilintervall I_1 vertauschen wir Summation und Integration. Dabei kann sich der gemeinsame Summations- und Integrationsbereich in bis zu drei Teilbereiche zerlegen. Jedenfalls erhalten wir unter den Integralen Summen vom Typ

$$\sum_{n \in I_y} e^{2\pi i f(\varphi(y,n),n)},$$

worin I_y ein von y abhängiges Teilintervall von $[a_2, b_2]$ darstellt. Weiter verfahren wir wie vorhin. Bezeichnet

$$h(t) = f(\varphi(y, t), t),$$

so ist

$$\begin{aligned}
h'(t) &= f_{t_1}\varphi_t + f_{t_2}, \\
h''(t) &= f_{t_1 t_1}\varphi_t^2 + f_{t_1}\varphi_{tt} + 2f_{t_1 t_2}\varphi_t + f_{t_2 t_2} \\
&= \frac{1}{f_{t_1 t_1}}\{H(f) + f_{t_1 t_1} f_{t_1} \varphi_{tt}\} \\
&= \frac{1}{f_{t_1 t_1}}\{H(f) + f_{t_1 t_1} y\varphi_{tt}\}.
\end{aligned}$$

Wegen (C) und der Bedingung für I_1 ist

$$|h''(t)| \asymp \frac{\Lambda}{\lambda_{11}}$$

Und nach (1.10)

$$\sum_{n \in I_y} e^{2\pi i f(\varphi(y,n),n)} \ll c_2 \sqrt{\frac{\Lambda}{\lambda_{11}}} + \sqrt{\frac{\lambda_{11}}{\Lambda}}. \tag{4.22}$$

Nun ist noch das entsprechende Integral über diese Konstante, multipliziert mit $1/y^2$, auszuführen. Die Integrationsenden sind von der Größenordnung von f_{t_1}. Also erhalten wir zu dieser Summenabschätzung noch den Faktor $1/\vartheta$. Damit wird

$$\sum_{n \in I_1} \int_{f_{t_1}(\sigma(n),n)}^{f_{t_1}(\varrho(n),n)} \frac{1}{y^2} e^{2\pi i f(\varphi(y,n),n)} \, dy \ll \frac{1}{\vartheta} \left\{ c_2 \sqrt{\frac{\Lambda}{\lambda_{11}}} + \sqrt{\frac{\lambda_{11}}{\Lambda}} \right\}.$$

Bezüglich des Teilintervalls I_2 schätzen wir trivial ab, nutzen die Bedingung von I_2 und die Identiät

$$f_{t_1 t_1} \varphi_{t_2} + f_{t_1 t_2} = 0.$$

So erhalten wir

$$\sum_{n \in I_2} \int_{f_{t_1}(\sigma(n),n)}^{f_{t_1}(\varrho(n),n)} \frac{1}{y^2} e^{2\pi i f(\varphi(y,n),n)} \, dy \ll$$

$$\ll \sum_{n \in I_2} \int_{f_{t_1}(\sigma(n),n)}^{f_{t_1}(\varrho(n),n)} \frac{1}{y^2} \, dy$$

$$\ll \frac{1}{\Lambda} \sum_{n \in I_2} \max_y |f_{t_1 t_1}(\varphi(y,n),n) \varphi_{t_2 t_2}(y,n)|$$

$$\ll \frac{\lambda_{11}}{\Lambda} \sum_{n \in I_2} \max_y |\varphi_{t_2 t_2}(y,n)|$$

$$\ll \frac{\lambda_{11}}{\Lambda} \max_y \max_{n \in I_2} |\varphi_{t_2}(y,n)|$$

$$\ll \frac{\lambda_{11}}{\Lambda} \max_y \max_{n \in I_2} \left| \frac{f_{t_1 t_2}(\varphi(y,n),n)}{f_{t_1 t_1}(\varphi(y,n),n)} \right|$$

$$\ll \frac{\lambda_{12}}{\Lambda}.$$

Damit haben wir für $S_{1,3}$ insgesamt die Abschätzung

$$S_{1,3} \ll \frac{1}{\vartheta} \left\{ c_2 \sqrt{\frac{\Lambda}{\lambda_{11}}} + \sqrt{\frac{\lambda_{11}}{\Lambda}} \right\} + \frac{\lambda_{12}}{\Lambda}. \tag{4.23}$$

Fassen wir die Abschätzungen (4.21) für $S_{1,1}$ und $S_{1,2}$ und (4.23) für $S_{1,3}$ zusammen, so haben wir für S_1 erhalten:

$$S_1 \ll \frac{1}{\vartheta} \left\{ c_2 \sqrt{\frac{\Lambda}{\lambda_{11}}} + \sqrt{\frac{\lambda_{11}}{\Lambda}} \right\} + \frac{|\log \vartheta|}{\sqrt{\Lambda}} + \frac{\lambda_{12}}{\Lambda}.$$

In S_2 bleiben die Bedingungen für die zweiten partiellen Ableitungen unberührt, und die Bedingung (D) liefert uns für die erste partielle Ableitung die gleiche Abschätzung. Demzufolge haben wir für S_2 dieselbe Abschätzung wie für S_1, und somit folgt die Behauptung (4.18) aus (4.19).

4.3 Zweifache Exponentialsummen III: Allgemeine Bereiche

Wir beweisen jetzt einen wichtigen Satz zur Abschätzung zweifacher Exponentialsummen in allgemeinen, ebenen Bereichen. Satz 4.3 liefert die wesentliche Voraussetzung dazu. Wir benötigen noch einen Hilfssatz, dessen Beweis ganz ähnlich zum Beweis von Satz 4.3 verläuft.

Hilfssatz 4.7 *Es seien die Voraussetzungen* $(A), (B), (C), (E)$ *des voraufgegangenen Abschnitts erfüllt.*
(E') Es sei φ_{yt_2} stückweise monoton in t_2.
Es sei

$$0 \leq \alpha_1 \leq f_{t_1}(t_1, t_2) \leq \vartheta \leq \frac{1}{2}$$

oder

$$\frac{1}{2} \leq 1 - \vartheta \leq f_{t_1}(t_1, t_2) \leq 1 - \beta_1 \leq 1.$$

Dann ist

$$\sum_{(n_1,n_2)\in D} e^{2\pi i f(n_1,n_2)} \ll \frac{\vartheta}{\lambda_{11}} \left\{ c_2 \sqrt{\frac{\Lambda}{\lambda_{11}}} + \sqrt{\frac{\lambda_{11}}{\Lambda}} \right\} + \frac{\vartheta^2 \lambda_{12}}{\lambda_{11}\Lambda} + c_2, \qquad (4.24)$$

wobei die Konstante in der Abschätzung unabhängig von α_1, β_1 ist.

Beweis. Wir betrachten den Fall $0 \leq \alpha_1 \leq f_{t_1} \leq \vartheta \leq \frac{1}{2}$. Andernfalls würden wir die Summe

$$\sum_{(n_1,n_2)\in D} e^{2\pi i (n_1 - f(n_1,n_2))}$$

betrachten und zum gleichen Ergebnis kommen.

Nach (4.12) bekommen wir

$$\sum_{(n_1,n_2)\in D} e^{2\pi i f(n_1,n_2)} =$$

$$= \sum_{a_2 \leq n \leq b_2} \int_{\sigma(n)}^{\varrho(n)} e^{2\pi i f(t_1,n)} \, dt_1 + O(c_2)$$

$$= \sum_{a_2 \leq n \leq b_2} \int_{f_{t_1}(\sigma(n),n)}^{f_{t_1}(\varrho(n),n)} \frac{e^{2\pi i f(\varphi(y,n),n)}}{f_{t_1 t_1}(\varphi(y,n),n)} \, dy + O(c_2).$$

Wir hatten hier wieder $f_{t_1}(t_1, n) = y$, also $t_1 = \varphi(y, n)$, substituiert. Ohne Beschränkung der Allgemeinheit sei wieder angenommen, daß die in (E) und (E') genannten Funktionen im gesamten Intervall monoton sind. Wegen

$$f_{t_1 t_1}(\varphi(y, t_2), t_2)\varphi_{t_2}(y, t_2) + f_{t_1 t_2}(\varphi(y, t_2), t_2) = 0$$

teilen wir das Intervall wieder nur in zwei Teilintervalle ein:

$$I_1 : |f_{t_1 t_1} f_{t_1} \varphi_{t_2 t_2}| \leq \frac{1}{2}\Lambda,$$

$$I_2 : |f_{t_1 t_1} f_{t_1} \varphi_{t_2 t_2}| > \frac{1}{2}\Lambda.$$

Bezüglich der Teilsumme

$$S_1 = \sum_{n \in I_1} \int_{f_{t_1}(\sigma(n), n)}^{f_{t_1}(\varrho(n), n)} \frac{e^{2\pi i f(\varphi(y, n), n)}}{f_{t_1 t_1}(\varphi(y, n), n)}\, dy$$

vertauschen wir Summation und Integration und erhalten bis zu drei Integrale vom Typ

$$T = \int \sum \frac{e^{2\pi i f(\varphi(y, n), n)}}{f_{t_1 t_1}(\varphi(y, n), n)}\, dy,$$

wobei die Integrationslänge durch die Bedingungen an f_{t_1} eingeschränkt ist und in der Summe n ein von y abhängendes Teilintervall von $[a_2, b_2]$ durchläuft. Nun verfahren wir ganz genauso wie im Beweis zu Satz 4.3, es ist nur $1/f_{t_1}$ durch $1/f_{t_1 t_1}$ zu ersetzen. Es ist

$$f_{t_1}(\varphi(y, t_2), t_2) = y$$

und daher

$$\varphi_y(y, t_2) = \frac{1}{f_{t_1 t_1}(\varphi(y, t_2), t_2)}.$$

Da wir die Monotonie von $\varphi_{y t_2}(y, t_2)$ vorausgesetzt haben, wechselt bei der partiellen Summation die Funktion $t_2 \mapsto \varphi_{y t_2}(y, t_2)$ höchstens einmal das Vorzeichen, so daß wir nach der Abschätzung der Summe wieder integrieren können. Wir erhalten insgesamt für die Summe analog zu (4.20) und (4.22) die Abschätzung

$$\frac{1}{\lambda_{11}}\left\{ c_2\sqrt{\frac{\Lambda}{\lambda_{11}}} + \sqrt{\frac{\lambda_{11}}{\Lambda}} \right\}.$$

Da das Integral für T höchstens die Länge ϑ hat, so haben wir

$$S_1 \ll \frac{\vartheta}{\lambda_{11}}\left\{ c_2\sqrt{\frac{\Lambda}{\lambda_{11}}} + \sqrt{\frac{\lambda_{11}}{\Lambda}} \right\}.$$

Die Teilsumme

$$S_2 = \sum_{n \in I_2} \int\limits_{f_{t_1}(\sigma(n),n)}^{f_{t_1}(\varrho(n),n)} \frac{e^{2\pi i f(\varphi(y,n),n)}}{f_{t_1 t_1}(\varphi(y,n),n)}\, dy$$

schätzen wir trivial ab und verwenden die Bedingung für I_2. Analog zum Beweis von (4.23) ist

$$
\begin{aligned}
S_2 \;&\ll\; \sum_{n \in I_2} \int\limits_{f_{t_1}(\sigma(n),n)}^{f_{t_1}(\varrho(n),n)} \frac{1}{|f_{t_1 t_1}(\varphi(y,n),n)|}\, dy \\[2mm]
&\ll\; \frac{1}{\Lambda} \sum_{n \in I_2} \int\limits_{f_{t_1}(\sigma(n),n)}^{f_{t_1}(\varrho(n),n)} |f_{t_1}(\varphi(y,n),n)\varphi_{t_2 t_2}(y,n)|\, dy \\[2mm]
&\ll\; \frac{\vartheta^2}{\Lambda} \sum_{n \in I_2} \max_y |\varphi_{t_2 t_2}(y,n)| \\[2mm]
&\ll\; \frac{\vartheta^2 \lambda_{12}}{\lambda_{11}\Lambda}.
\end{aligned}
$$

Aus den Abschätzungen für S_1 und S_2 folgt nun (4.24).

Satz 4.4 *Es seien die Voraussetzungen* $(A),(B),(C),(E),(E')$ *erfüllt.*
(D') *Es sei*

$$\alpha_1 \le f_{t_1}(t_1,t_2) \le \beta_1, \qquad \gamma_1 = \beta_1 - \alpha_1.$$

Dann gelten die Abschätzungen

$$
\sum_{(n_1,n_2)\in D} e^{2\pi i f(n_1,n_2)} \ll
$$

$$
\ll (\gamma_1 + 1)\left(\frac{\sqrt{\Lambda}}{\lambda_{11}} + 1\right) c_2 + (\gamma_1 + 1)\left(\frac{|\log \lambda_{11}| + 1}{\sqrt{\Lambda}} + \frac{\lambda_{12}}{\Lambda}\right), \qquad (4.25)
$$

$$
\sum_{(n_1,n_2)\in D} \psi(f(n_1,n_2)) \ll
$$

$$
\ll \frac{\gamma_1 c_2}{\lambda_{11}}\left(\Lambda^{\frac{1}{4}} + \lambda_{11}^{\frac{1}{2}}\right) + \left(\frac{\sqrt{\Lambda}}{\lambda_{11}} + 1\right) c_2(|\log \Lambda| + |\log \lambda_{11}| + 1)
$$

$$
+ (\gamma_1 + 1)(|\log \Lambda| + |\log \lambda_{11}| + 1)\left(\frac{|\log \lambda_{11}| + 1}{\sqrt{\Lambda}} + \frac{\lambda_{12}}{\Lambda}\right)
$$

$$
+ \frac{\gamma_1}{\sqrt{\Lambda}}(\log^2 \Lambda + \log^2 \lambda_{11} + 1). \qquad (4.26)
$$

Beweis. Wir beginnen mit dem Beweis zu (4.25). Wir nehmen zunächst $0 \leq f_{t_1} \leq 1$ an. In dem Teil des Intervalls, in welchem $0 < \vartheta \leq f_{t_1} \leq 1 - \vartheta$ angenommen werden kann, verwenden wir (4.18), in den beiden anderen Teilen (4.24). Damit ist

$$\sum_{(n_1,n_2)\in D} e^{2\pi i f(n_1,n_2)} \ll$$

$$\ll \left(\frac{1}{\vartheta} + \frac{\vartheta}{\lambda_{11}}\right)\left(c_2\sqrt{\frac{\Lambda}{\lambda_{11}}} + \sqrt{\frac{\lambda_{11}}{\Lambda}}\right) + \left(1 + \frac{\vartheta^2}{\lambda_{11}}\right)\frac{\lambda_{12}}{\Lambda} + \frac{|\log\vartheta|}{\sqrt{\Lambda}} + c_2.$$

Ist $\lambda_{11} \leq 1/4$, so können wir $\vartheta = \sqrt{\lambda_{11}}$ wählen, und wir erhalten

$$\sum_{(n_1,n_2)\in D} e^{2\pi i f(n_1,n_2)} \ll \left(\frac{\sqrt{\Lambda}}{\lambda_{11}} + 1\right)c_2 + \frac{|\log\lambda_{11}| + 1}{\sqrt{\Lambda}} + \frac{\lambda_{12}}{\Lambda}. \tag{4.27}$$

Ist dagegen $\lambda_{11} > 1/4$, so können wir (4.24) allein mit $\vartheta \leq 1/2$ anwenden und kommen zum gleichen Ergebnis. Natürlich gilt (4.27) auch für jedes Intervall $N \leq f_{t_1} \leq N + 1$ mit $N \in \mathbb{Z}$.

Die Ungleichung (4.27) ist Spezialfall von (4.25). Ist $\gamma_1 > 1$, so zerlegen wir den Bereich D in Streifen

$$\alpha_1 \leq f_{t_1} \leq [\alpha_1] + 1, \quad k \leq f_{t_1} \leq k+1 \quad (k \in \mathbb{Z}), \quad [\beta_1] \leq f_{t_1} \leq \beta_1.$$

In jedem Streifen gilt das Resultat (4.27), da Randkurven der Gestalt $f_{t_1} = const.$ die Bedingungen des Satzes 4.3 und des Hilssatzes 4.7 erfüllen. Die Anzahl der Streifen ist höchstens $\gamma_1 + 1$. Damit folgt (4.25).

Zum Beweis von (4.26) verwenden wir die Formel

$$\sum_{(n_1,n_2)\in D} \psi(f(n_1,n_2)) \ll$$

$$\ll \frac{1}{z}\sum_{(n_1,n_2)\in D} 1 + \sum_{\nu=1}^{\infty}\min\left(\frac{1}{\nu},\frac{z^2}{\nu^3}\right)\left|\sum_{(n_1,n_2)\in D} e^{2\pi i\nu f(n_1,n_2)}\right| \tag{4.28}$$

für einen kompakten, ebenen Bereich D. Der Beweis dieser Formel verläuft ähnlich wie der Beweis von (1.11), man vergleiche [47].

Ordnen wir jedem Gitterpunkt $(n_1, n_2) \in D$ das Quadrat mit der Kantenlänge 1 zu, welches diesen Gitterpunkt zum Mittelpunkt hat, so entsprechen sich Gitterpunkt und Quadrat vom Flächeninhalt 1. Nun kann man ganz D mit diesen Quadraten ausfüllen, wobei es nur am Rande zu Aussparungen oder Bereichsüberschreitungen kommt. Jedenfalls ist die Anzahl der Gitterpunkte von der Größenordnung des Flächeninhalts $|D|$. Bezeichnet D_1 das Bild von D unter der Abbildung

$$y_1 = f_{t_1}(t_1, t_2), \qquad y_2 = t_2,$$

und bezeichnet $|D_1|$ seinen Flächeninhalt, so ist

$$\lambda_{11} \sum_{(n_1,n_2)\in D} 1 \ll \lambda_{11}|D| \asymp \iint_D f_{t_1 t_1}\, dt_1\, dt_2 = |D_1| \ll \gamma_1 c_2. \qquad (4.29)$$

Wir verwenden dies und (4.25) in (4.28). Da in der Summe $f(n_1, n_2)$ durch $\nu f(n_1, n_2)$ ersetzt wurde, müssen wir das in (4.25) entsprechend berücksichtigen. Damit wird

$$\sum_{(n_1,n_2)\in D} \psi(f(n_1,n_2)) \ll$$

$$\ll \frac{\gamma_1 c_2}{\lambda_{11} z} + \sum_{\nu=1}^{\infty} \min\left(\frac{1}{\nu}, \frac{z^2}{\nu^3}\right) \left\{(\nu\gamma_1 + 1)\left(\frac{\sqrt{\Lambda}}{\lambda_{11}} + 1\right) c_2\right.$$

$$\left. + (\nu\gamma_1 + 1)\left(\frac{|\log(\nu\lambda_{11})| + 1}{\nu\sqrt{\Lambda}} + \frac{\lambda_{12}}{\nu\Lambda}\right)\right\}$$

$$\ll \frac{\gamma_1 c_2}{\lambda_{11} z} + z\gamma_1\left(\frac{\sqrt{\Lambda}}{\lambda_{11}} + 1\right) c_2 + \left(\frac{\sqrt{\Lambda}}{\lambda_{11}} + 1\right) c_2(\log z + 1)$$

$$+ \gamma_1\left(\frac{|\log \lambda_{11}| + 1}{\sqrt{\Lambda}} + \frac{\lambda_{12}}{\Lambda}\right)(\log z + 1) + \frac{\gamma_1}{\sqrt{\Lambda}}(\log^2 z + 1)$$

$$+ \frac{|\log \lambda_{11}| + 1}{\sqrt{\Lambda}} + \frac{\lambda_{12}}{\Lambda}.$$

Wir setzen $z = \Lambda^{-1/4}$, sofern $\lambda_{11}^2 < \Lambda < 1$ ist, $z = \lambda_{11}^{-1/2}$, sofern $\Lambda < \lambda_{11}^2 < 1$ ist, und erhalten (4.26), indem wir beide Fälle zusammenfügen. Für $\Lambda \geq 1$ beziehungsweise $\lambda_{11} \geq 1$ ist das Ergebnis wegen (4.29) trivialerweise richtig.

In den praktischen Anwendungen des Satzes 4.4 sind oftmals weitergehende Voraussetzungen erfüllt, die eine Vereinfachung der Ergebnisse ermöglichen. Das soll in den folgenden Korollaren zum Ausdruck gebracht werden.

Korollar 1 zu Satz 4.4 *Es seien die Voraussetzungen* $(A), (B), (E), (E')$ *erfüllt. Des weiteren werde angenommmen:*
(C') Es seien

$$H(f(t_1, t_2)) = f_{t_1 t_1}(t_1, t_2) f_{t_2 t_2}(t_1, t_2) - f_{t_1 t_2}^2(t_1, t_2) > 0,$$

$$|f_{t_1 t_1}(t_1, t_2)| \asymp \lambda_{11}, \quad |f_{t_2 t_2}(t_1, t_2)| \asymp \lambda_{22}, \quad H(f(t_1, t_2)) \asymp \Lambda.$$

Überdies sei

$$\Lambda \asymp \lambda_{11}\lambda_{22}, \qquad \lambda_{22} \ll \lambda_{11}$$

vorausgesetzt. Dann gelten die Abschätzungen

$$\sum_{(n_1,n_2)\in D} e^{2\pi i f(n_1,n_2)} \ll$$

$$\ll ((c_1 + c_2)\lambda_{11} + 1)\left(c_2 + \frac{|\log \lambda_{11}| + 1}{\sqrt{\lambda_{11}\lambda_{22}}}\right), \qquad (4.30)$$

$$\sum_{(n_1,n_2)\in D} \psi(f(n_1,n_2)) \ll$$

$$\ll c_2 \left\{ (c_1 + c_2)\sqrt{\lambda_{11}} + |\log \lambda_{11}| + |\log \lambda_{22}| + 1 \right\}$$

$$+ \left(c_1 \sqrt{\frac{\lambda_{11}}{\lambda_{22}}} + c_2 + \frac{1}{\sqrt{\lambda_{11}\lambda_{22}}} \right) \left\{ (|\log \lambda_{11}| + |\log \lambda_{22}|)^2 + 1 \right\}. \qquad (4.31)$$

Beweis. Es seien (t_1,t_2), (q_1,q_2) zwei beliebige Punkte in D. Dann ist nach dem TAYLORschen Satz

$$f_{t_1}(t_1,t_2) - f_{t_1}(q_1,q_2) =$$
$$= (t_1 - q_1)f_{t_1t_1}(q_1 + \vartheta(t_1 - q_1),(q_2 + \vartheta(t_2 - q_2))$$
$$+ (t_2 - q_2)f_{t_1t_2}(q_1 + \vartheta(t_1 - q_1),(q_2 + \vartheta(t_2 - q_2))$$

mit $0 < \vartheta < 1$. Folglich ist γ_1 von der Größenordnung des Maximums der rechten Seite, also

$$\gamma_1 \ll c_1\lambda_{11} + c_2\lambda_{12}.$$

Wegen $H(f) > 0$ ist

$$\lambda_{12}^2 \ll \lambda_{11}\lambda_{22}.$$

Außerdem ist noch $\lambda_{22} \ll \lambda_{11}$. Folglich ist

$$\gamma_1 \ll c_1\lambda_{11} + c_2\sqrt{\lambda_{11}\lambda_{22}} \ll (c_1 + c_2)\lambda_{11}.$$

Wegen

$$\frac{\lambda_{12}}{\Lambda} \ll \frac{\sqrt{\lambda_{11}\lambda_{22}}}{\Lambda} \ll \frac{1}{\sqrt{\Lambda}}$$

ergibt sich (4.30) sofort aus (4.25) durch Einsetzen. In (4.26) ist noch

$$\frac{\gamma_1}{\sqrt{\Lambda}} \ll (c_1\lambda_{11} + c_2\sqrt{\lambda_{11}\lambda_{22}})\frac{1}{\sqrt{\lambda_{11}\lambda_{22}}}$$

$$\ll c_1\sqrt{\frac{\lambda_{11}}{\lambda_{22}}} + c_2$$

und

$$|\log \Lambda| \ll |\log \lambda_{11}| + |\log \lambda_{22}|$$

zu berücksichtigen. Dann erhält man (4.31) ebenfalls sofort durch Einsetzen in (4.26).

Wir betrachten noch eine weitere Vereinfachung von Satz 4.4. Dazu benutzen wir von jetzt an die folgenden Bezeichnungen: Es sei D_i das Bild von D unter der Abbildung

$$y_i = f_{t_i}(t_1,t_2), \quad y_j = t_j \quad (i,j = 1,2, i \neq j),$$

und es sei D_{12} das Bild von D unter der Abbildung

$$y_1 = f_{t_1}(t_1, t_2), \quad y_2 = f_{t_2}(t_1, t_2).$$

$|D|, |D_i|, |D_{12}|$ seien die Flächeninhalte von D, D_i, D_{12}.

Korollar 2 zu Satz 4.4 *Es seien die Voraussetzungen* $(A), (B), (C'), (E), (E')$ *erfüllt. Des weiteren werde angenommmen:*
(C'') *Es sei*

$$\lambda_{11} \ll \lambda_{22},$$

(D'') *Es seien*

$$\alpha_i \le f_{t_i}(t_1, t_2) \le \beta_i, \quad \gamma_i = \beta_i - \alpha_i \quad (i = 1, 2).$$

(F) *Für die Flächeninhalte von* D *und* D_{12} *sei*

$$|D| \asymp c_1 c_2, \quad |D_{12}| \asymp \gamma_1 \gamma_2.$$

Dann gelten die Abschätzungen

$$\sum_{(n_1, n_2) \in D} e^{2\pi i f(n_1, n_2)} \ll$$

$$\ll |D|\sqrt{\Lambda} + \frac{c_1 \lambda_{11} + c_2 \lambda_{22} + 1}{\sqrt{\Lambda}} (|\log \Lambda| + 1) \tag{4.32}$$

und

$$\sum_{(n_1, n_2) \in D} \psi(f(n_1, n_2)) \ll$$

$$\ll |D|\Lambda^{\frac{1}{4}} + \left(\frac{c_1 \lambda_{11} + c_2 \lambda_{22} + 1}{\sqrt{\Lambda}} + c_2 \right) (|\log \Lambda| + 1)^2. \tag{4.33}$$

Beweis. Wegen (C') ist in Satz 4.4

$$\lambda_{12}^2 \ll \lambda_{11} \lambda_{22}, \quad \Lambda \ll \lambda_{11} \lambda_{22}.$$

Aus

$$|D_1| \ll c_2 \gamma_1, \quad |D_2| \ll c_1 \gamma_2$$

und (F) folgen

$$\lambda_{11} c_1 c_2 \asymp \lambda_{11}|D| \asymp |D_1| \ll c_2 \gamma_1,$$
$$\lambda_{22} c_1 c_2 \asymp \lambda_{22}|D| \asymp |D_2| \ll c_1 \gamma_2$$

und daher

$$\lambda_{11} c_1 \ll \gamma_1, \quad \lambda_{22} c_2 \ll \gamma_2.$$

Folglich ist, wieder mit (F),

$$\gamma_1\gamma_2 \asymp |D_{12}| \asymp \frac{\Lambda}{\lambda_{11}}|D_1| \ll \frac{\gamma_2}{c_2}|D_1|.$$

Also haben wir mit obiger Abschätzung von $|D_1|$ nach oben nun dieselbe auch nach unten. Dasselbe gilt für $|D_2|$. Also folgt

$$|D_1| \asymp c_2\gamma_1, \qquad |D_2| \asymp c_1\gamma_2.$$

Da nun

$$\lambda_{11}c_1c_2 \asymp \lambda_{11}|D| \asymp |D_1| \asymp c_2\gamma_1$$
$$\lambda_{22}c_1c_2 \asymp \lambda_{22}|D| \asymp |D_2| \asymp c_1\gamma_2$$

sind, erhalten wir

$$\gamma_1 \asymp c_1\lambda_{11}, \qquad \gamma_2 \asymp c_2\lambda_{22}.$$

Schließlich ist

$$\lambda_{11}\lambda_{22} \ll \frac{\gamma_1\gamma_2}{c_1c_2} \ll \frac{|D_{12}|}{|D|} \ll \Lambda,$$

und mit obiger Abschätzung von Λ nach oben folgt

$$\Lambda \asymp \lambda_{11}\lambda_{22}.$$

Daraus erhalten wir aus (4.25), wobei wir noch (C'') berücksichtigen,

$$\sum_{(n_1,n_2)\in D} e^{2\pi i f(n_1,n_2)} \ll |D|\sqrt{\Lambda} + \frac{c_2\sqrt{\Lambda}}{\lambda_{11}} + (c_1\lambda_{11}+1)\frac{|\log\lambda_{11}|+1}{\sqrt{\Lambda}}$$

$$\ll |D|\sqrt{\Lambda} + \frac{c_1\lambda_{11} + c_2\lambda_{22} + 1}{\sqrt{\Lambda}}(|\log\lambda_{11}|+1).$$

Nehmen wir $\lambda_{11} < 1$ und $\lambda_{22} < 1$ an, dann fügen wir noch $|\log\lambda_{22}|$ hinzu, und es ist

$$|\log\lambda_{11}| + |\log\lambda_{22}| \ll |\log\Lambda|,$$

und daraus folgt (4.32). Die Ungleichung gilt auch für $\lambda_{11} \geq 1$ und $\lambda_{22} \geq 1$, obwohl die Abschätzung dann trivial ist. Ist $\lambda_{11} < 1$ und $\lambda_{22} \geq 1$, so verwenden wir für die Variable n_1 den Satz von VAN DER CORPUT und schätzen über n_2 trivial ab. Dann folgt aus (1.10)

$$\sum_{(n_1,n_2)\in D} e^{2\pi i f(n_1,n_2)} \ll c_1c_2\sqrt{\lambda_{11}} + \frac{c_2}{\sqrt{\lambda_{11}}}$$

$$\ll |D|\sqrt{\lambda_{11}\lambda_{22}} + \frac{c_2\lambda_{22}}{\sqrt{\lambda_{11}\lambda_{22}}}$$

$$\ll |D|\sqrt{\Lambda} + \frac{c_2\lambda_{22}}{\sqrt{\Lambda}}.$$

Also können wir unbeschadet in allen Fällen $|\log \lambda_{11}|$ durch $|\log \Lambda|$ ersetzen.

Ebenso verfahren wir mit der ψ-Summe. Es folgt aus (4.26)

$$\sum_{(n_1,n_2)\in D} \psi(f(n_1,n_2)) \ll$$

$$\ll |D|\Lambda^{\frac{1}{4}} + c_2 \left(\frac{\lambda_{22}}{\sqrt{\Lambda}} + 1\right)(|\log \Lambda| + |\log \lambda_{11}| + 1)$$

$$+ \frac{(c_1\lambda_{11} + 1)}{\sqrt{\Lambda}}(|\log \lambda_{11}| + 1)(|\log \Lambda| + |\log \lambda_{11}| + 1) + \frac{c_1\lambda_{11}}{\sqrt{\Lambda}}\log^2 \Lambda$$

$$\ll |D|\Lambda^{\frac{1}{4}} + \left(\frac{c_1\lambda_{11} + c_2\lambda_{22} + 1}{\sqrt{\Lambda}} + c_2\right)(|\log \Lambda| + |\log \lambda_{11}| + 1)^2$$

Entsprechend wie bei der Exponentialsumme kann man auch hier auf die Angabe von $|\log \lambda_{11}|$ verzichten. Daraus ergibt sich (4.32).

Bemerkung. Die Bedingungen $\lambda_{22} \ll \lambda_{11}$ beziehungsweise $\lambda_{11} \ll \lambda_{22}$ in beiden Korollaren sind ziemlich bedeutungslos, da alle Voraussetzungen, abgesehen von (E), symmetrisch in t_1, t_2 sind. Im entgegengesetzten Fall würde man einfach die Rollen von t_1, t_2 vertauschen.

Wir können das Ergebnis (4.33) noch umformulieren, indem wir für den Hauptterm die GAUSS*sche Krümmung* der Fläche $y = f(t_1, t_2)$ heranziehen. Sie ist im Punkt (t_1, t_2) gegeben durch

$$K(t_1, t_2) = \frac{H(f)}{(1 + f_{t_1}^2 + f_{t_2}^2)^2}. \tag{4.34}$$

Nach (C') ist sie in allen Punkten positiv. Wir schreiben

$$K_{min} = \min_{(t_1,t_2)\in D} K(t_1, t_2).$$

Dann erhalten wir:

Es seien alle Voraussetzungen von Korollar 2 zu Satz 4.4 erfüllt. Dann gilt

$$|D|\Lambda^{\frac{1}{4}} \ll K_{min}^{-\frac{3}{4}}. \tag{4.35}$$

Beweis. Aus (4.34) folgt

$$|D|\Lambda^{\frac{1}{4}} \ll \iint_D H^{\frac{1}{4}}(f)\, dt_1\, dt_2 \ll K_{min}^{-\frac{3}{4}} \iint_D \frac{H(f)}{(1 + f_{t_1}^2 + f_{t_2}^2)^{3/2}}\, dt_1\, dt_2.$$

Wir substituieren jetzt

$$f_{t_1}(t_1, t_2) = y_1, \qquad f_{t_2}(t_1, t_2) = y_2.$$

Dann wird

$$\iint_D \frac{H(f)}{(1 + f_{t_1}^2 + f_{t_2}^2)^{3/2}} \, dt_1 \, dt_2 =$$

$$= \iint_{D_{12}} (1 + y_1^2 + y_2^2)^{-\frac{3}{2}} \, dy_1 \, dy_2$$

$$\ll \iint_{D'_{12}} dy_1 \, dy_2 + \iint_{D''_{12}} \frac{dy_1 dy_2}{y_1^3} + \iint_{D'''_{12}} \frac{dy_1 dy_2}{y_2^3}$$

$$\ll 1.$$

Dabei ist D'_{12} gleich D_{12} unter der Einschränkung $y_1^2 + y_2^2 \le 1$, D''_{12} gleich D_{12} unter den Einschränkungen $y_1^2 + y_2^2 > 1, y_2 \le y_1$ und D'''_{12} gleich D_{12} unter den Einschränkungen $y_1^2 + y_2^2 > 1, y_1 < y_2$. Also folgt (4.35).

4.4 Anmerkungen

Der Satz 4.1 stellt ein unveröffentlichtes Resultat des Autors dar, während alle übrigen Sätze der Arbeit [48] von E. KRÄTZEL entnommen sind. Der Hauptsatz 4.4 entspricht den Theoremen 2.16 und 2.17 aus [47]. Diese gehen in ihrer Substanz auf E. C. TITCHMARSH und S.-H. MIN zurück. Er vermeidet die in [47] gemachten unangenehmen Voraussetzungen, was auf die Benutzung des Satzes 4.3 im Beweis von Satz 4.4 zurückzuführen ist und einen ganz anderen Zugang darstellt.

Kapitel 5

Konvexe Körper

Erheben wir die Reihendarstellung

$$\sum_{n=-\infty}^{+\infty} q^{n^2} \qquad (|q| < 1)$$

der JACOBIschen Thetafunktion aus Kapitel 2 in die p-te Potenz mit $p > 1$, so erhalten wir mit

$$\left(\sum_{n=-\infty}^{+\infty} q^{n^2}\right)^p = \sum_{n_1=-\infty}^{+\infty} \cdots \sum_{n_p=-\infty}^{+\infty} q^{n_1^2+n_2^2+\cdots+n_p^2}$$

eine Reihenentwicklung, wobei als Potenz von q eine Quadratsumme erscheint. In einem ersten Schritt soll diese Quadratsumme durch eine positiv definite quadratische Form ersetzt werden. Geometrisch heißt das, das wir den Spezialfall der Kugel

$$t_1^2 + t_2^2 + \cdots + t_p^2 \leq r$$

durch den allgemeinen Fall des Ellipsoids

$$F(\mathbf{t}) = \sum_{i=1}^{p}\sum_{j=1}^{p} a_{ij}t_i t_j \leq r$$

($\mathbf{t} = (t_1, t_2, \ldots, t_p) \in \mathbb{R}^p$) ersetzen wollen. Der Kugel ist dann einfach die p-te Potenz der Thetafunktion, dem Ellipsoid dagegen eine durch eine unendliche Reihe

$$\sum_{n_1=-\infty}^{+\infty} \cdots \sum_{n_p=-\infty}^{+\infty} q^{F(\mathbf{n})}$$

($\mathbf{n} = (n_1, n_2, \ldots, n_p) \in \mathbb{Z}^p$) definierte Funktion zugeordnet. Wir werden zeigen, daß auch diese Funktion, entsprechend der Thetafunktion, einer Funktionalgleichung genügt. Wir werden Konsequenzen für weitere analytische Funktionen daraus ziehen.

Schließlich treiben wir die Verallgemeinerung noch weiter und ersetzen die Funktion F des Ellipsoids durch die Distanzfunktion eines beliebigen konvexen Körpers mit nicht-verschwindender Gaußscher Krümmung auf dem Rand. Dann werden wir allerdings nur noch zu asymptotischen Funktionalgleichungen gelangen.

Als Anwendung dieser analytischen Theorie werden wir die Anzahl der Gitterpunkte in großen konvexen Körpern versuchen abzuschätzen. Das wird sehr schnell sehr schwierig werden. Die Schwierigkeiten potenzieren sich, wenn man auf dem Rand der konvexen Körper auch Punkte mit verschwindender Gaußscher Krümmung zuläßt. Hier gibt es nur erste Ansätze, und wir werden nur konvexe Flächen und dreidimensionale konvexe Körper betrachten.

Im ersten Abschnitt werden die benötigten geometrischen Grundlagen zusammengetragen und ohne Beweis dargestellt. In Hilfssätzen formulieren wir einige Zusammenhänge, die man in der Literatur nicht so findet. Hierfür werden auch Beweise gegeben.

5.1 Geometrische Grundlagen

Es bezeichne $\mathbb{R}^p, p \geq 2$, den p-dimensionalen reellen Euklidischen Raum, versehen mit einem Cartesischen Koordinatensystem. Es seien $x = (x_1, x_2, \ldots, x_p)$ und $y = (y_1, y_2, \ldots, y_p)$ Punkte von $\mathbb{R}^p$. Eine Menge $M \subset \mathbb{R}^p$ heißt *konvex*, wenn mit $x, y \in M$ auch die Punkte

$$\lambda x + (1 - \lambda)y \qquad (0 \leq \lambda \leq 1)$$

zu M gehören. *Ein konvexer Körper K in $\mathbb{R}^p$ ist eine nicht-leere, kompakte, konvexe Menge $M \subset \mathbb{R}^p$.* Der Körper heißt *streng konvex*, wenn er innere Punkte enthält, was wir auch immer annehmen wollen. Jedem konvexen Körper kann man ein Volumen $V(K)$ und einen Oberflächeninhalt $F(K)$ eindeutig zuordnen.

Wir betrachten häufig konvexe Körper, die durch Dilatation aus einem gegebenen Körper hervorgehen. Dabei verstehen wir unter einer Dilatation eine sich auf Ortsvektoren beziehende Transformation $b = \lambda a$ mit $\lambda > 0$. Den aus K durch Dilatation um λ hervorgehenden Körper bezeichnen wir mit λK. Es gelten dann

$$V(\lambda K) = \lambda^p V(K), \qquad F(\lambda K) = \lambda^{p-1} F(K).$$

Als Umkugel eines konvexen Körpers K bezeichnen wir die kleinste abgeschlossene Kugel, die K als Teilmenge enthält. Als Inkugel von K bezeichnen wir eine größte abgeschlossene Kugel, die noch ganz als Teilmenge in K enthalten ist.

Mit K_ϱ bezeichnen wir für $0 \leq \varrho < \infty$ einen *äußeren Parallelkörper* des konvexen Körpers K. Er besteht aus der Vereinigungsmenge aller abgeschlossenen Kugeln vom Radius ϱ, deren Mittelpunkte in K liegen. Mit $K_{-\varrho}$ bezeichnen wir für $0 \leq \varrho \leq r$, wobei r der Inkugelradius ist, einen *inneren Parallelkörper* von K. Er besteht aus der Vereinigungsmenge der Mittelpunkte aller abgeschlossenen Kugeln vom Radius ϱ, die vollständig in K liegen. Für die Volumina der Parallelkörper, die ihrerseits konvex sind, bestehen die Ungleichungen

$$\left(1 - \frac{\varrho}{r}\right)^p V(K) \leq V(K_{-\varrho}), \qquad V(K_\varrho) \leq \left(1 + \frac{\varrho}{r}\right)^p V(K). \tag{5.1}$$

Von jetzt an betrachten wir ausschließlich streng konvexe Körper K und nehmen den Ursprung $\mathbf{0} = (0, 0, \ldots, 0)$ im Innern von K an.

Unter einer *Distanzfunktion* $F : \mathbb{R}^p \to \mathbb{R}$ verstehen wir eine Funktion mit folgenden Eigenschaften:

$$(I) \qquad F(\mathbf{x}) > 0 \quad \text{für} \quad \mathbf{x} \neq \mathbf{0}, \quad F(\mathbf{0}) = 0,$$
$$(II) \qquad F(\lambda\mathbf{x}) = \lambda F(\mathbf{x}) \quad \text{für} \quad \lambda > 0,$$
$$(III) \qquad F(\mathbf{x} + \mathbf{y}) \leq F(\mathbf{x}) + F(\mathbf{y}).$$

Jede Funktion F mit diesen drei Eigenschaften ist stetig und definiert einen konvexen Körper K, so daß die Punkte $\mathbf{x}$ mit $F(\mathbf{x}) \leq 1$ und nur diese Punkte zu K gehören. Umgekehrt definiert jeder konvexe Körper eine Distanzfunktion F. Folglich können wir schreiben

$$K = \{\mathbf{x} \in \mathbb{R}^p : F(\mathbf{x}) \leq 1\}.$$

Es ist K genau dann zentralsymmetrisch, wenn

$$F(\lambda\mathbf{x}) = |\lambda| F(\mathbf{x})$$

für jedes $\lambda \in \mathbb{R}$ gilt. Geometrisch bedeutet die Distanzfunktion folgendes: Es bezeichne $\mathbf{x} = (x_1, x_2, \ldots, x_p)$ einen beliebigen Punkt des Raumes. Wir betrachten die vom Ursprung ausgehende Halbgerade durch $\mathbf{x}$. Sie hat genau einen Schnittpunkt $\xi = (\xi_1, \xi_2, \ldots, \xi_p)$ mit dem Rand von K. Dann ist

$$F(\mathbf{x}) = \left(\frac{\sum_{i=1}^p x_i^2}{\sum_{i=1}^p \xi_i^2}\right)^{1/2}.$$

Ist $\mathbf{u} = (u_1, u_2, \ldots, u_p)$ ein beliebiger Punkt mit $\mathbf{u} \neq \mathbf{0}$, so gibt es genau eine orientierte Stützebene E von K mit der Richtung $\mathbf{u}$, so daß der Halbraum von E, in den $\mathbf{u}$ weist, keine Punkte von K enthält. Die Gleichung dieser Ebene ist gegeben durch

$$\sum_{\nu=1}^p x_\nu u_\nu = H(\mathbf{u}).$$

Dann gilt für alle Punkte $\mathbf{x} = (x_1, x_2, \ldots, x_p) \in K$

$$\sum_{\nu=1}^p x_\nu u_\nu \leq H(\mathbf{u}),$$

wobei für gewisse Punkte von K das Gleichheitszeichen steht. Die Funktion $\mathbf{u} \mapsto H(\mathbf{u})$ heißt die Stützfunktion von K und erfüllt die Bedingungen $(I), (II), (III)$

einer Distanzfunktion. Demnach definiert jeder konvexe Körper eine Stützfunktion und umgekehrt. Die Stützfunktion von K ist ihrerseits Distanzfunktion eines konvexen Körpers, des *Polarkörpers* zu K. Andererseits ist die Distanzfunktion von K Stützfunktion seines Polarkörpers K^*.

Sei jetzt $\mathbf{t} = (t_1, t_2, \ldots, t_p)$. Besitzt die Distanzfunktion $\mathbf{t} \mapsto F(\mathbf{t})$ für $\mathbf{t} \neq \mathbf{0}$ stetige partielle Ableitungen bis zur zweiten Ordnung, dann ist die quadratische Form

$$\sum_{i=1}^{p} \sum_{j=1}^{p} F_{t_i t_j} z_i z_j$$

positiv semi-definit. Insbesondere sind $F_{t_i t_i} \geq 0$ für $i = 1, 2, \ldots, p$. Dies folgt aus der Konvexität der Funktion F. Weiterhin ergibt sich aus der Homogenitätseigenschaft (II)

$$\sum_{i=1}^{p} t_i F_{t_i} = F,$$

$$\sum_{i=1}^{p} t_i F_{t_i t_j} = 0, \qquad j = 1, 2, \ldots, p.$$

Die letzten p Gleichungen formen ein lineares, homogenes Gleichungssystem in den t_j. Folglich haben wir für die Koeffizientendeterminante

$$\det(F_{t_i t_j}) = 0.$$

Zwischen Distanz- und Stützfunktion eines konvexen Körpers besteht ein eindeutiger Zusammenhang, den wir in folgendem Hilfssatz herstellen.

Hilfssatz 5.1 *Die Distanzfunktion* $\mathbf{t} \mapsto F(\mathbf{t})$ *eines konvexen Körpers* K *habe für* $\mathbf{t} \neq \mathbf{0}$ *stetige partielle Ableitungen bis zur zweiten Ordnung. Es sei* $F_{t_i t_i} > 0$ *für alle* $i = 1, 2, \ldots, p$. *Es werde*

$$F(\mathbf{t}) F_{t_i}(\mathbf{t}) = u_i \qquad \textit{für} \quad i = 1, 2, \ldots, p \tag{5.2}$$

gesetzt. Dann ist die Stützfunktion $u \mapsto H(\mathbf{u})$ *von* K *gegeben durch*

$$H(\mathbf{u}) = \left(\sum_{i=1}^{p} u_i t_i \right)^{\frac{1}{2}} = F(\mathbf{t}) \tag{5.3}$$

mit $\mathbf{t} = \mathbf{t}(\mathbf{u})$.

Bemerkung. Da $\mathbf{t} \mapsto F(\mathbf{t})$ Stützfunktion und $\mathbf{u} \mapsto H(\mathbf{u})$ Distanzfunktion des Polarkörpers K^* von K sind, gilt der Satz auch in der entgegengesetzten Richtung.

Beweis. Wegen $f_{t_i t_i} > 0$ ist

$$\frac{\partial}{\partial t_i}(F F_{t_i}) = F_{t_i}^2 + F F_{t_i t_i} > 0.$$

Folglich ist FF_{t_i} für jedes i streng monoton wachsend, und das System (5.2) hat eine eindeutig bestimmte Lösung $t_i = t_i(\mathbf{u})$, $i = 1, 2, \ldots, p$. Die Funktionen $\mathbf{u} \mapsto t_i(\mathbf{u})$ haben stetige partielle Ableitungen. Wir erhalten weiter aus (5.2)

$$\sum_{i=1}^{p} u_i t_i = F \sum_{i=1}^{p} t_i F_{t_i} = F^2 \geq 0.$$

So definieren wir eine Funktion $\mathbf{u} \mapsto H(\mathbf{u})$ durch (5.3). Wir müssen zeigen, daß diese Funktion Stützfunktion von K ist.

Aus (5.2) und der Erklärung von H nach (5.3) erkennen wir sofort die Eigenschaft (I). Aus (5.2) folgt weiter

$$\lambda u_i = \lambda F(\mathbf{t}) \frac{\partial}{\partial t_i} F(\mathbf{t}) = F(\lambda \mathbf{t}) \frac{\partial}{\partial(\lambda t_i)} F(\lambda \mathbf{t})$$

und damit

$$t_i(\lambda \mathbf{u}) = \lambda t_i(\mathbf{u}), \qquad i = 1, 2, \ldots, p,$$

für $\lambda > 0$. Daraus folgt die Eigenschaft (II)

$$H(\lambda \mathbf{u}) = F(\lambda \mathbf{t}) = \lambda F(\mathbf{t}) = \lambda H(\mathbf{u}).$$

Da $\mathbf{t} \mapsto F(\mathbf{t})$ Stützfunktion des Polarkörpers K^* von K ist, gilt die Ungleichung

$$\sum_{i=1}^{p} t_i x_i \leq F(\mathbf{t})$$

für alle $\mathbf{x} = (x_1, x_2, \ldots, x_p) \in K^*$ und für alle $\mathbf{t}$. Da $t_i(\mathbf{u})$ stetige partielle Ableitungen besitzt, so auch $H(\mathbf{u})$. Somit folgt aus

$$H(\mathbf{u}) = \left(2 \sum_{j=1}^{p} u_j t_j - F^2(\mathbf{t}) \right)^{\frac{1}{2}}$$

wegen (5.2)

$$H_{u_i}(\mathbf{u}) = \left(2 \sum_{j=1}^{p} u_j t_j - F^2(\mathbf{t}) \right)^{-\frac{1}{2}} \left(t_i + \sum_{j=1}^{p} u_j \frac{\partial t_j}{\partial u_i} - F \sum_{j=1}^{p} F_{t_j} \frac{\partial t_j}{\partial u_i} \right)$$

$$= \frac{t_i}{H(\mathbf{u})}.$$

Setzen wir dies in obige Ungleichung ein, so erhalten wir

$$\sum_{i=1}^{p} H_{u_i} x_i \leq 1.$$

Ist insbesondere $\mathbf{u} = \mathbf{x} \in K^*$, so ergibt sich

$$\sum_{i=1}^{p} H_{x_i} x_i \leq 1.$$

Wegen der bereits gezeigten Homogenität von $H(\mathbf{x})$ stellt die linke Seite dieser Ungleichung $H(\mathbf{x})$ dar. Also ist $H(\mathbf{x}) \leq 1$ für alle $\mathbf{x} \in K^*$. somit ist H Distanzfunktion von K^* und folglich Stützfunktion des polaren Körpers K.

Hilfssatz 5.2 *Es sei angenommen, daß die Distanzfunktion* $\mathbf{t} \mapsto F(\mathbf{t})$ *für* $\mathbf{t} \neq \mathbf{0}$ *und die Stützfunktion* $\mathbf{u} \mapsto H(\mathbf{u})$ *für* $\mathbf{u} \neq \mathbf{0}$ *eines konvexen Körpers stetige partielle Ableitungen bis zur zweiten Ordnung besitzen. Es seien*

$$D(F(\mathbf{t})) = \det((FF_{t_i})_{t_j}) \neq 0, \tag{5.4}$$

$$D(H(\mathbf{u})) = \det((HH_{u_i})_{u_j}) \neq 0. \tag{5.5}$$

Dann gilt

$$D(F(\mathbf{t}))D(H\mathbf{u})) = 1. \tag{5.6}$$

Ferner lassen sich die Determinanten darstellen durch

$$D(F(\mathbf{t})) = F^{p-1} \sum_{i=1}^{p} \sum_{j=1}^{p} A_{ij} F_{t_i} F_{t_j}, \tag{5.7}$$

$$D(H(\mathbf{u})) = H^{p-1} \sum_{i=1}^{p} \sum_{j=1}^{p} B_{ij} H_{u_i} H_{u_j}. \tag{5.8}$$

Darin bedeuten die Koeffizienten A_{ij}, B_{ij} *die Adjunkten von* $F_{t_i t_j}$ *in* $\det(F_{t_i t_j})$ *beziehungsweise von* $H_{u_i u_j}$ *in* $\det(H_{u_i u_j})$.

Beweis. Die Beziehung (5.6) ist klar, da $D(F(\mathbf{t}))$ und $D(H(\mathbf{u}))$ die Funktionaldeterminanten der Transformation

$$FF_{t_i} = u_i, \quad HH_{u_i} = t_i, \qquad i = 1, 2, \ldots, p,$$

darstellen.

Man erkennt aus

$$D(F(\mathbf{t})) = \det(FF_{t_i t_j} + F_{t_i} F_{t_j}),$$

daß $D(F(\mathbf{t}))$ ein Polynom in F vom Grade p ist. Der Koeffizient von F^p ist $\det(F_{t_i t_j}) = 0$. Der Koeffizient von F^{p-1} ist

$$\sum_{i=1}^{p} \sum_{j=1}^{p} A_{ij} F_{t_i} F_{t_j}.$$

Die Koeffizienten von F^n mit $n \leq p - 2$ sind Determinanten, die mindestens zwei Spalten enthalten, bei denen die Elemente der einen Spalte ein Vielfaches einer anderen Spalte sind. Sie sind folglich gleich 0. Daraus folgt (5.7). Genauso ergibt sich (5.8).

Beispiel. Distanz- und Stützfunktion eines Ellipsoids $K = E$. Wir betrachten Ellipsoide in zentralsymmetrischer Lage. Dann ist das Quadrat der Distanzfunktion F eines Ellipsoids E dargestellt durch die positiv definite quadratische Form

$$F^2(\mathbf{t}) = \sum_{i=1}^{p} \sum_{j=1}^{p} a_{ij} t_i t_j \tag{5.9}$$

mit $a_{ij} = a_{ji} \in \mathbb{R}$ und

$$\begin{aligned} D(F) &= \det((FF_{t_i})_{t_j}) \\ &= \det(a_{ij}) = d > 0. \end{aligned}$$

Die Stützfunktion H von E konstruieren wir nach Hilfssatz 5.1 wie folgt: Nach (5.2) bilden wir

$$FF_{t_i} = \sum_{j=1}^{p} a_{ij} t_j = u_i, \qquad i = 1, 2, \ldots, p. \tag{5.10}$$

Dies ist ein lineares Gleichungssystem in den t_j. Auflösung nach den t_j ergibt

$$t_i = \frac{1}{d} \sum_{j=1}^{p} A_{ij} u_j, \qquad i = 1, 2, \ldots p.$$

Die Koeffizienten A_{ij} sind die Adjunkten der Elemente a_{ij} in der Determinante $\det(a_{ij})$. Das Quadrat der Stützfunktion H ist nach (5.3) gegeben durch

$$H^2(\mathbf{u}) = \sum_{i=1}^{p} t_i u_i = \frac{1}{d} \sum_{i=1}^{p} \sum_{j=1}^{p} A_{ij} u_i u_j. \tag{5.11}$$

Die letzte Summe stellt wieder eine positiv definite quadratische Form dar mit $A_{ij} = A_{ji}$ und

$$\begin{aligned} D(H) &= D((HH_{u_i})_{u_j}) \\ &= \frac{1}{d^p} \det(A_{ij}) = \frac{1}{d}. \end{aligned}$$

Mit Hilfe von (5.3) und (5.10) erhalten wir eine spezielle Darstellung des Quadrates der Stützfunktion:

$$\begin{aligned} F^2(\mathbf{t}) &= \frac{1}{a_{11}} \left(\sum_{i=1}^{p} a_{1i} t_i \right)^2 + \sum_{i=1}^{p} \left(t_i u_i - \frac{a_{1i}}{a_{11}} t_i \sum_{j=1}^{p} a_{1j} t_j \right) \\ &= \frac{1}{a_{11}} \left(\sum_{i=1}^{p} a_{1i} t_i \right)^2 + F_1^2(t_2, t_3, \ldots, t_p). \end{aligned} \tag{5.12}$$

Hierin stellt

$$F_1^2(t_2, t_3, \ldots, t_p) = \frac{1}{a_{11}} \sum_{i=2}^{p} \sum_{j=2}^{p} (a_{11}a_{ij} - a_{1i}a_{1j})t_i t_j \qquad (5.13)$$

eine positiv definite quadratische Form dar mit

$$D(F_1) = \det\left(\frac{\partial}{\partial t_j}\left(F_1 \frac{\partial}{\partial t_i} F_1\right)\right)$$

$$= \frac{d}{a_{11}}.$$

Folglich ist F_1 Distanzfunktion eines $(p-1)$-dimensionalen Ellipsoids E_1. Um die Stützfunktion H_1 von E_1 zu bestimmen, setzen wir

$$F_1 \frac{\partial}{\partial t_i} F_1 = \frac{1}{a_{11}} \sum_{j=2}^{p} (a_{11}a_{ij} - a_{1i}a_{1j})t_j = u_i, \qquad i = 2, 3, \ldots, p.$$

Für die Koeffizientendeterminante ergibt sich

$$\det\left(\frac{1}{a_{11}}(a_{11}a_{ij} - a_{1i}a_{1j})\right) = \frac{\det(a_{ij})}{a_{11}} = \frac{d}{a_{11}},$$

wobei die links stehende Determinante $(p-1)$-reihig und die rechts stehende p-reihig ist. Die Adjunkten von $(a_{11}a_{ij} - a_{1i}a_{1j})/a_{11}$ sind A_{ij}/a_{11}. Folglich haben wir

$$t_i = \frac{1}{d} \sum_{j=2}^{p} A_{ij}u_j, \qquad i = 2, 3, \ldots, p.$$

Damit erhalten wir für das Quadrat der Stützfunktion

$$H_1^2(u_2, u_3, \ldots, u_p) = \sum_{i=2}^{p} t_i u_i$$

$$= \frac{1}{d} \sum_{i=2}^{p} \sum_{j=2}^{p} A_{ij} u_i u_j. \qquad (5.14)$$

Die Gaußsche Krümmung.

Wir setzen weiter voraus, daß die Distanz- und Stützfunktion des konvexen Körpers K stetige partielle Ableitungen bis zur zweiten Ordnung besitzt. Betrachten wir die kanonische Abbildung des Randpunktes $\mathbf{u} = (u_1, u_2, \ldots, u_p)$ der Einheitskugel auf den Randpunkt $\mathbf{z} = (z_1, z_2, \ldots, z_p)$ von K, so daß bezüglich beider Punkte die nach außen gerichteten Normalen gleiche Richtung haben. So erhalten wir für die Koordinaten des Randpunktes

$$z_j = H_{u_j}(\mathbf{u}), \qquad \sum_{i=1}^{p} u_i^2 = 1, \qquad j = 1, 2, \ldots, p.$$

Die Hauptkrümmungsradien können in einem solchen Randpunkt definiert werden als die von 0 verschiedenen Eigenwerte $R_1, R_2, \ldots, R_{p-1}$ der Matrix $(H_{u_i u_j})$. Bezeichnen B_{ij} die Adjunkten von $H_{u_i u_j}$ in der Determinante $\det(H_{u_i u_j})$, so ist das Produkt der Hauptkrümmungsradien $R = R(\mathbf{z})$ gegeben durch

$$R = R_1 R_2 \cdots R_{p-1} = \sum_{i=1}^{p} B_{ii}, \qquad \sum_{i=1}^{p} u_i^2 = 1.$$

$K(\mathbf{z}) = 1/R(\mathbf{z})$ wird die GAUSS*sche Krümmung* im Punkt $\mathbf{z}$ genannt.

Hilfssatz 5.3 *Die Stützfunktion* $\mathbf{u} \mapsto H(\mathbf{u})$ *eines konvexen Körpers* K *habe für* $\mathbf{u} \neq \mathbf{0}$ *stetige partielle Ableitungen bis zur zweiten Ordnung.* $D(H(\mathbf{u}))$ *sei durch (5.5) gegeben. Es sei* $\inf R = \varphi > 0$. *Dann ist*

$$u_i u_j D(H(\mathbf{u})) = H^{p+1}(\mathbf{u}) B_{ij}, \qquad i, j = 1, 2, \ldots, p. \tag{5.15}$$

Beweis. Die Gleichungen sind korrekt für $u_1 = u_2 = \cdots = u_p = 0$. Sei also wenigstens ein $u_i \neq 0$. In dem linearen Gleichungssystem

$$\sum_{i=1}^{p} u_i H_{u_j u_i} = 0, \qquad j = 1, 2, \ldots, p,$$

das für jede Stützfunktion besteht, streichen wir die k-te Zeile und geben die l-te Spalte auf die rechte Seite. Dann ist

$$\sum_{\substack{i=1 \\ i \neq l}}^{p} u_i H_{u_j u_i} = -u_l H_{u_j u_l}, \qquad j = 1, 2, \ldots, p, \quad j \neq k,$$

ein lineares Gleichungssystem in den u_i ($i = 1, 2, \ldots, p, \; i \neq l$) mit der Koeffizientendeterminante $(-1)^{k+l} B_{kl}$. Für $u_l = 0$ muß $B_{kl} = B_{lk} = 0$ sein, da sonst das Gleichungssystem nur die triviale Lösung $u_i = 0$ für alle i hätte, was unmöglich ist. Damit ist (5.15) für $u_i u_j = 0$ bereits als richtig erkannt. Wir setzen jetzt $\mathbf{x} = (x_1, x_2, \ldots, x_p)$ mit

$$x_j = u_j (u_1^2 + u_2^2 + \cdots + u_p^2)^{-\frac{1}{2}}, \qquad j = 1, 2, \ldots, p.$$

Dann ist

$$\begin{aligned}
\sum_{i=1}^{p} B_{ii}(\mathbf{u}) &= \left(\sum_{i=1}^{p} u_i^2\right)^{\frac{p-1}{2}} \sum_{i=1}^{p} B_{ii}(\mathbf{x}) \\
&= \left(\sum_{i=1}^{p} u_i^2\right)^{\frac{p-1}{2}} R(\mathbf{x}).
\end{aligned}$$

Da $\inf R = \varphi > 0$ ist, muß es wenigstens einen Index j geben mit $B_{jj} > 0$. Sei ohne Beschränkung der Allgemeinheit $B_{11} > 0$. Dann ist die Lösung des linearen Gleichungssystems gegeben durch

$$B_{11} u_j = B_{1j} u_1, \qquad j = 2, 3, \ldots, p.$$

Wir haben $u_1 \neq 0$, da im Falle $u_1 = 0$ alle $u_j = 0$ wären, was wir ausgeschlossen haben. Also ist $u_j = 0$ dann und nur dann, wenn $B_{1j} = 0$ ist. Nehmen wir nun $u_i \neq 0$ und damit $B_{1i} \neq 0$ an für ein gewisses $i \geq 2$. Dann erhalten wir entsprechend

$$B_{1i}u_j = B_{ij}u_1, \qquad j = 2, 3, \dots, p.$$

Folglich ist

$$B_{ij} = \frac{u_j}{u_1}B_{1i} = \frac{u_iu_j}{u_1^2}B_{11}.$$

Für $u_i = 0$ wäre $B_{1i} = 0$ und damit $B_{ij} = 0$. Daher gilt diese Gleichung auch ohne Einschränkung für u_i. Setzen wir diesen Ausdruck für B_{ij} in (5.8) ein, so erhalten wir

$$
\begin{aligned}
D(H(\mathbf{u})) &= H^{p-1}\frac{B_{11}}{u_1^2}\sum_{i=1}^{p}\sum_{j=1}^{p} u_iu_j H_{u_i}H_{u_j} \\[2mm]
&= H^{p+1}\frac{B_{11}}{u_1^2}\left(\sum_{i=1}^{p} u_iH_{u_i}\right)^2 \\[2mm]
&= H^{p+1}\frac{B_{11}}{u_1^2} = H^{p+1}\frac{B_{ij}}{u_iu_j}.
\end{aligned}
$$

Das ist (5.15)

Hilfssatz 5.4 *Die Stützfunktion* $\mathbf{u} \mapsto H(\mathbf{u})$ *eines konvexen Körpers* K *habe für* $\mathbf{u} \neq \mathbf{0}$ *stetige partielle Ableitungen bis zur zweiten Ordnung. Es sei* $\inf R = \varphi > 0$. *Dann ist*

$$R = \frac{D(H(\mathbf{u}))}{H^{p+1}(\mathbf{u})}, \qquad \sum_{i=1}^{p} u_i^2 = 1. \tag{5.16}$$

Die Gaußsche Krümmung im Randpunkt $\mathbf{z} = (z_1, z_2, \dots, z_p)$ *ist gegeben durch*

$$K(\mathbf{z}) = \left(\sum_{i=1}^{p} F_{z_i}^2(\mathbf{z})\right)^{-\frac{p+1}{2}} \sum_{i=1}^{p}\sum_{j=1}^{p} A_{ij}F_{z_i}(\mathbf{z})F_{z_j}(\mathbf{z}). \tag{5.17}$$

Die Koeffizienten A_{ij} *hierin sind die Adjunkten von* $F_{z_iz_j}$ *in der Determinante* $\det(F_{z_iz_j})$.

Beweis. Wir bekommen aus (5.15)

$$u_i^2 D(H(\mathbf{u})) = H^{p+1}(\mathbf{u})B_{ii}$$

und daher

$$
\begin{aligned}
R &= \sum_{i=1}^{p} B_{ii} = \frac{D(H(\mathbf{u}))}{H^{p+1}(\mathbf{u})}\sum_{i=1}^{p} u_i^2 \\[2mm]
&= \frac{D(H(\mathbf{u}))}{H^{p+1}(\mathbf{u})}.
\end{aligned}
$$

Das ist schon (5.16).

Die Formel (5.17) leiten wir von (5.16) ab. Der Randpunkt $\mathbf{z}$ ist durch

$$z_i = H_{u_i}, \qquad i = 1, 2, \ldots, p,$$

bestimmt. Wir machen die Substitution

$$H(\mathbf{u})H_{u_i}(\mathbf{u}) = t_i, \qquad i = 1, 2, \ldots, p,$$

oder, was dasselbe ist,

$$F(\mathbf{t})F_{t_i}(\mathbf{t}) = u_i, \qquad i = 1, 2, \ldots, p,$$

so daß

$$t_i = H(\mathbf{u})z_i$$

und

$$F^2(\mathbf{t}) \sum_{i=1}^{p} F_{t_i}^2(\mathbf{t}) = \sum_{i=1}^{p} u_i^2 = 1$$

sind. Da auf Grund der Homogenität von $F(\mathbf{t})$

$$
\begin{aligned}
F_{t_i}(\mathbf{t}) &= F_{t_i}(H(\mathbf{u})\mathbf{z}) \\
&= F_{z_i}(\mathbf{z}), \\
A_{ij}(\mathbf{t}) &= A_{ij}(H(\mathbf{u})\mathbf{z}) = H^{1-p}(\mathbf{u})A_{ij}(\mathbf{z}) \\
&= F^{1-p}(\mathbf{t})A_{ij}(\mathbf{z})
\end{aligned}
$$

gilt, bekommen wir, bei Berücksichtigung von (5.6) und (5.7),

$$
\begin{aligned}
K(\mathbf{z}) &= \frac{1}{R} = \frac{H^{p+1}(\mathbf{u})}{D(H(\mathbf{u}))} = F^{p+1}(\mathbf{t})D(F(\mathbf{t})) \\
&= F^{2p}(\mathbf{t}) \sum_{i=1}^{p} \sum_{j=1}^{p} A_{ij}(\mathbf{t})F_{t_i}(\mathbf{t})F_{t_j}(\mathbf{t}) \\
&= F^{p+1}(\mathbf{t}) \sum_{i=1}^{p} \sum_{j=1}^{p} A_{ij}(\mathbf{z})F_{z_i}(\mathbf{z})F_{z_j}(\mathbf{z}) \\
&= \left(\sum_{i=1}^{p} F_{z_i}^2(\mathbf{z}) \right)^{-\frac{p+1}{2}} \sum_{i=1}^{p} \sum_{j=1}^{p} A_{ij}(\mathbf{z})F_{z_i}(\mathbf{z})F_{z_j}(\mathbf{z})
\end{aligned}
$$

Das liefert (5.17).

5.2 Analytische Funktionen der konvexen Körper: Nicht-verschwindende Gaußsche Krümmung auf dem Rand

Wir ordnen jetzt den konvexen Körpern analytische Funktionen zu, wobei wir ganz wesentlich voraussetzen, daß sämtliche Randpunkte der konvexen Körper *nicht-verschwindende Gaußsche Krümmung* aufweisen. Im einzelnen sollen die folgenden drei Bedingungen immer erfüllt sein:

(A) *Es sei K ein streng konvexer, zentralsymmetrischer Körper der Dimension $p \geq 2$, mit dem Ursprung $\mathbf{0} = (0, 0, \ldots, 0)$ im Innern.*

(B) *Bezeichnet R das Produkt der Hauptkrümmungsradien, so sei stets*

$$0 < \varphi_1 = \inf R \leq \sup R = \varphi_2 < \infty$$

angenommen. Das bedeutet insbesondere, daß die Gaußsche Krümmung nicht verschwindet.

(C) *Es seien $\mathbf{t} \mapsto F(\mathbf{t}), \mathbf{t} = (t_1, t_2, \ldots, t_p)$, die Distanzfunktion und $\mathbf{u} \mapsto H(\mathbf{u})$, $\mathbf{u} = (u_1, u_2, \ldots, u_p)$, die Stützfunktion von K. Es seien $F(\mathbf{t})$ für $\mathbf{t} \neq \mathbf{0}$ und $H(\mathbf{u})$ für $\mathbf{u} \neq \mathbf{0}$ reell-analytisch in jeder Variablen t_i beziehungsweise u_i. Es sei angenommen, daß $F_{t_i}(\mathbf{t})$ in t_i und $H_{u_i}(\mathbf{u})$ in u_i für $i = 1, 2, \ldots, p$ streng monoton sind.*

Es ist manchmal nützlich, auch den Fall $p = 1$ zuzulassen. Für $K = [-1, +1]$ setzen wir $\mathbf{t} = (t_1), \mathbf{u} = (u_1), F^2(\mathbf{t}) = at_1^2, H^2(\mathbf{u}) = u_1^2/a, a > 0$.

In den folgenden Summen durchlaufe $\mathbf{n} = (n_1, n_2, \ldots, n_p) \in \mathbb{Z}^p$ die Gitterpunkte von $\mathbb{R}^p$. Dann sei die *Kappafunktion des konvexen Körpers K* definiert durch

$$\kappa(s; K) = \sum_{\mathbf{n}} e^{-sF(\mathbf{n})}, \qquad \mathrm{Re}(s) > 0. \tag{5.18}$$

Weiter sei $\mathbf{x} = (x_1, x_2, \ldots, x_p) \in \mathbb{C}^p$, und $\mathbf{x} \cdot \mathbf{n}$ sei definiert durch

$$\mathbf{x} \cdot \mathbf{n} = \sum_{\nu=1}^{p} x_\nu n_\nu.$$

Dann sei die *Thetafunktion des konvexen Körpers K* definiert durch

$$\Theta(\mathbf{x}; y; K) = \sum_{\mathbf{n}} e^{2\pi i(\mathbf{x} \cdot \mathbf{n} + \frac{y}{2} F^2(\mathbf{n}))} \qquad \mathrm{Im}(y) > 0. \tag{5.19}$$

Schließlich definieren wir die *Hlawkasche Zetafunktion des konvexen Körpers K* durch

$$Z(s; K) = \sum_{\mathbf{n} \neq \mathbf{0}} \frac{1}{F^s(\mathbf{n})}, \qquad \mathrm{Re}(s) > p. \tag{5.20}$$

Nehmen wir den Grenzfall $p = 1$, so reduzieren sich die Kappafunktion auf den hyperbolischen Cotangens, die Thetafunktion auf die JACOBIsche Thetafunktion und die HLAWKAsche Zetafunktion auf die RIEMANNsche Zetafunktion im wesentlichen.

Für $p > 1$ bemerken wir, daß der nach (A) als zentralsymmetrisch angenommene Körper K demzufolge den Punkt $\mathbf{0}$ im Innern enthält. Weiterhin ist $F(\mathbf{t})$ stetig auf der Oberfläche der Einheitskugel. Also gibt es Punkte t_1, t_2 mit

$$0 < a = F(\mathbf{t}_1) = \min F(\mathbf{t}) \leq \max F(\mathbf{t}) = F(\mathbf{t}_2) = b$$

für $|\mathbf{t}| = 1$. Daher gilt für den Vektor

$$\left(\sum_{\nu=1}^{p} t_\nu^2 \right)^{-\frac{1}{2}} \mathbf{t}, \quad \mathbf{t} \neq \mathbf{0},$$

auf Grund der Homogenität

$$0 < a \left(\sum_{\nu=1}^{p} t_\nu^2 \right)^{\frac{1}{2}} \leq F(\mathbf{t}) \leq b \left(\sum_{\nu=1}^{p} t_\nu^2 \right)^{\frac{1}{2}}.$$

Das heißt: *Für jede Distanzfunktion F eines zentralsymmetrischen konvexen Körpers K kann man zwei positive Konstanten a, b angeben, so daß diese Ungleichung erfüllt ist.* Demnach ist sofort ersichtlich, daß die durch (5.18), (5.19) und (5.20) definierten Funktionen in den angegebenen Halbebenen durch absolut konvergente Reihen dargestellt werden und daselbst holomorphe Funktionen repräsentieren.

Ist insbesondere der konvexe Körper K ein Ellipsoid E, so wird das Quadrat der Distanzfunktion durch die positiv definite quadratische Form

$$F^2(\mathbf{t}) = \sum_{\nu=1}^{p} \sum_{\mu=1}^{p} a_{\nu\mu} t_\nu t_\mu \tag{5.21}$$

mit $a_{\nu\mu} = a_{\mu\nu}$ gebildet. Für die Kappafunktion $s \mapsto \kappa(s; E)$, die Thetafunktion $\mathbf{x} \mapsto \Theta(\mathbf{x}; y; E)$ und die jetzt EPSTEINsche Zetafunktion genannte Funktion $s \mapsto Z(s; E)$ werden im nächsten Unterabschnitt Funktionalgleichungen hergeleitet. Solche Funktionalgleichungen bestehen für die Funktionen beliebiger konvexer Körper nicht. Wir werden für sie asymptotische Funktionalgleichungen herstellen.

5.2.1 Analytische Funktionen der Ellipsoide

Wir beginnen mit der Betrachtung der Thetafunktion (5.19) für ein Ellipsoid $K = E$, welches durch die Distanzfunktion (5.21) gegeben ist. Nach (5.11)gilt dann für die Stützfunktion von E

$$H^2(\mathbf{u}) = \frac{1}{d} \sum_{\nu=1}^{p} \sum_{\mu=1}^{p} A_{\nu\mu} u_\nu u_\mu, \tag{5.22}$$

worin die Koeffizienten die Adjunkten der Elemente $a_{\nu\mu}$ in der Determinante $d$sind, mit $d = \det(a_{\nu\mu})$. H ist zugleich Distanzfunktion des Polarellipsoids E^*.

Satz 5.1 *Es bezeichne* $\mathbf{x} \mapsto \Theta(\mathbf{x}, y; E)$ *mit* $\mathbf{x} \in \mathbb{C}^p, p \geq 2, \mathrm{Im}(y) > 0$ *die Thetafunktion (5.19) des Ellipsoids* $P = E$. *Die Distanzfunktion* F *und die Stützfunktion* H *von* E *seien durch (5.21) und (5.22) gegeben. Es sei* $d = \det(a_{\nu\mu})$. *Im Fall* $p = 1$ *sei*

$$F^2(\mathbf{t}) = a_{11}t_1^2, \quad , H^2(\mathbf{u}) = \frac{u_1^2}{a_{11}}, \quad d = a_{11}, \quad A_{11} = 1.$$

Es bezeichne E^* *das Polarellipsoid zu* E *mit der Distanzfunktion* H. *Sind die Punkte* $\mathbf{x} = (x_1, x_2, \ldots, x_p) \in \mathbb{C}^p$ *und* $\mathbf{x}^* = (x_1^*, x_2^*, \ldots, x_p^*) \in \mathbb{C}^p$ *durch*

$$
\begin{aligned}
x_\nu^* &= H(\mathbf{x})H_{x_\nu}(\mathbf{x}), & \nu = 1, 2, \ldots, p, \\
x_\nu &= F(\mathbf{x}^*)F_{x_\nu^*}(\mathbf{x}^*), & \nu = 1, 2, \ldots, p
\end{aligned}
$$

miteinander verbunden, so gilt die Funktionalgleichung

$$\Theta(\mathbf{x}, y; E) = \frac{1}{\sqrt{d}} \left(\frac{i}{y}\right)^{\frac{p}{2}} e^{-\frac{\pi i}{y}H^2(\mathbf{x})} \Theta\left(\frac{\mathbf{x}^*}{y}, -\frac{1}{y}; E^*\right) \tag{5.23}$$

für $p \geq 1$. *Dabei ist* $\mathrm{Im}(y) > 0$, *und es sei* $i/y > 0$ *für* $y = iz, z > 0$.

Beweis. Wir benutzen vollständige Induktion. Für $p = 1$ ist die Formel (5.23) die Transformationsformel (2.29) der JACOBIschen Thetafunktion. Nehmen wir also (5.23) als richtig für $p - 1$ $(p \geq 2)$ an und schließen auf p. Wir schreiben (5.19) in der Form

$$\Theta(\mathbf{x}, y; E) = \sum_{\mathbf{n}} e^{2\pi i f(\mathbf{n})}$$

mit

$$f(\mathbf{n}) = \sum_{\nu=1}^{p} n_\nu x_\nu + \frac{y}{2}F^2(\mathbf{n}).$$

Nach (5.12) ist

$$
\begin{aligned}
f(\mathbf{n}) &= \sum_{\nu=1}^{p} n_\nu x_\nu + \frac{y}{2a_{11}}\left(\sum_{\nu=1}^{p} a_{1\nu}n_\nu\right)^2 + \frac{y}{2}F_1^2(n_2, n_3, \ldots, n_p) \\
&= \left(x_1 + y\sum_{\nu=2}^{p} a_{1\nu}n_\nu\right)n_1 + y\frac{a_{11}}{2}n_1^2 \\
&\quad + \sum_{\nu=2}^{p} n_\nu x_\nu + \frac{y}{2a_{11}}\left(\sum_{\nu=2}^{p} a_{1\nu}n_\nu\right)^2 + \frac{y}{2}F_1^2(n_2, n_3, \ldots, n_p).
\end{aligned}
$$

Wir summieren zunächst über n_1 und wenden die Funktionalgleichung (2.29) der JACOBIschen Thetafunktion an. Dann erhalten wir

$$\Theta(\mathbf{x}, y; E) = \sqrt{\frac{i}{a_{11}y}} \sum_{m_1=-\infty}^{+\infty} \sum_{n_2=-\infty}^{+\infty} \cdots \sum_{n_p=-\infty}^{+\infty} e^{2\pi i f_1(m_1, n_2, \ldots, n_p)}$$

mit

$$f_1(m_1, n_2, \ldots, n_p) =$$

$$= -\frac{1}{2a_{11}y}\left(x_1 + y\sum_{\nu=2}^{p} a_{1\nu}n_\nu\right)^2 + \frac{1}{a_{11}}\left(\frac{x_1}{y} + \sum_{\nu=2}^{p} a_{1\nu}n_\nu\right)m_1$$

$$-\frac{1}{2a_{11}y}m_1^2 + \sum_{\nu=2}^{p} n_\nu x_\nu + \frac{y}{2a_{11}}\left(\sum_{\nu=2}^{p} a_{1\nu}n_\nu\right)^2$$

$$+\frac{y}{2}F_1^2(n_2, n_3, \ldots, n_p)$$

$$= -\frac{1}{2a_{11}y}(m_1 - x_1)^2 + \sum_{\nu=2}^{p}\left(x_\nu + \frac{a_{1\nu}}{a_{11}}(m_1 - x_1)\right)n_\nu$$

$$+\frac{y}{2}F_1^2(n_2, n_3, \ldots, n_p).$$

Die Summe über $n_2, n_3, \ldots, n_p$ definiert nunmehr eine Thetafunktion für ein (p-1)-dimensionales Ellipsoid, wobei die x_ν ersetzt werden durch $x_\nu + a_{1\nu}(m_1 - x_1)/a_{11}$. Die Distanzfunktion F_1 ist durch (5.13) und die Stützfunktion H_1 durch (5.14) gegeben. Danach ergibt sich durch Induktion

$$\Theta(\mathbf{x}, y; E) = \frac{1}{\sqrt{d}}\left(\frac{i}{y}\right)^{\frac{p}{2}}\sum_{\mathbf{m}} e^{2\pi i f_2(\mathbf{m})}$$

mit $\mathbf{m} = (m_1, m_2, \ldots, m_p)$ und

$$f_2(\mathbf{m}) =$$

$$-\frac{1}{2a_{11}y}(m_1 - x_1)^2 + \frac{1}{dy}\sum_{\nu=2}^{p}\sum_{\mu=2}^{p} A_{\nu\mu}\left(x_\mu + \frac{a_{1\mu}}{a_{11}}(m_1 - x_1)\right)m_\nu$$

$$-\frac{1}{2dy}\sum_{\nu=2}^{p}\sum_{\mu=2}^{p} A_{\nu\mu}\left(x_\nu + \frac{a_{1\nu}}{a_{11}}(m_1 - x_1)\right)\left(x_\mu + \frac{a_{1\mu}}{a_{11}}(m_1 - x_1)\right)$$

$$-\frac{1}{2dy}\sum_{\nu=2}^{p}\sum_{\mu=2}^{p} A_{\nu\mu}m_\nu m_\mu.$$

Wegen

$$\sum_{\mu=1}^{p} A_{\nu\mu}a_{1\mu} = \begin{cases} d & \text{für} \quad \nu = 1, \\ 0 & \text{für} \quad 2 \le \nu \le p \end{cases}$$

erhalten wir

$$f_2(\mathbf{m}) =$$

$$= \frac{1}{dy}\sum_{\nu=1}^{p}\sum_{\mu=1}^{p} A_{\nu\mu}x_\mu m_\nu - \frac{1}{2dy}\sum_{\nu=1}^{p}\sum_{\mu=1}^{p} A_{\nu\mu}(x_\nu x_\mu + m_\nu m_\mu)$$

$$= \frac{1}{y}\sum_{\nu=1}^{p} H(\mathbf{x})H_{x_\nu}(\mathbf{x})m_\nu - \frac{1}{2y}(H^2(\mathbf{x}) + H^2(\mathbf{m})).$$

Das beweist den Satz.

Satz 5.2 *Es bezeichne $s \mapsto \kappa(s; E)$ für $\mathrm{Re}(s) > 0$ und $p \geq 2$ die Kappafunktion (5.18) des Ellipsoids $K = E$. Die Distanzfunktion F und die Stützfunktion H seien durch (5.21) und (5.22) gegeben. Die Kappafunktion läßt sich in die linke Halbebene analytisch fortsetzen mit Ausnahme der Punkte $s = \pm 2\pi i H(\mathbf{n}), \mathbf{n} \in \mathbb{Z}^p$, und es gilt die Darstellung*

$$\kappa(s; E) = \pi^{\frac{p-1}{2}} 2^p \Gamma(\frac{p+1}{2}) \frac{1}{\sqrt{d}} \sum_{\mathbf{n}} \frac{s}{(s^2 + 4\pi^2 H^2(\mathbf{n}))^{\frac{p+1}{2}}}. \qquad (5.24)$$

Bemerkung. Die Formel (5.24) gilt auch für $p = 1$. Dann stellt sie die Partialbruchzerlegung des hyperbolischen Cotangens dar.

Beweis. Wir setzen in (5.23) $\mathbf{x} = \mathbf{x}^* = \mathbf{0}$ und folgern (5.24) aus

$$\Theta(\mathbf{0}, y; E) = \frac{1}{\sqrt{d}} \left(\frac{i}{y}\right)^{\frac{p}{2}} \Theta(\mathbf{0}, -\frac{1}{y}; E^*) \qquad (5.25)$$

durch einfache Integration.

$$
\begin{aligned}
\kappa(s; E) &= \sum_{\mathbf{n}} e^{-sF(\mathbf{n})} \\[2mm]
&= \frac{s}{\sqrt{\pi}} \sum_{\mathbf{n}} \int_0^{\infty} \frac{1}{\sqrt{z}} e^{-s^2 z - \frac{1}{4z} F^2(\mathbf{n})} \, dz \\[2mm]
&= \frac{s}{\sqrt{\pi}} \int_0^{\infty} \frac{1}{\sqrt{z}} e^{-s^2 z} \Theta\left(\mathbf{0}, -\frac{1}{4\pi i z}; E\right) \, dz \\[2mm]
&= \frac{s}{\sqrt{d}} 2^p \pi^{\frac{p-1}{2}} \int_0^{\infty} z^{\frac{p-1}{2}} e^{-s^2 z} \Theta(\mathbf{0}, 4\pi i z; E^*) \, dz \\[2mm]
&= \frac{s}{\sqrt{d}} 2^p \pi^{\frac{p-1}{2}} \sum_{\mathbf{n}} \int_0^{\infty} z^{\frac{p-1}{2}} e^{-(s^2 + 4\pi^2 H^2(\mathbf{n}))z} \, dz \\[2mm]
&= 2^p \pi^{\frac{p-1}{2}} \Gamma(\frac{p+1}{2}) \frac{1}{\sqrt{d}} \sum_{\mathbf{n}} \frac{s}{(s^2 + 4\pi^2 H^2(\mathbf{n}))^{\frac{p+1}{2}}}.
\end{aligned}
$$

Das ist (5.24). Die im Satz beschriebenen funktionentheoretischen Eigenschaften sind offensichtlich.

Satz 5.3 *Es bezeichne $s \mapsto Z(s; E)$ für $\mathrm{Re}(s) > p$ und $p \geq 2$ die Epsteinsche Zetafunktion (5.20) des Ellipsoids $K = E$. Die Distanzfunktion F und die Stützfunktion H seien durch (5.21) und (5.22) gegeben. Die Zetafunktion läßt sich in die Halbebene $\mathrm{Re}(s) \leq p$ analytisch fortsetzen mit Ausnahme des Punktes $s = p$. Dort befindet* *sich ein einfacher Pol mit dem Residuum $\frac{2}{\sqrt{d}}\pi^{p/2}\Gamma^{-1}(\frac{p}{2})$. Es ist $Z(-2n; E) = 0$ für $n \in \mathbb{N}$. Die Zetafunktion genügt der Funktionalgleichung*

$$\pi^{-\frac{s}{2}}\Gamma(\frac{s}{2})Z(s; E) = \frac{1}{\sqrt{d}}\pi^{-\frac{p-s}{2}}\Gamma(\frac{p-s}{2})Z(p-s; E^*). \tag{5.26}$$

Beweis. Mit Hilfe von (2.33) erhalten wir für $\operatorname{Re}(s) > p$

$$\begin{aligned}
\pi^{-\frac{s}{2}}\Gamma(\frac{s}{2})Z(s; E) &= \Gamma(\frac{s}{2})\sum_{\mathbf{n}\neq\mathbf{0}}(\pi F^2(\mathbf{n}))^{-\frac{s}{2}} \\
&= \sum_{\mathbf{n}\neq\mathbf{0}}\int_0^\infty t^{\frac{s}{2}-1}e^{-\pi F^2(\mathbf{n})t}\,dt \\
&= \int_0^\infty t^{\frac{s}{2}-1}(\Theta(\mathbf{0}, it; E) - 1)\,dt.
\end{aligned}$$

Wir zerlegen das Integral in zwei Teile und verwenden im ersten Teil die Funktionalgleichung (5.25) der Thetafunktion.

$$\begin{aligned}
\pi^{-\frac{s}{2}}\Gamma(\frac{s}{2})Z(s; E) &= \int_0^1 t^{\frac{s}{2}-1}\left(\frac{1}{\sqrt{d}}t^{-\frac{p}{2}}\left(\Theta(\mathbf{0}, \frac{i}{t}; E^*) - 1\right) + \frac{1}{\sqrt{d}}t^{-\frac{p}{2}} - 1\right)dt \\
&\quad + \int_1^\infty t^{\frac{s}{2}-1}(\Theta(\mathbf{0}, it; E) - 1)\,dt.
\end{aligned}$$

Im ersten Integral führen wir bezüglich des ersten Summanden die Substitution $t \to 1/t$ aus, den Rest des Integrals rechnen wir aus.

$$\begin{aligned}
\pi^{-\frac{s}{2}}\Gamma(\frac{s}{2})Z(s; E) &= \frac{1}{\sqrt{d}}\frac{2}{s-p} - \frac{2}{s} + \frac{1}{\sqrt{d}}\int_1^\infty t^{\frac{p-s}{2}-1}(\Theta(\mathbf{0}, it; E^*) - 1)\,dt \\
&\quad + \int_1^\infty t^{\frac{s}{2}-1}(\Theta(\mathbf{0}, it; E) - 1)\,dt. \tag{5.27}
\end{aligned}$$

Beide Integrale konvergieren in der gesamten Ebene und stellen holomorphe Funktionen dar. Damit ist auch die linke Seite in der gesamten Ebene holomorph bis auf die Polstellen $s = p$ und $s = 0$. Für $s = p$ hat die Zetafunktion das Residuum $\frac{2}{\sqrt{d}}\pi^{p/2}\Gamma^{-1}(\frac{p}{2})$. $\Gamma(\frac{s}{2})$ ist holomorph in der gesamten Ebene mit Ausnahme der einfachen Polstellen $s = 0, -2, -4, \ldots$. Deshalb ist auch $Z(s; E)$ für $\operatorname{Re}(s) \leq p, s \neq p$ holomorph mit $Z(0; E) \neq 0, Z(-2n; E) = 0$ für $n \in \mathbb{N}$. Tauscht man in (5.27) E gegen E^* aus, dann muß man auf der rechten Seite d durch $1/d$ ersetzen. Ersetzt man weiter s durch $p - s$ und dividiert noch durch $\sqrt{d}$, so hat sich die rechte Seite überhaupt nicht verändert. Daraus folgt (5.26).

5.2.2 Die Kappafunktion eines konvexen Körpers

In den folgenden drei Unterabschnitten betrachten wir die Transformationen der Kappa-, Theta- und Zetafunktionen von allgemeinen konvexen Körpern. Wie bereits einleitend erwähnt können wir keine so runden Formeln in Form von Funktionalgleichungen wie im voraufgegangenen Unterabschnitt erwarten. Aber wie schon bei den höheren Thetafunktionen können wir von asymptotischen Transformationsformeln sprechen, und wir können die analytischen Eigenschaften der transformierten Funktionen gut beschreiben.

Wir beginnen mit der Transformation der Kappafunktion, da hier der Zugang am einfachsten zu sein scheint. Wir haben stets einen konvexen Körper vor Augen, der die Bedingungen (A), (B), und (C) erfüllt. Die Kappafunktion von K ist für $\mathrm{Re}(s) > 0$ nach (5.18) definiert durch

$$\kappa(s; K) = \sum_{\mathbf{n}} e^{-sF(\mathbf{n})},$$

worin F die Distanzfunktion von K bedeutet. Die Punkte $\mathbf{t} = (t_1, t_2, \ldots, t_p) \in K$ sind charakterisiert durch $F(\mathbf{t}) \leq 1$. $\mathbf{n} = (n_1, n_2, \ldots, n_p) \in \mathbb{Z}^p$ durchläuft in der Summe die Gitterpunkte von $\mathbb{R}^p$. Die Reihe ist für $\mathrm{Re}(s) > 0$ absolut konvergent und stellt dort eine holomorphe Funktion dar. Mit Hilfe der POISSONschen Summenformel erhält man sofort

$$\kappa(s; K) = \sum_{\mathbf{n}} I(\mathbf{n}, s; K), \tag{5.28}$$

worin die Funktion $\mathbf{x} \mapsto I(\mathbf{x}, s; K)$ für beliebige $\mathbf{x} = (x_1, x_2, \ldots, x_p) \in \mathbb{R}^p$ durch

$$I(\mathbf{x}, s; K) = \int_{\mathbf{t}} e^{2\pi i \mathbf{x} \cdot \mathbf{t} - sF(\mathbf{t})} \, d\mathbf{t} \tag{5.29}$$

definiert ist. Hier und im Folgenden verwenden wir die Schreibweise

$$\int_{\mathbf{t}} d\mathbf{t} = \int_{-\infty}^{+\infty} dt_1 \int_{-\infty}^{+\infty} dt_2 \ldots \int_{-\infty}^{+\infty} dt_p.$$

Es ist leicht zu sehen, daß

$$
\begin{aligned}
I(\mathbf{x}, s; K) &= s \int_0^\infty e^{-sy} \, dy \int_{F(\mathbf{t}) \leq y} e^{2\pi i \mathbf{x} \cdot \mathbf{t}} \, d\mathbf{t} \\
&= s \int_0^\infty y^p e^{-sy} \, dy \int_{F(\mathbf{t}) \leq 1} e^{2\pi i \mathbf{x} \cdot \mathbf{t} y} \, d\mathbf{t} \\
&= p! s \int_{F(\mathbf{t}) \leq 1} \frac{1}{(s - 2\pi i \mathbf{x} \cdot \mathbf{t})^{p+1}} \, d\mathbf{t}.
\end{aligned}
\tag{5.30}
$$

Im Fall $\mathbf{x} = \mathbf{0} = (0, 0, \dots, 0)$ erhalten wir

$$I(\mathbf{0}, s; K) = p!\,vol(K)s^{-p}. \tag{5.31}$$

Wir nehmen jetzt stets $\mathbf{x} \neq \mathbf{0}$ an. Dann stellt $s \mapsto I(\mathbf{x}, s; K)$ bei festem $\mathbf{x}$ eine holomorphe Funktion sowohl für $\mathrm{Re}(s) > 0$ als auch für $\mathrm{Re}(s) < 0$ dar. Analytische Fortsetzung von einer Halbebene in die andere ist möglich, da die Funktion sicher holomorph ist in allen Punkten der imaginären Achse mit

$$\mathrm{Re}(s) \;=\; 0, \qquad \mathrm{Im}(s) < \min_{F(\mathbf{t}) \leq 1} 2\pi\mathbf{x} \cdot \mathbf{t},$$
$$\mathrm{Re}(s) \;=\; 0, \qquad \mathrm{Im}(s) > \max_{F(\mathbf{t}) \leq 1} 2\pi\mathbf{x} \cdot \mathbf{t}.$$

Es verbleiben also die Punkte

$$\mathrm{Re}(s) = 0, \qquad \min_{F(\mathbf{t}) \leq 1} 2\pi\mathbf{x} \cdot \mathbf{t} \leq \mathrm{Im}(s) \leq \max_{F(\mathbf{t}) \leq 1} 2\pi\mathbf{x} \cdot \mathbf{t}.$$

Wir gehen jetzt aber einen anderen Weg. Wir können nämlich erwarten, daß die singulären Punkte von den Randpunkten, also $F(\mathbf{t}) = 1$, herrühren. Die Koordinaten dieser Punkte sind aber gegeben durch die ersten partiellen Ableitungen der Stützfunktion H von K. Deswegen substituieren wir im Integral (5.29)

$$F(\mathbf{t})F_{t_\nu}(\mathbf{t}) = u_\nu, \qquad \nu = 1, 2, \dots, p,$$

oder, was dasselbe bedeutet,

$$H(\mathbf{u})H_{u_\nu}(\mathbf{u}) = t_\nu, \qquad \nu = 1, 2, \dots, p.$$

Dann erhalten wir von (5.29)

$$I(\mathbf{x}, s; K) = \int_{\mathbf{u}} D(H(\mathbf{u}))e^{-H(\mathbf{u})(s - 2\pi i\mathbf{x}\cdot H\mathbf{u}(\mathbf{u}))}\,d\mathbf{u} \tag{5.32}$$

mit

$$H_{\mathbf{u}}(\mathbf{u}) \;=\; (H_{u_1}, H_{u_2}, \dots, H_{u_p}),$$
$$\mathbf{x} \cdot H_{\mathbf{u}}(\mathbf{u}) \;=\; \sum_{\nu=1}^{p} x_\nu H_{u_\nu}(\mathbf{u}).$$
$$D(H(\mathbf{u})) \;=\; \det((HH_{u_\nu})_{u_\mu}).$$

Jetzt substituieren wir $u_\nu \to |u_1|u_\nu$ für $\nu = 2, 3, \dots, p$. Da K zentralsymmetrisch ist, bekommen wir

$$I(\mathbf{x}, s; K) = I'(\mathbf{x}, s; K) + I'(-\mathbf{x}, s; K), \tag{5.33}$$

$$
\begin{aligned}
I'(\mathbf{x}, s; K) &= \int_0^\infty u_1^{p-1}\, du_1 \int_{\mathbf{u}'} D(H(\mathbf{u}'))e^{-u_1 H(\mathbf{u}')(s-2\pi i\mathbf{x}\cdot H_{\mathbf{u}}(\mathbf{u}'))}\, d\mathbf{u}' \\
&= \int_{\mathbf{u}'} \frac{(p-1)!\, D(H(\mathbf{u}'))}{H^p(\mathbf{u}')(s - 2\pi i \mathbf{x}\cdot H_{\mathbf{u}}(\mathbf{u}'))^p}\, d\mathbf{u}'.
\end{aligned}
\tag{5.34}
$$

Dabei bedeute $\mathbf{u}' = (1, u_2, u_3, \ldots, u_p)$ und

$$
\int_{\mathbf{u}'} d\mathbf{u}' = \int_{-\infty}^{+\infty} du_2 \int_{-\infty}^{+\infty} du_3 \ldots \int_{-\infty}^{+\infty} du_p.
$$

Wir sehen wieder wie vorher schon, daß die singulären Punkte von $I(\mathbf{x}, s; K)$ nur von den Punkten s mit

$$
\mathrm{Re}(s) = 0, \qquad \min 2\pi\mathbf{x}\cdot H_{\mathbf{u}}(\mathbf{u}') \leq \mathrm{Im}(s) \leq \max 2\pi\mathbf{x}\cdot H_{\mathbf{u}}(\mathbf{u}')
$$

herrühren können. In Vorbereitung dieser Untersuchungen beweisen wir den folgenden Hilfssatz.

Hilfssatz 5.5 *Der konvexe Körper K erfülle die Bedingungen (A), (B) und (C). H sei seine Stützfunktion. Es sei $x_1 \neq 0$. Es werde*

$$
\mathbf{x}\cdot H_{\mathbf{u}}(\mathbf{u}') = \sum_{\nu=1}^{p} x_\nu H_{u_\nu}(\mathbf{u}')
$$

als Funktion von $\mathbf{u}' = (1, u_2, u_3, \ldots, u_p)$ betrachtet. Sie hat für $u_\nu = x_\nu/x_1$ ein globales Maximum, sofern $x_1 > 0$ ist, oder ein globales Minimum andererseits. Darüber hinaus gilt in diesem Punkt

$$
\mathbf{x}\cdot H_{\mathbf{u}}(\mathbf{u}') = \frac{x_1}{|x_1|} H(\mathbf{x}).
\tag{5.35}
$$

Beweis. Die notwendige Bedingung für die Existenz eines Maximums oder Minimums ist

$$
\sum_{\nu=1}^{p} x_\nu H_{u_\nu u_\mu}(\mathbf{u}') = 0, \qquad \mu = 2, 3, \ldots, p.
$$

Wegen

$$
H_{u_1 u_\mu}(\mathbf{u}') + \sum_{\nu=2}^{p} u_\nu H_{u_\nu u_\mu}(\mathbf{u}') = 0,
$$

erhalten wir

$$
\sum_{\nu=2}^{p} (x_\nu - x_1 u_\nu) H_{u_\nu u_\mu}(\mathbf{u}') = 0, \qquad \mu = 2, 3, \ldots, p.
$$

Wir können diese Gleichungen verstehen als ein lineares System von $p - 1$ Gleichungen und $p - 1$ Unbekannten $x_\nu - x_1 u_\nu$. Die Koeffizientendeterminante ist $B_{11} > 0$, also verschieden von 0. Daher hat das System genau eine Lösung $u_\nu = x_\nu/x_1$ ($\nu = 2, 3, \ldots, p$). Es ist klar, daß es sich um ein Maximum oder Minimum handeln muß. Weiterhin gilt in diesem Punkt

$$\mathbf{x} \cdot H_{\mathbf{u}}(\mathbf{u}') \;=\; \sum_{\nu=1}^{p} x_\nu H_{x_\nu} \left(1, \frac{x_2}{x_1}, \frac{x_3}{x_1}, \ldots, \frac{x_p}{x_1}\right)$$

$$=\; \frac{x_1}{|x_1|} \sum_{\nu=1}^{p} x_\nu H_{x_\nu}(\mathbf{x})$$

$$=\; \frac{x_1}{|x_1|} H(\mathbf{x}),$$

was (5.35) beweist.

Hilfssatz 5.6 *Die durch (5.29) definierte Funktion $s \mapsto I(\mathbf{x}, s; K)$ ist für $\mathbf{x} \neq \mathbf{0}$ in die gesamte Ebene analytisch fortsetzbar mit Ausnahme der beiden Punkte $s = \pm 2\pi i H(\mathbf{x})$.*

Beweis. Die analytische Fortsetzbarkeit in die linke Halbebene haben wir bereits gezeigt. Nun betrachten wir die Integraldarstellung (5.34) und untersuchen die Punkte s mit

$$s - 2\pi i \mathbf{x} \cdot H_{\mathbf{u}}(\mathbf{u}') = 0 \qquad (\mathbf{u}' = (1, u_2, u_3, \ldots, u_p))$$

und

$$|\mathbf{x} \cdot H_{\mathbf{u}}(\mathbf{u}')| \leq H(\mathbf{x}).$$

Dabei nehmen wir wieder ohne Beschränkung der Allgemeinheit $x_1 \neq 0$ an. Nehmen wir an, es gibt wenigstens ein μ mit $2 \leq \mu \leq p$, so daß

$$\frac{\partial}{\partial u_\mu} \mathbf{x} \cdot H_{\mathbf{u}}(\mathbf{u}') \neq 0.$$

Dann können wir I' in diesen Punkt analytisch fortsetzen. Dies folgt aus der Voraussetzung (C), wonach $\mathbf{u} \mapsto H(\mathbf{u})$ eine reell-analytische Funktion in jeder Variablen u_μ ist. Deshalb ist analytische Fortsetzung in die Nachbarschaft der reellen Achse bezüglich u_μ möglich. Folglich kann man den Integrationsweg so wählen, daß er den kritischen Punkt meidet.

Daher müssen für einen singulären Punkt

$$\frac{\partial}{\partial u_\mu} \mathbf{x} \cdot H_{\mathbf{u}}(\mathbf{u}') = 0$$

für alle $\mu = 2, 3, \ldots, p$ sein. Jetzt ist eine Verlagerung des Integrationsweges in die obere oder untere Nachbarschaft der reellen Achse nicht mehr in der Weise möglich, daß eine analytische Fortsetzung gelingt. Mit dem vorangegangenen Hilfssatz sehen wir, daß wir die beiden Singularitäten $s = \pm 2\pi i H(\mathbf{x})$ bekommen.

In dem folgenden Hilfssatz geben wir eine asymptotische Entwicklung von $I(\mathbf{x}, s; K)$ für $s \to 2\pi i H(\mathbf{x})$ unter der Voraussetzung an, daß $\mathbf{x} \neq \mathbf{0}$ ist. Dabei können wir ohne Beschränkung der Allgemeinheit $x_1 \neq 0$ annehmen.

Hilfssatz 5.7 *Es sei $x_1 \neq 0$. Die durch (5.34) definierte Funktion $s \mapsto I'(\mathbf{x}, s; K)$ hat genau eine Singularität*

$$s = \frac{x_1}{|x_1|} 2\pi i H(\mathbf{x}) = \pm 2\pi i H(\mathbf{x}).$$

Die asymptotische Entwicklung

$$I'(\mathbf{x}, s; K) = \frac{(\mp i)^{\frac{p-1}{2}} \Gamma(\frac{p+1}{2}) \sqrt{D(H(\mathbf{x}))}}{H^{\frac{p-1}{2}}(\mathbf{x})(s \mp 2\pi i (H(\mathbf{x}))^{\frac{p+1}{2}}} \left\{ 1 + O\left(\frac{|s \mp 2\pi i H(\mathbf{x})|}{H(\mathbf{x})}\right) \right\} \qquad (5.36)$$

gilt für $s \to \pm 2\pi i H(\mathbf{x})$ gleichmäßig im Winkelraum

$$-\frac{\pi}{2} + \varepsilon \leq \pm \arg(s \mp 2\pi i H(\mathbf{x})) \leq \frac{3}{2}\pi - \varepsilon$$

mit beliebig kleinem $\varepsilon > 0$. Die O-Konstante ist unabhängig von $\mathbf{x}$. $D(H(\mathbf{x}))$ ist die Determinante (5.5).

Beweis. Wir nehmen ohne Beschränkung der Allgemeinheit $|x_1| \geq |x_\nu|$ für $\nu = 2, 3, \ldots, p$ an. Sei $x_1 > 0$. Dann gibt es zwei positive Konstanten a, b mit

$$a x_1 < H(\mathbf{x}) < b x_1.$$

Wir setzen

$$\begin{aligned} u_\nu &= v_\nu + \frac{x_\nu}{x_1}, \qquad \nu = 2, 3, \ldots, p, \\ \mathbf{v} &= (0, v_2, v_3, \ldots, v_p). \end{aligned}$$

Dann erhalten wir von (5.34)

$$I'(\mathbf{x}, s; K) = \int\limits_{\mathbf{v}} \frac{(p-1)! D(H(\mathbf{v} + \frac{\mathbf{x}}{x_1}))}{H^p(\mathbf{v} + \frac{\mathbf{x}}{x_1})(s - 2\pi i \mathbf{x} \cdot H_\mathbf{u}(\mathbf{v} + \frac{\mathbf{x}}{x_1}))^p} \, d\mathbf{v}.$$

Wir wissen, daß $\mathbf{x} \cdot H_\mathbf{u}(\mathbf{x}/x_1) = H(\mathbf{x})$ ist, und daß die ersten Ableitungen von $\mathbf{x} \cdot H_\mathbf{u}(\mathbf{v} + \mathbf{x}/x_1)$ sämtlich für $\mathbf{v} = \mathbf{0}$ verschwinden. Daher hat die Funktion $s \mapsto I'(\mathbf{x}, s; K)$ einen singulären Punkt für $s = 2\pi i H(\mathbf{x})$. Wir setzen

$$s - 2\pi i H(\mathbf{x}) = \sigma^2 = |\sigma|^2 e^{2\varphi i}.$$

Der Punkt $\mathbf{v} = \mathbf{0}$ ist ein Maximum von $\mathbf{x} \cdot H_\mathbf{u}(\mathbf{v} + \mathbf{x}/|x_1|)$, und wir haben $-\pi/2 + \varepsilon \leq 2\varphi \leq 3\pi/2 - \varepsilon$ anzunehmen. Wir substituieren $\mathbf{v} \to |\sigma| \mathbf{v}$ und betrachten nun das Integral

$$\begin{aligned} J(|\sigma|) &= |\sigma|^{p+1} I'\left(\mathbf{x}, |\sigma|^2 e^{2\varphi i} + 2\pi i H(\mathbf{x}); K\right) \\ &= \int\limits_{\mathbf{v}} \frac{(p-1)! \, D(H(|\sigma|\mathbf{v} + \frac{\mathbf{x}}{x_1}))}{H^p(|\sigma|\mathbf{v} + \frac{\mathbf{x}}{x_1})\left(e^{2\varphi i} + \frac{2\pi i}{|\sigma|^2}\left(H(\mathbf{x}) - \mathbf{x} \cdot H_\mathbf{u}(|\sigma|\mathbf{v} + \frac{\mathbf{x}}{x_1})\right)\right)^p} \, d\mathbf{v}. \end{aligned}$$

Taylor-Entwicklung liefert

$$\mathbf{x} \cdot H_{\mathbf{u}}(|\sigma|\mathbf{v} + \frac{\mathbf{x}}{x_1}) = H(\mathbf{x}) + \frac{1}{2}q(\mathbf{v})|\sigma|^2 + R(|\sigma|, \mathbf{v})$$

mit

$$q(\mathbf{v}) \;=\; \sum_{\nu=2}^{p}\sum_{\mu=2}^{p} a_{\nu\mu}v_\nu v_\mu,$$

$$a_{\nu\mu} \;=\; \frac{\partial^2}{\partial v_\nu \partial v_\mu}\mathbf{x} \cdot H_{\mathbf{u}}\left(\mathbf{v} + \frac{\mathbf{x}}{x_1}\right)\Bigg|_{\mathbf{v}=0},$$

$$R(|\sigma|, \mathbf{v}) \;=\; \frac{1}{6}\int_0^{|\sigma|}\frac{d^3}{dr^3}\left\{\mathbf{x} \cdot H_{\mathbf{u}}\left(r\mathbf{v} + \frac{\mathbf{x}}{x_1}\right)(|\sigma| - r)^2\right\}\,dr.$$

Wir berechnen die Koeffizienten der quadratischen Form q.

$$\begin{aligned}
a_{\nu\mu} \;&=\; \frac{\partial^2}{\partial v_\nu \partial v_\mu}\sum_{j=1}^{p} x_j H_{u_j}\left(\mathbf{v} + \frac{\mathbf{x}}{x_1}\right)\Bigg|_{\mathbf{v}=0} \\[2mm]
&=\; \sum_{j=1}^{p} x_j H_{u_j u_\nu u_\mu}\left(\frac{\mathbf{x}}{x_1}\right) \\[2mm]
&=\; x_1^2 \sum_{j=1}^{p} x_j H_{u_j u_\nu u_\mu}(\mathbf{x}).
\end{aligned}$$

Da H eine Stützfunktion ist, haben wir

$$\begin{aligned}
0 \;&=\; \frac{\partial}{\partial x_\mu}\sum_{j=1}^{p} x_j H_{x_j x_\nu}(\mathbf{x}) \\[2mm]
&=\; \sum_{j=1}^{p} x_j H_{x_j x_\nu x_\mu}(\mathbf{x}) + H_{x_\nu x_\mu}(\mathbf{x}).
\end{aligned}$$

Folglich ist

$$a_{\nu\mu} = -x_1^2 H_{x_\nu x_\mu}(\mathbf{x})$$

und

$$\begin{aligned}
q(\mathbf{v}) \;&=\; -x_1^2 Q(\mathbf{v}) \\[2mm]
&=\; -x_1^2 \sum_{\nu=2}^{p}\sum_{\mu=2}^{p} H_{x_\nu x_\mu}(\mathbf{x})v_\nu v_\mu,
\end{aligned}$$

wobei $Q(\mathbf{v})$ eine positiv definite quadratische Form darstellt. Die rechts stehende quadratische Form ist jedenfalls positiv semi-definit, da H Distanzfunktion ist.

Weiter ist zum einen nach Voraussetzung $H_{x_\nu x_\nu} > 0$ für alle ν. Zum anderen ist die GAUSSsche Krümmung positiv und nach (5.16) $D(H(\mathbf{x})) > 0$ und nach (5.15) $B_{11} = \det(H_{x_\nu x_\mu}(\mathbf{x})) > 0$, da $x_1 \neq 0$ angenommen ist.

Wir betrachten nun J als eine Funktion der reellen Variabeln τ mit der Integraldarstellung

$$J(\tau) = \int\limits_{\mathbf{v}} \frac{(p-1)!\, D(H(\tau\mathbf{v} + \frac{\mathbf{x}}{x_1}))}{H^p(\tau\mathbf{v} + \frac{\mathbf{x}}{x_1})\left(e^{2\varphi i} + \pi i(x_1^2 Q(\mathbf{v}) - \frac{2}{\tau^2}R(\tau, \mathbf{v}))\right)^p}\, d\mathbf{v}.$$

Diese Funktion ist in einer Umgebung von 0 analytisch, und die TAYLOR-Entwicklung um den Punkt $\tau = 0$ liefert zugleich die asymptotische Entwicklung für $\tau \to 0$. Substituieren wir noch $v_\nu \to v_\nu/\sqrt{x_1}$ für $\nu = 2, 3, \ldots, p$ und setzen dann wieder $\tau = |\sigma|$, so folgt für $|\sigma|/\sqrt{x_1} \to 0$

$$J(|\sigma|) = x_1^{\frac{1-p}{2}} \left\{ a_0 + a_1 \frac{|\sigma|}{\sqrt{x_1}} + O\left(\frac{|\sigma|^2}{x_1}\right) \right\}.$$

In die O-Konstante gehen zunächst Funktionen von x/x_1 ein, die aber wegen unserer gemachten Annahme über x_1 und x_ν für $\nu > 1$ beschränkt bleiben. Natürlich ist $a_1 = 0$, und für a_0 erhalten wir

$$\begin{aligned}
a_0 &= x_1^{\frac{p-1}{2}} \cdot J(0) \\
&= x_1^{\frac{p-1}{2}} \int\limits_{\mathbf{v}} \frac{(p-1)!\, D(H(\frac{\mathbf{x}}{x_1}))}{H^p(\frac{\mathbf{x}}{x_1})(e^{2\varphi i} + \pi i x_1^2 Q(\mathbf{v}))^p}\, d\mathbf{v}.
\end{aligned}$$

Substituieren wir nochmals $v_\nu \to v_\nu/x_1$, so entsteht

$$\begin{aligned}
a_0 &= x_1^{\frac{p+1}{2}} \frac{(p-1)!\, D(H(\mathbf{x}))}{H^p(\mathbf{x})} \int\limits_{\mathbf{v}} \frac{1}{(e^{2\varphi i} + \pi i Q(\mathbf{v}))^p}\, d\mathbf{v} \\
&= e^{-\varphi i(p+1)}(-i)^{\frac{p-1}{2}} \frac{(p-1)!\, D(H(\mathbf{x}))}{H^p(\mathbf{x})} \int\limits_{\mathbf{v}} \frac{1}{(1 + \pi Q(\mathbf{v}))^p}\, d\mathbf{v}.
\end{aligned}$$

Wir berechnen das Integral zu

$$\begin{aligned}
(p-1)! \int\limits_{\mathbf{v}} \frac{1}{(1 + \pi Q(\mathbf{v}))^p}\, d\mathbf{v} &= \int\limits_{\mathbf{v}} \int\limits_0^\infty y^{p-1} e^{-(1+\pi Q(\mathbf{v}))y}\, dy\, d\mathbf{v} \\
&= \int\limits_0^\infty y^{\frac{p-1}{2}} e^{-y}\, dy \int\limits_{\mathbf{v}} e^{-\pi Q(\mathbf{v})}\, d\mathbf{v} \\
&= \frac{\Gamma(\frac{p+1}{2})}{\sqrt{\det(H_{x_\nu x_\mu})}} \\
&= \frac{\Gamma(\frac{p+1}{2})}{\sqrt{B_{11}}}.
\end{aligned}$$

Damit erhalten wir

$$a_0 = e^{-\varphi i(p+1)}(-i)^{\frac{p-1}{2}}\Gamma(\frac{p+1}{2})\frac{D(H(\mathbf{x}))x_1^{\frac{p+1}{2}}}{H^p(\mathbf{x})\sqrt{B_{11}}}$$

und bei Beachtung von (5.15)

$$a_0 = e^{-\varphi i(p+1)}(-i)^{\frac{p-1}{2}}\Gamma(\frac{p+1}{2})\frac{\sqrt{D(H(\mathbf{x}))}x_1^{\frac{p-1}{2}}}{H^{\frac{p-1}{2}}(\mathbf{x})}.$$

Das gibt

$$J(|\sigma|) = e^{-\varphi i(p+1)}(-i)^{\frac{p-1}{2}}\Gamma(\frac{p+1}{2})\frac{\sqrt{D(H(\mathbf{x}))}}{H^{\frac{p-1}{2}}(\mathbf{x})}\left\{1+O\left(\frac{|\sigma|^2}{x_1}\right)\right\}.$$

Nach unserer Voraussetzung ist $H(\mathbf{x})$ von der Größenordnung x_1. Für $I'(\mathbf{x}, s; K)$ ergibt sich daraus

$$I'(\mathbf{x}, s; K) = \left(|\sigma|^2 e^{2\varphi i}\right)^{-\frac{p+1}{2}}(-i)^{\frac{p-1}{2}}\Gamma(\frac{p+1}{2})\frac{\sqrt{D(H(\mathbf{x}))}}{H^{\frac{p-1}{2}}(\mathbf{x})}\left\{1+O\left(\frac{|\sigma|^2}{H(\mathbf{x})}\right)\right\}.$$

Das ist die Behauptung (5.36) für $x_1 > 0$. Der Fall $x_1 < 0$ ergibt sich genauso.

In den nächsten beiden Hilfssätzen untersuchen wir das Verhalten der Funktion $s \mapsto I(\mathbf{x}, s; K)$ bei festem $\mathbf{x}$ für $s \to \infty$ und $s \to 0$.

Hilfssatz 5.8 *Es sei* $\mathbf{x} \neq \mathbf{0}$. *Die Funktion* $s \mapsto I(\mathbf{x}, s; K)$ *ist holomorph in* $s = \infty$ *und wird dort dargestellt durch*

$$I(\mathbf{x}, s; K) = \frac{1}{s^p}g\left(\frac{1}{s^2}\right), \tag{5.37}$$

worin $z \mapsto g(z)$ *eine in* $z = 0$ *holomorphe Funktion mit* $g(0) = p!\,vol(K)$ *bedeutet.*

Beweis. Wir erhalten aus (5.30)

$$I(\mathbf{x}, s; K) = \frac{p!}{s^p}\sum_{m=0}^{\infty}(-1)^m\binom{-p-1}{m}\frac{b_m}{s^m}$$

mit

$$b_m = \int_{F(\mathbf{t})\leq 1}(2\pi i\mathbf{x}\cdot\mathbf{t})^m\,d\mathbf{t}.$$

Es ist

$$\left|\binom{-p-1}{m}\right| = \frac{(m+p)!}{p!\,m!} \leq \frac{(m+p)^p}{p!}.$$

Für die Koeffizienten b_m bekommen wir

$$|b_m| \;\leq\; (2\pi)^m \int\limits_{F(\mathbf{t})\leq 1} \left(\sum_{\nu=1}^{p} x_\nu^2\right)^{\frac{m}{2}} \left(\sum_{\mu=1}^{p} t_\mu^2\right)^{\frac{m}{2}} dt$$

$$\leq\; c^m \left(\sum_{\nu=1}^{p} x_\nu^2\right)^{\frac{m}{2}}$$

mit einer gewissen Konstanten $c > 0$. Überdies ist $b_{2m+1} = 0$ wegen $F(-\mathbf{t}) = F(\mathbf{t})$. Daraus entnehmen wir, daß die unendliche Reihe für

$$|s| > c \left(\sum_{\nu=1}^{p} x_\nu^2\right)^{\frac{1}{2}}$$

konvergent ist. Aus den vorangegangenen Resultaten folgt noch, daß dann die Reihe für $|s| > 2\pi H(\mathbf{x})$ konvergiert. Folglich ist $s \mapsto I(\mathbf{x}, s; K)$ holomorph in $s = \infty$, und die Gleichung (5.37)besteht. Natürlich ist $g(0) = p!\, vol(K)$. Dies beweist den Hilfssatz.

Hilfssatz 5.9 *Es sei* $\mathbf{x} \neq \mathbf{0}$. *Die Funktion* $s \mapsto I(\mathbf{x}, s; K)$ *ist holomorph in* $s = 0$ *und wird dort dargestellt durch*

$$I(\mathbf{x}, s; K) = s f(s^2), \tag{5.38}$$

worin $z \mapsto f(z)$ *holomorph in* $z = 0$ *ist. Darüber hinaus gilt die Abschätzung*

$$I(\mathbf{x}, s; K) \ll \frac{|s|}{H^{p+1}(\mathbf{x})}. \tag{5.39}$$

Beweis. Wir wissen von den vorangegangenen Hilfssätzen, daß die Funktion $s \mapsto I(\mathbf{x}, s; K)$ holomorph in $s = 0$ ist und dort eine Potenzreihenentwicklung mit dem Konvergenzradius $2\pi H(\mathbf{x})$ besitzen muß. Wir benutzen die Integraldarstellung (5.30) und machen eine Orthogonaltransformation der Art, daß $\mathbf{x} \cdot \mathbf{t}$ in $x_0 t_1$ mit

$$x_0 = \left(\sum_{\nu=1}^{p} x_\nu^2\right)^{\frac{1}{2}}$$

transformiert wird. Der zentralsymmetrische konvexe Körper K wird dabei in einen zentralsymmetrischen Körper K_0 mit einer Distanzfunktion F_0 transformiert. Nun folgt aus (5.30)

$$\begin{aligned}
I(\mathbf{x}, s; K) &= p!\, s \int\limits_{F_0(\mathbf{t})\leq 1} \frac{1}{(s - 2\pi i x_0 t_1)^{p+1}} \, dt \\[2mm]
&= \frac{p!\, s}{2} \int\limits_{F_0(\mathbf{t})\leq 1} \left\{ \frac{1}{(s - 2\pi i x_0 t_1)^{p+1}} + \frac{1}{(s + 2\pi i x_0 t_1)^{p+1}} \right\} dt \\[2mm]
&= \frac{s}{2(2\pi i x_0)^p} \int\limits_{F_0(\mathbf{t})\leq 1} \frac{d^p}{dt_1^p} \left\{ \frac{1}{s - 2\pi i x_0 t_1} + \frac{(-1)^p}{s + 2\pi i x_0 t_1} \right\} dt.
\end{aligned}$$

Nun sei

$$\alpha = \begin{cases} 1 & \text{für} \quad p \equiv 0 \quad (\mathrm{mod}\ 2), \\ 0 & \text{für} \quad p \equiv 1 \quad (\mathrm{mod}\ 2). \end{cases}$$

Damit ergibt sich

$$I(\mathbf{x}, s; K) =$$

$$= \frac{s^{1+\alpha}}{(2\pi i x_0)^{p-1+\alpha}} \int\limits_{F_0(\mathbf{t})\leq 1} \frac{d^p}{dt_1^p} \frac{t_1^{1-\alpha}}{s^2 + 4\pi^2 x_0^2 t_1^2}\, d\mathbf{t}$$

$$= \frac{s^{1+\alpha}}{(2\pi i x_0)^{p-1+\alpha}} \int\limits_0^\infty e^{-s^2 y}\, dy \int\limits_{F_0(\mathbf{t})\leq 1} \frac{d^p}{dt_1^p}\left(t_1^{1-\alpha} e^{-4\pi^2 x_0^2 t_1^2 y}\right) d\mathbf{t}$$

für $|\arg s| < \pi/4$. Führen wir noch die Substitution $t_\nu \to t_\nu/\sqrt{y}$ für $\nu = 1, 2, \ldots, p$ aus, so wird weiter

$$I(\mathbf{x}, s; K) =$$

$$= \frac{s^{1+\alpha}}{(2\pi i x_0)^{p-1+\alpha}} \int\limits_0^\infty y^{\frac{\alpha-1}{2}} e^{-s^2 y}\, dy \int\limits_{F_0(\mathbf{t})\leq \sqrt{y}} \frac{d^p}{dt_1^p}\left(t_1^{1-\alpha} e^{-4\pi^2 x_0^2 t_1^2}\right) d\mathbf{t}.$$

Wir untersuchen jetzt die Fälle p gerade und p ungerade getrennt. Sei p zunächst gerade, also $\alpha = 1$. Dann folgt, indem wir die Integrale vertauschen und das Integral über y ausrechnen,

$$I(\mathbf{x}, s; K) = \frac{1}{(2\pi i x_0)^p} \int\limits_{\mathbf{t}} e^{-s^2 F_0^2(\mathbf{t})} \frac{d^p}{dt_1^p} e^{-4\pi^2 x_0^2 t_1^2}\, d\mathbf{t}.$$

Bezüglich des Integrals über t_1 führen wir p-malige partielle Integration aus. Es ergibt sich

$$I(\mathbf{x}, s; K) = \frac{1}{(2\pi i x_0)^p} \int\limits_{-\infty}^{+\infty} e^{-4\pi^2 x_0^2 t_1^2} G(t_1)\, dt_1$$

mit

$$G(t_1) = \int\limits_{-\infty}^{+\infty} \cdots \int\limits_{-\infty}^{+\infty} \frac{d^p}{dt_1^p} e^{-s^2 F_0^2(t_1, t_2, \ldots, t_p)}\, dt_2 \cdots dt_p.$$

Die Funktion G ist eine gerade Funktion von t_1, und die Substitutionen $t_1 \to t_1/x_0$ und $t_\nu \to t_\nu/s$ für $\nu = 2, 3, \ldots, p$ und $s > 0$ führen zu

$$I(\mathbf{x}, s; K) = \frac{1}{(2\pi i x_0)^p x_0} \int\limits_{-\infty}^{+\infty} e^{-4\pi^2 t_1^2} G\left(\frac{s t_1}{x_0}\right) dt_1,$$

$$G\left(\frac{s t_1}{x_0}\right) = s \int\limits_{-\infty}^{+\infty} \cdots \int\limits_{-\infty}^{+\infty} \frac{d^p}{d(s t_1/x_0)^p} e^{-F_0^2\left(\frac{s t_1}{x_0}, t_2, \ldots, t_p\right)}\, dt_2 \cdots dt_p.$$

G besitzt eine Potenzreihenentwicklung nach Potenzen von t_1^2. Daraus ergibt sich sofort die asymptotische Entwicklung

$$I(\mathbf{x}, s; K) \sim \frac{s}{x_0^{p+1}} \sum_{\nu=0}^{\infty} a_\nu \left(\frac{s}{x_0}\right)^{2\nu}$$

für $s/x_0 \to 0$. Da $I(\mathbf{x}, s; K)$ in $s = 0$ holomorph ist, so stimmt die Potenzreihenentwicklung um $s = 0$ mit der asymptotischen Entwicklung überein. Daraus folgt (5.38). Wegen $x_0 \asymp H(\mathbf{x})$ ergibt sich (5.39).

Ist p ungerade, also $\alpha = 0$, so bekommen wir

$$I(\mathbf{x}, s; K) =$$

$$= \frac{2s}{(2\pi i x_0)^{p-1}} \int_0^\infty e^{-s^2 y^2}\, dy \int_{F_0(\mathbf{t}) \leq y} \frac{d^p}{dt_1^p} \left(t_1 e^{-4\pi^2 x_0^2 t_1^2}\right) dt$$

$$= \frac{2s}{(2\pi i x_0)^{p-1}} \int_{\mathbf{t}} \int_0^\infty e^{-s^2(y+F_0(\mathbf{t}))^2}\, dy \, \frac{d^p}{dt_1^p} \left(t_1 e^{-4\pi^2 x_0^2 t_1^2}\right) dt.$$

Hier folgt wieder durch partielle Integration

$$I(\mathbf{x}, s; K) = \frac{2s}{(2\pi i x_0)^{p-1}} \int_{-\infty}^{+\infty} e^{-4\pi^2 x_0^2 t_1^2} G_1(t_1)\, dt_1,$$

$$G_1(t_1) = t_1 \int_{-\infty}^{+\infty} \cdots \int_{-\infty}^{+\infty} \frac{d^p}{dt_1^p} \int_0^\infty e^{-s^2(y+F_0(t_1,t_2,\ldots,t_p))^2}\, dy \, dt_2 \cdots dt_p.$$

Es ist wieder G_1 eine gerade Funktion von t_1, und alles weitere verläuft wie vorhin, so daß die Behauptungen des Hilfssatzes auch in diesem Fall gelten.

Der folgende Satz ist nun lediglich eine Zusammenfassung der Resultate sämtlicher Hilfssätze.

Satz 5.4 *Es sei K ein p-dimensionaler, zentralsymmetrischer, konvexer Körper $(p \geq 2)$ mit der Distanzfunktion F und der Stützfunktion H. Es seien die Voraussetzungen (A), (B), (C) erfüllt. Dann ist die Kappafunktion, definiert durch*

$$\kappa(s; K) = \sum_{\mathbf{n}} e^{-sF(\mathbf{n})}$$

für $\mathrm{Re}(s) > 0$, analytisch fortsetzbar in die linke Halbebene. Sie besitzt isolierte Singularitäten in den Punkten $s = \pm 2\pi i H(\mathbf{n})$, $\mathbf{n} \in \mathbb{Z}^p$, $\mathbf{n} \neq \mathbf{0}$. Die Darstellung

$$\kappa(s; K) = p!\, vol(K) \frac{1}{s^p}$$

$$+ 2^p \pi^{\frac{p-1}{2}} \sum_{\mathbf{n} \neq \mathbf{0}} \frac{\Gamma(\frac{p+1}{2}) s \sqrt{D(H(\mathbf{n}))}}{(s^2 + 4\pi^2 H^2(\mathbf{n}))^{\frac{p+1}{2}}} \left\{1 + f_{\mathbf{n}}(s^2)\right\} \qquad (5.40)$$

gilt mit Funktionen $s \mapsto f_{\mathbf{n}}(s^2)$, welche außer in $s^2 = -4\pi^2 H^2(\mathbf{n})$, $\mathbf{n} \neq \mathbf{0}$, holomorph sind und die folgenden Eigenschaften erfüllen: Sie sind holomorph in $s = \infty$,

$$f_{\mathbf{n}}(s^2) = O(1) \quad \text{für} \quad \frac{s}{H(\mathbf{n})} \to 0, \tag{5.41}$$

$$f_{\mathbf{n}}(s^2) = O\left(\frac{|s^2 + 4\pi^2 H^2(\mathbf{n})|}{H^2(\mathbf{n})}\right) \quad \text{für} \quad s^2 \to -4\pi^2 H^2(\mathbf{n}). \tag{5.42}$$

$D(H(\mathbf{x}))$ *ist die Determinante* $\det((HH_{x_\nu})_{x_\mu})$.

Beweis. Die Transformation der Kappafunktion erfolgt nach (5.28), der erste Term in (5.40) nach (5.31). Die analytische Fortsetzung ergibt sich aus Hilfssatz 5.6, wobei zu berücksichtigen ist, daß $D(H(\mathbf{n}))$ beschränkt bleibt, wie man leicht feststellt. Man überprüft in (5.40) leicht das asymptotische Verhalten (5.36) der einzelnen Terme der unendlichen Reihe in den singulären Punkten $\pm 2\pi i H(\mathbf{n})$. Das Verhalten im Punkt $s = \infty$ ist aus Hilfssatz 5.8 und im Punkt $s = 0$ aus Hilfssatz 5.9 ersichtlich.

5.2.3 Die Thetafunktion eines konvexen Körpers

Zur Transformation der Thetafunktion eines konvexen Körpers betrachten wir nur den Spezialfall $\mathbf{x} = \mathbf{0}$ in (5.19). Außerdem setzen wir dort $y = iz$. So schreiben wir

$$\Theta(z; K) = \Theta(\mathbf{0}, iy; K) = \sum_{\mathbf{n}} e^{-\pi z F^2(\mathbf{n})}, \qquad \text{Re}(z) > 0.$$

Satz 5.5 *Es sei K ein p-dimensionaler, zentralsymmetrischer, konvexer Körper ($p \geq 2$) mit der Distanzfunktion F und der Stützfunktion H. Es seien die Voraussetzungen (A), (B), (C) erfüllt. Dann genügt die Thetafunktion $z \mapsto \Theta(z; K)$ der Transformationsformel*

$$\Theta(z; K) = \Gamma\left(\frac{p}{2} + 1\right) vol(K)(\pi z)^{-\frac{p}{2}}$$
$$+ z^{-\frac{p}{2}} \sum_{\mathbf{n} \neq \mathbf{0}} \sqrt{D(H(\mathbf{n}))} \, e^{-\frac{\pi}{z} H^2(\mathbf{n})} \{1 + g_{\mathbf{n}}(z)\}. \tag{5.43}$$

Die Funktionen $z \mapsto g_{\mathbf{n}}(z)$ sind holomorph für $z \neq 0$ und erfüllen die folgenden Eigenschaften: Sie sind holomorph in $z = \infty$. Die Abschätzung

$$g_{\mathbf{n}}(z) = O\left(\frac{|z|}{H^2(\mathbf{n})}\right) \quad \text{für} \quad \frac{z}{H^2(\mathbf{n})} \to 0 \tag{5.44}$$

gilt gleichmäßig im Winkelraum $|\arg(z)| \leq \pi - \delta$, $\delta > 0$. Die O-Konstante ist unabhängig von $\mathbf{n}$.

Beweis. Wir nehmen für einen Moment $z > 0$ an. Es ist mit $c > 0$

$$\frac{1}{2\pi i} \int\limits_{c-i\infty}^{c+i\infty} \frac{1}{2\sqrt{zs}} \kappa(\sqrt{s}; K) e^{\frac{s}{4\pi z}}\, ds = \sum_{\mathbf{n}} \frac{1}{2\pi i} \int\limits_{c-i\infty}^{c+i\infty} \frac{1}{2\sqrt{zs}} e^{-F(\mathbf{n})\sqrt{s} + \frac{s}{4\pi z}}\, ds.$$

Wir substituieren $s \to s^2$ und biegen dann den von $e^{-\pi i/4}\infty$ über $\sqrt{c}$ nach $e^{+\pi i/4}\infty$ verlaufenden Integrationsweg in die imaginäre Achse hinein. Anschließend erfolgt noch eine zweite Substitution $s \to \sqrt{4\pi z}\, s$. Damit ergibt sich

$$\begin{aligned}
\frac{1}{2\pi i} \int\limits_{c-i\infty}^{c+i\infty} \frac{1}{2\sqrt{zs}} \kappa(\sqrt{s}; K) e^{\frac{s}{4\pi z}}\, ds &= \sum_{\mathbf{n}} \frac{1}{\sqrt{\pi}} \int\limits_{-\infty}^{+\infty} e^{-2i\sqrt{\pi z}\, F(\mathbf{n})s - s^2}\, ds \\
&= \sum_{\mathbf{n}} e^{-\pi z F^2(\mathbf{n})} = \Theta(z; K).
\end{aligned}$$

Hierin verwenden wir die Transformation der Kappafunktion in der Gestalt (5.28) in Verbindung mit (5.31). Dann erhalten wir

$$\begin{aligned}
\Theta(z; K) &= \frac{1}{2\pi i} \int\limits_{c-i\infty}^{c+i\infty} \frac{1}{2\sqrt{zs}} \sum_{\mathbf{n}} I(\mathbf{n}, \sqrt{s}; K) e^{\frac{s}{4\pi z}}\, ds \\
&= \frac{1}{2\pi i} \int\limits_{c-i\infty}^{c+i\infty} \frac{1}{2\sqrt{z}} p!\, vol(K) s^{-\frac{p+1}{2}} e^{\frac{s}{4\pi z}}\, ds + \sum_{\mathbf{n} \neq 0} G(\mathbf{n}, z; K)
\end{aligned}$$

mit

$$G(\mathbf{n}, z; K) = \frac{1}{2\pi i} \int\limits_{c-i\infty}^{c+i\infty} \frac{1}{2\sqrt{zs}} I(\mathbf{n}, \sqrt{s}; K) e^{\frac{s}{4\pi z}}\, ds. \qquad (5.45)$$

Das erste Integral gibt nach der Substitution $s \to 4\pi z s$ eine Darstellung von $1/\Gamma(\frac{p+1}{2})$. Daher erhalten wir für dieses Integral zunächst

$$\frac{p!\sqrt{\pi}}{\Gamma(\frac{p+1}{2})} vol(K)(4\pi z)^{-\frac{p}{2}}.$$

Wegen

$$\begin{aligned}
p! &= \Gamma(p+1) \\
&= \frac{2^p}{\sqrt{\pi}} \Gamma\left(\frac{p+1}{2}\right) \Gamma\left(\frac{p}{2} + 1\right)
\end{aligned}$$

können wir diese Darstellung für $p!$ noch einfügen, und es wird

$$\Theta(z; K) = \Gamma\left(\frac{p}{2} + 1\right) vol(K)(\pi z)^{-\frac{p}{2}} + \sum_{\mathbf{n} \neq 0} G(\mathbf{n}, z; K). \qquad (5.46)$$

Für (5.45) bekommen wir bei Verwendung von (5.29) und entsprechender Auswertung des Integrals über s zu Beginn des Beweises

$$
\begin{aligned}
G(\mathbf{n}, z; K) &= \int\limits_{t} e^{2\pi i \mathbf{n} \cdot \mathbf{t}}\, d\mathbf{t}\, \frac{1}{2\pi i} \int\limits_{c-i\infty}^{c+i\infty} \frac{1}{2\sqrt{zs}} e^{-F(\mathbf{t})\sqrt{s}+\frac{s}{4\pi z}}\, ds \\
&= \int\limits_{t} e^{2\pi i \mathbf{n} \cdot \mathbf{t} - \pi z F^2(\mathbf{t})}\, d\mathbf{t}.
\end{aligned}
$$

Wir substituieren $t_\nu \to t_\nu / \sqrt{z}$ für $\nu = 1, 2, \ldots, p$. Da noch $F(-\mathbf{t}) = F(\mathbf{t})$ ist, so wird

$$
\begin{aligned}
G(\mathbf{n}, z; k) &= z^{-\frac{p}{2}} \int\limits_{t} e^{2\pi i \frac{\mathbf{n} \cdot \mathbf{t}}{\sqrt{z}} - \pi F^2(\mathbf{t})}\, d\mathbf{t} \\
&= z^{-\frac{p}{2}} \int\limits_{t} \cos\left(2\pi \frac{\mathbf{n} \cdot \mathbf{t}}{\sqrt{z}}\right) e^{-\pi F^2(\mathbf{t})}\, d\mathbf{t}.
\end{aligned}
$$

Diese Darstellung zeigt, daß die Funktion $z \mapsto G(\mathbf{n}, z; K)$ in die gesamte Ebene mit Ausnahme von $z = 0$ analytisch fortgesetzt werden kann. Außerdem ist $z \mapsto z^{p/2} G(\mathbf{n}, z; K)$ in $z = \infty$ holomorph.

In der Integraldarstellung (5.45) substituieren wir $s \to s - 4\pi^2 H^2(\mathbf{n})$. Die Funktion $s \mapsto I(\mathbf{n}, \sqrt{s - 4\pi^2 H^2(\mathbf{n})}; K)$ ist holomorph in der ganzen Ebene mit Ausnahme des Punktes $s = 0$. Sie hat die Ordnung $s^{-p/2}$ für $s \to \infty$. Wir können daher den Integrationsweg in folgender Weise deformieren. Wir starten bei $e^{-\pi i}\infty$, umrunden den Punkt $s = 0$ entgegen dem Uhrzeigersinn und enden bei $e^{+\pi i}\infty$. Die neue Integraldarstellung gilt jetzt für $\mathrm{Re}(z) > 0$. Dann folgt aus (5.46), (5.45) und (5.40)

$$
\begin{aligned}
G(\mathbf{n}, z; K) &= 2^{p-1} \pi^{\frac{p-1}{2}} \Gamma\left(\frac{p+1}{2}\right) \sqrt{\frac{D(H(\mathbf{n}))}{z}} e^{-\frac{\pi}{z} H^2(\mathbf{n})} \cdot \\
&\quad \cdot \frac{1}{2\pi i} \int\limits_{-\infty}^{(0^+)} s^{-\frac{p+1}{2}} \{1 + f_\mathbf{n}(s - 4\pi^2 H^2(\mathbf{n}))\} e^{\frac{s}{4\pi z}}\, ds \\
&= z^{-\frac{p}{2}} \sqrt{D(H(\mathbf{n}))}\, e^{-\frac{\pi}{z} H^2(\mathbf{n})} \{1 + g_\mathbf{n}(z)\}.
\end{aligned}
$$

Setzen wir dies in (5.46) ein, so erhalten wir schon die Formel (5.43). Über die Funktion $z \mapsto g_\mathbf{n}(z)$ wissen wir bereits, daß sie für $z \neq 0$ holomorph ist. Sie ist dargestellt durch

$$
\begin{aligned}
g_\mathbf{n}(z) &= 2^{p-1} \pi^{\frac{p-1}{2}} \Gamma\left(\frac{p+1}{2}\right) z^{\frac{p-1}{2}} \varphi_\mathbf{n}(z), \\
\varphi_\mathbf{n}(z) &= \frac{1}{2\pi i} \int\limits_{-\infty}^{(0^+)} s^{-\frac{p+1}{2}} f_\mathbf{n}(s - 4\pi^2 H^2(\mathbf{n})) e^{\frac{s}{4\pi z}}\, ds.
\end{aligned}
$$

Es ist also noch die Abschätzung (5.44) zu beweisen. Wegen (5.42) können wir eine positive Zahl r finden, so daß

$$|f_{\mathbf{n}}(s) - 4\pi^2 H^2(\mathbf{n})| < c\frac{|s|}{H^2(\mathbf{n})}$$

für $|s| \le rH^2(\mathbf{n})$. Wir wählen $|z|H^{-2}(\mathbf{n})$ so klein, daß $|z|H^{-2}(\mathbf{n}) < r$ wird. Nun deformieren wir noch einmal den Integrationsweg wie folgt: Es sei $\varepsilon > 0$. Wir beginnen in $e^{-(\pi+\varepsilon)i}\infty$, gehen bis $e^{-(\pi+\varepsilon)i}rH^2(\mathbf{n})$ und weiter noch bis $e^{-(\pi+\varepsilon)i}|z|$. Dann integrieren wir längs des Kreises $|s| = |z|$ bis $e^{(\pi-\varepsilon)i}|z|$ und von hier nach $e^{(\pi-\varepsilon)i}rH^2(\mathbf{n})$ und schließlich bis $e^{(\pi-\varepsilon)i}\infty$. Wir schätzen jetzt die Integrale bezüglich der einzelnen Teilstrecken ab.

$$\int_{e^{-(\pi+\varepsilon)i}|z|}^{e^{(\pi-\varepsilon)i}|z|} s^{-\frac{p+1}{2}} f_{\mathbf{n}}(s - 4\pi^2 H^2(\mathbf{n}))e^{\frac{s}{4\pi z}}\, ds \ll |z|^{-\frac{p-3}{2}} H^{-2}(\mathbf{n}).$$

$$\int_{e^{\pm(\pi\mp\varepsilon)i}|z|}^{e^{\pm(\pi\mp\varepsilon)i}rH^2(\mathbf{n})} s^{-\frac{p+1}{2}} f_{\mathbf{n}}(s - 4\pi^2 H^2(\mathbf{n}))e^{\frac{s}{4\pi z}}\, ds \ll$$

$$\ll \int_{|z|}^{\infty} s^{-\frac{p-1}{2}} H^{-2}(\mathbf{n})e^{-\frac{s}{4\pi z}}\, ds \ll |z|^{-\frac{p-3}{2}} H^{-2}(\mathbf{n}).$$

Schließlich ist

$$\int_{e^{\pm\pi i}rH^2(\mathbf{n})}^{e^{\pm\pi i}\infty} s^{-\frac{p+1}{2}} f_{\mathbf{n}}(s - 4\pi^2 H^2(\mathbf{n}))e^{\frac{s}{4\pi z}}\, ds \ll e^{-\frac{rH^2(\mathbf{n})}{4\pi|z|}}$$

$$\ll |z|^{-\frac{p-3}{2}} H^{-2}(\mathbf{n})$$

für $|z|H^{-2}(\mathbf{n})$ hinreichend klein. Damit erhalten wir die gewünschte Abschätzung

$$\varphi_{\mathbf{n}}(z) \ll |z|^{-\frac{p-3}{2}} H^{-2}(\mathbf{n})$$

und folglich (5.44), allerdings nur im Winkelraum $|\arg(z)| < \pi/2$. Tatsächlich gilt die Abschätzung im gesamten Winkelraum $|\arg(z)| < \pi - \delta$, $\delta > 0$. Denn man hat die Möglichkeit, in der Integraldarstellung von $\varphi_{\mathbf{n}}(z)$ den Integrationsweg nach $-\infty$ um $\pi/2 - \delta$ nach oben und unten zu schwenken. So überdecken wir die noch fehlenden Argumentbereiche für z.

5.2.4 Die Hlawkasche Zetafunktion

Satz 5.6 *Es sei K ein p-dimensionaler, zentralsymmetrischer, konvexer Körper ($p \geq 2$) mit der Distanzfunktion F und der Stützfunktion H. Es seien die Voraussetzungen (A), (B), (C) erfüllt. Die Hlawkasche Zetafunktion, definiert durch*

$$Z(s; K) = \sum_{\mathbf{n} \neq \mathbf{0}} \frac{1}{F^s(\mathbf{n})}, \qquad \mathrm{Re}(s) > p,$$

ist in die linke Halbebene $\mathrm{Re}(s) \leq p$ analytisch fortsetzbar mit Ausnahme des Punktes $s = p$. Dort befindet sich ein einfacher Pol mit dem Residuum

$$2\pi^{-\frac{p}{2}} \Gamma\left(\frac{p}{2}\right) vol(K).$$

Es ist $Z(-2k; K) = 0$ für $k \in \mathbb{N}$. $Z(s; K)$ genügt der Transformationsformel

$$\Gamma\left(\frac{s}{2}\right) \pi^{-\frac{s}{2}} Z(s; K) = \Gamma\left(\frac{p-s}{2}\right) \pi^{-\frac{p-s}{2}} \sum_{\mathbf{n} \neq \mathbf{0}} \frac{\sqrt{D(H(\mathbf{n}))}}{H^{p-s}(\mathbf{n})} \{1 + h_{\mathbf{n}}(s)\} \qquad (5.47)$$

für $\mathrm{Re}(s) < 0$. Die Funktionen $h_{\mathbf{n}}$ sind holomorph in der endlichen Ebene, und die Abschätzung

$$h_{\mathbf{n}}(s) = O\left(\frac{1}{|s|}\right) \qquad \text{für} \quad \to \infty$$

gilt gleichmäßig in jedem Winkelraum $|\arg(s)| < \pi - \delta$, $\delta > 0$. Die O-Konstante ist unabhängig von $\mathbf{n}$.

Beweis. Wir erzeugen die Zetafunktion durch die Thetafunktion und benutzen die Transformationsformel (5.43).

$$\Gamma\left(\frac{s}{2}\right) \pi^{-\frac{s}{2}} Z(s; K) =$$

$$= \sum_{\mathbf{n} \neq \mathbf{0}} \int_0^\infty z^{\frac{s}{2}-1} e^{-\pi F^2(\mathbf{n})z} \, dz$$

$$= \left\{ \int_0^1 + \int_1^\infty \right\} z^{\frac{s}{2}-1} (\Theta(z; K) - 1) \, dz$$

$$= \int_1^\infty z^{\frac{s}{2}-1} (\Theta(z; K) - 1) \, dz + \int_0^1 z^{\frac{s}{2}-1} \left(\Gamma\left(\frac{p}{2} + 1\right) vol(K)(\pi z)^{-\frac{p}{2}} - 1 \right) dz$$

$$+ \int_0^1 z^{\frac{s-p}{2}-1} \sum_{\mathbf{n} \neq \mathbf{0}} \sqrt{D(H(\mathbf{n}))} \, e^{-\frac{\pi}{z} H^2(\mathbf{n})} \{1 + g_{\mathbf{n}}(z)\} \, dz$$

$$= 2\pi^{-\frac{p}{2}}\Gamma\left(\frac{p}{2}+1\right)vol(K)\frac{1}{s-p} - \frac{2}{s} + \int\limits_1^\infty z^{\frac{s}{2}-1}(\Theta(z;K)-1)\,dz$$

$$+ \int\limits_1^\infty z^{\frac{p-s}{2}-1}\sum_{\mathbf{n}\neq\mathbf{0}}\sqrt{D(H(\mathbf{n}))}\,e^{-\pi z H^2(\mathbf{n})}\left\{1+g_{\mathbf{n}}\left(\frac{1}{z}\right)\right\}dz. \tag{5.48}$$

Hieraus folgt sogleich die analytische Fortsetzbarkeit der Zetafunktion in die linke Halbebene $\mathrm{Re}(s) \leq p$ mit Ausnahme des einfachen Pols bei $s = p$. Der Summand $-2/s$ liefert keinen Pol für die Zetafunktion, da $\Gamma(s/2)$ dort einen einfachen Pol hat.

Wir definieren jetzt eine Funktion $s \mapsto h_{\mathbf{n}}(s)$ für $\mathrm{Re}(s) < p$ durch

$$h_{\mathbf{n}}(s) = \frac{1}{\Gamma(\frac{p-s}{2})}\pi^{\frac{p-s}{2}}H^{p-s}(\mathbf{n})\int\limits_0^\infty z^{\frac{p-s}{2}-1}e^{-\pi H^2(\mathbf{n})z}g_{\mathbf{n}}\left(\frac{1}{z}\right)dz \tag{5.49}$$

und geben mit dieser Funktion eine Darstellung für die rechte Seite von (5.47).

$$R = \Gamma\left(\frac{p-s}{2}\right)\pi^{-\frac{p-s}{2}}\sum_{\mathbf{n}\neq\mathbf{0}}\frac{\sqrt{D(H(\mathbf{n}))}}{H^{p-s}(\mathbf{n})}\{1+h_{\mathbf{n}}(s)\}$$

$$= \int\limits_0^\infty z^{\frac{p-s}{2}-1}\sum_{\mathbf{n}\neq\mathbf{0}}\sqrt{D(H(\mathbf{n}))}\,e^{-\pi H^2(\mathbf{n})z}\left\{1+g_{\mathbf{n}}\left(\frac{1}{z}\right)\right\}dz.$$

Nun verfahren wir ganz wie vorher. Im Teilintegral von 0 bis 1 verwenden wir die Transformationsformel (5.43). So wird

$$R = \int\limits_0^1 z^{-\frac{s}{2}-1}\left\{\left(\Theta\left(\frac{1}{z};K\right)-1\right)+1-\Gamma\left(\frac{p}{2}+1\right)vol(K)\left(\frac{\pi}{z}\right)^{-\frac{p}{2}}\right\}dz$$

$$+ \int\limits_1^\infty z^{\frac{p-s}{2}-1}\sum_{\mathbf{n}\neq\mathbf{0}}\sqrt{D(H(\mathbf{n}))}\,e^{-\pi H^2(\mathbf{n})z}\left\{1+g_{\mathbf{n}}\left(\frac{1}{z}\right)\right\}dz.$$

Substitution $z \to 1/z$ im ersten Integral liefert sofort die rechtsseitige Darstellung von (5.48). Das gibt die Transformationsformel (5.47).

Um den zweiten Teil des Satzes zu beweisen, stellen wir zunächst eine Hilfsbetrachtung an. Nach Satz 5.5 wissen wir, daß $g_{\mathbf{n}}(1/z)$ holomorph in der endlichen Ebene ist. Das nutzen wir aus, um für (5.49) eine neue Integraldarstellung zu finden. Wir betrachten für $\mathrm{Re}(s) < p$ das Integral

$$I = \int\limits_{(D)}(-z)^{\frac{p-s}{2}-1}e^{-\pi H^2(\mathbf{n})z}g_{\mathbf{n}}\left(\frac{1}{z}\right)dz.$$

Der Integrationsweg D startet an einem Punkt $\varrho > 0$ der reellen Achse, verläuft längs eines Kreises entgegen dem Uhrzeigersinn um den Ursprung und kehrt nach

ϱ zurück. Wir deformieren den Integrationsweg folgendermaßen: Sei $0 < \delta < \varrho$. Wir integrieren auf der reellen Achse von ϱ bis δ, dann längs eines Kreises mit dem Radius δ entgegen dem Uhrzeigersinn um den Ursprung bis δ und von dort nach ϱ zurück. Auf der reellen Achse im ersten Teil ist $\arg(-z) = -\pi$, also

$$(-z)^{\frac{p-s}{2}-1} = e^{-\pi i(\frac{p-s}{2}-1)} z^{\frac{p-s}{2}-1}.$$

Auf dem letzten Teil ist dagegen $\arg(-z) = +\pi$, also

$$(-z)^{\frac{p-s}{2}-1} = e^{+\pi i(\frac{p-s}{2}-1)} z^{\frac{p-s}{2}-1}.$$

Auf dem Kreis ist $-z = \delta e^{i\vartheta}$. Dann folgt

$$
\begin{aligned}
I \;=\;& \int_{\varrho}^{\delta} e^{-\pi i(\frac{p-s}{2}-1)} z^{\frac{p-s}{2}-1} e^{-\pi H^2(\mathbf{n})z} g_{\mathbf{n}}\left(\frac{1}{z}\right) dz \\
& - i \int_{-\pi}^{+\pi} \left(\delta e^{i\vartheta}\right)^{\frac{p-s}{2}} e^{\pi H^2(\mathbf{n})\delta e^{i\vartheta}} g_{\mathbf{n}}\left(-\frac{1}{\delta}e^{-i\vartheta}\right) d\vartheta \\
& + \int_{\delta}^{\varrho} e^{\pi i(\frac{p-s}{2}-1)} z^{\frac{p-s}{2}-1} e^{-\pi H^2(\mathbf{n})z} g_{\mathbf{n}}\left(\frac{1}{z}\right) dz \\
=\;& -2i \sin\pi\frac{p-s}{2} \int_{\delta}^{\varrho} z^{\frac{p-s}{2}-1} e^{-\pi H^2(\mathbf{n})z} g_{\mathbf{n}}\left(\frac{1}{z}\right) dz \\
& - i\delta^{\frac{p-s}{2}} \int_{-\pi}^{+\pi} e^{i\vartheta\frac{p-s}{2}+\pi H^2(\mathbf{n})e^{i\vartheta}} g_{\mathbf{n}}\left(-\frac{1}{\delta}e^{-i\vartheta}\right) d\vartheta.
\end{aligned}
$$

Nun vollziehen wir den Grenzübergang $\delta \to 0$. Da $g_{\mathbf{n}}(z)$ für $z = \infty$ holomorph ist, strebt im zweiten Integral $g_{\mathbf{n}}$ gegen einen festen Wert. Folglich geht dieses Integral gegen 0. Also ist

$$I = -2i\sin\pi\frac{p-s}{2} \int_{0}^{\varrho} z^{\frac{p-s}{2}-1} e^{-\pi H^2(\mathbf{n})z} g_{\mathbf{n}}\left(\frac{1}{z}\right) dz.$$

Dies gilt für jedes $\varrho > 0$. Lassen wir also ϱ gegen ∞ streben. Dann ist

$$I = -2i\sin\pi\frac{p-s}{2} \int_{0}^{\infty} z^{\frac{p-s}{2}-1} e^{-\pi H^2(\mathbf{n})z} g_{\mathbf{n}}\left(\frac{1}{z}\right) dz.$$

Betrachten wir parallel dazu den Integrationsweg D im Grenzübergang, so startet dieser bei ∞, umkreist den Ursprung entgegen dem Uhrzeigersinn und kehrt nach

∞ zurück. Setzen wir dies in (5.49) ein, so wird

$$h_{\mathbf{n}}(s) = -\frac{\pi^{\frac{p-s}{2}} H^{p-s}(\mathbf{n})}{2i\Gamma(\frac{p-s}{2})\sin\pi\frac{p-s}{2}} \int\limits_{(0^+)}^{\infty} (-z)^{\frac{p-s}{2}-1} e^{-\pi H^2(\mathbf{n})z} g_{\mathbf{n}}\left(\frac{1}{z}\right) dz.$$

Wir substituieren noch $-\pi H^2(\mathbf{n})z \to z$ und beachten die Funktionalgleichung

$$\Gamma(1-x)\Gamma(x) = \frac{\pi}{\sin\pi x}.$$

Dann folgt

$$h_{\mathbf{n}}(s) = \frac{\Gamma(1-\frac{p-s}{2})}{2\pi i} \int\limits_{-\infty}^{(0^+)} z^{\frac{p-s}{2}-1} e^z g_{\mathbf{n}}\left(-\frac{\pi H^2(\mathbf{n})}{z}\right) dz.$$

Diese Integraldarstellung zeigt sofort, daß die Funktion $h_{\mathbf{n}}$ in die gesamte endliche Ebene analytisch forgesetzt werden kann, was im Satz behauptet wurde.

Zur Abschätzung des Integrals verwenden wir den Grundgedanken der Sattelpunktsmethode. Sei $s > 0$. Wir setzen $1 - \frac{p-s}{2} = \sigma$ und substituieren $z \to \sigma z$. Die so erhaltene Integraldarstellung

$$h_{\mathbf{n}}(s) = \frac{\Gamma(\sigma)}{2\pi i \sigma^{\sigma-1}} \int\limits_{-\infty}^{(0^+)} e^{\sigma(z-\log z)} g_{\mathbf{n}}\left(-\frac{\pi H^2(\mathbf{n})}{\sigma z}\right) dz$$

kann durch analytische Fortsetzung nach $|\arg(s)| < \pi/2$ ausgedehnt werden. Nun ist

$$\begin{aligned} h(z) &= z - \log z, \\ h'(z) &= 1 - \frac{1}{z}, \\ h''(z) &= \frac{1}{z^2}. \end{aligned}$$

Also ist $z_0 = 1$ Sattelpunkt erster Ordnung. Wir konstruieren die Fallinien, das heißt die Linien, die durch den Sattelpunkt gehen und in die Täler führen. Mit

$$z = x + iy = re^{i\varphi}, \quad r = (x^2 + y^2)^{\frac{1}{2}}, \quad \varphi = \arctan\frac{y}{x}$$

ist

$$h(z) = x - \frac{1}{2}\log(x^2 + y^2) + i\left(y - \arctan\frac{y}{x}\right).$$

Die durch

$$y = \arctan\frac{y}{x} \qquad \text{oder} \qquad x = y\cot y$$

bestimmte Kurve geht durch den Sattelpunkt $(x, y) = (1, 0)$. Sie ist im Bereich $-\pi < y < 0$ monoton wachsend, und es strebt $x \to -\infty$ für $y \to \pi$. Wir verlegen den Integrationsweg in diese Kurve und substituieren noch $z \to z + 1$, so daß der Sattelpunkt jetzt in $z = 0$ liegt. Die nun entstandene Kurve nennen wir C. Sie ist gegeben durch $x + 1 = y \cot y$. Dann ist

$$h_{\mathbf{n}}(s) = \frac{\Gamma(\sigma)e^{\sigma}}{2\pi i \sigma^{\sigma-1}} \int\limits_{(C)} e^{\sigma(z-\log(z+1))} g_{\mathbf{n}}\left(-\frac{\pi H^2(\mathbf{n})}{\sigma(z+1)}\right) dz.$$

Jetzt setzen wir

$$z - \log(z+1) = \frac{t^2}{2}.$$

Da $z \mapsto \log(z+1)$ eine mehrwertige Funktion ist, die sich in den Blättern der Riemannschen Fläche durch $\pm 2\pi i n$, $n \in \mathbb{N}$, unterscheidet, ist $t \mapsto z(t)$ eine mehrdeutige Funktion mit Verzweigungspunkten in $t = \pm 2 e^{\pm \pi i/4}\sqrt{\pi n}$. Die beiden bei $t = 0$ verschwindenden Lösungen seien mit $z_1(t)$ und $z_2(t) = z_1(-t)$ bezeichnet. Sie erlauben konvergente Potenzreihenentwicklungen für $|t| < 2\sqrt{\pi}$. Somit erhalten wir

$$\begin{aligned}
h_{\mathbf{n}}(s) &= \frac{\Gamma(\sigma)e^{\sigma}}{2\pi i \sigma^{\sigma-1}} \int\limits_{0}^{i\infty} e^{\frac{\sigma}{2}t^2} \left\{ \frac{dz_1(t)}{dt} g_{\mathbf{n}}\left(-\frac{\pi H^2(\mathbf{n})}{\sigma(z_1(t)+1)}\right) \right. \\
&\quad \left. - \frac{dz_2(t)}{dt} g_{\mathbf{n}}\left(-\frac{\pi H^2(\mathbf{n})}{\sigma(z_2(t)+1)}\right) \right\} dt
\end{aligned}$$

und mit der Substitution $t \to i\sqrt{2t}$

$$\begin{aligned}
h_{\mathbf{n}}(s) &= \frac{\Gamma(\sigma)e^{\sigma}}{2\pi i \sigma^{\sigma-1}} \int\limits_{0}^{\infty} e^{-\sigma t} \left\{ \frac{dz_1(i\sqrt{2t})}{dt} g_{\mathbf{n}}\left(-\frac{\pi H^2(\mathbf{n})}{\sigma(z_1(i\sqrt{2t})+1)}\right) \right. \\
&\quad \left. - \frac{dz_2(i\sqrt{2t})}{dt} g_{\mathbf{n}}\left(-\frac{\pi H^2(\mathbf{n})}{\sigma(z_2(i\sqrt{2t})+1)}\right) \right\} dt.
\end{aligned}$$

Es ist bekannt, daß

$$\Gamma(\sigma) \ll \sigma^{\sigma-\frac{1}{2}} e^{-\sigma}$$

für $\sigma \to \infty$, $|\arg(\sigma)| \le \pi - \delta < \pi$. Daher ist mit hinreichend kleinem, positivem T

$$\begin{aligned}
h_{\mathbf{n}}(s) &\ll \sqrt{|\sigma|} \left\{ \int\limits_{0}^{T} + \int\limits_{T}^{\infty} \right\} e^{-\operatorname{Re}(\sigma)t} \left| \frac{dz_1(i\sqrt{2t})}{dt} g_{\mathbf{n}}\left(-\frac{\pi H^2(\mathbf{n})}{\sigma(z_1(i\sqrt{2t})+1)}\right) \right. \\
&\quad \left. - \frac{dz_2(i\sqrt{2t})}{dt} g_{\mathbf{n}}\left(-\frac{\pi H^2(\mathbf{n})}{\sigma(z_2(i\sqrt{2t})+1)}\right) \right| dt.
\end{aligned}$$

Für $t \to 0$ verhalten sich die Ableitungen von $z_1(i\sqrt{2t})$, $z_2(\sqrt{2t})$ wie $1/\sqrt{t}$, für $t > T > 0$ sind sie beschränkt. In beiden Fällen ist nach (5.44) für $\nu = 1, 2$

$$g_{\mathbf{n}}\left(-\frac{\pi H^2(\mathbf{n})}{\sigma(z_\nu(i\sqrt{2t})+1)}\right) \ll \frac{1}{|\sigma|}.$$

Daher folgt

$$h_{\mathbf{n}}(s) \;\ll\; \sqrt{|\sigma|} \int\limits_0^T e^{-\operatorname{Re}(\sigma)t} \frac{dt}{|\sigma|\sqrt{t}} + \sqrt{|\sigma|} \int\limits_T^\infty e^{-\operatorname{Re}(\sigma)t} \frac{dt}{|\sigma|}$$

$$\ll\; \frac{1}{|\sigma|} \ll \frac{1}{|s|}.$$

Diese Abschätzung gilt gleichmäßig im Winkelraum $|\arg(s)| < \pi/2 - \delta < \pi/2$. Durch entsprechende Drehung des Integrationsweges kann die Gültigkeit der Abschätzung auf den gesamten Winkelraum $|\arg(s)| < \pi - \delta$ ausgedehnt werden.

5.3 Gitterpunkte

Wir legen den p-dimensionalen, reellen EUKLIDischen Raum $\mathbb{R}^p$ mit $p \geq 2$ zugrunde und versehen ihn mit einem Cartesischen Koordinatensystem, so daß jeder Punkt $\mathbf{x} \in \mathbb{R}^p$ durch seine Komponenten x_ν $(\nu = 1, 2, \ldots, p)$ gekennzeichnet ist: $\mathbf{x} = (x_1, x_2, \ldots, x_p)$. Wir nennen einen Punkt $\mathbf{n} = (n_1, n_2, \ldots, n_p)$ einen *Gitterpunkt*, wenn alle seine Komponenten n_ν ganzzahlig sind. Nun fragen wir nach der Anzahl der Gitterpunkte in einem konvexen Körper. Eine erste Antwort wird darin bestehen, daß diese Anzahl in erster Näherung durch das Volumen des Körpers gegeben sein wird. Dies festzustellen wird nicht schwierig sein. Ein Problem wird es aber sein, den entstandenen Fehler abzuschätzen, wenn man Gitterpunktsanzahl durch Volumen ersetzt. Wir werden mit einer elementaren Abschätzung beginnen, die sich für den Fall einer Kugel als ziemlich trivial erweist, für beliebige konvexe Körper aber bereits tiefere Kenntnisse aus der Konvexgeometrie erfordert. Dann werden wir uns aber ausschließlich auf den Fall beschränken, daß die konvexen Körper durch Dilatation aus einem gegebenen Körper mit einem großen Parameter hervorgegangen sind.

Es bezeichne $A(x; K)$ die *Anzahl der Gitterpunkte* im Körper xK. Diese Anzahlfunktion kann dann mit Hilfe der Distanzfunktion F des Körpers K durch

$$A(x; K) = \#\{\mathbf{n} \in \mathbb{Z}^p : F(\mathbf{n}) \leq x\}$$

beschrieben werden. Wir werden das Problem der Abschätzung von $A(x; K)$ speziell für Kugeln und Rotationskörper und schließlich für hinreichend glatte, aber allgemeine konvexe Körper behandeln.

5.3.1 Elementare Abschätzungen

Wir beginnen mit einem sehr allgemeinen Fall eines konvexen Körpers, indem wir nur noch voraussetzen, daß er streng konvex ist, was wir ja ohnehin immer tun wollen. Dann ist auch sein Inkugelradius $r > 0$.

Satz 5.7 *Es bezeichne G die Anzahl der Gitterpunkte des p-dimensionalen, streng konvexen Körpers K, $vol(K)$ sein Volumen und r sein Inkugelradius. Dann gilt*

$$vol(K)\left(1 - \frac{\sqrt{p}}{2r}\right)^p \leq G \leq vol(K)\left(1 + \frac{\sqrt{p}}{2r}\right)^p, \tag{5.50}$$

sofern $r > \sqrt{p}\,/2$ ist.

Beweis. Der konvexe Körper K enthält sicher Gitterpunkte. Denn wäre $G = 0$, so müßte $r \leq \sqrt{p}\,/2$ sein. Jedem Gitterpunkt $\mathbf{n}^{(i)} = (n_1^{(i)}, n_2^{(i)}, \ldots, n_p^{(i)}) \in K$ ordnen wir einen achsenparallelen, abgeschlossenen Würfel $W^{(i)}$ der Kantenlänge 1 und mit $\mathbf{n}^{(i)}$ als Mittelpunkt zu. Es ist also

$$W^{(i)} = \left\{\mathbf{x} \in \mathbb{R}^p : |x_1 - n_1^{(i)}| \leq \frac{1}{2}, \ldots, |x_p - n_p^{(i)}| \leq \frac{1}{2}\right\}.$$

Sei

$$W = \bigcup_{i=1}^{G} W^{(i)}.$$

Für den Abstand eines jeden Punktes $\mathbf{x} \in W^{(i)}$ von $\mathbf{n}^{(i)}$ gilt

$$\sqrt{\sum_{\nu=1}^{p} \left(x_\nu - n_\nu^{(i)}\right)^2} \leq \frac{\sqrt{p}}{2}.$$

Daher liegt W ganz im Parallelkörper $K_{\sqrt{p}/2}$. Andererseits enthält W vollständig den Parallelkörper $K_{-\sqrt{p}/2}$. Daher gilt für ihre Volumina

$$vol(K_{-\sqrt{p}/2}) \leq vol(W)G \leq vol(K_{\sqrt{p}/2}).$$

Verwenden wir hierin die Abschätzungen (5.1) mit $\varrho = \sqrt{p}\,/2$ für die Parallelkörper, so folgt (5.50) unmittelbar.

Wir untersuchen noch den Spezialfall der p-dimensionalen Einheitskugel

$$S_p = \left\{\mathbf{t} = (t_1, t_2, \ldots, t_p) \in \mathbb{R}^p : t_1^2 + t_2^2 + \cdots + t_p^2 \leq 1\right\}$$

und betrachten die Anzahl der Gitterpunkte in xS_p. Dann ist

$$G = A(x; S_p) = \#\left\{\mathbf{n} = (n_1, n_2, \ldots, n_p) \in \mathbb{Z}^p : n_1^2 + n_2^2 + \cdots + n_p^2 \leq x^2\right\}.$$

Es bezeichne

$$V_p = \frac{\pi^{p/2}}{\Gamma(\frac{p}{2} + 1)}, \qquad F_p = pV_p$$

Volumen beziehungsweise Oberfläche der p-dimensionalen Einheitskugel. Dabei ist

$$V_p = V_{p-1} \int_{-1}^{+1} (1 - t^2)^{\frac{p-1}{2}}\, dt.$$

Folglich ist

$$vol(xS_p) = V_p x^p,$$

und wir bekommen aus (5.50)

$$V_p \left(x - \frac{\sqrt{p}}{2} \right)^p \leq A(x; S_p) \leq V_p \left(x + \frac{\sqrt{p}}{2} \right)^p.$$

Nun ist

$$
\begin{aligned}
V_p \left(x + \frac{\sqrt{p}}{2} \right)^p &= V_p \sum_{\nu=0}^{p} x^{p-\nu} \binom{p}{\nu} \left(\frac{\sqrt{p}}{2} \right)^\nu \\
&\leq V_p x^p + p^{\frac{3}{2}} V_p x^{p-1} \\
&= V_p x^p + \sqrt{p}\, F_p x^{p-1}
\end{aligned}
$$

für hinreichend großes x. Ebenfalls ist unter dieser Voraussetzung

$$V_p \left(x - \frac{\sqrt{p}}{2} \right)^p \geq V_p x^p - \sqrt{p}\, F_p x^{p-1}.$$

Damit folgt für die *Kugel*: Für hinreichend großes x besteht die Ungleichung

$$|A(x; S_p) - V_p x^p| \leq \sqrt{p} F_p x^{p-1}.$$

Betrachten wir den allgemeinen Fall eines p-dimensionalen, konvexen Körpers K und dilatieren ihn um den Faktor x, so wird zwar

$$vol(xK) = vol(K) x^p,$$

aber wir können nicht erwarten, daß der Inkugelradius genau x ist. Andererseits wird auch r von der Größenordnung x sein. Daher folgt aus (5.50) nur

$$vol(K) \left(x - \frac{x}{2r} \sqrt{p} \right)^p \leq A(x; K) \leq vol(K) \left(x + \frac{x}{2r} \sqrt{p} \right)^p$$

und weiter

$$A(x; K) = vol(K) x^p + O(x^{p-1}). \tag{5.51}$$

Aber das sollte uns nicht weiter stören, da wir des weiteren ausschließlich konvexe Körper betrachten, die durch Dilatation aus einem gegebenen Körper hervorgegangen sind. Wir interessieren uns auch ausschließlich für qualitative Abschätzungen des Fehlergliedes

$$P(x; K) = A_p(x; K) - vol(K) x^p.$$

Wir werden im übernächsten Unterabschnitt eine Verbesserung der Abschätzung des Fehlergliedes für allgemeine konvexe Körper geben, allerdings unter erheblichem Aufwand. Dagegen können wir für Kugeln der Dimension $p \geq 4$ mit elementaren

Mitteln eine wesentlich bessere Abschätzung beweisen. Dabei stützen wir uns auf folgende Tatsache: Für $p \geq 2$ sei

$$r_p(n) = \#\left\{(n_1, n_2, \ldots, n_p) \in \mathbb{Z}^p : n_1^2 + n_2^2 + \cdots + n_p^2 = n\right\}$$

die Anzahl der Darstellungen einer natürlichen Zahl n als Summe von p Quadraten ganzer Zahlen. Es werde $r_p(0) = 1$ gesetzt. Es bezeichne

$$\sigma(n) = \sum_{t|n} t$$

die Summe aller Teiler der natürlichen Zahl n. Es ist bekannt, daß

$$r_4(n) = 8\sigma(n) - 32\sigma\left(\frac{n}{4}\right) \tag{5.52}$$

ist, wobei $\sigma(n/4) = 0$ zu setzen ist, wenn n nicht durch 4 teilbar ist. Nun können wir folgenden Satz beweisen.

Satz 5.8 *Es bezeichne S_p die p-dimensionale Einheitskugel. Dann gilt für die Anzahl der Gitterpunkte in xS_p*

$$A(x; S_4) = V_4 x^4 + O(x^2 \log x), \tag{5.53}$$

$$A(x; S_p) = V_p x^p + O(x^{p-2}) \qquad \text{für} \quad p > 4. \tag{5.54}$$

Beweis. Wir beweisen zunächst den Fall $p = 4$. Hier ist

$$A(x; S_4) = \sum_{n_1^2+n_2^2+n_3^2+n_4^2 \leq x^2} 1 = \sum_{0 \leq n \leq x^2} r_4(n)$$

$$= 1 + 8 \sum_{1 \leq n \leq x^2} \sigma(n) - 32 \sum_{1 \leq n \leq x^2/4} \sigma(n).$$

Nun ist mit $[x] = x - \frac{1}{2} - \psi(x)$

$$\sum_{1 \leq n \leq x^2} \sigma(n) = \sum_{1 \leq n_1 n_2 \leq x^2} n_2 = \frac{1}{2} \sum_{n \leq x^2} \left[\frac{x^2}{n}\right]\left(\left[\frac{x^2}{n}\right] + 1\right)$$

$$= \frac{x^4}{2} \sum_{n \leq x^2} \frac{1}{n^2} - x^2 \sum_{n \leq x^2} \frac{1}{n} \psi\left(\frac{x^2}{n}\right) + O(x^2).$$

Weiter ist

$$\sum_{n \leq x^2} \frac{1}{n^2} = \sum_{n=1}^{\infty} \frac{1}{n^2} + O(x^{-2}) = \frac{\pi^2}{6} + O(x^{-2}).$$

Dann folgt

$$\sum_{1 \leq n \leq x^2} \sigma(n) = \frac{\pi^2}{12} x^4 - x^2 \sum_{n \leq x^2} \frac{1}{n} \psi\left(\frac{x^2}{n}\right) + O(x^2)$$

und

$$A(x; S_4) = \frac{\pi^2}{2} x^4 - 8x^2 \Phi(x) + 8x^2 \Phi\left(\frac{x}{4}\right) + O(x^2) \qquad (5.55)$$

mit

$$\Phi(x) = \sum_{m \leq x^2} \frac{1}{m} \psi\left(\frac{x^2}{m}\right).$$

Schätzen wir $\Phi(x)$ trivial durch $O(\log x)$ ab, so erhalten wir sofort (5.53).

Wenden wir uns dem Fall $p = 5$ zu. Wir schreiben

$$A(x; S_5) = \sum_{n_1^2 + \cdots + n_5^2 \leq x^2} = \sum_{0 \leq m + n^2 \leq x^2} r_4(m) = \sum_{n^2 \leq x^2} \sum_{m \leq x^2 - n^2} r_4(m).$$

Daraus wird mit (5.55)

$$A(x; S_5) = \sum_{n^2 \leq x^2} \left\{ \frac{\pi^2}{2}(x^2 - n^2)^2 - 8(x^2 - n^2)\Phi(\sqrt{x^2 - n^2}) \right.$$
$$\left. + 8(x^2 - n^2)\Phi\left(\frac{\sqrt{x^2 - n^2}}{4}\right) + O(x^2) \right\}.$$

Für den ersten Term verwenden wir $\pi^2/2 = V_4$ und die EULER-MACLAURINsche Summenformel (4.14). Mit den dortigen Bezeichnungen ist $c = -x$, $d = x$, $g(t) = (x^2 - t^2)^2$. Folglich ist

$$\frac{\pi^2}{2} \sum_{n^2 \leq x^2} (x^2 - n^2)^2 = V_4 \int_{-x}^{+x} (x^2 - t^2)^2 \, dt - 4V_4 \int_{-x}^{+x} (x^2 - t^2)t\psi(t) \, dt$$
$$= V_5 x^5 + 4V_4 \int_{-x}^{+x} (x^2 - 3t^2) \int_0^t \psi(\tau) \, d\tau \, dt$$
$$= V_5 x^5 + O(x^3).$$

Dabei haben wir benutzt, daß mit dem zweiten BERNOULLIschen Polynom

$$\int_0^t \psi(\tau) \, d\tau = \frac{1}{2}\left(B_2(t - [t]) - \frac{1}{6}\right)$$
$$= \frac{1}{2}(t - [t])^2 - \frac{1}{2}(t - [t]) = O(1)$$

ist. Daher folgt

$$A(x; S_5) = V_5 x^5 - 8 \sum_{n^2 \leq x^2} \left\{ (x^2 - n^2)\Phi(\sqrt{x^2 - n^2}) \right.$$
$$\left. + (x^2 - n^2)\Phi\left(\frac{\sqrt{x^2 - n^2}}{4}\right) \right\} + O(x^3).$$

Um jetzt (5.54) für $p = 5$ zu beweisen, müssen wir für die beiden Summen noch die Abschätzung $O(x^3)$ beweisen. Es genügt dabei, die erste Summe zu betrachten. Es ist

$$\sum_{n^2 \leq x^2} (x^2 - n^2) \Phi(\sqrt{x^2 - n^2}) = 2 \sum_{0 \leq n \leq x} (x^2 - n^2) \Phi(\sqrt{x^2 - n^2}) + O(x^2 \log x)$$

$$= 4 \int_0^x t \sum_{0 \leq n \leq t} \Phi(\sqrt{x^2 - n^2})\, dt + O(x^2 \log x).$$

Für die Summe ist

$$\sum_{0 \leq n \leq t} \Phi(\sqrt{x^2 - n^2}) = \sum_{0 \leq n \leq t} \sum_{1 \leq m \leq x^2 - n^2} \frac{1}{m} \psi\left(\frac{x^2 - n^2}{m}\right)$$

$$= \sum_{1 \leq m \leq x^2} \frac{1}{m} \sum_{0 \leq n \leq t, \sqrt{x^2 - m}} \left(\frac{x^2 - n^2}{m}\right).$$

Auf die innere Summe wenden wir die VAN DER CORPUTsche Methode an und benutzen das Korollar zu Satz 1.4. Dort setzen wir

$$a = 0, \quad b = \min(t, \sqrt{x^2 - m}) \leq x,$$

$$f(t) = \frac{x^2 - t^2}{m}, \quad f''(t) = -\frac{2}{m}, \quad \lambda = \frac{2}{m}, \quad c = 1.$$

Dann folgt aus (1.21)

$$\sum_{0 \leq n \leq t} \Phi(\sqrt{x^2 - n^2}) \ll \sum_{1 \leq m \leq x^2} \frac{1}{m} \left(\frac{x}{m^{1/3}} + \sqrt{m}\right) \ll x.$$

Damit ist

$$\sum_{n^2 \leq x^2} (x^2 - n^2) \Phi(\sqrt{x^2 - n^2}) \ll x^3.$$

Also ist (5.54) für $p = 5$ bewiesen.

Auf $p > 5$ schließen wir durch Induktion. Nehmen wir (5.54) für $p - 1$, $p \geq 6$, als richtig an. So folgt bei Benutzung der EULER-MACLAURINschen Summenformel (4.14)

$$A(x; S_p) = \sum_{0 \leq m + n^2 \leq x^2} r_{p-1}(m) = \sum_{n^2 \leq x^2} \sum_{m \leq x^2 - n^2} r_{p-1}(m)$$

$$= \sum_{n^2 \leq x^2} \left\{ V_{p-1}(x^2 - n^2)^{\frac{p-1}{2}} + O\left((x^2 - n^2)^{\frac{p-3}{2}}\right) \right\}$$

$$= V_{p-1} \int_{-x}^{+x} (x^2 - t^2)^{\frac{p-1}{2}}\, dt - (p-1) V_{p-1} \int_{-x}^{+x} (x^2 - t^2)^{\frac{p-3}{2}} t\psi(t)\, dt + O(x^{p-2})$$

$$= V_p x^p - 2(p-1)V_{p-1} \int\limits_0^x (x^2 - t^2)^{\frac{p-3}{2}} t\psi(t)\,dt + O(x^{p-2})$$

$$= V_p x^p + 2(p-1)V_{p-1} \int\limits_0^x \frac{d}{dt}\left\{(x^2 - t^2)^{\frac{p-3}{2}} t\right\} \int\limits_0^t \psi(\tau)\,d\tau\,dt + O(x^{p-2})$$

$$= V_p x^p + O(x^{p-2}).$$

Damit ist der Satz vollständig bewiesen.

Wir zeigen noch in ganz einfacher Weise eine untere Abschätzung. Dabei bedeutet $f(x) = \Omega(g(x))$, daß $f(x) = o(g(x))$ falsch ist.

Satz 5.9 *Es ist für $p \geq 2$*

$$A(x; S_p) = V_p x^p + \Omega(x^{p-2}). \tag{5.56}$$

Beweis. Wir nehmen an, es sei

$$A(x; S_p) = V_p x^p + o(x^{p-2})$$

richtig. Wir betrachten die unendlich vielen Zahlen $x = \sqrt{n}$ und $x = \sqrt{n + 1/2}$ mit $n \in \mathbb{N}$. Dann ist

$$\begin{aligned}
0 &= A\left(\sqrt{n + \frac{1}{2}}; S_p\right) - A\left(\sqrt{n}; S_p\right) = V_p\left\{\left(n + \frac{1}{2}\right)^{\frac{p}{2}} - n^{\frac{p}{2}}\right\} + o\left(n^{\frac{p}{2}-1}\right) \\
&= V_p \frac{p}{4} n^{\frac{p}{2}-1} + o\left(n^{\frac{p}{2}-1}\right).
\end{aligned}$$

Dies stellt aber offensichtlich einen Widerspruch dar.

Vergleicht man die Ergebnisse (5.54) und (5.56) für $p \geq 5$, so erkennt man, daß das Gitterpunktproblem für Kugeln dieser Dimensionen gelöst ist. Es ist keine Verbesserung der Restgliedabschätzung mehr möglich. Auch ein Vergleich von (5.53) und (5.56) für $p = 4$ zeigt, daß der Exponent 2 im Restglied endgültig ist. Insofern ist das Kugelproblem auch für $p = 4$ gelöst. Aber der folgende Satz zeigt, daß hier doch die Verhältnisse anders sind, daß man nämlich den logarithmischen Faktor nicht durch 1 ersetzen kann.

Satz 5.10 *Es ist*

$$A(x; S_4) = V_4 x^4 + \Omega(x^2 \log\log x). \tag{5.57}$$

Beweis. Wir betrachten die Zahlen

$$n_\nu = 1 \cdot 3 \cdot 5 \cdots (2\nu - 1) = \frac{(2\nu)!}{2^\nu \nu!}$$

für $\nu = 2, 3, \ldots$. Nach der STIRLINGschen Formel

$$\log n! = n \log n + O(n)$$

für $n \to \infty$ ist

$$\begin{aligned} \log n_\nu &= \log(2\nu)! - \nu \log 2 - \log \nu! \\ &= \nu \log \nu + O(\nu) \end{aligned}$$

und folglich

$$\log \log n_\nu \sim \log \nu \qquad \text{für} \quad \nu \to \infty.$$

Hieraus und aus

$$\begin{aligned} \sigma(n_\nu) &= \sum_{t \mid n_\nu} t \geq \sum_{m=1}^{\nu} \frac{n_\nu}{2m-1} = n_\nu \sum_{m=1}^{2\nu} \frac{1}{m} - n_\nu \sum_{m=1}^{\nu} \frac{1}{2m} \\ &= n_\nu \left\{ \log(2\nu) - \frac{1}{2} \log \nu + O(1) \right\} \\ &= \frac{n_\nu}{2} \log \nu + O(n_\nu) \end{aligned}$$

ergibt sich, daß jedenfalls

$$\sigma(n_\nu) = \Omega(n_\nu \log \log n_\nu)$$

sein muß und wegen (5.52) auch

$$r_4(n_\nu) = \Omega(n_\nu \log \log n_\nu).$$

Nehmen wir nun an, (5.57) wäre falsch. Dann wäre

$$\begin{aligned} r_4(n_\nu) &= A(\sqrt{n_\nu}; S_4) - A(\sqrt{n_\nu - 1}; S_4) \\ &= V_4 \{ n_\nu^2 - (n_\nu - 1)^2 \} + o(n_\nu \log \log n_\nu) \\ &= o(n_\nu \log \log n_\nu). \end{aligned}$$

Das ist aber ein Widerspruch.

Die Abschätzung des Restgliedes in den Fällen $p = 2, 3$ ist noch ein völlig offenes Problem. Wir wenden uns dieser Problematik im nächsten Unterabschnitt zu.

Abschließend sollen noch Rotationskörper R_p als spezielle konvexe Körper betrachtet werden, die wir ebenfalls als zentralsymmetrisch annehmen. Ein p-dimensionaler Rotationskörper ist dadurch gekennzeichnet, daß der Punkt $(t_1, t_2, \ldots, t_{p-1}, z)$ genau dann zu R_p gehört, wenn $(r, 0, \ldots, 0, z)$ mit

$$r = \sqrt{t_1^2 + t_2^2 + \cdots + t_{p-1}^2}$$

zu R_p gehört, wenn wir die z-Achse als Drehachse annehmen. Ist $(t, z) \mapsto F(t, z)$ eine von zwei Variablen abhängende Distanzfunktion, so können wir $(r, z) \mapsto F(r, z)$ als Distanzfunktion von R_p auffassen. Dabei seien $F_t(0, z) = 0$, $F_{tt}(t, z) > 0$ und

$F_z(t,0) = 0$, $F_{zz}(t,z) > 0$ vorausgesetzt. Dann sind die ersten partiellen Ableitungen größer oder gleich 0 und streng monoton wachsend, und die Gleichung

$$F(t,z) = \lambda, \qquad \lambda > 0,$$

kann nach t aufgelöst werden. Es sei

$$t = f(\lambda, z).$$

Man sieht sofort

$$f(\lambda, \lambda z) = \lambda f(1, z).$$

Es ist $F(t,z)$ in t und z streng monoton wachsend. Also nimmt $|t|$ seinen größten Wert an, wenn $z = 0$ ist. Aus

$$F(t,0) = |t| F(1,0) = \lambda$$

folgt, daß

$$|f(\lambda, z)| \le \frac{\lambda}{F(1,z)}.$$

Ebenso ist $t = 0$ genau dann, wenn $|z| = \lambda/F(0,1)$ ist. Entwickelt man $F(t,z)$ bezüglich t in eine TAYLORreihe um $t = 0$, so ist

$$F(t,z) = F(0,z) + \frac{t^2}{2} F_{tt}(\vartheta t, z) = \lambda, 0 < \vartheta < 1.$$

Hieraus erkennt man, daß t und damit $f(\lambda, z)$ sich in der Umgebung von $|z| = \lambda/F(0,1)$ wie $\sqrt{\lambda - F(0,z)}$ verhalten. $f(\lambda, z)$ ist also als Funktion von z im abgeschlossenen Intervall $|z| \le \lambda/F(0,1)$ stetig. Aus

$$F_t \frac{\partial}{\partial z} f + F_z = 0$$

folgt die Stetigkeit der ersten Ableitung von f nur im offenen Intervall, und für $|z| \to \lambda/F(0,1)$ verhält sich f_z wie $1/\sqrt{\lambda - F(0,z)}$. Entsprechend ist die zweite Ableitung von f im offenen Intervall stetig, und am Rand verhält sie sich wie $1/(\lambda - F(0,z))^{-3/2}$. Mit diesen Vorbemerkungen können wir leicht folgenden Satz beweisen.

Satz 5.11 *Es sei $(t,z) \mapsto F(t,z)$ eine Distanzfunktion mit stetigen partiellen Ableitungen bis zur zweiten Ordnung. Es seien $F_t(0,z) = 0$, $F_{tt}(t,z) > 0$ und $F_z(t,0) = 0$, $F_{zz}(t,z) > 0$. Es bezeichne R_p den Rotationskörper*

$$R_p = \{(t_1, t_2, \ldots, t_{p-1}, z) \in \mathbb{R}^p : F(\sqrt{t_1^2 + t_2^2 + \cdots + t_{p-1}^2}, z) \le 1\}.$$

Für die Anzahl der Gitterpunkte im Körper xR_p gilt dann

$$A(x; R_5) = vol(R_5)x^5 + O(x^3 \log x) \tag{5.58}$$

und für $p > 5$

$$A(x; R_p) = vol(R_p)x^p + O(x^{p-2}). \tag{5.59}$$

Beweis. Wir erhalten aus (5.53) und (5.54) für $p \geq 5$

$$A(x; R_p) =$$
$$= \sum_{F(\sqrt{n},m)\leq x} r_{p-1}(n)$$
$$= \sum_{0\leq|m|\leq x/F(0,1)} \sum_{0\leq n\leq f^2(x,m)} r_{p-1}(n)$$
$$= \sum_{0\leq|m|\leq x/F(0,1)} \left\{ V_{p-1} f^{p-1}(x,m) + O\left(f^{p-3}(x,m)(\log f)^{\varepsilon_p} \right) \right\}$$

mit $\varepsilon_5 = 1$, $\varepsilon_p = 0$ für $p > 5$. Im Restglied läßt sich $f(x,m)$ durch

$$f(x,m) = xf(1, \frac{m}{x}) \ll x$$

abschätzen. Für die Summe benutzen wir die EULER-MACLAURINsche Summenformel (4.14). Wegen des Verhaltens von $f(x,m)$ in den Endpunkten bekommen wir

$$A(x; R_p) \;=\; V_{p-1} \int_{-x/F(0,1)}^{+x/F(0,1)} f^{p-1}(x,t)\,dt$$
$$+ V_{p-1} \int_{-x/F(0,1)}^{+x/F(0,1)} \frac{\partial}{\partial t}\left\{ f^{p-1}(x,t) \right\} \psi(t)\,dt + O\left(x^{p-2}(\log x) \right)^{\varepsilon_p}.$$

Das erste Intgral stellt natürlich das Volumen von xR_p dar. Im zweiten Integral ist

$$\frac{\partial}{\partial t}\left\{ f^{p-1}(x,t) \right\} = (p-1)f^{p-2}(x,t)\frac{\partial}{\partial t}f(x,t)$$

in den Endpunkten 0, da $p \geq 5$ angenommen wurde. Es darf also noch einmal partiell integriert werden. Dann ist

$$A(x, R_p) = vol(R_p)x^{\frac{p}{2}}$$
$$+ V_{p-1} \int_{-x/F(0,1)}^{+x/F(0,1)} \frac{\partial^2}{\partial t^2}\left\{ f^{p-1}(x,t) \right\} \psi(t)\,dt + O\left(x^{p-2}(\log x)^{\varepsilon_p} \right).$$

Die Substitution $t \to xt$ zeigt, daß das verbleibende Integral von der Größenordnung x^{p-2} ist. Somit folgen (5.58) und (5.59) unmittelbar.

5.3.2 Kreis und Kugel

Wir beginnen mit der Betrachtung der Anzahl der Gitterpunkte im Kreis xS_2, also mit

$$A(x; S_2) = \#\{\mathbf{n} = (n_1, n_2) \in \mathbb{Z}^2 : n_1^2 + n_2^2 \leq x^2\}.$$

Dabei wird die VAN DER CORPUTsche Methode aus Kapitel 1 zur Anwendung gelangen. Da wir dort Ungleichungen mit numerischen Konstanten hergeleitet hatten, werden wir dies auch hier ausnahmsweise tun.

Satz 5.12 *Es ist*

$$|A(x; S_2) - \pi x^2| \le 38x^{\frac{2}{3}} + 704x^{\frac{1}{2}} + 11. \tag{5.60}$$

Insbesondere ist

$$|A(x; S_2) - \pi x^2| < 38x^{\frac{2}{3}} \quad \textit{für} \quad x \ge 2 \cdot 10^{20}. \tag{5.61}$$

Beweis. Unter Benutzung von $[y] = y - \psi(y) - 1/2$ ergibt sich

$$
\begin{aligned}
A(x; S_2) &= \sum_{m^2+n^2 \le x^2} 1 = 2([x] + \frac{1}{2}) + 4 \sum_{0 < n \le x} \left([\sqrt{x^2 - n^2}] + \frac{1}{2}\right) \\
&= 2x - 2\psi(x) + 4 \sum_{0 < n \le x} \sqrt{x^2 - n^2} - 4 \sum_{0 < n \le x} \psi(\sqrt{x^2 - n^2}).
\end{aligned}
$$

Die erste Summe wird mit Hilfe der EULER-MACLAURINschen Summenformel (4.14) entwickelt. Wir setzen dort $c = 0$, $d = x$, $g(t) = 4\sqrt{x^2 - t^2}$. Dann erhalten wir

$$
\begin{aligned}
A(x; S_2) &= 4 \int_0^x \sqrt{x^2 - n^2}\, dt - 4 \int_0^x \frac{t\psi(t)}{\sqrt{x^2 - t^2}}\, dt \\
&\quad - 2\psi(x) - 4 \sum_{0 < n \le x} \psi(\sqrt{x^2 - n^2})
\end{aligned}
$$

Das erste Integral führt zum Flächeninhalt des Kreises. Das zweite Integral schätzen wir im wesentlichen mit dem zweiten Mittelwertsatz der Integralrechnung ab. Da $t/\sqrt{x^2 - t^2}$ monoton wachsend ist, gibt es ein ξ mit

$$
\begin{aligned}
\left|4 \int_0^x \frac{t\psi(t)}{\sqrt{x^2 - t^2}}\, dt\right| &\le \left|4 \int_0^{x-1} \frac{t\psi(t)}{\sqrt{x^2 - t^2}}\, dt\right| + \left|4 \int_{x-1}^x \frac{t\psi(t)}{\sqrt{x^2 - t^2}}\, dt\right| \\
&\le \left|4\frac{x-1}{\sqrt{2x-1}} \int_\xi^{x-1} \psi(t)\, dt.\right| + 4 \int_{x-1}^x \frac{t}{\sqrt{x^2 - t^2}}\, dt.
\end{aligned}
$$

Wir können $x > 1$ annehmen. Weiter ist

$$\int_a^b \psi(t)\, dt = 0 \quad \text{für} \quad a, b \in \mathbb{Z}$$

und

$$\left|\int_0^y \psi(t)\, dt\right| = \frac{1}{2}|(y - [y])^2 - (y - [y])| \le \frac{1}{8}.$$

Daher ist

$$\left| 4\int_0^x \frac{t\psi(t)}{\sqrt{x^2-t^2}}\, dt \right| \leq \frac{1}{\sqrt{8}}\sqrt{x} + 2\sqrt{2x-1} < \frac{9}{4}\sqrt{2x}.$$

Somit haben wir zunächst

$$\begin{aligned}
|A(x;S_2) - \pi x^2| &< 4\left| \sum_{0<n\leq x} \psi\left(\sqrt{x^2-n^2}\right)\right| + \frac{9}{4}\sqrt{2x} + 1 \\
&\leq 4\left| \sum_{0<n\leq x-1} \psi\left(\sqrt{x^2-n^2}\right)\right| + \frac{9}{4}\sqrt{2x} + 3.
\end{aligned}$$

Auf die verbleibende Summe wenden wir das Korollar zu Satz 1.5 an. In den dortigen Bezeichnungen ist

$$a = 0, \quad b = x - 1, \quad f(t) = \sqrt{x^2 - t^2}, \quad f''(t) = \frac{x^2}{(x^2-t^2)^{3/2}}.$$

Dann folgt aus (1.22)

$$\begin{aligned}
\left| \sum_{0<n\leq x-1} \psi\left(\sqrt{x^2-n^2}\right)\right| &< 6x^{\frac{2}{3}} + \int_0^{x-1} \frac{1}{\sqrt{x^2-t^2}}\, dt + 175x^{\frac{1}{2}} + 2 \\
&= 6x^{\frac{2}{3}} \arcsin\left(1 - \frac{1}{x}\right) + 175x^{\frac{1}{2}} + 2 \\
&< 3\pi x^{\frac{2}{3}} + 175x^{\frac{1}{2}} + 2.
\end{aligned}$$

Also haben wir

$$|A(x;S_2) - \pi x^2| < 12\pi x^{\frac{2}{3}} + \left(700 + \frac{9}{4}\sqrt{2}\right) + 11.$$

Es ist

$$12\pi = 37{,}699\ldots < 38, \quad 700 + \frac{9}{4}\sqrt{2} = 703{,}18\ldots < 704.$$

Daraus ergibt sich (5.60). Die Ungleichung (5.61) gilt sicher wie angegeben, wie man leicht nachrechnet.

Nun wenden wir uns der Untersuchung der Anzahl der Gitterpunkte in der Kugel S_3 zu, also

$$A(x;S_3) = \#\{\mathbf{n} = (n_1, n_2, n_3) \in \mathbb{Z}^3 : n_1^2 + n_2^2 + n_3^2 \leq x^2\}.$$

Wir verwenden die Methode aus Kapitel 4 und verzichten demnach auf die Angabe numerischer Konstanten.

Satz 5.13 *Es ist*

$$A(x;S_3) = \frac{4\pi}{3}x^3 + O\left(x^{\frac{3}{2}}\right). \tag{5.62}$$

Beweis. Wir können die Kugel in 48 Teile zerlegen, so daß die Anzahl der Gitterpunkte in der Kugel mit der 48-fachen Anzahl der Lösungen der Ungleichungen

$$n_1^2 + n_2^2 + n_3^2 \leq x^2, \quad 0 \leq n_2 \leq n_1 \leq n_3$$

im wesentlichen übereinstimmt. Damit meinen wir, daß für eine Übereinstimmung die Gitterpunkte mit $0 = n_2$, $n_2 = n_1$, $n_1 = n_3$ nur mit dem Faktor $1/2$ gezählt werden dürfen. Auch dann machen wir noch einen Fehler bei den Gitterpunkten $n_1 = n_2 = n_3$, $0 = n_1 = n_2 < n_3$. Sie bringen uns einen Fehler der Größenordnung x, der uns allerdings nicht weiter stört. Bezeichnet D den Bereich

$$D = \{(t_1, t_2) \in \mathbb{R}^2 : 0 \leq t_2 \leq t_1, 2t_1^2 + t_2^2 \leq x^2\}, \tag{5.63}$$

und summieren wir über n_3 in der angegebenen Weise, so ist

$$A(x; S_3) = 48 \sum_{(n_1,n_2)\in D} \left(\left[\sqrt{x^2 - n_1^2 - n_2^2}\right] + \frac{1}{2} - n_1 \right) + O(x).$$

In dieser Summe und in den weiteren sind die Anteile mit $n_2 = 0$ und $n_1 = n_2$ mit dem Faktor $1/2$ zu versehen. Nun ist

$$
\begin{aligned}
A(x; S_3) &= H - 48 \sum_{(n_1,n_2)\in D} \psi\left(\sqrt{x^2 - n_1^2 - n_2^2}\right), \tag{5.64}\\
H &= 48 \sum_{(n_1,n_2)\in D} \left(\sqrt{x^2 - n_1^2 - n_2^2} - n_1^2\right)\\
&= 48 \int \sum_{\substack{n_1^2+n_2^2+t_3^2\leq x^2\\ 0\leq n_2\leq n_1\leq t_3}} 1\, dt_3.
\end{aligned}
$$

Summation über n_1 ergibt

$$
\begin{aligned}
H &= 48 \int \sum_{\substack{(x^2-n_2^2)/2 < t_3^2 \leq x^2 - 2n_2^2\\ 0\leq n_2}} \left\{ \left[\sqrt{x^2 - n_2^2 - t_3^2}\right] + \frac{1}{2} - n_2\right\} dt_3\\
&\quad + 48 \int \sum_{\substack{n_2^2 \leq t_3^2 \leq (x^2-n_2^2)/2\\ 0\leq n_2}} \left\{[t_3] + \frac{1}{2} - n_2\right\} dt_3\\
&= 48 \int \sum_{\substack{t_1^2+n_2^2+t_3^2\leq x^2\\ 0\leq n_2\leq t_1\leq t_3}} 1\, dt_1\, dt_3\\
&\quad - 48 \int \sum_{\substack{(x^2-n_2^2)/2 < t_3^2 \leq x^2 - 2n_2^2\\ 0\leq n_2}} \psi\left(\sqrt{x^2 - n_2^2 - t_3^2}\right) dt_3\\
&\quad - 48 \int \sum_{\substack{n_2^2 \leq t_3^2 \leq (x^2-n_2^2)/2\\ 0\leq n_2}} \psi(t_3)\, dt_3.
\end{aligned}
$$

Im letzten Term ist das Integral beschränkt, so daß dieser Term einen Anteil $O(x)$ bringt. Im vorletzten Term erkennen wir dasselbe durch partielle Integration. Also ist

$$H = 48 \int \sum_{\substack{t_1^2 + n_2^2 + t_3^2 \leq x^2 \\ 0 \leq n_2 \leq t_1 \leq t_3}} 1 \, dt_1 \, dt_3 + O(x).$$

Ganz analog verfahren wir mit dem verbleibenden Term und erhalten schließlich

$$\begin{aligned}
H &= \iiint_{t_1^2 + t_2^2 + t_3^2 \leq x^2} dt_1 \, dt_2 \, dt_3 + O(x) \\
&= \frac{4\pi}{3} x^3 + O(x).
\end{aligned}$$

Dies in (5.64) eingesetzt ergibt

$$A(x; S_3) = \frac{4\pi}{3} x^3 - 48 \sum_{(n_1, n_2) \in D} \psi\left(\sqrt{x^2 - n_1^2 - n_2^2}\right) + O(x), \qquad (5.65)$$

wobei in der Summe die Summanden $n_2 = 0$ und $n_1 = n_2$ nicht mehr mit dem Faktor 1/2 belegt werden müssen.

Zur Abschätzung der Summe über die Psifunktion verwenden wir das Korollar 2 zu Satz 4.4. Es sind die Voraussetzungen von Korollar 1 zu überprüfen. Der Bereich (5.63) erfüllt die Voraussetzungen (A) mit

$$a_1 = 0, \quad b_1 = \frac{x}{\sqrt{2}}, \quad c_1 = \frac{x}{\sqrt{2}}, \quad a_2 = 0, \quad b_2 = \frac{x}{\sqrt{3}}, \quad c_2 = \frac{x}{\sqrt{3}},$$

$$\sigma(t_2) = t_2, \qquad \varrho(t_2) = \sqrt{\frac{x^2 - t_2^2}{2}}.$$

Die Voraussetzung (B) wird von der Funktion

$$f(t_1, t_2) = \sqrt{x^2 - t_1^2 - t_2^2}$$

zweifelsohne erfüllt. Die Funktion φ ist durch

$$\begin{aligned}
f_{t_1}(\varphi(y, t_2), t_2) &= -\frac{\varphi}{\sqrt{x^2 - \varphi^2 - t_2^2}} = y, \\
\varphi(y, t_2) &= -\sqrt{\frac{y^2(x^2 - t_2^2)}{y^2 + 1}}
\end{aligned}$$

definiert. Sie erfüllt sicher die Bedingungen (E) und (E'). Selbstverständlich erfüllen σ und ϱ die Bedingungen (E). Bezüglich der Voraussetzung (C') bilden wir

$$f_{t_1 t_1} = -\frac{x^2 - t_2^2}{(x^2 - t_1^2 - t_2^2)^{3/2}}, \qquad f_{t_2 t_2} = -\frac{x^2 - t_1^2}{(x^2 - t_1^2 - t_2^2)^{3/2}},$$

$$H(f) = \frac{x^2}{(x^2 - t_1^2 - t_2^2)^2},$$

so daß wir

$$\lambda_{11} = \lambda_{22} = \frac{1}{x}, \qquad \Lambda = \frac{1}{x^2}$$

wählen können. Für (D'') berechnen wir aus

$$f_{t_i} = -\frac{t_i}{\sqrt{x^2 - t_1^2 - t_2^2}}, \qquad i = 1, 2,$$

die Werte

$$\alpha_1 = -\sqrt{3}, \quad \beta_1 = 0, \quad \alpha_2 = -\sqrt{2}, \quad \beta_2 = 0, \quad \gamma_1 = \sqrt{3}, \quad \gamma_2 = \sqrt{2}.$$

Natürlich sind in (F)

$$|D| \asymp c_1 c_2 = \frac{x^2}{\sqrt{6}}, \qquad |D_{12}| \asymp \gamma_1 \gamma_2 = \sqrt{6}$$

erfüllt. Die GAUSSsche Krümmung ist nach (4.34) in jedem Punkt $1/x^2$. Nun folgt (5.62) sofort aus (4.35).

Die Situation bei Kreis und Kugel ist ganz anders als bei Kugeln der Dimension $p > 3$. Bezeichnet $P(x; S_p)$ das Restglied in der asymptotischen Darstellung

$$A(x; S_p) = vol(S_p)x^p + P(x; S_p)$$

und definieren wir

$$\vartheta_k = \inf\left\{\alpha_p : P(x; S_p) \ll x^{\alpha_p}\right\},$$

so haben wir in den letzten beiden Sätzen

$$\vartheta_2 \leq \frac{2}{3}, \qquad \vartheta_3 \leq \frac{3}{2}$$

gezeigt. Im folgenden Unterabschnitt 5.3.3 werden wir

$$\vartheta_2 \geq \frac{1}{2}, \qquad \vartheta_3 \geq 1$$

beweisen. Wir sehen, daß zwischen den oberen und unteren Werten von ϑ_p für $p = 2, 3$ riesige Lücken klaffen. Diese Lücken zu schließen, ist zu einem zentralen Problem der analytischen Zahlentheorie geworden. Die unteren Werte hat man nicht vergrößern können, dagegen konnte man aber die oberen Werte verkleinern. Im allgemeinen wird angenommen, daß wohl die unteren Werte die richtigen sein werden.

5.3.3 Allgemeine konvexe Körper

Wir betrachten p-dimensionale, zentralsymmetrische, konvexe Körper, die den Bedingungen (A), (B), (C) des Unterabschnitts 5.2.2 genügen. Sei F die Distanzfunktion von K und x ein großer, positiver Parameter. Wir untersuchen die Anzahl der Gitterpunkte

$$A(x; K) = \#\{\mathbf{n} \in \mathbb{Z}^p : F(\mathbf{n}) \leq x\}$$

in dem dilatierten Körper xK. Nach (5.51) wissen wir, daß

$$A(x; K) = vol(K)x^p + O(x^{p-1})$$

gilt. Unser erstes Ziel ist es, eine Verschärfung dieser Abschätzung zu finden. Darüber hinaus soll auch noch ein Abschätzung nach unten angegeben werden.

Es ist notwendig, neben $A(x; K)$ noch weitere Anzahlfunktionen zu betrachten. Sie sind folgendermaßen definiert:

$$
\begin{aligned}
A_0(x; K) &= A(x; K), \\
A_d(x; K) &= \frac{1}{(d-1)!} \int_0^{x^2} (x^2 - z)^{d-1} A(z; K)\, dz, \qquad d = 1, 2, \ldots.
\end{aligned}
$$

Nun können wir mit Hilfe der Thetafunktion

$$\Theta(z; K) = \sum_{\mathbf{n}} e^{-\pi z F^2(\mathbf{n})}$$

des konvexen Körpers K für $A_d(x; K)$ eine weitere Integraldarstellung finden. Für $d \geq 1$ und $c > 0$ ist

$$
\begin{aligned}
A_d(x; K) &= \frac{1}{d!} \sum_{F(\mathbf{n}) \leq x} (x^2 - F^2(\mathbf{n}))^d \\
&= \sum_{\mathbf{n}} \frac{1}{2\pi i} \int_{c-i\infty}^{c+i\infty} \frac{1}{z^{d+1}} e^{z(x^2 - F^2(\mathbf{n}))}\, dz.
\end{aligned}
$$

Denn ist $F(\mathbf{n}) > x$, so können wir das Integral beliebig weit nach rechts verschieben, und wir erkennen, daß es 0 ist. Für $F(\mathbf{n}) < x$ verschieben wir es beliebig weit nach links und schöpfen das Residuum an der Stelle $z = 0$ ab. Für $F(\mathbf{n}) = x$ ist es gleichgültig, was wir machen. Das Integral ist 0. Vertausch von Summation und Integration bringt die Thetafunktion ins Spiel. Es ist

$$A_d(x; K) = \frac{1}{2\pi i} \int_{c-i\infty}^{c+i\infty} \frac{1}{z^{d+1}} e^{x^2 z} \Theta\left(\frac{z}{\pi}; K\right) dz, \tag{5.66}$$

sofern d hinreichend groß ist. Unter Verwendung der Transformation (5.43) für die Thetafunktion können wir hieraus eine asymptotische Darstellung für $A_d(x; K)$ gewinnen.

Wir benötigen im Folgenden die BESSEL-Funktionen $z \mapsto J_\nu(z)$, die nach (3.56) für $|\arg(z)| < \pi$ durch die unendliche Reihe

$$J_\nu(z) = \sum_{n=0}^{\infty} \frac{(-1)^n}{n!\Gamma(n+\nu+1)} \left(\frac{z}{2}\right)^{2n+\nu}$$

definiert sind. Hieraus gewinnt man leicht die Integraldarstellung

$$J_\nu(z) = \left(\frac{z}{2}\right)^\nu \frac{1}{2\pi i} \int_{-\infty}^{(0^+)} t^{-\nu-1} e^{t-\frac{z^2}{4t}}\, dt. \tag{5.67}$$

Man entwickle nur $e^{-z^2/4t}$ in eine Potenzreihe und integriere gliedweise. Sofort erhält man obige Reihendarstellung. Nach (2.36) hat man für $z \to \infty$, $|\arg(z)| < \pi$ die asymptotische Darstellung

$$J_\nu = \sqrt{\frac{2}{\pi z}} \cos\left(z - \frac{\pi}{2}\nu - \frac{\pi}{4}\right) + O\left(\frac{1}{z}\right).$$

Wir benötigen noch die in folgendem Hilfssatz ausgesprochene Abschätzung.

Hilfssatz 5.10 *Es bezeichne H die Stützfunktion des den Bedingungen (A), (B), (C) genügenden konvexen Körpers K und $t \mapsto g_{\mathbf{n}}(t)$ die im Satz 5.5 vorkommende Funktion. Weiterhin sei für $x > 0$*

$$r_\nu(\mathbf{n}, x; K) = \frac{1}{2\pi i} \int_{-\infty}^{(0^+)} t^{-\nu-1} e^{x^2 t - \frac{\pi^2 H^2(\mathbf{n})}{t}} g_{\mathbf{n}}(t)\, dt. \tag{5.68}$$

Dann gilt für $xH(\mathbf{n}) \to \infty$ die Abschätzung

$$r_\nu(\mathbf{n}, x; K) \ll \frac{x^{\nu-\frac{3}{2}}}{(H(\mathbf{n}))^{\nu+\frac{3}{2}}}. \tag{5.69}$$

Beweis. Der Beweis verläuft genauso wie man (2.36) aus (5.67) gewinnt. Wir führen zunächst die Substitution $t = \pi H(\mathbf{n})z/x$ aus.

$$r_\nu(\mathbf{n}, x; K) =$$

$$= \left(\frac{x}{\pi H(\mathbf{n})}\right)^\nu \frac{1}{2\pi i} \int_{-\infty}^{(0^+)} z^{-\nu-1} e^{\pi x H(\mathbf{n})(z-\frac{1}{z})} g_{\mathbf{n}}\left(\frac{\pi H(\mathbf{n})z}{x}\right) dz.$$

Setzt man

$$f(z) = z - \frac{1}{z},$$

so ist

$$f'(z) = 1 + \frac{1}{z^2}, \qquad f'(\pm i) = 0, \qquad f''(\pm i) \neq 0.$$

Daher haben wir zwei Sattelpunkte erster Ordnung an den Stellen $z = \pm i$. Aus diesem Grunde deformieren wir den Integrationsweg. Wir starten bei $e^{-\pi i}\infty$, gehen bis $e^{-\pi i}$, sodann integrieren wir längs des Kreises $|z| = 1$ bis $e^{+\pi i}$ und enden schließlich bei $e^{+\pi i}\infty$. Die Integrale von -1 nach $-\infty$ lassen sich leicht abschätzen. Es handelt sich um LAPLACE-Integrale. Es ist $f(-1) = 0$, und man weiß, daß dann nur die Umgebung von -1 eine Rolle spielt. Setzen wir also $z - 1/z = -y$, so wird

$$\int\limits_{-1}^{-\infty} z^{-\nu-1} e^{\pi x H(\mathbf{n})(z-\frac{1}{z})} g_{\mathbf{n}}\left(\frac{\pi H(\mathbf{n})z}{x}\right) dz =$$

$$-\int\limits_{0}^{\infty} z^{-\nu+1} \frac{1}{z^2+1} e^{-\pi x H(\mathbf{n})y} g_{\mathbf{n}}\left(\frac{\pi H(\mathbf{n})z}{x}\right) dy$$

$$\ll \frac{1}{xH(\mathbf{n})} \left| g_{\mathbf{n}}\left(\frac{-\pi H(\mathbf{n})}{x}\right)\right| \ll \frac{1}{x^2 H^2(\mathbf{n})},$$

wobei im letzten Schritt (5.44) benutzt wurde. Den wesentlichen Anteil bringt das Integral längs des Kreises $|z| = 1$. Setzen wir $z = e^{i\varphi}$, so wird

$$\int\limits_{|z|=1} z^{-\nu-1} e^{\pi x H(\mathbf{n})(z-\frac{1}{z})} g_{\mathbf{n}}\left(\frac{\pi H(\mathbf{n})z}{x}\right) dz =$$

$$= i \int\limits_{-\pi}^{+\pi} e^{-i\varphi\nu + 2\pi i x H(\mathbf{n}) \sin\varphi} g_{\mathbf{n}}\left(\frac{\pi H(\mathbf{n})e^{i\varphi}}{x}\right) d\varphi.$$

Derartige Integrale werden mit der *Methode der stationären Phase* abgeschätzt. Die Sattelpunkte $z = \pm i$ sind in die stationären Punkte $\varphi = \pm\pi/2$ übergegangen. Wir wollen einen ausführlichen Beweis unterdrücken. Es ergibt sich, wieder mit (5.44),

$$\int\limits_{|z|=1} z^{-\nu-1} e^{\pi x H(\mathbf{n})(z-\frac{1}{z})} g_{\mathbf{n}}\left(\frac{\pi H(\mathbf{n})z}{x}\right) dz \ll$$

$$\ll (xH(\mathbf{n}))^{-\frac{1}{2}} \left\{ \left| g_{\mathbf{n}}\left(\frac{\pi i H(\mathbf{n})}{x}\right)\right| + \left| g_{\mathbf{n}}\left(\frac{-\pi i H(\mathbf{n})}{x}\right)\right|\right\}$$

$$\ll (xH(\mathbf{n}))^{-\frac{3}{2}}.$$

Durch Einsetzen in $r_\nu(\mathbf{n}, x; K)$ ergibt sich sofort (5.69).

Nun sind die Voraussetzungen geschaffen, so daß die folgende asymptotische Entwicklung für $A_d(x; K)$ bewiesen werden kann.

Satz 5.14 *Es sei K ein p-dimensionaler, zentralsymmetrischer, konvexer Körper, der mit seiner Distanzfunktion F und seiner Stützfunktion H den Bedingungen (A), (B), (C) genügt. Dann gilt die Darstellung*

$$A_d(x; K) = \frac{\Gamma(\frac{p}{2}+1)}{\Gamma(\frac{p}{2}+d+1)} vol(K) x^{p+2d}$$

$$+ \frac{1}{\pi^d} x^{\frac{p}{2}+d} \sum_{\mathbf{n}\neq 0} \frac{\sqrt{D(H(\mathbf{n}))}}{(H(\mathbf{n}))^{\frac{p}{2}+d}} J_{\frac{p}{2}+d}(2\pi H(\mathbf{n})x)$$

$$+ P_d(x; K) \tag{5.70}$$

für $d > \frac{p-1}{2}$. Dabei ist $D(H(\mathbf{n}))$ die Determinante $\det((HH_{u_\nu})_{u_\mu})$. Das Restglied $P_d(x; K)$ kann abgeschätzt werden zu

$$P_d(x; K) \ll x^{\frac{p-3}{2}+d}. \tag{5.71}$$

Ist insbesondere $K = E$ ein Ellipsoid, so ist

$$P_d(x; K) \equiv 0.$$

Überdies ist

$$A_d(x; K) =$$
$$\frac{\Gamma(\frac{p}{2}+1)}{\Gamma(\frac{p}{2}+d+1)} vol(K) x^{p+2d}$$
$$+ \frac{1}{\pi^{d+1}} x^{\frac{p-1}{2}+d} \sum_{\mathbf{n}\neq 0} \frac{\sqrt{D(H\mathbf{n}))}}{(H(\mathbf{n}))^{\frac{p+1}{2}+d}} \cos\left(2\pi H(\mathbf{n})x - \frac{\pi}{4}(p+1+2d)\right)$$
$$+ O\left(x^{\frac{p-3}{2}+d}\right). \tag{5.72}$$

Beweis. Wir benutzen die Integraldarstellung (5.66) für $A_d(x; K)$ und wenden die Transformation (5.43) der Thetafunktion an. Wir können gliedweise integrieren, da die resultierende Reihe für hinreichend großes d, tatsächlich für $d > \frac{p-1}{2}$, absolut konvergent wird. Dann wird mit $c > 0$

$$A_d(x; K) = \Gamma\left(\frac{p}{2}+1\right) vol(K) \frac{1}{2\pi i} \int_{c-i\infty}^{c+i\infty} z^{-\frac{p}{2}-d-1} e^{x^2 z}\, dz$$

$$+ \pi^{\frac{p}{2}} \sum_{\mathbf{n}\neq 0} \sqrt{D(H(\mathbf{n}))} \frac{1}{2\pi i} \int_{c-i\infty}^{c+i\infty} z^{-\frac{p}{2}-d-1} e^{x^2 z - \frac{\pi^2 H^2(\mathbf{n})}{z}}\, dz$$

$$+ P_d(x; K).$$

Das erste Integral kann sofort berechnet werden. Die Integrationswege der Integrale in der Reihe können so deformiert werden, daß sie mit denjenigen in (5.67) übereinstimmen. So erkennen wir in ihnen die BESSEL-Funktionen. Damit folgt schon (5.70)

mit

$$P_d(x;K) = \pi^{\frac{p}{2}} \sum_{\mathbf{n}\neq\mathbf{0}} \sqrt{D(H(\mathbf{n}))}\, r_{\frac{p}{2}+d}(\mathbf{n},x;K),$$

worin r die durch (5.68) gegebene Funktion bedeutet. Ist $K = E$ ein Ellipsoid, so ist $g_{\mathbf{n}}(t) \equiv 0$ und folglich $P_d(x;K) \equiv 0$.

Die Abschätzung (5.71) ergibt sich aus dieser Darstellung von $P_d(x;K)$ und der Abschätzung (5.69) für $\nu = \frac{p}{2} + d$. Die asymptotische Entwicklung (5.72) ergibt sich sogleich aus der asymptotischen Darstellung der BESSEL-Funktionen. An dieser Stelle erkennt man auch die absolute Konvergenz der Reihe für $d > \frac{p-1}{2}$ am besten. $D(H(\mathbf{n}))$ ist beschränkt, und es ist

$$H(\mathbf{n}) \asymp \left(\sum_{\nu=1}^{p} n_\nu^2\right)^{\frac{1}{2}}.$$

Nun sind wir in der Lage, eine Abschätzung für die Anzahl der Gitterpunkte $A(x;K)$ in einem beliebigen konvexen Körper xK anzugeben.

Satz 5.15 *Für die Anzahl der Gitterpunkte $A(x;K)$ in einem p-dimensionalen, zentralsymmetrischen, konvexen Körper xK, wobei K den Bedingungen (A), (B), (C) genügt, gilt*

$$A(x;K) = vol(K)x^p + O\left(x^{\frac{p(p-1)}{p+1}}\right). \tag{5.73}$$

Beweis. Es sei jetzt stets $d = [\frac{p+1}{2}]$. Wir beginnen den Beweis genauso wie beim Beweis von Satz 5.14. Wir betrachten aber aus formalen Gründen die Anzahlfunktionen

$$A^*(x,K) = A(\sqrt{x};K), \qquad A_d^*(x;K) = A_d(\sqrt{x};K).$$

Mit Hilfe der Integraldarstellung (5.66) für $A_d(\sqrt{x};K)$ und der Transformationsformel (5.43) für die Thetafunktion erhalten wir

$$A_d^*(x;K) = \frac{\Gamma(\frac{p}{2}+1)}{\Gamma(\frac{p}{2}+d+1)}vol(K)x^{\frac{p}{2}+d} + \pi^{\frac{p}{2}} \sum_{\mathbf{n}\neq\mathbf{0}} \sqrt{D(H(\mathbf{n}))}\,I_d(\mathbf{n},x)$$

mit

$$I_d(\mathbf{n},x) = \frac{1}{2\pi i} \int_{c-i\infty}^{c+i\infty} z^{-\frac{p}{2}-d-1}e^{xz-\frac{\pi^2 H^2(\mathbf{n})}{z}}\left\{1 + g_{\mathbf{n}}\left(\frac{z}{\pi}\right)\right\}dz.$$

Im Integral ist $c > 0$. Wir können den Integrationsweg aber auch wie in (5.68) legen. Wir vermerken

$$\frac{d}{dx}I_d(\mathbf{n},x) = I_{d-1}(\mathbf{n},x).$$

Wir setzen

$$R_d^*(x;K) = A_d^*(x;K) - \frac{\Gamma(\frac{p}{2}+1)}{\Gamma(\frac{p}{2}+d+1)}vol(K)x^{\frac{p}{2}+d}$$

und schreiben

$$R_0^*(x; K) = R^*(x; K), \qquad A_0^*(x; K) = A^*(x; K).$$

Nun bilden wir mit dem d-fach iterierten Differenzenoperator

$$\Delta_y^{(d)}(R_d^*(x; K)) = \sum_{j=0}^{d}(-1)^{d-j}\binom{d}{j} R_d^*(x + jy; K). \tag{5.74}$$

Es ist leicht zu sehen, daß

$$\Delta_y^{(d)}(R_d^*(x; K)) = \int\limits_{x}^{x+y} dt_1 \int\limits_{t_1}^{t_1+y} dt_2 \cdots \int\limits_{t_{d-1}}^{t_{d-1}+y} R^*(x + t_d y)\, dt_d. \tag{5.75}$$

Nun bekommen wir für $y > 0$ aus (5.75)

$$\Delta_y^{(d)}(R_d^*(x; K)) =$$
$$= \int\limits_{x}^{x+y} dt_1 \int\limits_{t_1}^{t_1+y} dt_2 \cdots \int\limits_{t_{d-1}}^{t_{d-1}+y} \left\{ A^*(x + t_d y; K) - vol(K)(x + t_d y)^{\frac{p}{2}} \right\} dt_d$$
$$> y^d \left\{ A^*(x; K) - vol(K)(x + dy)^{\frac{p}{2}} \right\}$$
$$> y^d \left\{ R^*(x; K) - cx^{\frac{p}{2}-1}y \right\},$$

worin $c > 0$ eine geeignete Konstante bedeutet. Ebenso bekommen wir für $y > 0$

$$(-1)^d \Delta_{-y}^{(d)}(R_d^*(x; K)) \; < \; y^d \left\{ A^*(x; K) - vol(K)(x - dy)^{\frac{p}{2}} \right\}$$
$$< \; y^d \left\{ R^*(x; K) + cx^{\frac{p}{2}-1}y \right\}.$$

Zusammengefaßt ergibt dies

$$\frac{(-1)^d}{y^d}\Delta_{-y}^{(d)}(R_d^*(x; K)) - cx^{\frac{p}{2}-1}y <$$
$$< R^*(x; K) < \frac{1}{y^d}\Delta_y^{(d)}(R_d^*(x; K)) + cx^{\frac{p}{2}-1}y. \tag{5.76}$$

Jetzt verwenden wir die Darstellung

$$R_d^*(x; K) = \pi^{\frac{p}{2}} \sum_{\mathbf{n}\neq\mathbf{0}} \sqrt{D(H(\mathbf{n}))}\, I_d(\mathbf{n}; x)$$

und setzen dies in (5.74) ein. Sei jetzt

$$|\mathbf{n}| = \sqrt{n_1^2 + n_2^2 + \cdots + n_p^2}$$

und w ein geeigneter, später festzulegender Wert. Wir zerlegen die Summe in die endlich vielen Summanden $|\mathbf{n}|^2 \le w$ und den Rest mit $|\mathbf{n}|^2 > w$. Im zweiten Teil der Summe bleiben wir bei der Bildung (5.74), im ersten Teil dagegen verwenden wir die Darstellung (5.75). So wird

$$\Delta_y^{(d)}(R_d^*(x;K)) =$$

$$= \pi^{\frac{p}{2}} \sum_{0<|\mathbf{n}|^2 \le w} \sqrt{D(H(\mathbf{n}))} \int\limits_x^{x+y} dt_1 \ldots \int\limits_{t_{d-1}}^{t_{d-1}+y} I_0(\mathbf{n}, x + t_d y)\, dt_d$$

$$+ \pi^{\frac{p}{2}} \sum_{j=0}^d (-1)^{d-j} \binom{d}{j} \sum_{|\mathbf{n}|^2 > w} \sqrt{D(H(\mathbf{n}))}\, I_d(\mathbf{n}, x + jy).$$

Die Funktionen I_0 und I_d sind durch die BESSEL-Funktionen $J_{p/2}$ und $J_{p/2+d}$ dargestellt. Wir benötigen von der Abschätzung der BESSEL-Funktionen nur die erste Näherung. Damit fällt die Abschätzung (5.69) notwendigerweise kleiner aus. Auf Grund der Beschränktheit von $D(H(\mathbf{n}))$ ergibt sich

$$\Delta_y^{(d)}(R_d^*(x;K)) \ll$$

$$\ll y^d \sum_{0<|\mathbf{n}|^2 \le w} \left\{ (H(\mathbf{n}))^{-\frac{p}{2}} \left| J_{\frac{p}{2}}(2\pi H(\mathbf{n})\sqrt{x}) \right| x^{\frac{p}{4}} + \left| r_{\frac{p}{2}}(\mathbf{n}, x; K) \right| \right\}$$

$$+ \sum_{|\mathbf{n}|^2 > w} \left\{ (H(\mathbf{n}))^{-\frac{p}{2}-d} \left| J_{\frac{p}{2}+d}(2\pi H(\mathbf{n})\sqrt{x}) \right| x^{\frac{p}{4}+\frac{d}{2}} + \left| r_{\frac{p}{2}+d}(\mathbf{n}, x; K) \right| \right\}$$

$$\ll y^d \sum_{0<|\mathbf{n}|^2 \le w} (H(\mathbf{n}))^{-\frac{p+1}{2}} x^{\frac{p-1}{4}} + \sum_{|\mathbf{n}|^2 > w} (H(\mathbf{n}))^{-\frac{p+1}{2}-d} x^{\frac{p-1}{4}+\frac{d}{2}}$$

$$\ll y^d (xw)^{\frac{p-1}{4}} + (xw)^{\frac{p-1}{4}} \left(\frac{x}{w}\right)^{\frac{d}{2}}.$$

Wir optimieren die Abschätzung, indem wir beide Terme gleich setzen. Dazu legen wir $w = x/y^2$ fest, wobei wir $y^2 < x$ annehmen müssen. Es wird

$$\Delta_y^{(d)}(R_d^*(x;K)) \ll y^d \left(\frac{x}{y}\right)^{\frac{p-1}{2}}.$$

Das gleiche erhalten wir für $\Delta_{-y}^{(d)}(R_d^*(x;K))$, so daß aus (5.76) folgt

$$R^*(x;K) \ll \left(\frac{x}{y}\right)^{\frac{p-1}{2}} + y x^{\frac{p}{2}-1}.$$

Setzen wir nun $y = x^{1/(p+1)}$, so ist tatsächlich $y^2 < x$ und

$$R^*(x,K) \ll x^{\frac{p(p-1)}{2(p+1)}}.$$

Gehen wir wieder von x zu x^2 über, so folgt (5.73) unmittelbar.

In diesem Satz haben wir eine Abschätzung des Restgliedes $R(x; K)$ gegeben. Das heißt, wir haben eine Antwort auf die Frage erhalten, wie groß der Fehler höchstens sein kann, wenn wir die Gitterpunktsanzahl eines konvexen Körpers durch sein Volumen ersetzen. Nun kehren wir das Problem um und fragen, mit welcher Größe eines Fehlers wir mindestens rechnen müssen. Dazu benutzen wir folgende Schreibweise: Es ist, wie bereits im Unterabschnitt 5.3.1 eingeführt,

$$f(x) = \Omega(g(x)),$$

mit $g(x) > 0$, wenn $f(x) = o(g(x))$ nicht gilt. Dann gibt es eine Konstante $K > 0$, so daß

$$|f(x)| > Kg(x)$$

für unendlich viele gegen ∞ strebende Werte x gilt. Gilt darüberhinaus sogar

$$f(x) > Kg(x) \quad \text{oder} \quad f(x) < -Kg(x)$$

für unendlich viele x, so schreiben wir

$$f(x) = \Omega_+(g(x)) \quad \text{oder} \quad f(x) = \Omega_-(g(x)).$$

Mehr noch, gilt beides, so setzen wir

$$f(x) = \Omega_\pm(g(x)).$$

Natürlich sind wieder

$$f(x) = h(x) + \Omega(g(x)) \quad \text{und} \quad f(x) - h(x) = \Omega(g(x))$$

gleichbedeutend. Gleiches gilt für die anderen Omega-Symbole.

Satz 5.16 *Für die Anzahl der Gitterpunkte $A(x; K)$ in einem p-dimensionalen, zentralsymmetrischen, konvexen Körper xK, wobei K den Bedingungen (A), (B) und (C) genügt, gilt*

$$A(x; K) = vol(K)x^p + \Omega_\pm\left(x^{\frac{p-1}{2}}\right). \tag{5.77}$$

Beweis. Wir setzen wieder

$$R(t; K) = A(t; K) - vol(K)t^p. \tag{5.78}$$

Wir nehmen an, es sei

$$R(t; K) \leq k_0 t^{\frac{p-1}{2}}, \qquad k_0 > 0, \tag{5.79}$$

für $t \geq t_0 > 0$. Wir bilden

$$\int_0^\infty e^{-st} R(t;K)\, dt = \int_0^\infty e^{-st} \left\{ \sum_{F(\mathbf{n}) \leq t} 1 - vol(K) t^p \right\} dt$$

$$= \frac{1}{s} \sum_{\mathbf{n}} e^{-sF(\mathbf{n})} - vol(K) \frac{p!}{s^{p+1}}$$

$$= \frac{1}{s} \kappa(s;K) - vol(K) \frac{p!}{s^{p+1}}.$$

Hierin wurde die Definition (5.18) benutzt. Nun definieren wir

$$g(t) = R(t;K) - k_0 t^{\frac{p-1}{2}}$$

und setzen

$$G(s) = \int_0^\infty e^{-st} g(t)\, dt = \frac{1}{s}\kappa(s;K) - vol(K)\frac{p!}{s^{p+1}} - \Gamma\left(\frac{p+1}{2}\right)\frac{k_0}{s^{\frac{p+1}{2}}}.$$

Mit Hilfe der Transformationsformel (5.40) für die Kappafunktion erhalten wir

$$\begin{aligned}
G(s) &= 2^p \pi^{\frac{p-1}{2}} \sum_{\mathbf{n} \neq \mathbf{0}} \frac{\Gamma(\frac{p+1}{2})\sqrt{D(H(\mathbf{n}))}}{(s^2 + 4\pi^2 H^2(\mathbf{n}))^{\frac{p+1}{2}}} \left\{ 1 + f_{\mathbf{n}}(s^2) \right\} \\
&\quad - \Gamma\left(\frac{p+1}{2}\right)\frac{k_0}{s^{\frac{p+1}{2}}}.
\end{aligned} \tag{5.80}$$

Nun sei für eine bestimmte Konstellation der Komponenten von $\mathbf{n}$ der Wert des Quadrates der Stützfunktion gleich $k > 0$: $H^2(\mathbf{n}) = k$ kann auch noch von einer endlichen Anzahl anderer $\mathbf{n}$ realisiert werden. Jetzt setzen wir $s = \sigma + 2\pi i \sqrt{k}$ und lassen σ gegen 0 streben. Dann folgt aus der Darstellung (5.80) von $G(s)$ wegen (5.42)

$$G(\sigma + 2\pi i \sqrt{k}) \sim \frac{\Gamma(\frac{p+1}{2})}{2\pi k^{\frac{p+1}{4}}} e^{-\pi i \frac{p+1}{4}} \sum_{H^2(\mathbf{n})=k} \sqrt{D(H(\mathbf{n}))}\, \sigma^{-\frac{p+1}{2}} \tag{5.81}$$

für $\sigma \to 0$.

Andererseits ist

$$\begin{aligned}
|G(\sigma + 2\pi i \sqrt{k})| &= \left| \left(\int_0^{t_0} + \int_{t_0}^\infty \right) e^{-(\sigma + 2\pi i \sqrt{k})t} g(t)\, dt \right| \\
&\leq \int_{t_0}^\infty |g(t)| e^{-\sigma t}\, dt + O(1) \\
&\leq -G(\sigma) + O(1).
\end{aligned}$$

Nehmen wir also (5.79) als richtig an, so ergibt sich jetzt aus (5.80) und (5.41)

$$|G(\sigma + 2\pi i\sqrt{k})| \leq \Gamma\left(\frac{p+1}{2}\right)\frac{k}{\sigma^{\frac{p+1}{2}}} + O(1)$$

für $\sigma \to 0$. Vergleichen wir dieses Ergebnis mit (5.81), so sehen wir, daß

$$k_0 \geq \frac{1}{2\pi}k^{-\frac{p+1}{4}}\sum_{H^2(\mathbf{n})=k}\sqrt{D(H(\mathbf{n}))}$$

sein muß. Das heißt aber, daß in (5.79) k_0 nicht beliebig klein gemacht werden kann. Das beweist die Richtigkeit von

$$R(x;K) = \Omega_+\left(x^{\frac{p-1}{2}}\right).$$

Der Beweis für Ω_- geht ganz entsprechend. Das ergibt (5.77).

Vergleicht man die obere Abschätzung (5.73) mit der unteren Abschätzung (5.77), so sieht man, daß zwischen beiden Werten eine riesige Lücke klafft, die bisher auch nicht wesentlich geschlossen werden konnte. Eine Ausnahme bilden nur, wie wir sehen konnten, die Kugeln der Dimension $p \geq 4$.

5.3.4   Existenz von Randpunkten mit Krümmung 0

Wir nehmen jetzt an, daß die konvexen Körper auf dem Rande isoliert liegende Punkte mit GAUSSscher Krümmung 0 besitzen. Wir wollen den Einfluß dieser Punkte auf die Abschätzung des Restes der Gitterpunktanzahl studieren. Unser diesbezügliches Wissen ist noch äußerst mangelhaft. Deshalb können wir auch nur die Dimensionen $p = 2, 3$ in Betracht ziehen.

Ebene konvexe Bereiche

Wir können bei der Abschätzung der Gitterpunkte innerhalb zentralsymmetrischer, konvexer, ebener Bereiche stets so vorgehen: Wir betrachten die Gitterpunkte in einem Streifen zwischen Kurve und Achse. Gelegentlich wird man zweckmäßigerweise die eine Achse beziehungsweise die andere Achse bevorzugen. Das heißt, man wird manchmal die Gitterpunkte vertikal beziehungsweise horizontal abzählen. Dabei kommt es zwar zu Mehrfachabzählungen bei sich überdeckenden Rechteckbereichen, was aber ohne Schwierigkeiten durch entsprechende Subtraktion wieder ausgeglichen werden kann. Wir betrachten deshalb ohne Beschränkung der Allgemeinheit den Streifen

$$F = \{(t,y) \in \mathbb{R}^2 : a \leq t \leq b, 0 \leq y \leq f(t)\}.$$

Wir nehmen jetzt an, auf dem Kurvenabschnitt liege genau ein Punkt t_0 mit Krümmung 0. Die Krümmung im Punkt $t = t_0$ der Kurve $y = f(t)$ ist gegeben durch

$$K(t_0) = \frac{f''(t_0)}{(1 + f'^2(t_0))^{3/2}}.$$

Für Krümmung 0 bedeutet das $f''(t_0) = 0$. Wir wollen den Einfluß dieses Punktes auf die Abschätzung des Restes der Gitterpunktanzahl studieren. Dabei nehmen wir aus Beqemlichkeit $t_0 = a$ an, was die Allgemeinheit nicht weiter einschränkt. Ferner nehmen wir an, daß $f(t)$ im abgeschlossenen Intervall k-mal stetig differenzierbar ist, wobei $k \geq 3$ sei. Dann sei $f^{(\nu)}(a) = 0$ für $2 \leq \nu \leq k-1$ und $f^{(k)}(a) \neq 0$.

Wir dilatieren um den Faktor x und zählen die Gitterpunkte in dem dilatierten Streifen xF, wobei wie üblich die Gitterpunkte auf dem linken Rand nicht, dagegen auf dem rechten Rand mitgezählt werden und diejenigen auf der Achse mit dem Faktor $1/2$ belegt werden. Das heißt, wir betrachten die Anzahl $A_k(x; F)$ der Gitterpunkte $(m, n) \in \mathbb{Z}^2$ mit

$$0 \leq m \leq xf\left(\frac{n}{x}\right), \qquad ax < n \leq bx,$$

wobei die Punkte mit $m = 0$ den Faktor $1/2$ erhalten. Ein erstes Ergebnis liefert der folgende Satz, der im wesentlichen nichts weiter als die inhaltliche Aussage des zweiten Beispiels im ersten Kapitel darstellt.

Satz 5.17 *Es sei $f(t)$ für $a \leq t \leq b$ zweimal stetig differenzierbar und $f''(t)$ monoton. Dann ist*

$$A_k(x; F) = |F|x^2 - \psi(bx)f(b)x + \psi(ax)f(a)x + P_k(x; F), \qquad (5.82)$$

worin $|F|$ den Flächeninhalt des Streifens F bedeutet, und die Psifunktion gegeben ist durch $\psi(t) = t - [t] - 1/2$. Der Gitterrest $P_k(x; F)$ ist dargestellt durch

$$P_k(x; F) = - \sum_{ax < n \leq bx} \psi\left(xf\left(\frac{n}{x}\right)\right) + O(1). \qquad (5.83)$$

Ist $f(t)$ für $a \leq t \leq b$ k-mal stetig differenzierbar mit $k \geq 3$, und ist

$$\begin{aligned}
f^{(\nu)}(a) &= 0 \quad \text{für} \quad \nu = 2, 3, \ldots, k-1, \\
|f^{(k)}(t)| &\geq \lambda_k > 0,
\end{aligned}$$

so kann der Gitterrest abgeschätzt werden zu

$$P_k(x; F) \ll x^{1 - \frac{1}{k}}. \qquad (5.84)$$

Bemerkung. Setzt man einen zusammenhängenden konvexen Bereich durch Teilbereiche wie im Satz dargestellt zusammen, so addieren sich die ersten Terme in (5.82) zum Gesamtflächeninhalt. Die jeweils zweiten und dritten Terme heben sich auf Grund der unterschiedlichen Vorzeichen gegenseitig heraus. Die Restglieder können unterschiedliche Größenordnung haben. Weiterhin sieht man, daß die Forderung der Konvexität keineswegs notwendig ist.

Beweis. Es ist

$$
A_k(x; F) = \sum_{ax < n \leq bx} \left\{ \frac{1}{2} + \sum_{1 \leq m \leq xf(\frac{n}{x})} 1 \right\}
$$

$$
= \sum_{ax < n \leq bx} \left\{ \left[xf\left(\frac{n}{x}\right) \right] + \frac{1}{2} \right\}
$$

$$
= \sum_{ax < n \leq bx} \left\{ xf\left(\frac{n}{x}\right) - \psi\left(xf\left(\frac{n}{x}\right) \right) \right\}.
$$

Während die Summe über die Psifunktion zum Gitterrest beiträgt, wird die erste Summe mit der EULER-MACLAURINschen Summenformel (4.14) entwickelt. Es ergibt sich

$$
\sum_{ax < n \leq bx} xf\left(\frac{n}{x}\right) = x \int_{ax}^{bx} f\left(\frac{t}{x}\right) dt - \psi(bx)f(b)x + \psi(ax)f(a)x + \int_{ax}^{bx} f'\left(\frac{t}{x}\right) \psi(t)\, dt.
$$

Substitution $t \to xt$ im ersten Integral und partielle Integration beim zweiten Integral liefern wegen der Monotonie von $f''(t)$

$$
\sum_{ax < n \leq bx} xf\left(\frac{n}{x}\right) = |F|x^2 - \psi(bx)f(b)x + \psi(ax)f(a)x + O(1).
$$

Setzt man dies in die obige Darstellung für $A_k(x; F)$ ein, so ergibt sich (5.83).

Zum Nachweis von (5.84) sei $f^{(k)}(t) \geq \lambda_k > 0$ angenommen. Dann ist $f^{(k-1)}(t)$ monoton wachsend und wegen $f^{(k-1)}(a) = 0$ positiv für $t > a$. Analog schließt man weiter auf die $(k-2)$-te Ableitung und so weiter. Schließlich erhalten wir, daß $f''(t)$ monoton wachsend und positiv für $t > a$ ist. Wir zerlegen die Summe in (5.83) in zwei Teilsummen. Sei $a < z < b$ und

$$
P_k(x; F) = \left\{ \sum_{ax < n \leq zx} + \sum_{zx < n \leq bx} \right\} \psi\left(xf\left(\frac{n}{x}\right) \right) + O(1).
$$

Die erste Teilsumme schätzen wir trivial ab, und auf die zweite Teilsumme können wir das Korollar zu Satz 1.5 anwenden. Dann folgt aus (1.22), wenn wir auf die Angabe numerischer Konstanten verzichten,

$$
P_k(x; F) \ll (z-a)x + \int_{zx}^{bx} \left(\frac{1}{x} f''\left(\frac{t}{x}\right) \right)^{\frac{1}{3}} dt + \sqrt{\frac{x}{f''(z)}}
$$

$$
\ll (z-a)x + x^{\frac{2}{3}} + \sqrt{\frac{x}{f''(z)}}.
$$

Mit Hilfe der TAYLOR-Entwicklung an der Stelle $z = a$ erhalten wir

$$
\begin{aligned}
f''(z) &= \frac{(z-a)^{k-2}}{(k-2)!} f^{(k)}(a + \vartheta(z-a)), \qquad 0 < \vartheta < 1, \\
&\geq \frac{(z-a)^{k-2}}{(k-2)!} \lambda_k.
\end{aligned}
$$

Daraus folgt

$$
P_k(x; F) \ll (z-a)x + x^{\frac{2}{3}} + (z-a)^{1-\frac{k}{2}} x^{\frac{1}{2}}.
$$

Diese Abschätzung gilt für jedes z mit $a < z < b$. Wir erhalten ein optimales Ergebnis, wenn wir den ersten und dritten Term gleich setzen. Mit

$$
z = a + x^{-\frac{1}{k}}
$$

bekommen wir dann (5.84). Für negatives $f^{(k)}(t)$ verläuft der Beweis analog.

Dieses Ergebnis können wir noch erheblich modifizieren, wenn wir den Anstieg der Tangente in dem Randpunkt mit Krümmung 0 berücksichtigen. Es zeigt sich nämlich, daß ein wesentlicher Unterschied zwischen rationalem und irrationalem Anstieg besteht.

Wir beginnen mit dem rationalen Fall und schicken zwei Hilfssätze voraus.

Hilfssatz 5.11 *Es sei $f(t)$ für $a \leq t \leq b$ nicht-negativ, streng monoton und zwei-mal stetig differenzierbar. Weiter sei $|f'(t)| \leq c < \infty$, und es sei $f''(t)$ monoton. Bezeichnet φ die zu f inverse Funktion, gilt also $f(\varphi(\tau)) = \tau$, so ist*

$$
\sum_{a < n \leq b} \psi(f(n)) = \int_a^b \psi(f(t))\, dt + \varepsilon \sum_{a < \varphi(m) \leq b} \psi(\varphi(m)) + O(1). \tag{5.85}
$$

Dabei ist $\varepsilon = +1$ zu setzen, falls $f(t)$ streng monoton fallend ist und $\varepsilon = -1$, falls $f(t)$ streng monoton wachsend ist. Die O-Konstante hängt nur von c ab.

Bemerkung. Der Hilfssatz gilt auch für nicht-positive Funktionen. Man ersetze nur $f(t)$ durch $-f(t)$.

Beweis. Sei zunächst $f(t)$ streng monoton fallend. Dann ist $f'(t) \leq 0$ für $a \leq t \leq b$. Wir können ohne Beschränkung der Allgemeinheit $a \geq 0$ annehmen. Wir betrachten den Bereich

$$
a \leq t \leq b, \qquad f(b) \leq y \leq f(t)
$$

oder, was dasselbe ist,

$$
f(b) \leq y \leq f(a), \qquad \varphi(a) \leq t \leq \varphi(y).
$$

Für die Anzahl der Gitterpunkte in diesem Bereich gilt, wenn wir wieder die Gitterpunkte auf den Geradenstücken nicht mitzählen,

$$\sum_{\substack{a<n\leq b \\ f(b)<m\leq f(n)}} 1 = \sum_{\substack{f(b)<m\leq f(a) \\ a<n\leq \varphi(m)}} 1.$$

Daraus folgt

$$\sum_{a<n\leq b} \{[f(n)] - [f(b)]\} = \sum_{f(b)<m\leq f(a)} \{[\varphi(m)] - [a]\},$$

und wegen $[t] = t - 1/2 - \psi(t)$

$$\sum_{a<n\leq b} \{f(n) - \psi(f(n))\} - \{b - \psi(b) - a + \psi(a)\}\{f(b) - \psi(f(b)) =$$

$$= \sum_{f(b)<m\leq f(a)} \{\varphi(m) - \psi(\varphi(m))\} -$$

$$-\{f(a) - \psi(f(a)) - f(b) + \psi(f(b))\}\{a - \psi(a)\}.$$

Das bringen wir auf die folgende Form:

$$\sum_{a<n\leq b} \psi(f(n)) - \left\{ \sum_{a<n\leq b} f(n) + \psi(b)f(b) - \psi(a)f(a) \right\} =$$

$$= \sum_{f(b)<m\leq f(a)} \psi(\varphi(m)) - \left\{ \sum_{f(b)<m\leq f(a)} \varphi(m) + a\psi(f(a)) - b\psi(f(b)) \right\}$$
$$+ af(a) - bf(b) + O(1). \tag{5.86}$$

Da $f'(t)$ und $\varphi'(t)$ in den jeweiligen offenen Intervallen stetig sind, können wir auf beide in den geschweiften Klammern stehende Summen die EULER-MACLAURIN-sche Summenformel (4.14) anwenden und erhalten

$$\sum_{a<n\leq b} \psi(f(n)) - \int_a^b f(t)\,dt - \int_a^b f'(t)\psi(t)\,dt =$$

$$= \sum_{f(b)<m\leq f(a)} \psi(\varphi(m)) - \int_{f(b)}^{f(a)} \varphi(t)\,dt - \int_{f(b)}^{f(a)} \varphi'(t)\psi(t)\,dt$$
$$+ af(a) - bf(b) + O(1).$$

Nun ist wegen ihrer Bedeutung als Flächeninhalte

$$\int_a^b f(t)\,dt + af(a) = \int_{f(b)}^{f(a)} \varphi(t)\,dt + bf(b).$$

Da $\int_0^t \psi(\tau)\,d\tau$ beschränkt ist, und da $f''(t)$ monoton ist, folgt sofort durch partielle Integration

$$\int_a^b f'(t)\psi(t)\,dt \ll 1.$$

Mit Hilfe der Substitution $t \to f(t)$ wird

$$-\int_{f(b)}^{f(a)} \varphi'(t)\psi(t)\,dt = \int_a^b \psi(f(t))\,dt.$$

Verwenden wir die letzten drei Ergebnisse in (5.86), so ergibt sich (5.85) mit $\varepsilon = +1$ sofort.

Ist $f(t)$ streng monoton wachsend, dann ist mit $k \in \mathbb{Z}$, $k \geq b$

$$\sum_{a<n\leq b} \psi(f(n)) = \sum_{k-b\leq n<k-a} \psi(f(k-n))$$
$$= \sum_{k-b<n\leq k-a} \psi(f(k-n)) + O(1).$$

Nun ist $f(k-t)$ streng monoton fallend, und wir können (5.85) anwenden.

$$\sum_{a<n\leq b} \psi(f(n)) = \int_{k-b}^{k-a} \psi(f(k-t))\,dt \sum_{k-b<k-\varphi(m)\leq k-a} \psi(k-\varphi(m)) + O(1)$$
$$= \int_a^b \psi(f(t))\,dt - \sum_{a<\varphi(m)\leq b} \psi(\varphi(m)) + O(1).$$

Das ist (5.85) mit $\varepsilon = -1$.

Wollen wir noch in (5.85) die rechts stehende Summe mit Hilfe des Korollars zu Satz 1.5 abschätzen, so benötigen wir die zweite Ableitung der Funktion φ. Es ist

$$f(\varphi(\tau)) = \tau,$$
$$\varphi'(\tau) = \frac{1}{f'(\varphi(\tau))},$$
$$\varphi''(\tau) = -\frac{f''(\varphi(\tau))\varphi'(\tau)}{f'^2(\varphi(\tau))} = -\frac{f''(\varphi(\tau))}{f'^3(\varphi(\tau))}.$$

$f(t)$ ist als streng monoton angenommen, also ist auch $\varphi(\tau)$ streng monoton. τ variiert in dem abgeschlossenen Interval, welches durch die Endpunkte $f(a)$, $f(b)$ gegeben ist. Dort muß $\varphi''(\tau)$ stetig, monoton und stets positiv oder stets negativ sein, was das Korollar zu Satz 1.5 verlangt. Also muß $f''(t)/f'^3(t)$ für $a \leq t \leq b$

stetig, monoton und stets positv oder stets negativ sein. Dann ergibt sich aus (1.22) bei Verzicht auf numerische Konstanten

$$\sum_{a<\varphi(m)\leq b} \psi(f(m)) \ll$$

$$\ll \int_{a\leq\varphi(\tau)\leq b} |\varphi''(\tau)|^{\frac{1}{3}}\, d\tau + \frac{1}{\sqrt{|\varphi''(f(a))|}} + \frac{1}{\sqrt{|\varphi''(f(b))|}}$$

$$\ll \int_{a\leq\varphi(\tau)\leq b} \frac{|f''(\varphi(\tau))|^{\frac{1}{3}}}{|f'(\varphi(\tau))|}\, d\tau + \sqrt{\left|\frac{f'^3(a)}{f''(a)}\right|} + \sqrt{\left|\frac{f'^3(b)}{f''(b)}\right|}$$

$$\ll \int_a^b |f''(t)|^{\frac{1}{3}}\, dt + \sqrt{\left|\frac{f'^3(a)}{f''(a)}\right|} + \sqrt{\left|\frac{f'^3(b)}{f''(b)}\right|},$$

wobei im letzten Schritt im Integral die Substitution $\varphi(\tau) = t$ vorgenommen wurde. Das durch Einsetzen in (5.85) entstehende Ergebnis hat gegenüber (1.22) den Vorteil, daß die Formel auch richtig bleibt, wenn $f''(a) = 0$ ist und zugleich $f'(a) = 0$ ist und $f'^3(t)/f''(t)$ für $t \to a+0$ rechtsseitig stetig ist. Entsprechendes gilt für den rechten Rand b. Somit kann $f'^3(t)/f''(t)$ in den Randpunkten durchaus 0 sein. Wir haben nun zu fordern, daß $f'^3(t)/f''(t)$ im abgeschlossenen Interval $[a,b]$ stetig und monoton und im offenen Intervall (a,b) stets positiv oder stets negativ ist. Die Voraussetzung $f(t) \geq 0$ im Hilfssatz 5.11 ist überflüssig. Für $f(t) \leq 0$ gehen wir zu $-f(t)$ über, was sowohl in Summe als auch im Integral jetzt einen Wechsel des Vorzeichens mit sich bringt, was sich nicht auf die Abschätzung auswirkt. Damit haben wir den folgenden Hilfssatz bewiesen.

Hilfssatz 5.12 *Es sei $f(t)$ für $a \leq t \leq b$ streng monoton und zweimal stetig differenzierbar. Weiter sei $|f'(t)| \leq c < \infty$, und es sei $f''(t)$ monoton. $f'^3(t)/f''(t)$ sei im abgeschlossenen Interval $[a,b]$ stetig und monoton und im offenen Intervall (a,b) stets positiv oder stets negativ. Dann ist*

$$\sum_{a<n\leq b} \psi(f(n)) = \int_a^b \psi(f(t))\, dt + O\left(\int_a^b |f''(t)|^{\frac{1}{3}}\, dt\right)$$

$$+ O\left(\sqrt{\left|\frac{f'^3(a)}{f''(a)}\right|}\right) + O\left(\sqrt{\left|\frac{f'^3(b)}{f''(b)}\right|}\right) + O(1). \qquad (5.87)$$

In den beiden folgenden Sätzen nehmen wir die zusätzliche Voraussetzung $|f'(t)| \leq 1$ auf. Das ist keine Einschränkung unseres Vorhabens. Ist nämlich $|f'(t)| > 1$, so zählen wir die Gitterpunkte bezüglich der anderen Koordinatenachse. Das bedeutet den Übergang von f zur inversen Funktion, deren Ableitung dann dem Betrage nach kleiner als 1 ist. Mehr noch: Wir betrachten Punkte t_0 mit Krümmung 0 und rationalem Anstieg der Tangente. Das bedeutet $f''(t_0) = 0$, $f'(t_0) \in \mathbb{Q}$. Ist $f'(t_0)$ unendlich, so ist die Ableitung der inversen Funktion 0 an dieser Stelle. 0 ist rational. Demzufolge rechnen wir hier ∞ zu den rationalen Punkten.

Das Erstaunliche in den anschließenden Sätzen besteht in Folgendem: Ist t_0 ein Punkt mit Krümmung 0 und rationalem Anstieg der Tangente, so kann der Gitterrest $P_k(x; F)$ in erster Näherung präzise durch eine Funktion angegeben werden, die der Abschätzung (5.84) genügt. Der verbleibende Rest kann dann wie üblich abgeschätzt werden.

Satz 5.18 *Es sei* $f(t)$ *für* $a \leq t \leq b$ *streng monoton und zweimal stetig differenzierbar. Es seien*

$$
\begin{aligned}
|f'(t)| &\leq 1 \qquad \text{für} \quad a \leq t \leq b, \\
f'(a) &= \frac{p}{q}, \quad p, q \in \mathbb{Z}, \quad (p, q) = 1, \quad q > 0.
\end{aligned}
$$

$(f'(t) - p/q)^3 / f''(t)$ *sei im abgeschlossenen Intervall* $[a, b]$ *stetig und monoton und im offenen Intervall* (a, b) *stets positiv oder stets negativ. Dann gilt für den durch (5.83) definierten Gitterrest die asymptotische Darstellung*

$$
P_k(x; F) = -\frac{x}{q} \int\limits_a^b \psi(x(qf(t) - pt))\, dt + O\left(x^{\frac{2}{3}}\right). \tag{5.88}
$$

Beweis. In der Darstellung (5.83) zerlegen wir die Summe modulo q in Teilsummen und fügen im Argument der Psifunktion $-pn$ hinzu, was den Wert der Summe nicht verändert.

$$
P_k(x; F) = -\sum_{r=0}^{q-1} \sum_{(ax-r)/q < n \leq (bx-r)/q} \psi\left(xf\left(\frac{qn+r}{x}\right) - pn\right) + O(1).
$$

Wir wenden jetzt den Hilfssatz 5.12 auf die innere Summe mit der Funktion

$$
t \mapsto xf\left(\frac{qt+r}{x}\right) - pt \tag{5.89}
$$

und dem Intervall $(\frac{ax-r}{q}, \frac{bx-r}{q}]$ an. Man übersieht, daß alle Voraussetzungen zum Beweis von (5.88) erfüllt sind. Weiter ist

$$
\begin{aligned}
\frac{d}{dt}\left(xf\left(\frac{qt+r}{x}\right) - pt\right) &= qf'\left(\frac{qt+r}{x}\right) - p, \\[2mm]
\frac{d^2}{dt^2}\left(xf\left(\frac{qt+r}{x}\right) - pt\right) &= \frac{q^2}{x} f''\left(\frac{qt+r}{x}\right) \ll \frac{1}{x}, \\[2mm]
\frac{\left(\frac{d}{dt}\left(xf\left(\frac{qt+r}{x}\right) - pt\right)\right)^3}{\frac{d^2}{dt^2}\left(xf\left(\frac{qt+r}{x}\right) - pt\right)} &\ll x.
\end{aligned}
$$

Daher folgt aus (5.83) und (5.87)

$$P_k(x; F) = -\sum_{r=0}^{q-1} \int_{(ax-r)/q}^{(bx-r)/q} \psi\left(xf\left(\frac{qt+r}{x}\right) - pt\right) dt + O\left(x^{\frac{2}{3}}\right).$$

Mit der Substitution $t \to (xt - r)/q$ und mit Hilfe der FOURIER-Entwicklung der Psifunktion erhalten wir dann

$$\begin{aligned}
P_k(x; F) &= -\frac{x}{q} \sum_{r=0}^{q-1} \int_a^b \psi\left(x\left(f(t) - \frac{pt}{q}\right) + \frac{pr}{q}\right) dt + O\left(x^{\frac{2}{3}}\right) \\
&= \frac{x}{\pi q} \sum_{n=1}^{\infty} \frac{1}{n} \int_a^b \sum_{r=0}^{q-1} \sin 2\pi n \left(x\left(f(t) - \frac{pt}{q}\right) + \frac{pr}{q}\right) dt + O\left(x^{\frac{2}{3}}\right) \\
&= \frac{x}{\pi q} \sum_{n=1}^{\infty} \frac{1}{n} \int_a^b \sin 2\pi q n x \left(f(t) - \frac{pt}{q}\right) dt \\
&= -\frac{x}{q} \int_a^b \psi(x(qf(t) - pt))\, dt + O\left(x^{\frac{2}{3}}\right).
\end{aligned}$$
(5.90)

Das ist (5.88).

Satz 5.19 *Es sei $f(t)$ für $a \le t \le b$ streng monoton und k-mal stetig differenzierbar mit $k \ge 3$. Es, seien*

$$\begin{aligned}
|f'(t)| &\le 1 \quad \text{für} \quad a \le t \le b, \\
f'(a) &= \frac{p}{q}, \quad p, q \in \mathbb{Z}, \quad (p, q) = 1, \quad q > 0, \\
f^{(\nu)}(a) &= 0 \quad \text{für} \quad \nu = 2, 3, \ldots, k - 1, \\
\lambda_k' > |f^{(k)}(t)| &\ge \lambda_k > 0.
\end{aligned}$$

$(f'(t) - p/q)^3 / f''(t)$ sei für $a \le t \le b$ streng monoton. Dann gilt sowohl

$$\frac{x}{q} \int_a^b \psi(x(qf(t) - pt))\, dt = O\left(x^{1-\frac{1}{k}}\right)$$
(5.91)

als auch

$$\frac{x}{q} \int_a^b \psi(x(qf(t) - pt))\, dt = \Omega\left(x^{1-\frac{1}{k}}\right).$$
(5.92)

Bemerkung. Es ist

$$1 - \frac{1}{k} > \frac{2}{3} \quad \text{für} \quad k > 3.$$

Beweis. Zum Beweis von (5.91) nehmen wir ohne Beschränkung der Allgemeinheit

$$\lambda'_k > f^{(k)}(t) \geq \lambda_k > 0$$

an. Dann ist $f''(t) \geq 0$ und streng monoton wachsend für $a \leq t \leq b$ und somit $f'(t) \geq p/q$ und streng monoton wachsend. TAYLOR-Entwicklung an der Stelle $t = a$ gibt

$$f'(t) = \frac{p}{q} + \frac{(t-a)^{k-1}}{(k-1)!} f^{(k)}(t + \vartheta_1(t-a)), \quad 0 < \vartheta_1 < 1,$$

$$f''(t) = \frac{(t-a)^{k-2}}{(k-2)!} f^{(k)}(t + \vartheta_2(t-a)), \quad 0 < \vartheta_2 < 1.$$

Damit ist

$$\frac{(f'(t) - \frac{p}{q})^3}{f''(t)} = \frac{(k-2)!}{((k-1)!)^3} \frac{(f^{(k)}(t + \vartheta_1(t-a)))^3}{f^{(k)}(t + \vartheta_2(t-a))} (t-a)^{2k-1}. \tag{5.93}$$

Folglich strebt $(f'(t) - p/q)^3/f''(t)$ für $t \to a + 0$ gegen 0. Wegen der vorausgesetzten Monotonie ist diese Funktion stets positiv oder stets negativ. Damit sind die Voraussetzungen zur Anwendung des Satzes 5.18 erfüllt.

Wir wählen eine erst später festzulegende Zahl z zwischen a und b. Das Integral von a bis z wird trivial abgeschätzt, das von z bis b partiell integriert. Dabei ist zu beachten, daß

$$\psi_1(t) = \int_0^t \psi(\tau)\, d\tau = O(1)$$

ist. Wir erhalten

$$x \int_a^b \psi(x(qf(t) - pt))\, dt =$$

$$= x \int_a^z \psi(x(qf(t) - pt))\, dt + x \int_z^b \frac{x(qf'(t) - p)}{x(qf'(t) - p)} \psi(x(qf(t) - pt))\, dt$$

$$\ll x(z - a) + \frac{|\psi_1(x(qf(b) - pb))|}{qf'(b) - p} + \frac{|\psi_1(x(qf(z) - pz)|}{qf'(z) - p}$$

$$+ \int_z^b \frac{qf''(t)}{(qf'(t) - p)^2} \psi_1(x(qf(t) - pt))\, dt$$

$$\ll x(z - a) + \frac{1}{qf'(z) - p}.$$

Aus der TAYLOR-Entwicklung von $f'(z)$ an der Stelle $z = a$ entnimmt man

$$x \int_a^b \psi(x(qf(t) - pt))\, dt \ll x(z - a) + \frac{1}{(z - a)^{k-1}} \ll x^{1 - \frac{1}{k}},$$

wenn man z zu $z = a + x^{-1/k}$ festlegt. Das gibt (5.91).

Um die Omegaabschätzung (5.92) zu beweisen, nehmen wir wieder ohne Beschränkung der Allgemeinheit

$$\lambda'_k > f^{(k)}(t) \geq \lambda_k > 0$$

an. Dann ist die Funktion $t \mapsto qf(t) - pt$ streng monoton wachsend in $a \leq t \leq b$, und es existiert die Umkehrfunktion ϱ mit $qf(\varrho(z)) - p\varrho(z) = z$. Wir setzen

$$qf(a) - pa = A, \quad qf(b) - pb = B$$

und erhalten durch TAYLOR-Entwicklung an der Stelle a

$$qf(t) - pt = A + \frac{q}{k!}(t-a)^k f^{(k)}(t + \vartheta(t-a)), \quad 0 < \vartheta < 1.$$

Sei $\varrho(y/x) = t$ oder, was dasselbe ist,

$$x\left(qf\left(\varrho\left(\frac{y}{x}\right)\right) - p\varrho\left(\frac{y}{x}\right)\right) = y,$$

dann ist

$$\frac{q}{k!}\left(\varrho\left(\frac{y}{x}\right) - a\right)^k f^{(k)}\left(\varrho\left(\frac{y}{x}\right) + \vartheta\left(\varrho\left(\frac{y}{x}\right) - a\right)\right) = \frac{y}{x} - A.$$

Damit ergeben sich die Ungleichungen

$$\left(\frac{k!}{q\lambda'_k}\right)^{\frac{1}{k}}\left(\frac{y}{x} - A\right)^{\frac{1}{k}} \leq \varrho\left(\frac{y}{x}\right) - a \leq \left(\frac{k!}{q\lambda_k}\right)^{\frac{1}{k}}\left(\frac{y}{x} - A\right)^{\frac{1}{k}}. \tag{5.94}$$

Nun sei x so gewählt, daß $Ax \in \mathbb{Z}$ ist. Es ist

$$x\int_a^b \psi(x(qf(t) - pt))\,dt = \int_{Ax}^{Bx} \psi(y)\varrho'\left(\frac{y}{x}\right)dy.$$

Weiter folgt aus $f''(t) \geq 0$ und $f'(t) \geq p/q$, daß

$$\varrho'(\frac{y}{x}) = \frac{1}{qf'(\varrho(\frac{y}{x})) - p} > 0,$$

$$\varrho''(\frac{y}{x}) = -\frac{qf''(\varrho(\frac{y}{x}))}{(qf'(\varrho(\frac{y}{x})) - p)^3} < 0, \tag{5.95}$$

und damit ϱ streng monoton wachsend und ϱ' streng monoton fallend sein müssen. Da ϱ'' als streng monoton angenommen ist und

$$\varrho''\left(\frac{y}{x}\right) \to -\infty \quad \text{für} \quad y \to Ax$$

gilt, muß ϱ'' streng monoton wachsend sein.

Wir zeigen jetzt, daß das Integral in (5.92) für alle x mit $Ax \in \mathbb{Z}$ negativ und mehr noch $\leq -cx^{1-1/k}$ mit $c > 0$ ist. Dann kann das Integral nicht $o(x^{1-1/k})$ sein, und die Omegaabschätzung (5.92) ist bewiesen. Es sei $n \in \mathbb{Z}$. Dann ist $\psi(y) < 0$ für $n \leq y < n + 1/2$ und $\psi(y) > 0$ für $n + 1/2 < y < n + 1$. Folglich sind für $Ax + 1 \leq n \leq [Bx] - 1$

$$\int_n^{n+1} \psi(y)\varrho'\left(\frac{y}{x}\right) dy \leq 0$$

und zudem

$$\int_{[Bx]}^{Bx} \psi(y)\varrho'\left(\frac{y}{x}\right) dy \leq 0.$$

Das verbeibende Integral von Ax bis $Ax + 1$ zerlegen wir in drei Teilintegrale

$$\int_{Ax}^{Ax+1} \psi(y)\varrho'\left(\frac{y}{x}\right) dy = \left\{ \int_{Ax}^{Ax+1/4} + \int_{Ax+1/4}^{Ax+3/4} + \int_{Ax+3/4}^{Ax+1} \right\} \psi(y)\varrho'\left(\frac{y}{x}\right) dy.$$

Das mittlere Integral auf der rechten Seite ist nicht positiv. Im ersten Integral führen wir die Substitution $y \to Ax + 1/2 - y$ und im dritten Integral die Substitution $y \to Ax + 1/2 + y$ aus. Dann wird

$$\int_{Ax}^{Ax+1} \psi(y)\varrho'\left(\frac{y}{x}\right) dy \leq \int_{1/4}^{1/2} \left\{ \psi\left(Ax + \frac{1}{2} - y\right) \varrho'\left(\frac{Ax + 1/2 - y}{x}\right) \right.$$

$$\left. + \psi\left(Ax + \frac{1}{2} + y\right) \varrho'\left(\frac{Ax + 1/2 + y}{x}\right) \right\} dy$$

$$= \int_{1/4}^{1/2} y \left\{ \varrho'\left(\frac{Ax + 1/2 + y}{x}\right) - \varrho'\left(\frac{Ax - 1/2 + y}{x}\right) \right\} dy$$

$$= \int_{1/4}^{1/2} y \int_{\frac{Ax+1/2-y}{x}}^{\frac{Ax+1/2+y}{x}} \varrho''(z)\, dz\, dy$$

$$\leq \int_{1/4}^{1/2} \frac{2y^2}{x} \varrho''\left(\frac{Ax + 1}{x}\right) dy$$

$$< \frac{1}{8x} \varrho''\left(\frac{Ax + 1}{x}\right)$$

$$\leq -\frac{c_0}{x}\left(\varrho\left(\frac{Ax + 1}{x}\right) - a\right)^{1-2k}$$

$$\leq -cx^{1-\frac{1}{k}}.$$

Im vorletzten Schritt wurden wieder die Entwicklungen (5.93) und (5.95) benutzt. Im letzten Schritt wurde (5.94) mit $y = Ax + 1$ genutzt. Das beweist (5.92).

Es wurde schon zum Ausdruck gebracht, daß die Rationalität des Tangentenanstiegs im Kurvenpunkt mit Krümmung 0 eine Besonderheit im Resultat darstellt. Wir konnten ja eine asymptotische Darstellung des Gitterrestes mit einem Hauptglied angeben. Rütteln wir ein wenig an der Kurve, so daß der Tangentenanstieg irrational ausfällt, so liegen die Verhältnisse ganz anders. Das Hauptglied entfällt und der entsprechende Restanteil wird kleiner.

Wir führen jetzt folgende Sprechweise ein: Eine *Irrationalzahl* ϑ heißt vom *Potenztyp* $\alpha > 0$, wenn es eine positive Konstante c gibt, so daß die Ungleichung

$$|h\vartheta - m| \geq ch^{-\alpha}$$

für alle $h \in \mathbb{N}$ und für alle $m \in \mathbb{Z}$ gilt. Nach einem metrischen Satz von A. Khintchine [35] gilt dies für fast alle reellen ϑ im Sinne des LEBESGUEschen Maßes. Und nach einem Satz von THUE - SIEGEL - ROTH (siehe [6]) kann für algebraische Irrationalitäten $\alpha = 1 + \varepsilon$, $\varepsilon > 0$, gewählt werden.

Satz 5.20 *Es sei $f(t)$ für $a \leq t \leq b$ k-mal stetig differenzierbar, wobei $k \geq 3$ angenommen sei. Es seien*

$$
\begin{aligned}
f^{(\nu)}(a) &= 0 \quad &\text{für} \quad \nu = 2, 3, \ldots, k-1, \\
|f^{(k)}(t)| &\geq \lambda_k > 0, \\
f'(a) &= \vartheta \notin \mathbb{Q}
\end{aligned}
$$

und ϑ vom Potenztyp α. Dann gilt für den durch (5.83) definierten Gitterrest die Abschätzung

$$P_k(x; F) \ll x^{\frac{(\alpha+2)(k-1)}{(\alpha+3)k-2}} + x^{\frac{2}{3}}. \tag{5.96}$$

Bemerkung. Es bestehen die Ungleichungen

$$
\begin{aligned}
\frac{(\alpha+2)(k-1)}{(\alpha+3)k-2} &< 1 - \frac{1}{k} \quad &\text{für} \quad k > 2 \\
\frac{(\alpha+2)(k-1)}{(\alpha+3)k-2} &\leq \frac{2}{3} \quad &\text{für} \quad k \leq 3 + \frac{2}{\alpha}.
\end{aligned}
$$

Beweis. Es sei $f^{(k)}(t) > 0$ für $a \leq t \leq b$ angenommen. Dann ist $f''(t) > 0$ für $t > a$ und streng monoton wachsend. Sei $a < c < b$. Wir betrachen in (5.83) die Teilsumme mit $cx < n \leq bx$. Darauf können wir das Korollar zu Satz 1.5 anwenden. Es folgt nach (1.22)

$$\sum_{cx < n \leq bx} \psi\left(xf\left(\frac{n}{x}\right)\right) \ll \int_{cx}^{bx} \left(\frac{1}{x}f''\left(\frac{n}{x}\right)\right)^{\frac{1}{3}} dt + \sqrt{\frac{x}{f''(c)}}.$$

Das Integral ist von der Größenordnung $x^{2/3}$. Aus der TAYLOR-Entwicklung für $f''(c)$ ersehen wir

$$\begin{aligned} f''(c) &= \frac{(c-a)^{k-2}}{(k-2)!} f^{(k)}(a + \delta(c-a)), \qquad 0 < \delta < 1, \\ &\geq \frac{\lambda_k}{(k-2)!}(c-a)^{k-2}. \end{aligned}$$

Daraus ergibt sich

$$\sum_{cx < n \leq bx} \psi\left(xf\left(\frac{n}{x}\right)\right) \ll x^{\frac{2}{3}} + x^{\frac{1}{2}}(c-a)^{1-\frac{k}{2}}. \tag{5.97}$$

Zur Behandlung der zweiten Teilsumme benötigen wir eine auf J. D. VAALER [75] (siehe auch P. G. SCHMIDT [71]) zurückgehende Approximation der Psifunktion: Es gibt Koeffizienten $c(\nu)$ mit den Eigenschaften

$$\left| \psi(x) - \sum_{1 \leq |\nu| \leq N} c(\nu) e^{2\pi i \nu x} \right| \leq \frac{1}{N},$$

$$|c(\nu)| \leq \frac{1}{|\nu|} \qquad \text{für} \quad 1 \leq |\nu| \leq N.$$

Es bezeichne nun J eine nicht-leere, endliche Indexmenge, und es seien $u_j \in \mathbb{R}$ für $j \in J$. Dann ist

$$\sum_{j \in J} \psi(u_j) \ll \frac{\#J}{N} + \sum_{1 \leq \nu \leq N} \frac{1}{\nu} \left| \sum_{j \in J} e^{2\pi i \nu u_j} \right|. \tag{5.98}$$

Wenden wir diese Formel auf unser Problem an, so erhalten wir für die Teilsumme mit $ax < n \leq cx$

$$\sum_{ax < n \leq cx} \psi\left(xf\left(\frac{n}{x}\right)\right) \ll \frac{(c-a)x}{z} + \sum_{\nu \leq z} \frac{1}{\nu} \left| \sum_{ax < n \leq cx} e^{2\pi i \nu x f(\frac{n}{x})} \right|. \tag{5.99}$$

Hier ist

$$\nu f'\left(\frac{t}{x}\right) = \nu f'(a) + \frac{\nu}{(k-1)!}\left(\frac{t}{x} - a\right)^{k-1} f^{(k)}\left(a + \delta\left(\frac{t}{x} - a\right)\right)$$

mit $0 < \delta < 1$. Weiter ist

$$\nu f'\left(\frac{t}{x}\right) = \nu\vartheta + O\left(\nu(c-a)^{k-1}\right).$$

Mit einer beliebigen ganzen Zahl h bekommen wir

$$\left| \nu f'\left(\frac{t}{x}\right) - h \right| = \left| \nu\vartheta - h + O\left(\nu(c-a)^{k-1}\right) \right| \gg \nu^{-\alpha},$$

sofern

$$\nu \ll (c-a)^{-\frac{k-1}{\alpha+1}} = z$$

ist. Es sei h_ν die nächste ganze Zahl zu $\nu\vartheta$. Dann ist

$$\left| \nu f'\left(\frac{t}{x}\right) - h_\nu \right| = \left| \nu\vartheta - h_\nu + O\left((c-a)^{\frac{\alpha(k-1)}{\alpha+1}}\right) \right|,$$

und es ist

$$\left| \nu f'\left(\frac{t}{x}\right) - h_\nu \right| \leq \frac{3}{4}$$

erreichbar, wenn $c-a$ in Abhängigkeit von x für $x \to \infty$ gegen 0 strebt. Für die Exponentialsumme in (5.99) schreiben wir jetzt

$$\sum_{ax<n\leq cx} e^{2\pi i \nu x f(\frac{n}{x})} = \sum_{ax<n\leq cx} e^{2\pi i (\nu x f(\frac{n}{x}) - h_\nu n)}$$

Hierauf wollen wir die KUSMIN-LANDAUsche Ungleichung anwenden. Die Funktion

$$t \mapsto \nu x f\left(\frac{t}{x}\right) - h_\nu t$$

erfüllt die Bedingungen des Korollars zu Satz 1.2. Ihre Ableitung ist monoton, und es ist mit den dortigen Bezeichnungen entweder

$$N = 0 < \vartheta = w\nu^{-\alpha} \leq \nu f'\left(\frac{t}{x}\right) - h_\nu \leq \frac{3}{4} = 1 - \varphi < 1 \quad (w > 0)$$

oder

$$N = -1 < \vartheta = -\frac{3}{4} \leq \nu f'\left(\frac{t}{x}\right) - h_\nu \leq -w\nu^{-\alpha} = -\varphi < 0.$$

Jedenfalls folgt nach (1.4)

$$\sum_{ax<n\leq cx} e^{2\pi i (\nu x f(\frac{n}{x}) - h_\nu n)} \ll \nu^\alpha.$$

Setzen wir dies in (5.99) ein, so ergibt sich

$$\sum_{ax<n\leq cx} \psi\left(x f\left(\frac{n}{x}\right)\right) \ll \frac{(c-a)x}{z} + \sum_{\nu \leq z} \nu^{\alpha-1}$$

$$\ll \frac{(c-a)x}{z} + z^\alpha$$

$$= (c-a)^{\frac{\alpha+k}{\alpha+1}} x + (c-a)^{-\frac{\alpha(k-1)}{\alpha+1}}. \qquad (5.100)$$

Aus (5.97) und (5.100) erhalten wir nun für (5.83)

$$P_k(x; F) \ll x^{\frac{2}{3}} + x^{\frac{1}{2}}(c-a)^{1-\frac{k}{2}} + x(c-a)^{\frac{\alpha+k}{\alpha+1}} + (c-a)^{-\frac{\alpha(k-1)}{\alpha+1}}.$$

Setzen wir

$$c-a = x^{-\frac{\alpha+1}{(\alpha+3)k-2}},$$

so werden der zweite und dritte Summand von der gleichen Größenordnung, während der vierte Summand von geringerer Größenordnung wird. Das ist (5.96).

Dreidimensionale konvexe Körper

Es sei K ein dreidimensionaler, zentralsymmetrischer, konvexer Körper mit der Distanzfunktion $(t_1, t_2, t_3) \mapsto F(t_1, t_2, t_3)$. Es besitze F stetige partielle Ableitungen erster Ordnung nach jeder Variablen. Nehmen wir uns die Unterteilung der Kugel im Unterabschnitt 5.3.2 zum Vorbild, so können wir auch jeden derartigen Körper in 48 Teilkörper zerlegen gemäß den Bedingungen

$$|F_{t_i}| \leq |F_{t_j}| \leq |F_{t_k}|,$$

wobei (i, j, k) die sämtlichen Permutationen von $(1, 2, 3)$ durchläuft. Können wir weiterhin $t_k = f_k(t_i, t_j)$ für $k = 1, 2, 3$ als Lösungen von $F(t_1, t_2, t_3) = 1$ bilden, so sind die Bedingungen gleichbedeutend mit

$$\left| \frac{\partial}{\partial t_i} f_k(t_i, t_j) \right| \leq \left| \frac{\partial}{\partial t_j} f_k(t_i, t_j) \right| \leq 1.$$

Aus diesem Grunde ist es ausreichend, wenn wir uns mit folgendem Teilkörper eines konvexen Körpers beschäftigen: Wir betrachten eine Säule S, die nach oben durch eine Fläche $y = f(t_1, t_2)$ und nach unten durch eine Koordinatenebene und seitwärts durch Ebenen eingeschränkt ist. Es sei also

$$S = \{(t_1, t_2, y) \in \mathbb{R}^3 : 0 \leq y \leq f(t_1, t_2), \ a_i \leq t_i \leq b_i \ (i = 1, 2)\}.$$

Die ersten partiellen Ableitungen von f seien im abgeschlossenen Rechteck

$$R = \{(t_1, t_2) \in \mathbb{R}^2 : a_i \leq t_i \leq b_i \ (i = 1, 2)\}$$

stetig und damit beschränkt. Wir nehmen jetzt an, auf der Oberfläche $y = f(t_1, t_2)$ liegt genau ein Punkt (ξ_1, ξ_2) mit GAUSSscher Krümmung 0. Die GAUSSsche Krümmung in einem Punkt (t_1, t_2) ist gegeben durch

$$K(t_1, t_2) = \frac{H(f(t_1, t_2))}{(1 + f_{t_1}^2(t_1, t_2) + f_{t_2}^2(t_1, t_2))^2}$$

mit der HESSEschen Determinante

$$H(f(t_1, t_2)) = f_{t_1 t_1}(t_1, t_2) f_{t_2 t_2}(t_1, t_2) - f_{t_1 t_2}^2(t_1, t_2).$$

Für einen konvexen Körper ist $K(t_1, t_2) \geq 0$. Das bedeutet im vorliegenden Fall

$$H(f(\xi_1, \xi_2)) = 0, \qquad H(f(t_1, t_2)) > 0 \quad \text{für} \quad (t_1, t_2) \neq (\xi_1, \xi_2).$$

Ähnlich wie im ebenen Fall nehmen wir aus Bequemlichkeitsgründen $(\xi_1, \xi_2) = (a_1, a_2)$ an, was der Allgemeinheit der Untersuchungen nicht schadet. Wir setzen weiter voraus, daß $f(t_1, t_2)$ stetige partielle Ableitungen bis zur k-ten Ordnung im abgeschlossenen Rechteck R besitzt. Dabei sei $k > 2$. Wir dilatieren wieder um den

Faktor x und zählen die Gitterpunkte in dem Körper xS. Dabei zählen wir wie üblich die Gitterpunkte auf den linken Rändern nicht mit, aber auf dem rechten Rand werden sie einbezogen. Und die Gitterpunkte auf der Koordinatenebene werden mit dem Faktor $1/2$ belegt. Demzufolge betrachten wir die Anzahl $A_k(x; S)$ der Gitterpunkte $(m, n_1, n_2) \in \mathbb{Z}^3$ mit

$$0 \leq m \leq xf\left(\frac{n_1}{x}, \frac{n_2}{x}\right), \qquad a_i x < n_i \leq b_i x \quad (i = 1, 2),$$

wobei die Punkte mit $m = 0$ den Faktor $1/2$ erhalten.

Wie bei den ebenen konvexen Bereichen leiten wir auch hier zuerst ein allgemeines und einfaches Resultat her, bevor wir später Rationalität beziehungsweise Irrationalität des Anstiegs der Tangentialebene einbeziehen.

Satz 5.21 *Die Funktion* $(t_1, t_2) \mapsto f(t_1, t_2)$ *besitze für* $a_i \leq t_i \leq b_i$ $(i = 1, 2)$ *stetige partielle Ableitungen bis zur zweiten Ordnung. Es seien* $f_{t_i t_i}(t_1, t_2)$ *monoton in* t_i. *Dann ist*

$$A_k(x; S) \;=\; vol(S)x^3 - x^2\psi(b_1 x) \int_{a_2}^{b_2} f(b_1, t_2)\, dt_2$$

$$+ x^2\psi(a_1 x) \int_{a_2}^{b_2} f(a_1, t_2)\, dt_2 - x^2\psi(b_2 x) \int_{a_1}^{b_1} f(t_1, b_2)\, dt_1$$

$$+ x^2\psi(a_2 x) \int_{a_1}^{b_1} f(t_1, a_2)\, dt_1 + P_k(x; S). \tag{5.101}$$

Der Gitterrest ist dargestellt durch

$$P_k(x; S) = - \sum_{\substack{a_1 x < n_1 \leq b_1 x \\ a_2 x < n_2 \leq b_2 x}} \psi\left(xf\left(\frac{n_1}{x}, \frac{n_2}{x}\right)\right) + O(x) \tag{5.102}$$

Es sei weiterhin angenommen, daß $f(t_1, t_2)$ *für* $a_i \leq t_i \leq b_i$ *stetige partielle Ableitungen bis zur k-ten Ordnung mit* $k > 2$ *besitzt. Und es sei*

$$|f_{t_1 t_1}(t_1, t_2)| \;\asymp\; z^{k-2},$$
$$|f_{t_2 t_2}(t_1, t_2)| \;\asymp\; z^{k-2},$$
$$H(f(t_1, t_2)) \;\asymp\; z^{2k-4}$$

für $(t_1 - a_1)^2 + (t_2 - a_2)^2 = z^2 \to 0$. *Ferner sei mit einer Konstanten* c, $0 < c < 1$,

$$cf_{t_1 t_1}(t_1, t_2)f_{t_2 t_2}(t, t_1, t_2) \leq H(f(t_1, t_2)).$$

Dann kann der Gitterrest abgeschätzt werden zu

$$P_k(x; S) \ll x^{2(1-\frac{1}{k})} \log^3 x + x^{\frac{3}{2}} \log x. \tag{5.103}$$

Bemerkung 1. Es ist

$$2\left(1 - \frac{1}{k}\right) > \frac{3}{2} \qquad \text{für} \quad k > 4.$$

Bemerkung 2. Wie bei den ebenen konvexen Bereichen kann auch hier jeder konvexe Körper durch Teilkörper der im Satz beschriebenen Art zusammengesetzt werden. Die ersten Terme addieren sich zum Volumen. Alle übrigen Terme bis auf die Gitterreste heben sich gegenseitig heraus.

Beweis. Wir gehen analog zum Beweis von Satz 5.17 vor und erhalten zunächst durch Summation über m

$$\begin{aligned}
A_k(x; S) &= \sum_{\substack{a_1 x < n_1 \leq b_1 x \\ a_2 x < n_2 \leq b_2 x}} \left\{ \frac{1}{2} + \sum_{1 \leq m \leq x f\left(\frac{n_1}{x}, \frac{n_2}{x}\right)} 1 \right\} \\
&= \sum_{\substack{a_1 x < n_1 \leq b_1 x \\ a_2 x < n_2 \leq b_2 x}} \left\{ \frac{1}{2} + \left[x f\left(\frac{n_1}{x}, \frac{n_2}{x}\right) \right] \right\} \\
&= \sum_{\substack{a_1 x < n_1 \leq b_1 x \\ a_2 x < n_2 \leq b_2 x}} \left\{ x f\left(\frac{n_1}{x}, \frac{n_2}{x}\right) - \psi\left(x f\left(\frac{n_1}{x}, \frac{n_2}{x}\right) \right) \right\}.
\end{aligned}$$

Die Summen über die Psifunktion tragen zum Gitterrest bei. Auf die ersten Summen wenden wir nacheinander auf die einzelnen Variablen die EULER-MACLAURINsche Summenformel (4.14) an. Anwendung auf n_2 ergibt

$$\sum_{\substack{a_1 x < n_1 \leq b_1 x \\ a_2 x < n_2 \leq b_2}} x f\left(\frac{n_1}{x}, \frac{n_2}{x}\right) =$$

$$= x \sum_{a_1 x < n_1 \leq b_1 x} \left\{ \int_{a_2 x}^{b_2 x} f\left(\frac{n_1}{x}, \frac{t_2}{x}\right) dt_2 - \psi(b_2 x) f\left(\frac{n_1}{x}, b_2\right) \right.$$

$$\left. + \psi(a_2 x) f\left(\frac{n_1}{x}, a_2\right) + \int_{a_2 x}^{b_2 x} \frac{\partial}{\partial t_2} f\left(\frac{n_1}{x}, \frac{t_2}{x}\right) \psi(t_2)\, dt_2 \right\}.$$

Das letzte Integral ist von der Größenordnung $1/x$, was durch partielle Integration und wegen der Beschränktheit des Integrals über $\psi(t_2)$ unmittelbar ersichtlich ist. Multiplikation mit x und Summation über n_1 bringt $O(x)$. Im ersten Integral substituieren wir noch $t_2 \to x t_2$. Dann wird

$$\sum_{\substack{a_1 x < n_1 \leq b_1 x \\ a_2 x < n_2 \leq b_2 x}} x f\left(\frac{n_1}{x}, \frac{n_2}{x}\right) =$$

$$= \sum_{a_1 x < n_1 \leq b_1 x} \left\{ x^2 \int_{a_2}^{b_2} f\left(\frac{n_1}{x}, t_2\right) dt_2 - x \psi(b_2 x) f\left(\frac{n_1}{x}, b_2\right) \right.$$

$$+x\psi(a_2x)f\left(\frac{n_1}{x},a_2\right)\right\} + O(x). \tag{5.104}$$

Nun wenden wir die EULER-MACLAURINsche Summenformel ein zweites Mal an und betrachten die verbliebenen Terme einzeln.

$$x^2 \sum_{a_1x<n_1\leq b_1x}\int_{a_2}^{b_2} f\left(\frac{n_1}{x},t_2\right) dt_2 =$$

$$= x^2 \int_{a_1x}^{b_1x}\int_{a_2}^{b_2} f\left(\frac{t_1}{x},t_2\right) dt_1\, dt_2 - x^2\psi(b_1x)\int_{a_2}^{b_2} f(b_1,t_2)\, dt_2$$

$$+ x^2\psi(a_1x)\int_{a_2}^{b_2} f(a_1,t_2)\, dt_2 + x^2 \int_{a_1x}^{b_1x}\int_{a_2}^{b_2} \frac{\partial}{\partial t_1} f\left(\frac{t_1}{x},t_2\right) \psi(t_1)\, dt_1\, dt_2.$$

Das letzte Doppelintegral erweist sich mittels partieller Integration bezüglich t_1 als von der Größenordnung $1/x$. Das erste Doppelintegral führt nach der Substitution $t_1 \to xt_1$ auf das Volumen von K. Also ist

$$x^2 \sum_{a_1x<n_1\leq b_1x}\int_{a_2}^{b_2} f\left(\frac{n_1}{x},t_2\right) dt_2 \;=\; x^3 vol(K) - x^2\psi(b_1x)\int_{a_2}^{b_2} f(b_1,t_2)\, dt_2$$

$$+ x^2\psi(a_1x)\int_{a_2}^{b_2} f(a_1,t_2)\, dt_2 + O(x).$$

Weiter ist

$$-x\psi(b_2x) \sum_{a_1x<n_1\leq b_1x} f\left(\frac{n_1}{x},b_2\right) =$$

$$= -x\psi(b_2x) \int_{a_1x}^{b_1x} f\left(\frac{t_1}{x},b_2\right) dt_1 + x\psi(b_2x)\psi(b_1x)f(b_1,b_2)$$

$$- x\psi(b_2x)\psi(a_1x)f(a_1,b_2) - x\psi(b_2x) \int_{a_1x}^{b_1x} \frac{\partial}{\partial t_1} f\left(\frac{t_1}{x},b_2\right) \psi(t_1)\, dt_1$$

$$= -x^2\psi(b_2x) \int_{a_1}^{b_1} f(t_1,b_2)\, dt_1 + O(x).$$

Analog ist

$$x\psi(a_2x) \sum_{a_1x<n_1\leq b_1x} f\left(\frac{n_1}{x},b_2\right) = x^2\psi(a_2x)\int_{a_1}^{b_1} f(t_1,b_2)\, dt_1 + O(x).$$

Setzen wir diese drei Teilergebnisse in (5.104) ein, so ergeben sich unmittelbar (5.101) und (5.102).

Zum Beweis von (5.103) zerlegen wir das Rechteck xR, über das in (5.102) summiert wird, in die Teilbereiche xU und $xR^* = xR \setminus xU$. Dabei ist U gegeben durch

$$U = \{(t_1, t_2) \in R : t_i - a_i \le z, \, i = 1, 2\}$$

mit $0 < z < b_i - a_i$, $i = 1, 2$. Dann schreibt sich (5.102) in der Weise

$$P_k(x; S) = -\left\{ \sum_{(n_1, n_2) \in xU} + \sum_{(n_1, n_2) \in xR^*} \right\} \psi\left(xf\left(\frac{n_1}{x}, \frac{n_2}{x}\right)\right) + O(x). \qquad (5.105)$$

Die erste Summe schätzen wir trivial ab.

$$\sum_{(n_1, n_2) \in xU} \psi\left(xf\left(\frac{n_1}{x}, \frac{n_2}{x}\right)\right) \ll x^2 z^2.$$

Zur Abschätzung der zweiten Summe soll das Korollar 1 zu Satz 4.4 herangezogen werden. Das kann nicht bedenkenlos geschehen. Denn die zweiten partiellen Ableitungen und die HESSEsche Determinante verhalten sich in xR^* wie

$$\frac{1}{x} z^{k-2} \ll \left| \frac{\partial^2}{\partial t_i^2} xf\left(\frac{t_1}{x}, \frac{t_2}{x}\right) \right| \ll \frac{1}{x},$$

$$\frac{1}{x^2} z^{2k-4} \ll H\left(xf\left(\frac{t_1}{x}, \frac{t_2}{x}\right)\right) \ll \frac{1}{x^2}.$$

Da die ersten partiellen Ableitungen beschränkt bleiben, folgt aus (4.34) für die GAUSSsche Krümmung $K(t_1/x, t_2/x)$ für die Punkte $(t_1, t_2) \in R^*$

$$\frac{1}{x^2} z^{2k-4} \ll K\left(\frac{t_1}{x}, \frac{t_2}{x}\right) \ll \frac{1}{x^2}.$$

Es zeigt sich demnach, daß untere und obere Abschätzungen nicht von gleicher Qualität sind. Folglich müssen wir eine feinere Unterteilung von xR^* vornehmen in der Weise, daß untere und obere Abschätzungen qualitativ von gleicher Größe ausfallen. Wir betrachten Summen vom Typus

$$S(N_1, N_2; x) = \sum_{(n_1, n_2) \in D} \psi\left(xf\left(\frac{n_1}{x}, \frac{n_2}{x}\right)\right),$$

wobei der Summationsbereich D ein Rechteck darstellt, in dem die Ungleichungen

$$\frac{1}{N_i x} \ll \left| \frac{\partial^2}{\partial t_i^2} xf\left(\frac{t_1}{x}, \frac{t_2}{x}\right) \right| \ll \frac{1}{N_i x} \qquad (i = 1, 2),$$

$$\frac{1}{N x^2} \ll H\left(xf\left(\frac{n_1}{x}, \frac{n_2}{x}\right)\right) \ll \frac{1}{N x^2},$$

mit $N_i \geq 1$, $N = N_1 N_2$ erfüllt sind. Wir wenden nun Korollar 1 zu Satz 4.4 an, wobei wir die dortige Funktion $(t_1, t_2) \mapsto f(t_1, t_2)$ durch die Funktion $(t_1, t_2) \mapsto f(t_1/x, t_2/x)$ ersetzen. Die Voraussetzungen $(A), (B), (E), (E')$ sind ohne weiteres erfüllt. (C') realisieren wir mit

$$\lambda_{11} = \frac{1}{N_1 x}, \quad \lambda_{22} = \frac{1}{N_2 x}, \quad \Lambda = \frac{1}{N x^2}.$$

Es sind $c_1, c_2 \ll x$. Die Ungleichung $\lambda_{22} \ll \lambda_{11}$ macht $N_1 \ll N_2$ erforderlich. Aber andererseits können wir im Korollar einfach die Indizes 1 und 2 vertauschen und es in dieser Weise anwenden. Daher spielen gegenseitige Größenverhältnisse von N_1, N_2 keine Rolle. Somit erhalten wir aus (4.33) einerseits die Abschätzung

$$x^{\frac{3}{2}} \frac{1}{\sqrt{N_1}} + x \sqrt{N_1 N_2} \log^2(N_1 N_2 x)$$

für $N_2 \gg N_1$ und andererseits

$$x^{\frac{3}{2}} \frac{1}{\sqrt{N_2}} + x \sqrt{N_1 N_2} \log^2(N_1 N_2 x)$$

für $N_1 \gg N_2$. Zusammengenommen ist also

$$S(N_1, N_2; x) \ll x^{\frac{3}{2}} \left(\frac{1}{\sqrt{N_1}} + \frac{1}{\sqrt{N_2}} \right) + x \sqrt{N_1 N_2} \log^2(N_1 N_2 x).$$

Insgesamt haben wir allerdings über die Gitterpunkte von xR^* zu summieren. Diese Summe setzen wir aus Teilsummen $S(N_1, N_2; x)$ zusammen, indem wir

$$N_i = 2^{\nu_i} \qquad (i = 1, 2)$$

festlegen und über alle ν_i summieren mit

$$1 \leq 2^{\nu_i} \leq z^{-(k-2)} \qquad (i = 1, 2).$$

Dann wird

$$\sum_{(n_1, n_2) \in xR^*} \psi \left(x f \left(\frac{n_1}{x}, \frac{n_2}{x} \right) \right) \ll$$

$$\ll x^{\frac{3}{2}} |\log z| + x z^{-(k-2)} (\log^2 z + \log^2 x). \tag{5.106}$$

Die triviale Abschätzung und die Abschätzung für die Teilsummen werden in (5.105) eingesetzt. Damit ergibt sich

$$P_k(x; S) \ll x^2 z^2 + x^{\frac{3}{2}} |\log z| + x z^{-(k-2)} (\log^2 z + \log^2 x),$$

woraus sich mit $z = x^{-1/k}$ das Ergebnis (5.103) ergibt.

Natürlich können wir dieses Ergebnis wie im ebenen Fall weiter modifizieren, indem wir Rationalität beziehungsweise Irrationalität des Anstiegs der Tangentialebene im Punkt mit GAUSSscher Krümmung 0 berücksichtigen. Wir beginnen mit dem rationalen Fall und stellen einen Hilfssatz voraus.

Hilfssatz 5.13 *Die Funktion $(t_1, t_2) \mapsto f(t_1, t_2)$ sei für $a_1 \leq t_1 \leq b_1$, $a_2 \leq t_2 \leq b_2$ in beiden Variablen streng monoton und zweimal stetig differenzierbar. Es seien $|f_{t_1}|, |f_{t_2}| \leq c < \infty$ und $f_{t_i t_i}$ monoton in t_i $(i = 1, 2)$. $f_{t_i}^3(t_1, t_2)/f_{t_i t_i}(t_1, t_2)$ seien für $i = 1, 2$ in beiden Variablen in den abgeschlossenen Intervallen $[a_i, b_i]$ stetig und monoton und in den offenen Intervallen (a_i, b_i) stets positiv oder stets negativ. Dann ist für $x \to \infty$*

$$\sum_{\substack{a_1 x < n_1 \leq b_1 x \\ a_2 x < n_2 \leq b_2 x}} \psi\left(xf\left(\frac{n_1}{x}, \frac{n_2}{x}\right)\right) = x^2 \int_{a_1}^{b_1}\int_{a_2}^{b_2} \psi(xf(t_1, t_2))\, dt_1\, dt_2 + O\left(x^{\frac{5}{3}}\right). \qquad (5.107)$$

Die O-Konstante kann von c abhängen.

Beweis. Wir halten die Variable n_1 fest und betrachten die Summe

$$S(n_1) = \sum_{a_2 x < n_2 \leq b_2 x} \psi\left(xf\left(\frac{n_1}{x}, \frac{n_2}{x}\right)\right).$$

Darauf soll der Hilfssatz 5.12 angewendet werden. Dort setzen wir

$$a = a_2 x, \quad b = b_2 x, \quad n = n_2, \quad t \to xf\left(\frac{n_1}{x}, \frac{n_2}{x}\right).$$

Wegen

$$\frac{\partial^2}{\partial t_2^2} xf\left(\frac{n_1}{x}, \frac{t_2}{x}\right) \ll \frac{1}{x},$$

$$\frac{\left(\frac{\partial}{\partial t_2} xf\left(\frac{n_1}{x}, \frac{t_2}{x}\right)\right)^3}{\frac{\partial^2}{\partial t_2^2} xf\left(\frac{n_1}{x}, \frac{t_2}{x}\right)} \ll x$$

folgt aus (5.87)

$$S(n_1) = \int_{a_2 x}^{b_2 x} \psi\left(xf\left(\frac{n_1}{x}, \frac{t_2}{x}\right)\right) dt_2 + O\left(x^{\frac{2}{3}}\right)$$

$$= x\int_{a_2}^{b_2} \psi\left(xf\left(\frac{n_1}{x}, t_2\right)\right) dt_2 + O\left(x^{\frac{2}{3}}\right).$$

Anwendung in der gleichen Weise auf n_1 ergibt

$$\sum_{a_1 x < n_1 \leq b_1 x} S(n_1) = x^2 \int_{a_1}^{b_1}\int_{a_2}^{b_2} \psi(xf(t_1, t_2))\, dt_1\, dt_2 + O\left(x^{\frac{5}{3}}\right),$$

und das ist (5.107).

Satz 5.22 *Die Funktion* $(t_1, t_2) \mapsto f(t_1, t_2)$ *sei für* $a_1 \leq t_1 \leq b_1$, $a_2 \leq t_2 \leq b_2$ *in beiden Variablen streng monoton und zweimal stetig differenzierbar. Es seien* $|f_{t_i}(t_1, t_2)| \leq c < \infty$ *und* $f_{t_i t_i}$ *monoton in* t_i $(i = 1, 2)$. *Es seien* $p_1, p_2, q_1, q_2 \in \mathbb{Z}$ *mit*

$$f_{t_i}(a_1, a_2) = \frac{p_i}{q_i}, \quad q_i > 0, \quad (p_i, q_i) = 1 \quad \text{für} \quad i = 1, 2.$$

Ferner seien

$$\frac{(f_{t_i}(t_1, t_2) - \frac{p_i}{q_i})^3}{f_{t_i t_i}(t_1, t_2)}$$

für $i = 1, 2$ *in beiden Variablen in den abgeschlossenen Intervallen* $[a_i, b_i]$ *stetig und monoton und in den offenen Intervallen* (a_i, b_i) *stets positiv oder stets negativ. Bezeichnet noch* (q_1, q_2) *den größten gemeinsamen Teiler dieser beiden Zahlen, so gilt für den durch (5.102) dargestellten Gitterrest*

$$P_k(x; S) =$$

$$= -\frac{(q_1, q_2)}{q_1 q_2} x^2 \int\limits_{a_1}^{b_1} \int\limits_{a_2}^{b_2} \psi\left(\frac{q_1 q_2}{(q_1, q_2)} x \left(f(t_1, t_2) - \frac{p_1}{q_1} t_1 - \frac{p_2}{q_2} t_2\right)\right) dt_1 \, dt_2$$

$$+ O\left(x^{\frac{5}{3}}\right). \tag{5.108}$$

Bemerkung. Nach (5.103) ist unter den dort genannten Bedingungen

$$P_k(x; S) \ll x^{2(1 - \frac{1}{k})} \log^3 x \quad \text{für} \quad k \geq 4.$$

Nun ist

$$2\left(1 - \frac{1}{k}\right) > \frac{5}{3} \quad \text{für} \quad k > 6.$$

Also ist

$$-\frac{(q_1, q_2)}{q_1 q_2} x^2 \int\limits_{a_1}^{b_1} \int\limits_{a_2}^{b_2} \psi\left(\frac{q_1 q_2}{(q_1, q_2)} x \left(f(t_1, t_2) - \frac{p_1}{q_1} t_1 - \frac{p_2}{q_2} t_2\right)\right) dt_1 \, dt_2 \ll$$

$$\ll x^{2(1 - \frac{1}{k})} \log^3 x$$

für $k > 6$.

Beweis. Wir zerlegen die Summen in (5.102) in Teilsummen modulo q_i und fügen im Argument der Psifunktion $-p_1 n_1 - p_2 n_2$ hinzu, was den Wert der Funktion nicht verändert. So erhalten wir aus (5.102)

$$P_k(x; S) = -\sum_{r_1=0}^{q_1-1} \sum_{r_2=0}^{q_2-1} \sum_{\substack{a_1 x < q_1 n_1 + r_1 \leq b_1 x \\ a_2 x < q_2 n_2 + r_2 \leq b_2 x}} \psi\left(x\Phi\left(\frac{n_1}{x}, \frac{n_2}{x}\right)\right) + O(x).$$

Die Funktion Φ ist gegeben durch

$$\Phi(t_1, t_2) = x\left(f\left(q_1 t_1 + \frac{r_1}{x}, q_2 t_2 + \frac{r_2}{x}\right) - p_1 t_1 - p_2 t_2\right).$$

Sie erfüllt offensichtlich die Bedingungen des vorangegangenen Hilfssatzes. Daher ergibt sich aus (5.107)

$$P_k(x; S) = -x^2 \sum_{r_1=0}^{q_1-1} \sum_{r_2=0}^{q_2-1} \int\int \psi(x\Phi(t_1, t_2))\, dt_1\, dt_2 + O\left(x^{\frac{5}{3}}\right).$$

Die Integrationsbedingungen sind bestimmt durch

$$\text{IB}\left(\int\int\right) : a_1 < q_1 t_1 + \frac{r_1}{x} \leq b_1, \ a_2 < q_2 t_2 + \frac{r_2}{x} \leq b_2.$$

Nun führen wir noch die Substitutionen $t_i \to (t_i - r_i/x)/q_i$ für $i = 1,2$ aus und erhalten

$$P_k(x; S) = -\frac{x^2}{q_1 q_2} \sum_{r_1=0}^{q_1-1} \sum_{r_2=0}^{q_2-1} \int_{a_1}^{b_1}\int_{a_2}^{b_2} \psi\left(x\phi(t_1, t_2) + \frac{p_1 r_1}{q_1} + \frac{p_2 r_2}{q_2}\right) dt_1\, dt_2$$
$$+ O\left(x^{\frac{5}{3}}\right) \tag{5.109}$$

mit

$$\phi(t_1, t_2) = f(t_1, t_2) - \frac{p_1}{q_1} t_1 - \frac{p_2}{q_2} t_2.$$

Für die Psifunktion verwenden wir ihre FOURIER-Entwicklung. So wird

$$\sum_{r_1=0}^{q_1-1} \sum_{r_2=0}^{q_2-1} \psi\left(x\phi(t_1, t_2) + \frac{p_1 r_1}{q_1} + \frac{p_2 r_2}{q_2}\right) =$$
$$= -\sum_{r_1=0}^{q_1-1} \sum_{r_2=0}^{q_2-1} \sum_{n=1}^{\infty} \frac{1}{n} \sin 2\pi n\left(x\phi(t_1, t_2) + \frac{p_1 r_1}{q_1} + \frac{p_2 r_2}{q_2}\right).$$

Man erkennt jetzt: Ist n kein Vielfaches von $q_1 q_2/(q_1, q_2)$, so verschwinden die Summen über r_1 und r_2. Ist dagegen $n = m q_1 q_2/(q_1, q_2)$, so ist

$$\sum_{r_1=0}^{q_1-1} \sum_{r_2=0}^{q_2-1} \psi\left(x\phi(t_1, t_2) + \frac{p_1 r_1}{q_1} + \frac{p_2 r_2}{q_2}\right) =$$
$$= -\frac{1}{\pi} \sum_{r_1=0}^{q_1-1} \sum_{r_2=0}^{q_2-1} \sum_{m=1}^{\infty} \frac{(q_1, q_2)}{m q_1 q_2} \sin 2\pi m\left(\frac{(q_1, q_2)}{q_1 q_2} x\phi(t_1, t_2)\right)$$
$$= (q_1, q_2)\psi\left(\frac{(q_1, q_2)}{q_1 q_2} x\phi(t_1, t_2)\right).$$

Setzen wir dies in (5.109) ein, so ergibt sich (5.108) unmittelbar.

Nun wenden wir uns dem Fall des irrationalen Anstiegs der Tangentialebene im Punkt mit GAUSSscher Krümmung 0 zu. In diesem Zusammenhang betrachten wir wieder Irrationalzahlen vom Potenztyp $\alpha > 0$, müssen aber auch Paare derartiger Zahlen einbeziehen. So nennen wir ein *Paar $(\vartheta_1, \vartheta_2)$ von reellen Irrationalzahlen vom Potenztyp $\alpha > 0$*, wenn zwei positive Zahlen c_1, c_2 existieren, so daß die Ungleichungen

$$|h\vartheta_i - m_i| \geq c_i h^{-\alpha}, \qquad i = 1, 2,$$

für alle $h \in \mathbb{N}$ und $m_i \in \mathbb{Z}$ bestehen. Nach einem Satz von W. M. SCHMIDT [72] kann man $\alpha = \frac{1}{2} + \varepsilon$, $\varepsilon > 0$, wählen für algebraische Irrationalitäten ϑ_1, ϑ_2, sofern $1, \vartheta_1, \vartheta_2$ linear unabhängig über $\mathbb{Q}$ sind.

Satz 5.23 *Die Funktion $(t_1, t_2) \mapsto f(t_1, t_2)$ besitze für $a_1 \leq t_1 \leq b_1$, $a_2 \leq t_2 \leq b_2$ stetige, partielle Ableitungen bis zur k-ten Ordnung mit $k > 2$. In $(t_1, t_2) = (a_1, a_2)$ befinde sich der einzige Punkt mit Gaußscher Krümmung 0 der Fläche $y = f(t_1, t_2)$. Es sei*

$$f_{t_1}(a_1, a_2) = \vartheta_1, \qquad f_{t_2}(a_1, a_2) = \vartheta_2$$

und

$$\begin{aligned}
|f_{t_1 t_1}(t_1, t_2)| &\asymp z^{k-2}, \\
|f_{t_2 t_2}(t_1, t_2)| &\asymp z^{k-2}, \\
H(f(t_1, t_2)) &\asymp z^{2k-4}
\end{aligned}$$

für $(t_1 - a_1)^2 + (t_2 - a_2)^2 = z^2 \to 0$. Es sei angenommen, daß
(I) ϑ_1 eine Irrationalzahl vom Potenztyp $\alpha > 0$ ist,
oder daß
(II) $(\vartheta_1, \vartheta_2)$ ein Paar von Irrationalzahlen vom Potenztyp $\alpha > 0$ ist.
Dann ist in beiden Fällen für den durch (5.102) dargestellten Gitterrest

$$P_k(x; S) \ll x^{\frac{(2\alpha+3)(k-1)}{(\alpha+2)k-1}} \log^3 x + x^{\frac{3}{2}} \log^2 x. \tag{5.110}$$

Bemerkungen. 1. Es bestehen die Ungleichungen

$$\begin{aligned}
\frac{(2\alpha+3)(k-1)}{(\alpha+2)k-1} &< 2\left(1 - \frac{1}{k}\right) \quad \text{für} \quad k > 2, \\
\frac{(2\alpha+3)(k-1)}{(\alpha+2)k-1} &\leq \frac{3}{2} \quad \text{für} \quad k \leq 4 + \frac{3}{\alpha}.
\end{aligned}$$

2. Der Exponent $(2\alpha+3)(k-1)/\{(\alpha+2)k-1\}$ ist bezüglich α monoton wachsend. Können wir im Fall (I) $\alpha = 1 + \varepsilon$ für algebraische Irrationalitäten ϑ_1 setzen und im Fall (II) $\alpha = \frac{1}{2} + \varepsilon$ für algebraische Irrationalitäten ϑ_1, ϑ_2, die mit 1 linear unabhängig über $\mathbb{Q}$ sind, setzen, so erweist sich die Abschätzung im zweiten Fall als die bessere.

Beweis. Ausgangspunkt für die Abschätzung des Gitterrestes ist die Darstellung (5.102) von $P_k(x;S)$. Genau wie im Beweis der Abschätzung (5.103) zerlegen wir das Rechteck xR, über das in (5.102) summiert wird, in die Teilbereiche xU und $xR^* = xR \setminus xU$. Wir verwenden also die Darstellung (5.105). Die Summe über xR^* schätzen wir genauso wie im Beweis von (5.103) ab. Das heißt, wir nutzen die Abschätzung (5.106) und setzen diese in (5.105) ein. Dann erhalten wir

$$P_k(x;S) \; = \; - \sum_{(n_1,n_2)\in xU} \psi\left(xf\left(\frac{n_1}{x},\frac{n_2}{x}\right)\right) + O\left(x^{\frac{3}{2}}\log^2 z\right)$$
$$+ O\left(xz^{-(k-2)}|\log z|(\log^2 z + \log^2 x)\right)$$

Auf die verbleibende Summe wenden wir zunächst die Ungleichung (5.98) an. Hier durchläuft $j = (n_1,n_2)$ die Gitterpunkte von $J = xU$, und es ist $u_j = xf(n_1/x, n_2/x)$. Wir setzen weiter $N = y$ und haben $\#J = x^2 z^2$. Dann folgt aus (5.98)

$$P_k(x;S) \; \ll \; \frac{x^2 z^2}{y} + \sum_{1\le\nu\le y} \frac{1}{\nu}\left|\sum_{(n_1,n_2)\in xU} e^{2\pi i\nu xf(\frac{n_1}{x},\frac{n_2}{x})}\right|$$
$$+ x^{\frac{3}{2}}\log^2 z + xz^{-(k-2)}|\log z|(\log^2 z + \log^2 x). \qquad (5.111)$$

Auf die Exponentialsumme wenden wir im Fall (I) die KUSMIN-LANDAUsche Ungleichung (1.4) auf eine Variable an, während bezüglich der zweiten Variable trivial abgeschätzt wird. Im Fall (II) verwenden wir die Ungleichung (4.11).

Im Fall (I) kopieren wir weitgehend den Beweis von (5.96). Es sei also $(t_1,t_2) \in U$. Dann ist

$$\frac{\partial}{\partial t_1}\nu xf\left(\frac{t_1}{x},\frac{t_2}{x}\right) \; = \; \nu f_{t_1}(a_1,a_2)$$
$$+\nu\left(\frac{t_1}{x} - a_1\right)f_{t_1 t_1}\left(a_1 + \delta_1\left(\frac{t_1}{x} - a_1\right), a_2 + \delta_2\left(\frac{t_2}{x} - a_2\right)\right)$$
$$+\nu\left(\frac{t_2}{x} - a_2\right)f_{t_1 t_2}\left(a_1 + \delta_1\left(\frac{t_1}{x} - a_1\right), a_2 + \delta_2\left(\frac{t_2}{x} - a_2\right)\right)$$

mit $0 < \delta_1, \delta_2 < 1$. Wegen

$$H(f(t_1,t_2)) = f_{t_1 t_1}(t_1,t_2)f_{t_2 t_2}(t_1,t_2) - f_{t_1 t_2}^2(t_1,t_2) \ge 0$$

ist nach den gegebenen Voraussetzungen

$$f_{t_1,t_2}(t_1,t_2) \ll z^{k-2}$$

in U. Also ist

$$\frac{\partial}{\partial t_1}\nu xf\left(\frac{t_1}{x},\frac{t_2}{x}\right) = \nu\vartheta_1 + O\left(\nu z^{k-1}\right).$$

Für beliebige ganze Zahlen h erhalten wir

$$\left| \frac{\partial}{\partial t_1} \nu x f\left(\frac{t_1}{x}, \frac{t_2}{x}\right) - h \right| = \left| \nu \vartheta_1 - h + O\left(\nu z^{k-1}\right) \right| \gg \nu^{-\alpha},$$

sofern

$$\nu \ll z^{-\frac{k-1}{\alpha+1}} = y$$

ist. Nehmen wir h_ν als die nächste ganze Zahl zu $\nu\vartheta_1$, so ist

$$\left| \frac{\partial}{\partial t_1} \nu x f\left(\frac{t_1}{x}, \frac{t_2}{x}\right) - h_\nu \right| = \left| \nu \vartheta_1 - h_\nu + O\left(z^{\frac{\alpha(k-1)}{\alpha+1}}\right) \right|,$$

und es ist

$$\left| \frac{\partial}{\partial t_1} \nu x f\left(\frac{t_1}{x}, \frac{t_2}{x}\right) - h_\nu \right| \leq \frac{3}{4}$$

erreichbar, sofern nur z hinreichend klein ist. Genau wie im Beweis zu (5.96) können wir jetzt bei festgehaltenem n_2 auf die Summe über n_1 in (5.111) die KUSMIN-LANDAUsche Ungleichung (1.4) anwenden. Wir erhalten

$$\sum_{1\leq\nu\leq y} \frac{1}{\nu} \left| \sum_{(n_1,n_2)\in xU} e^{2\pi i \nu x f(\frac{n_1}{x}, \frac{n_2}{x})} \right| =$$

$$= \sum_{1\leq\nu\leq y} \frac{1}{\nu} \left| \sum_{(n_1,n_2)\in xU} e^{2\pi i(\nu x f(\frac{n_1}{x}, \frac{n_2}{x})-h_\nu n_1)} \right|$$

$$\ll xz \sum_{1\leq\nu\leq y} \nu^{\alpha-1} \ll xzy^\alpha.$$

Damit ergibt sich aus (5.111) mit dem oben angegebenen Wert für y

$$\begin{aligned}
P_k(x;S) \;\ll\;& x^2 z^{2+\frac{k-1}{\alpha+1}} + xz^{1-\frac{\alpha(k-1)}{\alpha+1}} + x^{\frac{3}{2}} \log^2 z \\
& + xz^{-(k-2)} |\log z|(\log^2 z + \log^2 x).
\end{aligned}$$

Wir setzen

$$x^2 z^{2+\frac{k-1}{\alpha+1}} = xz^{-(k-2)},$$

also

$$z = x^{-\frac{2(\alpha+1)(k-1)}{(\alpha+2)k-1}}.$$

Dann wird

$$P_k(x;S) \ll x^{\frac{(2\alpha+3)(k-1)}{(\alpha+2)k-1}} \log^3 x + x^{\frac{2(\alpha+1)(k-1)}{(\alpha+2)k-1}} + x^{\frac{3}{2}} \log^2 x.$$

Der zweite Term ist kleiner als der erste und somit ergibt sich (5.110).

Im Fall (II) verläuft der Beweis ganz ähnlich wie der voraufgegangene. Für $(t_1, t_2) \in U$ ist

$$\frac{\partial}{\partial t_i} \nu x f\left(\frac{t_1}{x}, \frac{t_2}{x}\right) = \nu \vartheta_i + O\left(\nu z^{k-1}\right)$$

für $i = 1, 2$. Für beliebige ganze Zahlen h_i erhalten wir

$$\left| \frac{\partial}{\partial t_i} \nu x f \left(\frac{t_1}{x}, \frac{t_2}{x} \right) - h_i \right| = \left| \nu \vartheta_i - h_i + O \left(\nu z^{k-1} \right) \right| \gg \nu^{-\alpha},$$

sofern

$$\nu \ll z^{-\frac{k-1}{\alpha+1}} = y$$

ist. Bezeichnen $h_{\nu,i}$ die nächsten ganzen Zahlen zu $\nu \vartheta_i$, so ist

$$\left| \frac{\partial}{\partial t_i} \nu x f \left(\frac{t_1}{x}, \frac{t_2}{x} \right) - h_{\nu i} \right| = \left| \nu \vartheta_i - h_{\nu,i} + O \left(z^{\frac{\alpha(k-1)}{\alpha+1}} \right) \right|,$$
$$\leq \frac{1}{2}$$

für hinreichend kleines z erreichbar. Nun wenden wir das Korollar zu Satz 4.1 an, dessen Bedingungen offensichtlich von der Funktion

$$(t_1, t_2) \mapsto \nu x f \left(\frac{t_1}{x}, \frac{t_2}{x} \right) - h_{\nu 1} t_1 - h_{\nu 2} t_2$$

erfüllt werden. Dann ist nach (4.11)

$$\sum_{1 \leq \nu \leq y} \frac{1}{\nu} \left| \sum_{(n_1, n_2) \in xU} e^{2\pi i \nu x f(\frac{n_1}{x}, \frac{n_2}{x})} \right| =$$
$$= \sum_{1 \leq \nu \leq y} \frac{1}{\nu} \left| \sum_{(n_1, n_2) \in xU} e^{2\pi i (\nu x f(\frac{n_1}{x}, \frac{n_2}{x}) - h_{\nu 1} n_1 - h_{\nu 2} n_2)} \right|$$
$$\ll \sum_{1 \leq \nu \leq y} \nu^{2\alpha-1} \ll y^{2\alpha}.$$

Damit ergibt sich aus (5.111)

$$P_k(x; S) \ll x^2 z^{2 + \frac{k-1}{\alpha+1}} + z^{-\frac{2\alpha(k-1)}{\alpha+1}} + x^{\frac{3}{2}} \log^2 z$$
$$+ xz^{-(k-2)} |\log z| (\log^2 z + \log^2 x).$$

Wir setzen wieder

$$z = x^{-\frac{2(\alpha+1)(k-1)}{(\alpha+2)k-1}}$$

und erhalten

$$P_k(x; S) \ll x^{\frac{(2\alpha+3)(k-1)}{(\alpha+2)k-1}} \log^3 x + x^{\frac{2\alpha(k-1)}{(\alpha+2)k-1}} + x^{\frac{3}{2}} \log^2 x.$$

Der zweite Term ist kleiner als der erste und damit folgt (5.110).

5.3.5 Anmerkungen

Die im Abschnitt 5.1 dargestellten geometrischen Grundlagen, die ohne Beweise mitgeteilt wurden, kann man in einem beliebigen Buch über Konvexgeometrie nachlesen. Erwähnt seien zum Beispiel die Bücher von T. BONNESEN und W. FENCHEL [5], P. M. GRUBER und C. G. LEKKERKERKER [18], P. M. Gruber und J. M. WILLS (Herausgeber) [19] und H. Hadwiger [21]. Hingewiesen sei auch auf das Buch von J. W. S. CASSELS [7]. Wie in der   Einleitung bereits erwähnt, stellen die Hilfssätze Zusammenhänge dar, die man nicht ohne weiteres diesen Büchern entnehmen kann.

Im Abschnitt 5.2 wird ein neuer Zugang zur Abschätzung der Anzahl der Gitterpunkte in konvexen Körpern, deren Ränder keine Punkte mit GAUSSscher Krümmung 0 aufweisen, auf analytischer Grundlage hergestellt. Diese Konzeption wurde vom Autor in einem Hauptvortrag auf der internationalen Tagung über analytische und elementare Zahlentheorie in Wien 1996 vorgestellt. Eine Kurzfassung ist in den Proceedings dieser Konferenz [49] publiziert. Die den konvexen Körpern zugeordneten Kappafunktionen, Thetafunktionen und Zetafunktionen sind im   Spezialfall der Ellipsoide wohlbekannt. Die Kappafunktion war bisher allerdings namenlos, die Zetafunktion unter dem Namen EPSTEINsche Zetafunktion bekannt. Alle Funktionen erfüllen Funktionalgleichungen, die untereinander äquivalent sind. Der Beweis für die Thetafunktion ist anlehnend an den Beweis in dem Buch von F. FRICKER [16] gestaltet.

Die Verallgemeinerung der EPSTEINschen Zetafunktion auf beliebige konvexe Körper wurde von E. HLAWKA [28] vorgenommen. Deshalb hat sich in der Fachwelt seither die Bezeichnung HLAWKAsche Zetafunktion etabliert. Die asymptotischen Funktionalgleichungen wurden vom Autor [49] hergeleitet. Nun gelingen durchsichtige Beweise der bereits klassisch zu nennenden Gitterpunktsätze (5.73) und (5.77) von E. HLAWKA [29], [30] im Unterabschnitt 5.3.3.

Im Unterabschnitt 5.3.1 wird mit den Ungleichungen (5.50) ein sehr einfacher Zusammenhang zwischen Gitterpunktanzahl und Volumen eines konvexen Körpers hergestellt, was in dieser Form auf J. M. WILLS [78] zurückgeht. Der aufgeführte Beweis für Kugeln wäre trivial zu nennen. Aber für beliebige konvexe Körper benötigt man die Ungleichungen (5.1) für das Volumen für Parallelkörper, und die sind keineswegs trivial.

Für das vierdimensionale Gitterpunktproblem von Kugeln haben wir die Abschätzungen (5.53) und (5.57). Erstere wurde von A. WALFISZ [76] auf

$$A(x; S_4) = V_4 x^4 + O\left(x^2 (\log x)^{\frac{2}{3}}\right)$$

verbessert, was unglaublich schwierig zu beweisen ist.

Die Abschätzungen (5.58) und (5.59) für Rotationskörper sind mehr oder weniger einfache Anwendungen der Ergebnisse über Kugeln. Sie wurden von F. CHAMIZO [8] angegeben. Für die Dimension $p = 3$ gibt er die interessante asymptotische Darstellung

$$A(x; R_3) = vol(R_3) x^3 + O\left(x^{\frac{11}{8}+\varepsilon}\right) \qquad (\varepsilon > 0).$$

Es sei auch auf die Ergebnisse von H. HADWIGER und J. M. WILLS [22] hingewiesen.

Für die Anzahl der Gitterpunkte im Kreis weist die Abschätzung (5.60) erstaunlich kleine numerische Konstanten auf. Ihre Berechnung verdanke ich Herrn G. Kuba. Die schwächere Form

$$A(x; S_2) = \pi x^2 + O\left(x^{\frac{2}{3}}\right)$$

geht schon auf W. SIERPINSKI zurück und wurde von ihm 1906 bewiesen. Zwischen dem Exponenten $\frac{2}{3}$ in obigem Restglied und dem Exponenten $\frac{1}{2}$ bezüglich der unteren Abschätzung aus (5.77) klafft noch eine gewaltige Lücke. Der Exponent $\frac{1}{2}$ konnte bisher nie vergrößert werden, nur die x-Potenz durch logarithmische Faktoren angereichert werden. Die obere Grenze $\frac{2}{3}$ konnte im Laufe der Jahre ständig verkleinert werden. Die Entwicklung des Kreisproblems bis 1988 kann in [47] nachgelesen werden. Die sich anschließende Entwicklung kann man dem Buch [31] von M. N. HUXLEY entnehmen. Die gegenwärtig beste und von M. N. HUXLEY stammende Abschätzung lautet

$$A(x; S_2) = \pi x^2 + O\left(x^{\frac{46}{73}} (\log x)^{\frac{315}{146}}\right).$$

Sie gilt auch in beliebigen ebenen, konvexen Bereichen unter gewissen Differenzierbarkeitsbedingungen des Randes.

Für die Anzahl der Gitterpunkte in der dreidimensionalen Kugel ist Entsprechendes wie beim Kreis zu sagen. Zwischen der oberen Abschätzung (5.62) mit dem Exponenten $\frac{3}{2}$ und dem Exponenten 1 bezüglich der unteren Abschätzung aus (5.77) besteht noch eine beträchtliche Lücke. Auch hier konnte die untere Abschätzung x nur durch logarithmische Faktoren vergrößert werden. Der Exponent $\frac{3}{2}$ konnte dagegen im Laufe der Jahre weiter verkleinert werden. Auch hier kann die Entwicklung bis 1988 in dem Buch [47] verfolgt werden. 1995 gelang F. CHAMIZO und H. Iwaniec [9] eine weitere Verbesserung. Im Anschluß daran gab D. R. HEATH-BROWN [26] das bisher beste Ergebnis

$$A(x; S_3) = \frac{4\pi}{3} x^3 + O\left(x^{\frac{21}{16}+\varepsilon}\right) \qquad (\varepsilon > 0).$$

Für die Anzahl der Gitterpunkte in Kugeln der Dimension $p > 4$ besagen die Ergebnisse (5.54) und (5.56), daß das Restglied die präzise Größenordnung x^{p-2} hat, das Kugelproblem also gelöst ist.

Ganz anders sieht es dagegen für beliebige konvexe Körper aus. Die bereits zitierten Abschätzungen (5.73) und (5.77) wurden von E. HLAWKA schon 1950 bewiesen, sogar unter geringeren Differenzierbarkeitsbedingungen an die Ränder der konvexen Körper. Wieder besteht zwischen der oberen Abschätzung mit dem Exponenten $p-2+\frac{2}{p+1}$ und der unteren Abschätzung mit dem Exponenten $\frac{p-1}{2}$ eine riesige Lücke. Längere Zeit tat sich in diesem Problem nichts. Erst in jüngster Zeit konnte W. G. Nowak [62], [64], [66] die untere Abschätzung wie in den anderen Problemen auch durch das Hinzufügen von logarithmischen Faktoren erweitern. Erst 1991/92 gelang es E. KRÄTZEL und W. G. NOWAK [51], [52] die obere Abschätzung zu unterbieten. Die inzwischen besten Abschätzungen werden von W. MÜLLER [59] angegeben. Sie lauten:

$$A(x;K) \;=\; vol(K)x^3 + O\left(x^{1+\frac{20}{43}}\right) \qquad \text{für} \quad p = 3,$$

$$A(x;K) \;=\; vol(K)x^4 + O\left(x^{2+\frac{6}{17}}\right) \qquad \text{für} \quad p = 4,$$

$$A(x;K) \;=\; vol(K)x^p + O\left(x^{p-2+\frac{p+4}{p^2+p+2}}\right) \qquad \text{für} \quad p > 4.$$

Bemerkenswert ist, daß sich die Rotationskörper mit den Ergebnissen (5.58) und (5.59) für $p \geq 5$ mit dem Exponenten $p-2$ in der Restgliedabschätzung zwischen die Extremfälle allgemeine konvexe Körper und Kugeln geschoben haben. Für die untere Abschätzung gilt natürlich nur das für beliebige konvexe Körper Gesagte. Bezüglich der oberen Abschätzung wurde für $p = 3$ schon das Ergebnis von F. CHAMIZO erwähnt, für $p = 4$ gilt zur Zeit nur das für vierdimensionale konvexe Köper.

Für den Spezialfall der Ellipsoide gibt es eine Reihe an der Rationalität oder Irrationalität der Koeffizienten der quadratischen Form gebundene Einzelergebnisse. Einen Überblick kann man sich in dem Buch von F. FRICKER [16] verschaffen. Aber in jüngster Zeit haben V. BENTKUS und F. GÖTZE [4] für Ellipsoide der Dimension $p \geq 9$ nachgewiesen, daß sie eine ähnliche Rolle wie die Rotationskörper spielen. Ihr Gitterrest ist von der Größenordnung x^{p-2}, unabhängig von irgend welchen Rationalitätsbedingungen.

Zusammenfassung. Es sei wie bisher K ein zentralsymmetrischer, konvexer Körper mit gewissen Differenzierbarkeitsbedingungen für den Rand. Dann wird die Anzahl der Gitterpunkte $A(x;K)$ im dilatierten Körper xK in erster Näherung durch das Volumen bestimmt. Das *Gitterpunktproblem* besteht in einer bestmöglichen Abschätzung des Gitterrestes

$$P(x;K) = A(x;K) - vol(K)x^p.$$

Es sei

$$\vartheta(K) = \inf\{\alpha(K) : P(x;K) \ll x^{\alpha(K)}\}.$$

Dann wurden vorstehend die folgenden zur Zeit besten Ergebnisse teilweise bewiesen, teilweise mitgeteilt:

Ebene konvexe Bereiche mit von 0 verschiedener Krümmung auf dem Rand:

$$p = 2: \qquad \frac{1}{2} \leq \vartheta(K) \leq \frac{46}{73} < \frac{2}{3}.$$

Konvexe Körper mit von 0 verschiedener Gaußscher Krümmung auf dem Rand:

$$p \;=\; 3: \qquad 1 \leq \vartheta(K) \leq 1 + \frac{20}{43} < 1 + \frac{1}{2},$$

$$p \;=\; 4: \qquad \frac{3}{2} \leq \vartheta(K) \leq 2 + \frac{6}{17} < 2 + \frac{2}{5},$$

$$p \;\geq\; 5: \qquad \frac{p-1}{2} \leq \vartheta(K) \leq p-2 + \frac{p+4}{p^2+p+2} < p-2 + \frac{2}{p+1}.$$

Rotationskörper R_p:

$$p = 3: \qquad 1 \leq \vartheta(R_3) \leq 1 + \frac{3}{8},$$

$$p = 4: \qquad \frac{3}{2} \leq \vartheta(R_4) \leq 2 + \frac{6}{17},$$

$$p \geq 5: \qquad \frac{p-1}{2} \leq \vartheta(R_p) \leq p - 2.$$

Ellipsoide E_p:

$$p \geq 9: \qquad \frac{p-1}{2} \leq \vartheta(E_p) \leq p - 2.$$

Kreise und Kugeln S_p:

$$p = 2: \qquad \frac{1}{2} \leq \vartheta(S_2) \leq \frac{46}{73},$$

$$p = 3: \qquad 1 \leq \vartheta(S_3) \leq 1 + \frac{5}{16}$$

$$p \geq 4: \qquad \vartheta(S_p) = p - 2.$$

Die Untersuchungen zu Abschätzungen der Anzahl der Gitterpunkte unter Kurven, die Punkte mit verschwindender Krümmung enthalten, haben erst relativ spät begonnen. Erst 1977 hat Y. COLIN DE VERDIERE [12] das Ergebnis (5.84) mitgeteilt und zugleich bewiesen, daß sich die Abschätzung nicht verbessern läßt, sofern der Anstieg der Tangente in dem betreffenden Punkt mit Krümmung 0 rational ausfällt. Im Spezialfall der Laméschen Kurven

$$t^{2k} + y^{2k} = 1, \qquad k \in \mathbb{N}, k \geq 2,$$

hat dies B. RANDOL bereits 1966 bewiesen. Der Autor konnte dann feststellen, daß die Punkte $(0, \pm 1)$ und $(\pm 1, 0)$ Anlaß zu einem weiteren Hauptterm geben. Eine ausführliche Darstellung dieses Sachverhalts ist in [47] zu finden. W. G. NOWAK [61] hat bemerkt, daß diese Aussage sich auf beliebige Kurven ausdehnen läßt und hat die Entwicklung (5.88) bewiesen, wobei noch eine asymptotische Entwicklung des Integrals in eine unendliche Reihe vorgenommen wurde. Der Beweis der Omegaabschätzung folgt einer Darstellung von W. G. NOWAK [65] für den Spezialfall der Laméschen Kurven.

Untersuchungen von Y. COLIN DE VERDIERE [12], B. RANDOL [70] und M. TARNOPOLSKA-WEISS [73] haben jedoch gezeigt, daß bei irrationalem Anstieg der Tangente eine ganz andere Situation vorliegt. Dreht man nähmlich den Bereich um einen Winkel φ, wobei der Ursprung als Drehzentrum gewählt sei, so kann der Exponent $1 - \frac{1}{k}$ in (5.84) für fast alle φ durch $\frac{2}{3}$ ersetzt werden. W. G. NOWAK [63] hat dieses Resultat teilweise präzisiert. Der Beweis des Satzes 5.20 folgt weitgehend seinen Ideen. Allerdings zeigt W. G. NOWAK weit mehr: Sei $k = 3$ und α beliebig oder $k = 4$ und $\alpha < 2$. Dann kann die Abschätzung (5.96) durch eine Abschätzung

$$P_k(x; F) \ll x^\beta \qquad \text{mit} \quad \beta < \frac{2}{3}$$

ersetzt werden. Eine wesentliche Verschärfung dieses Resultats haben sodann W. MÜLLER und W. G. NOWAK [60] vorgenommen. Sie zeigen jetzt die Richtigkeit dieser Abschätzung sogar für

$$\alpha < 1 + \frac{3k - 7}{(k - 2)(k - 3)},$$

wobei α beliebig groß für $k = 3$ sein kann.

Enthalten mehrdimensionale Körper Punkte mit GAUSSscher Krümmung 0 an ihren Oberflächen, so ist unser Wissen über die Auswirkungen auf die Gitterpunktanzahlen noch recht mangelhaft. B. RANDOL und weiterführend der Autor haben den Spezialfall der Superkugeln

$$|t_1|^k + |t_2|^k + \cdots + |t_p|^k = 1, \qquad k \in \mathbb{N}, k \geq 3,$$

behandelt (siehe [47]). K. HABERLAND [20] hat nachgewiesen, daß jeder isolierte Randpunkt mit GAUSSscher Krümmung 0 und rationalem Anstieg der Tangentialebene Anlaß zu einem weiteren Hauptterm in der asymptotischen Darstellung der Gitterpunktanzahl gibt. Die Ausdehnung der NOWAKschen Ergebnisse auf Flächen im dreidimensionalen Raum in Form der Sätze (5.21), (5.22), (5.23) wurde von E. KRÄTZEL [50] ausgeführt.

Literaturverzeichnis

[1] N. G. Bakhoom. Asymptotic expansions of the function $f_k(x) = \int_0^\infty e^{-u^k+xu}\,du$. *Proc. London Math. Soc. (2)*, **35**: 83–100, 1933.

[2] H. Bateman and A. Erdelyi. *Higher Transcendental Functions I*. Mc Graw-Hill Book Company, Inc., New York, Toronto, London, 1953.

[3] H. Bateman and A. Erdelyi. *Higher Transcendental Functions II*. Mc Graw-Hill Book Company, Inc., New York, Toronto, London, 1953.

[4] V. Bentkus and F. Götze. On the lattice point problem for ellipsoid. *Acta Arith.*, **2**: 101–125, 1997.

[5] T. Bonnesen and W. Fenchel. *Theorie der konvexen Körper*. Springer-Verlag, Berlin, 1934.

[6] J. W. S. Cassels. *An Introduction to Diophantine Approximation*. Cambridge University Press, Cambridge, 1965.

[7] J. W. S. Cassels. *An Introduction to the Geometry of Numbers*. Springer-Verlag, Berlin-Heidelberg-New York, 1971.

[8] F. Chamizo. Lattice points in bodies of revolution. *Acta Arith.*, **85**: 265–277, 1998.

[9] F. Chamizo and H. Iwaniec. On the sphere problem. *Rev. Mat. Iberoamericana*, **11**: 417–429, 1995.

[10] R. Cooper. The behaviour of certain series associated with limiting cases of elliptic theta-functions. *Proc. London Math. Soc. (2)*, **27**: 410–426, 1928.

[11] E. T. Copson. *Asymptotic Expansions*. At the University Press ,Cambridge, 1965.

[12] Y. Colin de Verdiere. Normbres de points dans une famille homothetique de domaines de R^n. *Ann. Sci. Ecole Norm. Sup.*, **10**: 559–576, 1977.

[13] G. Doetsch. *Handbuch der Laplace-Transformation I*. Birkhäuser, Basel, 1950.

[14] G. Doetsch. *Handbuch der Laplace-Transformation II*. Birkhäuser, Basel, 1953.

[15] G. Doetsch. *Handbuch der Laplace-Transformation III*. Birkhäuser, Basel, 1956.

[16] F. Fricker. *Einführung in die Gitterpunktlehre*. Birkhäuser, Basel-Boston-Stuttgart, 1982.

[17] S. W. Graham and G. Kolesnik. *Van der Corput's Method of Exponential Sums*. London Math. Soc., Lecture Note Series **126**, 1991.

[18] P. M. Gruber and C. G. Lekkerkerker. *Geometry of Numbers*. North-Holland, Amsterdam, 1987.

[19] P. M. Gruber and J. M. Wills. *Handbook of Convex Geometry*. North-Holland, Amsterdam-New York-Tokyo, 1993.

[20] K. Haberland. Ueber die Anzahl von Gitterpunkten in konvexen Gebieten. *Preprint*, 1993.

[21] H. Hadwiger. *Altes und Neues über konvexe Körper*. Birkhäuser, Basel, 1955.

[22] H. Hadwiger and J. M. Wills. Gitterpunktanzahl konvexer Rotationskörper. *Math. Ann.*, **208**: 221–232, 1974.

[23] G. H. Hardy and J. E. Littlewood. Some problems of Diophantine approximation ii. the trigonometrical series associated with the elliptic ϑ-functions. *Acta Math.*, **37**: 193–238, 1914.

[24] H. Hasse. *Vorlesungen über Zahlentheorie*. Springer-Verlag, Berlin-Göttingen-Heidelberg, 1950.

[25] D. R. Heath-Brown. Weyl's inequality, Hua's inequality and Waring's problem. *J. London Math. Soc.*, **38**: 216–230, 1988.

[26] D. R. Heath-Brown. Lattice points in the sphere. *Proc. Number Theory Conf. Zakopane, Poland*, 1997.

[27] D. R. Heath-Brown and S. J. Patterson. The distribution of Kummer sums at prime arguments. *J. Reine Angew. Math.*, **310**: 111–136, 1979.

[28] E. Hlawka. Ueber die Zetafunktion konvexer Körper. *Monatsh. Math.*, **54**: 100–107, 1950.

[29] E. Hlawka. Ueber Integrale auf konvexen Körpern I. *Monatsh. Math.*, **54**: 1–36, 1950.

[30] E. Hlawka. Ueber Integrale auf konvexen Körpern II. *Monatsh. Math.*, **54**: 81–99, 1950.

[31] M. N. Huxley. *Area, Lattice Points and Exponential Sums.* Clarendon Press, Oxford, 1996.

[32] S. Iseki. The transformation formula for the Dedekind modular function and related functional equations. *Duke Math. J.,* **24**: 653–662, 1957.

[33] S. Iseki. A generalization of a functional equation related to the theory of partitions. *Duke Math. J.,* **27**: 96–110, 1960.

[34] J. Karamata and M. Tomic. Sur une inegalite de Kusmin-Landau relative aux sommes trigonometriques et son application a la somme de Gauss. *Publ. Inst. Math. Acad. Serbe Sci.,* **3**: 207–218, 1950.

[35] A. Khintchine. *Kettenbrüche.* Teubner, Leipzig, 1956.

[36] M. I. Knopp. *Modular Functions in Analytic Number Theory.* Markham Publishing Company, Chicago, 1970.

[37] J. F. Koksma. *Diophantische Approximationen.* Springer, Berlin, 1936.

[38] N. M. Korobov. *Exponential Sums and their Applications.* Kluwer Academic Publishers, Dordrecht/Boston/London, 1992.

[39] E. Krätzel. Ein Reziprozitätsgesetz für eine Reihe über Bessel-Funktionen. *Archiv Math.,* **16**: 449–451, 1965.

[40] E. Krätzel. Höhere Thetafunktionen I. *Math. Nachr.,* **30**: 17–32, 1965.

[41] E. Krätzel. Höhere Thetafunktionen II. *Math. Nachr.,* **30**: 33–46, 1965.

[42] E. Krätzel. Kubische und biquadratische Gaußsche Summen. *J. Reine Angew. Math.,* **228**: 159–165, 1967.

[43] E. Krätzel. Zur Frage der Produktentwicklung höherer Thetafunktionen. *Math. Nachr.,* **71**: 291–302, 1976.

[44] E. Krätzel. Dedekindsche Funktionen und Summen I. *Period. Math. Hungar.,* **12**: 113–123, 1981.

[45] E. Krätzel. Dedekindsche Funktionen und Summen II. *Period. Math. Hungar.,* **12**: 163–179, 1981.

[46] E. Krätzel. *Zahlentheorie.* Dt. Verlag d. Wiss., Berlin, 1981.

[47] E. Krätzel. *Lattice Points.* Dt. Verlag d. Wiss., Berlin und Kluwer Academic Publishers Dordrecht / Boston / London, 1988.

[48] E. Krätzel. Double exponential sums. *Analysis,* **16**: 109 – 123, 1996.

[49] E. Krätzel. Lattice points in large convex bodies: Analytic foundations. *Proc. of the Conference on Analytic and Elementary Number Theory, Wien*, pages 149–164, 1996.

[50] E. Krätzel. Lattice points in three-dimensional large convex bodies. *Math. Nachr.*, 2000.

[51] E. Krätzel and W. G. Nowak. Lattice points in large convex bodies. *Monatsh. Math.*, **112**: 61–72, 1991.

[52] E. Krätzel and W. G. Nowak. Lattice points in large convex bodies II. *Acta Arith.*, **62**: 285–295, 1992.

[53] W. Maier. Transformation der kubischen Thetafunktion. *Math. Ann.*, **111**: 183–196, 1935.

[54] H. Mellin. Eine Formel für den Logarithmus transcendenter Funktionen von endlichem Geschlecht. *Acta Math.*, **25**: 165–183, 1901.

[55] H. Menzer. Transformation spezieller Dirichletscher Reihen I. *Math. Nachr.*, **73**: 297–303, 1976.

[56] H. Menzer. Transformation spezieller Dirichletscher Reihen II. *Math. Nachr.*, **73**: 305–313, 1976.

[57] L. J. Mordell. On a simple summation of the series $\sum_{s=0}^{n-1} e^{2s^2\pi/n}$. *Messenger of Math.*, **48**: 54–56, 1918.

[58] L. J. Mordell. On the Kusmin-Landau inequality for exponential sums. *Acta Arith.*, **4**: 3–9, 1958.

[59] W. Müller. Lattice points in large convex bodies. *Monatsh. Math.*, 2000.

[60] W. Müller and W. G. Nowak. On lattice points in planar domains. *Math. J. Okayama University*, **27**: 173–184, 1985.

[61] W. G. Nowak. Zur Gitterpunktlehre der euklidischen Ebene. *Indagationes math.*, **46**: 209–223, 1984.

[62] W. G. Nowak. On the lattice rest of a convex body in R^s. *Arch. Math.*, **45**: 284–288, 1985.

[63] W. G. Nowak. Zur Gitterpunktlehre der euklidischen Ebene II. *Mitteilungen d. Wiener Akademie d. Wiss.*, pages 31–37, 1985.

[64] W. G. Nowak. On the lattice rest of a convex body in R^s II. *Arch. Math.*, **47**: 232–237, 1986.

[65] W. G. Nowak. Topics in lattice point theory I (japanisch). *Sugaka Seminar*, **291**: 79–89, 1986.

[66] W. G. Nowak. On the lattice rest of a convex body in R^s III. *Czechosl. Math. J.*, **41**: 359–367, 1991.

[67] H. Pieper. *Variationen über ein zahlentheoretisches Thema von C. F. Gauss.* Dt. Verlag d. Wiss., Berlin, 1978.

[68] L. P. Postnikova. *Trigonometrische Summen und die Theorie der Kongruenzen nach einem Primzahlmodul (russ.).* Pädagogisches Institut Moskau, 1973.

[69] H. Rademacher. *Topics in Analytic Number Theory.* Springer Berlin, Heidelberg, New York, 1973.

[70] B. Randol. On the Fourier transform of the indicator function of a planar set. *Trans. Amer. Math. Soc.*, **139**: 271–278, 1969.

[71] P. G. Schmidt. Zur Anzahl unitärer Faktoren abelscher Gruppen. *Acta Arith.*, **64**: 237–248, 1993.

[72] W. M. Schmidt. *Diophantine Approximations.* Springer-Verlag, Berlin-Heidelberg-New York, 1980.

[73] M. Tarnopolska-Weiss. On the number of lattice points in planar domains. *Proc. Am. Math. Soc.*, **69**: 308–311, 1978.

[74] E. C. Titchmarsh and D. R. Heath-Brown. *The Theory of the Riemann Zeta-Function.* At the Clarendon Press, Oxford, 1986.

[75] J. D. Vaaler. Some extremal problems in Fourier analysis. *Bull. Am. Math. Soc.*, **12**: 183–216, 1985.

[76] A. Walfisz. *Weylsche Exponentialsummen in der neueren Zahlentheorie.* Deutscher Verlag der Wissenschaften, Berlin, 1963.

[77] E. T. Whittaker and G. N. Watson. *A Course of Modern Analysis.* At the University Press, Cambridge, 1962.

[78] J. M. Wills. Zur Gitterpunktanzahl konvexer Mengen. *Elem. Math.*, **28**: 57–63, 1973.

[79] J. M. Wright. Asymptotic partition formulae III. *Acta Math.*, **63**: 143–191, 1934.

Index